无线网络规划与优化导论

黄 标 彭木根 编著

北京邮电大学出版社
www.buptpress.com

内 容 简 介

本教材全面深入地介绍了蜂窝移动通信网络规划和网络优化技术。内容包含两大部分:第一部分介绍网络规划技术,包括蜂窝移动通信系统的组成,网络规划的原理、方法、流程,覆盖规划、容量规划、频率规划、天线配置等关键知识点;第二部分侧重于网络优化技术,包括网络优化原理、步骤和方法,以及覆盖优化、容量优化、干扰优化、无线资源管理优化和移动性管理优化等专题优化知识点。本教材内容翔实丰富、深入浅出,可作为高等院校通信工程、电子信息工程和计算机应用等专业的研究生和高年级本科生相关课程的教材,也可作为相关工程技术人员的参考书。

图书在版编目(CIP)数据

无线网络规划与优化导论/黄标,彭木根编著.--北京:北京邮电大学出版社,2011.11(2018.8重印)
ISBN 978-7-5635-2739-7

Ⅰ.①无… Ⅱ.①黄…②彭… Ⅲ.①蜂窝式移动通信网—教材 Ⅳ.①TN929.53

中国版本图书馆 CIP 数据核字(2011)第 216281 号

书　　名	无线网络规划与优化导论
作　　者	黄　标　彭木根
责任编辑	何芯逸
出版发行	北京邮电大学出版社
社　　址	北京市海淀区西土城路 10 号(邮编:100876)
发 行 部	电话:010-62282185　传真:010-62283578
E-mail	publish@bupt.edu.cn
经　　销	各地新华书店
印　　刷	北京鑫丰华彩印有限公司
开　　本	787 mm×1 092 mm　1/16
印　　张	19.75
字　　数	492 千字
版　　次	2011 年 11 月第 1 版　2018 年 8 月第 6 次印刷

ISBN 978-7-5635-2739-7　　　　　　　　　　　　　　　　　　　　　定价:39.00 元

・如有印装质量问题,请与北京邮电大学出版社发行部联系・

前　言

无线网络规划是根据蜂窝移动通信网络的特性以及需求，设定相应的工程参数和无线资源参数，并在满足一定信号覆盖、系统容量和业务质量要求的前提下，使网络的工程成本降到最低。无线网络优化是通过对现已运行的移动通信网络进行业务数据分析、测试数据采集、参数分析、硬件检查等手段，找出影响无线网络质量的原因，并且通过参数的修改、网络结构的调整、设备配置的调整和采取某些技术手段，确保系统高质量的运行，使现有网络资源获得最佳效益，以最经济的投入获得最大的收益。

近年来，蜂窝移动通信的发展异常快速，竞争也越来越激烈，中国三大移动运营商都在努力打造自己的通信品牌，扩大服务影响力。随着国内 3G 商业网络的建设和运维进一步深入，特别是以 OFDM 和 MIMO 技术为基础的新一代宽带移动通信网络开始进行规模试验，提高移动通信网络质量是各运营商提高竞争力关键的因素之一，合理、经济地建设一个蜂窝移动通信网络已成为业界急需重视的问题，因此网络规划和网络优化变得异常重要。

目前，国内大部分高校还没有开设蜂窝移动通信网络规划优化的课程，学生在正式踏入社会之前，对移动通信网络的规划优化知识知之甚少，很多毕业学生都是一边工作，一边进行网络规划优化技术的自学和培训，故对无线网络规划优化整体组成掌握并不充分，理解上也是一知半解，没有形成完整的知识结构，对新通信技术和新型网络架构对网络规划优化的影响并不了解，且不能自动快速建立与时俱进的网络规划优化思维和方法。为了解决以上问题，最好的办法是在学校就能讲授蜂窝移动通信网络规划优化的基本原理和流程，让学生建立基本的概念，并且培养学生初步的分析和解决问题的能力，以便未来能够适应各种工作需求，同时也能适应高速发展的蜂窝移动通信技术和系统演进的各种变化。

本教材正是基于这样一个出发点，首先让学生建立一个移动蜂窝网络的基本概念，然后重点讲解无线接入网规划和优化的基本原理、关键组成、流程步骤以及解决方法和应用案例等。通过对无线网络规划优化基础知识的介绍，让学生建立用全网的思维来解决各种网络规划优化的问题。

无线网络规划优化涉及的知识非常广，且不同的蜂窝移动通信系统所对应的网络规划优化操作和解决方案有较大的差别，本教材难以囊括网络规划优化涉及的所有方面，但尽可能全面地概括了无线网络规划优化必备的基础和通用的方法，以实际的蜂窝网络中出现的各种工程问题为例，并包含了对实际网络规划优化技能的讲解。

本教材主要介绍和总结当前蜂窝移动通信网络规划优化的一些基本理论与实践经验，共分 14 章。第 1 章让读者建立蜂窝移动通信架构和组成的基本概念，为后面的学习打下必备的基础；第 2 章扼要地介绍了无线网络规划的原理和流程；第 3 章至第 9 章则详细介绍了无线网络规划必备的基础知识；第 10 章概述了无线网络优化原理和步骤；第 11 章至第 14

章分别介绍了覆盖优化、容量和质量优化、无线网络资源管理优化、移动性管理优化等专题优化内容。

  本教材是根据作者多年的教学经验，由多名奋斗在教学和科研第一线的老师联合撰写。全书语言流畅、内容丰富，基本理论和实际系统紧密结合，书中的讲解以及给出的大量例题和习题取自当前主流无线通信系统和标准的实际案例。在本教材的编写过程中，得到了中国三大移动运营商相关领导和同事的大力支持，很多案例来自于他们实际工作遇到问题的总结归纳。同时，本教材的一些内容也参考了华为和中兴公司的一些公开的技术资料，中国移动集团公司设计院有限公司也提供了大量的技术材料，在此表示诚挚的谢意。

  本教材适合作为通信工程和电子信息类相关专业研究生、高年级本科生和实践工程师的教材，更可作为无线通信工程技术人员和科研人员案头的技术参考书。

  考虑到无线网络规划优化和无线通信演进密切相关，且也和网络运行的实际应用和无线环境密切相关，相关的技术解决方案千差万别，所以本教材的内容希望能起到抛砖引玉的作用，有些内容可能会过时甚至和实际系统的应用相悖。通过本教材读者需要学习的是基本原理和基本方法，而不是从本教材找到解决实际问题的直接药方。再加上作者水平有限，谬误之处在所难免，敬请广大读者批评指正。根据大家反馈的意见以及技术的增强和演进，本教材将会陆续修改部分章节内容，欢迎读者来信讨论其中的技术问题：pmg@bupt.edu.cn。

编 者

目 录

第1章 无线通信网络架构和组成 ·· 1

  1.1 蜂窝移动通信接入网 ·· 1

    1.1.1 用户设备/移动台 ··· 3

    1.1.2 无线接入网 ··· 4

  1.2 蜂窝移动通信核心网 ·· 7

    1.2.1 UMTS 域间通信 ··· 8

    1.2.2 核心网的组成实体 ··· 9

  1.3 无线网络规划 ·· 12

    1.3.1 无线传输网及其规划 ·· 13

    1.3.2 无线核心网及其规划 ·· 17

    1.3.3 无线接入网规划特征 ·· 25

  1.4 无线网络优化 ·· 26

    1.4.1 无线网络优化组成 ··· 26

    1.4.2 无线网络优化发展趋势 ··· 27

  习题 ··· 29

第2章 无线网络规划的原理和流程 ·· 30

  2.1 无线网络规划的原理 ·· 30

    2.1.1 无线网络规划的原则 ·· 31

    2.1.2 无线网络规划的目标 ·· 32

  2.2 无线网络规划流程 ··· 34

    2.2.1 网络规划的资料收集与调查分析 ··· 34

    2.2.2 勘察、选址和电测 ··· 36

    2.2.3 网络容量规划 ··· 36

    2.2.4 无线覆盖设计及覆盖预测 ·· 37

    2.2.5 小区识别号和频率规划 ·· 38

    2.2.6 无线资源参数设计 ··· 38

    2.2.7 无线网络性能分析 ··· 39

    2.2.8 系统方案验证和维护 ·· 39

  2.3 无线网络基本规划方法 ·· 40

  2.3.1 以无线网络覆盖为依据的基站预测方法 ………………………………… 40
  2.3.2 以业务为依据的基站预测设计方法 …………………………………… 40
 习题 ……………………………………………………………………………………… 41

第3章 无线电波传播模型和校正 …………………………………………………… 42

 3.1 自由空间传播模型 ………………………………………………………………… 43
 3.2 室外路径损耗传播经验模型 ……………………………………………………… 45
  3.2.1 Okumura 模型 ……………………………………………………………… 46
  3.2.2 Hata 模型 …………………………………………………………………… 48
  3.2.3 COST-231 模型 …………………………………………………………… 49
  3.2.4 Walfish 和 Bertoni 模型 …………………………………………………… 50
  3.2.5 路径损耗通用模型 ………………………………………………………… 51
 3.3 室内路径损耗传播经验模型 ……………………………………………………… 52
  3.3.1 同楼层分隔损耗 …………………………………………………………… 52
  3.3.2 楼层间分隔损耗 …………………………………………………………… 53
  3.3.3 对数距离路径损耗模型 …………………………………………………… 54
  3.3.4 Ericsson 多重断点模型 …………………………………………………… 54
 3.4 小尺度多径传播和参数 …………………………………………………………… 55
  3.4.1 影响小尺度衰落的因素 …………………………………………………… 55
  3.4.2 多普勒频移 ………………………………………………………………… 56
  3.4.3 菲涅耳区 …………………………………………………………………… 57
  3.4.4 多径信道的参数 …………………………………………………………… 58
 3.5 小尺度衰落类型和几种分布 ……………………………………………………… 59
  3.5.1 多径时延扩展产生的衰落效应 …………………………………………… 59
  3.5.2 多普勒扩展产生的衰落效应 ……………………………………………… 61
  3.5.3 瑞利、莱斯以及 Nakagami-m 分布 ……………………………………… 62
 3.6 无线电波传播模型的校正 ………………………………………………………… 65
  3.6.1 数据准备 …………………………………………………………………… 67
  3.6.2 现网路测数据后处理 ……………………………………………………… 68
  3.6.3 校正原理与误差分析 ……………………………………………………… 70
 习题 ……………………………………………………………………………………… 72

第4章 天线技术与天线规划 ………………………………………………………… 75

 4.1 天线原理 …………………………………………………………………………… 75
  4.1.1 天线辐射电磁波的基本原理 ……………………………………………… 76
  4.1.2 发射天线的阻抗和辐射效率 ……………………………………………… 77
  4.1.3 方向性系数和增益 ………………………………………………………… 78
  4.1.4 有效长度 …………………………………………………………………… 80
  4.1.5 天线系数 …………………………………………………………………… 81

  4.1.6 接收天线的噪声温度 ································· 81
 4.2 极化天线 ··· 83
  4.2.1 电磁波的极化 ····································· 83
  4.2.2 极化效率 ·· 84
  4.2.3 交叉极化隔离度和交叉极化鉴别率 ····················· 84
  4.2.4 极化方式对比 ····································· 84
 4.3 天线安装 ··· 85
  4.3.1 传输线安装 ······································ 85
  4.3.2 天线下倾 ·· 88
  4.3.3 天线高度 ·· 89
  4.3.4 天线方向图 ······································ 89
  4.3.5 天线间隔距离 ····································· 91
 4.4 天线设计 ··· 91
  4.4.1 天线的基本设计方法 ································ 91
  4.4.2 天线的调整及其影响 ································ 93
  4.4.3 天线选择 ·· 95
 习题 ·· 100

第5章 无线网元设置与初始布局 ····························· 102

 5.1 无线网络低成本建设思路 ································· 103
  5.1.1 低成本覆盖方案 ··································· 103
  5.1.2 降低配套成本的措施 ································ 104
 5.2 无线网元的设置原则 ··································· 104
  5.2.1 网络控制器的设置原则 ······························ 104
  5.2.2 基站设置原则 ····································· 106
  5.2.3 直放站设置原则 ··································· 107
  5.2.4 室内覆盖系统设置原则 ······························ 107
  5.2.5 寻呼区划分 ······································ 108
 5.3 基站选址和配套设施要求 ································· 109
  5.3.1 基站选址要求 ····································· 109
  5.3.2 基站机房工艺要求 ································· 110
  5.3.3 铁塔工艺要求 ····································· 111
 5.4 小区站址的选择与勘察 ·································· 112
  5.4.1 站址要求 ·· 113
  5.4.2 站址选择过程 ····································· 114
  5.4.3 室外型小基站选址 ································· 119
  5.4.4 室内型小基站选址 ································· 123
 习题 ·· 124

第6章 业务估算和小区容量规划 ··· 125

6.1 业务量模型 ··· 125
6.1.1 话务量与BHCA ··· 125
6.1.2 呼损率及爱尔兰呼损计算表 ··· 127
6.1.3 数据业务容量 ··· 129

6.2 业务模型应用 ··· 135
6.2.1 话音业务 ··· 135
6.2.2 数据业务 ··· 136
6.2.3 混合业务 ··· 139

6.3 用户预测 ··· 142
6.3.1 增长趋势预测法 ··· 143
6.3.2 人口普及率法 ··· 143
6.3.3 成长曲线法 ··· 144
6.3.4 二次曲线法 ··· 146

6.4 单小区容量估算 ··· 147
6.4.1 WCDMA小区容量 ··· 147
6.4.2 3G和2G系统的小区容量对比 ··· 148
6.4.3 TD-SCDMA系统容量估算示例 ··· 149

习题 ··· 150

第7章 小区覆盖规划和链路预算 ··· 152

7.1 小区覆盖设计 ··· 152
7.1.1 通信概率的设定 ··· 153
7.1.2 系统冗余量的设定 ··· 153
7.1.3 恶化量冗余设定 ··· 154
7.1.4 各类损耗的确定 ··· 154
7.1.5 天线性能参数的选定 ··· 155

7.2 上行链路预算 ··· 157
7.2.1 上行链路预算参数 ··· 157
7.2.2 上行链路预算举例 ··· 164

7.3 下行链路预算 ··· 168
7.3.1 下行链路预算参数 ··· 168
7.3.2 下行链路预算举例 ··· 170

7.4 数据业务链路预算 ··· 172

习题 ··· 175

第8章 频率规划及干扰控制 ··· 176

8.1 蜂窝结构的形成规则 ··· 176

8.1.1　无线区簇 176
　　8.1.2　干扰模型 177
8.2　频率复用技术及干扰分析 180
　　8.2.1　分组频率复用技术 180
　　8.2.2　多重频率复用 183
　　8.2.3　分组复用与 MRP 技术的系统容量比较 186
　　8.2.4　同心圆技术 186
8.3　小区分裂与频率规划 188
8.4　频率规划时常用抗干扰技术 189
　　8.4.1　动态功率控制 189
　　8.4.2　跳频 190
　　8.4.3　不连续发射 192
　　8.4.4　1×3 复用＋射频跳频＋DTX＋DPC 193
8.5　自动频率规划算法 193
习题 195

第 9 章　规划工具和网络性能评估 196

9.1　网络规划工具 196
　　9.1.1　网络规划工具的功能需求 196
　　9.1.2　网络规划工具的实现方法 198
　　9.1.3　网络规划工具的关键输出 200
　　9.1.4　规划工具与系统设备的绑定关系 201
9.2　测试工具介绍 202
　　9.2.1　测试终端 202
　　9.2.2　测试软件 203
9.3　规划性能分析 204
　　9.3.1　蒙特-卡洛仿真 204
　　9.3.2　栅格分析 206
　　9.3.3　覆盖分析方法 210
　　9.3.4　容量分析方法 215
　　9.3.5　切换分析方法 216
9.4　规划验证 217
　　9.4.1　路测采样 218
　　9.4.2　数据处理 219
　　9.4.3　误差分析 220
习题 222

第 10 章　无线网络优化的原理和步骤 223

10.1　网络优化概述 223

10.1.1　网络优化的目标 ·· 224
　　10.1.2　3G 与 2G 无线网络优化的区别 ·· 224
　　10.1.3　3G 网络优化的指导思想 ·· 225
　　10.1.4　网络优化的内容 ·· 226
　　10.1.5　网络优化的流程 ·· 227
　10.2　网络优化的过程 ·· 228
　　10.2.1　单个基站配置确认 ··· 229
　　10.2.2　基站簇优化 ·· 230
　　10.2.3　片区优化 ·· 231
　　10.2.4　边界优化 ·· 231
　　10.2.5　全网优化 ·· 232
　10.3　网络优化的步骤 ·· 232
　　10.3.1　系统的初始设计模型 ··· 232
　　10.3.2　单一基站的初始优化 ··· 232
　　10.3.3　多个基站有载条件下的网络优化 ·· 233
　　10.3.4　掉话分析 ·· 235
　10.4　网络优化数据采集 ·· 236
　　10.4.1　采集内容 ·· 236
　　10.4.2　采集工具 ·· 237
　　10.4.3　测试路线和测试点的选取 ·· 238
　　10.4.4　测试时间的选取 ·· 238
　　10.4.5　测试方法 ·· 238
　　10.4.6　网络优化数据检查 ··· 240
　　10.4.7　场强测试数据 ·· 241
　10.5　网络优化数据分析 ·· 241
　　10.5.1　信令测试数据分析 ··· 242
　　10.5.2　场强测试数据分析 ··· 242
　　10.5.3　综合分析结果 ·· 243
　　10.5.4　参数调整 ·· 243
　　10.5.5　无线参数调整的类型 ··· 243
　　10.5.6　无线参数调整的前提 ··· 244
　　10.5.7　无线参数调整的注意事项 ·· 244
　习题 ·· 244

第 11 章　无线网络覆盖优化 ·· 245

　11.1　覆盖优化目标 ·· 245
　　11.1.1　覆盖空洞 ·· 246
　　11.1.2　弱覆盖 ·· 246
　　11.1.3　越区覆盖 ·· 246

11.1.4　导频污染 ………………………………………………………………… 247
11.2　过覆盖问题 …………………………………………………………………… 247
　　11.2.1　过覆盖解决思路和优化流程 …………………………………………… 248
　　11.2.2　过覆盖解决方法 ………………………………………………………… 249
　　11.2.3　过覆盖优化案例 ………………………………………………………… 250
11.3　弱覆盖问题 …………………………………………………………………… 250
　　11.3.1　天线调整 ………………………………………………………………… 251
　　11.3.2　采用直放站 ……………………………………………………………… 252
　　11.3.3　调整小区导频功率设置 ………………………………………………… 253
　　11.3.4　添加新站 ………………………………………………………………… 253
　　11.3.5　增强室内覆盖 …………………………………………………………… 253
11.4　覆盖混乱问题 ………………………………………………………………… 253
　　11.4.1　导频污染产生的原因 …………………………………………………… 254
　　11.4.2　导频污染的消除与预防 ………………………………………………… 255
　　11.4.3　导频污染优化案例 ……………………………………………………… 257
11.5　室内覆盖优化问题 …………………………………………………………… 258
　　11.5.1　室内覆盖频率选择问题 ………………………………………………… 258
　　11.5.2　室内覆盖切换区设置 …………………………………………………… 259
　　11.5.3　室内信号泄漏 …………………………………………………………… 259
　　11.5.4　室外信号入侵 …………………………………………………………… 260
11.6　直放站优化问题 ……………………………………………………………… 260
11.7　覆盖优化中的其他问题 ……………………………………………………… 261
　　11.7.1　上下行链路平衡问题 …………………………………………………… 261
　　11.7.2　由于系统外干扰导致的问题 …………………………………………… 262
习题 …………………………………………………………………………………… 263

第12章　无线网络容量和质量优化 ………………………………………………… 264

12.1　容量优化的必要性 …………………………………………………………… 264
　　12.1.1　指标与容量受限因素 …………………………………………………… 265
　　12.1.2　正常业务量增长造成的过载问题 ……………………………………… 265
　　12.1.3　话务模型变化造成的过载问题 ………………………………………… 266
　　12.1.4　突发业务量引起的过载 ………………………………………………… 267
12.2　容量异常 ……………………………………………………………………… 268
　　12.2.1　干扰造成的容量下降问题 ……………………………………………… 269
　　12.2.2　参数设置不当导致的容量没有达到设计目标 ………………………… 269
　　12.2.3　异常的超闲小区 ………………………………………………………… 269
12.3　容量优化的手段 ……………………………………………………………… 270
　　12.3.1　物理调整 ………………………………………………………………… 270
　　12.3.2　参数调整 ………………………………………………………………… 270

12.4 质量优化 ··· 271
12.4.1 质量的评估标准 ··· 271
12.4.2 质量优化的方法 ··· 273
习题 ··· 277

第13章 无线网络资源管理优化 ··· 278
13.1 功率控制优化 ··· 278
13.1.1 功率控制的分类 ··· 279
13.1.2 功率控制的优化 ··· 279
13.2 切换优化 ··· 281
13.2.1 切换优化概述 ··· 281
13.2.2 软切换参数的优化 ··· 281
13.3 接入控制优化 ··· 284
13.4 负载控制优化 ··· 284
13.5 分组调度优化 ··· 286
习题 ··· 286

第14章 无线网络移动性管理优化 ··· 287
14.1 异构网络重选优化 ··· 287
14.1.1 2G/3G 小区重选的过程 ··· 287
14.1.2 2G/3G 小区重选可能出现的问题 ··· 288
14.1.3 2G/3G 小区重选参数的优化 ··· 288
14.1.4 2G/3G 小区重选优化的案例 ··· 290
14.2 异构网络切换优化 ··· 291
14.2.1 2G/3G 系统切换流程 ··· 292
14.2.2 2G/3G 系统切换可能出现的问题 ··· 292
14.2.3 2G/3G 系统切换的优化 ··· 292
14.2.4 2G/3G 系统切换的案例 ··· 297
14.2.5 2G/3G 网络负荷均衡问题 ··· 298
14.3 扰码优化 ··· 298
14.4 邻区优化 ··· 299
习题 ··· 301

参考文献 ··· 302

第 1 章　无线通信网络架构和组成

通信网包含核心网(Core Network)和接入网(Access Network)两大部分,核心网也叫骨干网(Backbone)。例如,一个大城市,必然有市内通信网,常称为市内电话网(Local Telephone Network),它根据不同的城区设立若干交换局(Central Office,CO)以作为核心网的节点。这些交换局经过局间线路(Interoffice Line)相互连接,传输成群的信号,构成市内通信的核心网。与此同时,每一个通信用户终端各自经过有线传输线路,连接在该地区的交换局中。这样的用户线则称为接入网线路(Access Line)。用户主叫时,信号通过这种接入网线路接至交换局;用户被叫时,信号从交换局通过接入网线路接至该用户。这样,一个市内通信网范围内众多用户的接入网线路就构成了接入网。

从整个通信网来看,核心网承担全局的通信,关系重大,而接入网的每一对接入网线路只涉及一个用户,影响较小。但是,当用户数众多时,相应的接入网线路数也会很庞大,因此对通信网投资企业者来说,接入网需要花去比核心网更多的资金。

本书将侧重介绍蜂窝移动通信系统的网络规划优化,所以将首先介绍蜂窝移动通信系统的组成。图 1-1 给出了第三代蜂窝移动通信系统的接入网和核心网的关系示意图,其他蜂窝移动通信系统的组成和 3G 网络组成类似,都是由接入网和核心网两部分组成。

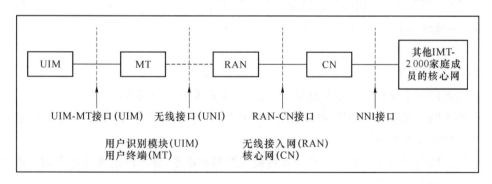

图 1-1　第三代蜂窝移动通信系统的接入网和核心网的关系示意图

本章将简要介绍蜂窝移动通信系统的组成,让读者对无线网络有一个整体的认识,对本书的内容和结构有一个整体的理解。

1.1　蜂窝移动通信接入网

移动通信网络结构通常分为接入网和核心网,如何合理设计接入网和核心网是移动通信系统的一个关键问题。信令是通信网络中的一系列控制信息,对于保证用户与网络的通信同步、控制呼叫过程、移动性管理过程和网络互联等,都十分重要。与固定网不同,无线网络中移动台(MS)的位置是动态的,因此如何有效地进行位置管理和有效地实现越区切换也是无线蜂窝网络的一个关键问题。

国际电信联盟远程通信标准化组织(ITU-T)规定,接入网由业务节点接口(SNI)和用户网络接口(UNI)之间的一系列传送实体(如线路设施和传输设施)组成,为通信业务提供所需传送承载能力的设施系统。

移动通信系统中的接入网主要为移动终端提供接入网络服务,包括所有空中接口相关功能,从而使核心网受无线接口影响很小。

(1) 接入网种类

接入网类型繁杂,目前应用较多的主要包括 3 种:

① 集群移动无线电话系统:它是一种专用调度指挥无线电通信系统,在我国得到了较为广泛的应用。集群系统是从一对一的对讲机发展而来的,从单一信道一呼百应的群呼系统,到后来具有选呼功能的系统,再到现在已经发展成为多信道基站多用户自动拨号系统,它们可以与市话网相连,并与该系统外的市话用户通话。

② 蜂窝移动电话系统:20 世纪 70 年代初由美国贝尔实验室提出,在给出蜂窝系统的覆盖小区的概念和相关理论之后,该系统得到迅速的发展。其中第一代蜂窝移动电话系统是指陆上模拟蜂窝移动电话系统,主要特征是用无线信道传输模拟信号。第二代则指数字蜂窝移动电话系统,它以直接传输和处理数字信息为主要特征,因此具有一切数字系统所具有的优点,代表性的是泛欧蜂窝移动通信系统 GSM。第三代以 CDMA 为技术特征,数据传输能力大大增强。

③ 卫星通信系统:采用低轨道卫星通信系统是实现个人通信的重要途径之一,整个系统由卫星及地面控制设备、关口站、终端 3 个部分构成。

(2) 接入网的特征

根据接入网框架和体制的要求,接入网的重要特征可以归纳为 4 点:

- 接入网对于所接入的业务提供承载能力,实现业务的透明传送。
- 接入网对用户信令是透明的,除了一些用户信令格式转换外,信令和业务处理的功能依然在业务节点中。
- 接入网的引入不应限制现有的各种接入类型和业务,接入网应通过有限的标准化接口与业务节点相连。
- 接入网有独立于业务节点的网络管理系统,该系统通过标准化的接口连接电信管理网(Telecom Management NetWork,TMN),TMN 实施对接入网的操作、维护和管理。

下面以 3G 通用移动通信系统(Universal Mobile Telecommunications System,UMTS)的接入网为例,来说明蜂窝移动通信网络的组成。UMTS 系统按照功能可分为两个基本域,用户设备域(User Equipment Domain)和基本架构域(Infrastructure Domain),图 1-2 所示是对图 1-1 的示例化,表明了 3G UMTS 通信系统的组成。用户设备域进一步划分为用户业务识别模块(USIM)域和移动设备(ME)域;基本架构域进一步划分为接入网域和核心网域。总体来讲,UMTS 系统由用户设备(UE)域、接入网域和核心网域组成。

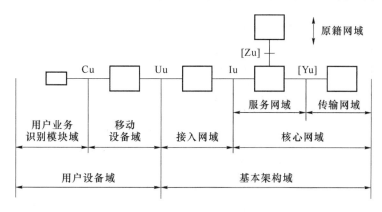

图 1-2 UMTS 域和参考点

用户业务识别模块域和移动设备域之间是 Cu 接口;用户设备域和接入网域之间是 Uu 接口。接入网域和核心网域之间通过 Iu 接口相连,核心网域通过网关连接到 Internet 或 IP 网。

1.1.1 用户设备/移动台

UE 是允许用户接入网络服务的设备,在 GSM 和 IS-95 等蜂窝移动通信系统中又称为移动台(MS)。根据 3GPP 规范,UE 和网络之间的接口为无线接口(空中接口)。UE 可以分成若干个域,由参考点进行逻辑上的功能分离。目前 UE 内部定义的域包括用户业务识别模块域和移动设备域两个域。移动设备域又可分成几个部件,以显示多个功能组之间的互通。这些模块可以通过一个或多个硬件设备来实现。

UE 是蜂窝移动通信网中用户使用的设备,也是用户能够直接接触的整个蜂窝移动通信系统中的唯一设备。UE 的类型不仅包括手持台,还包括车载台和便携式台。随着蜂窝移动通信标准的数字式手持台进一步小型、轻巧和增加功能的发展趋势,手持台的用户将占整个用户的极大部分。

除了通过无线接口接入蜂窝移动通信系统通常的无线处理功能外,UE 还必须提供与使用者之间的接口。例如,完成通话呼叫所需要的话筒、扬声器、显示屏和按键。另外,UE 还必须提供与其他一些终端设备之间的接口,如与个人计算机或传真机之间的接口,或同时提供这两种接口。因此,根据应用与服务情况,UE 可以是单独的移动终端(MT)、手持机、车载机或者是由移动终端直接与终端设备(TE)传真机相连接而构成,或者是由移动终端通过相关终端适配器(TA)与终端设备相连接而构成,如图 1-3 所示。

UE 另外一个重要的组成部分是用户识别模块(SIM),它基本上是一张符合 ISO 标准的"智慧"卡,它包含所有与用户有关的及某些无线接口的信息,其中也包括鉴权和加密信息。使用蜂窝移动通信系统标准的移动台都需要插入 SIM 卡,只有当处理异常的紧急呼叫时,可以在不用 SIM 卡的情况下操作移动台。SIM 卡的应用使移动台并非固定地缚于一个用户,因此,蜂窝移动通信系统是通过 SIM 卡来识别移动电话用户的,这为将来发展个人通信打下了基础。

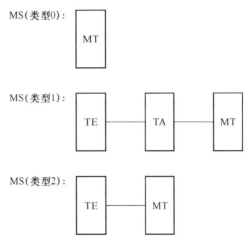

MT：移动终端　TA：终端适配器　TE：终端设备

图 1-3　GSM 蜂窝移动通信系统网络架构

1.1.2　无线接入网

无线接入网包括一系列物理实体来管理接入网资源,为用户设备提供接入核心网的机制。UMTS 的无线接入网(UTRAN)由无线网络子系统(RNS)组成,这些 RNS 通过 Iu 接口和核心网相连。一个 RNS 包括一个无线网络控制器(RNC)和一个或多个基站。UTRAN 的结构如图 1-4 所示。基站支持 FDD、TDD 模式或者双模式,通过 Iub 接口和 RNC 相连。RNC 负责 UE 的切换控制,提供支持不同基站间宏分集信息流的组合/分裂等功能。RNS 之间的 RNC 通过 Iur 接口相连。Iur 接口可以通过 RNC 之间的物理连接直接相连,也可以通过任何合适的传输网络相连。

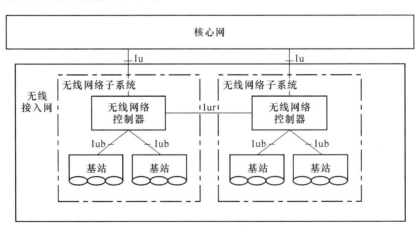

图 1-4　无线接入网结构示意图

无线网络子系统是蜂窝移动通信系统中与无线传输关系最直接的基本组成部分。它通过无线接口直接与移动台相接,负责无线发送接收和无线资源管理。另一方面,无线网络子系统与核心网中的移动业务交换中心相连,实现移动用户之间或移动用户与固定网络用户之间的通信连接，传送系统信号和用户信息等。当然，要对 RNS 部分进行操作维护管理，还要建立 RNS 与操作支持子系统(OSS)之间的通信连接。

无线网络子系统是由一个或者多个基站和网络控制器(RNC)这两部分的功能实体构成。实际上，一个 RNC 根据话务量需要可以控制数十个基站。基站可以直接与 RNC 相连接。

1. 基站

在 WCDMA 系统中，基站(Node B，也称为 Base Station，BS)位于 Uu 接口和 UMTS 接口之间，这里所说的 UMTS 接口是指 RNC 和基站之间的 Iub 接口。对于用户终端而言，基站的主要任务是实现 Uu 接口的物理功能；而对于网络端而言，基站的主要任务是通过使用为各种接口定义的协议栈来实现 Iub 接口的功能。通过 Uu 接口，基站可以实现 WCDMA 无线接入物理信道的功能，并且能把来自于传输信道的信息根据 RNC 的安排映射到物理信道。

基站的内部结构非常特殊，那么它的逻辑结构，即在 UTRAN 中，基站是如何工作的呢？其实它和其他实体一样具有常规特性。从网络端来看，基站能够分成几个逻辑实体，如图 1-5 所示。

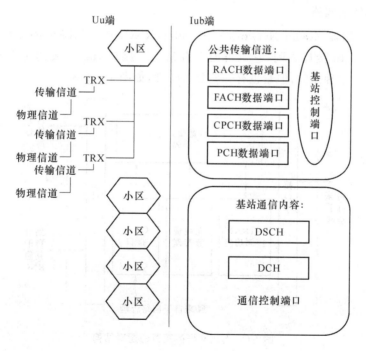

图 1-5 基站的逻辑结构

在 Iub 端，一个基站由两个实体组成：公共传输信道和业务结束点(Traffic Termination Point，TTP)组成。公共传输信道是指用于一个小区中所有用户的公共传输信道，该实体包含一个基站控制端口，该端口用于操作和维护(Operation & Maintenauce，O&M)。一个业务结束点由许多基站通信内容组成，而基站通信内容实际上是由所有的专用资源提请要求而形成的，这些要求都是由处于专用模式的 UE 所发起的，所以一个基站通信内容至少包含一个专用信道(Dedicated Channel，DCH)。但也有例外，也有可能只包含了一个下行共享信道(Downlink Share Channel,DSCH),DSCH 属于基站通信内容的一部分。从 UMTS 网络结构来看,基站实际上可以看成一个逻辑 O&M 实体,它具有网络管理操作功能。换句话说,术语基站描述了基站的物理组成和基站的环境,即基站工作场所(Node B Site)。

从无线网络和网络控制的观点来看,基站是由几个称之为小区的逻辑实体组成的。小区是一个最小的无线网络实体,每个小区都有自己的识别号(小区 ID),该识别号对每个 UE 都是公共可见的。当进行无线网络配置时,实际上就是对小区的数据信息进行更改。

每一个小区都有一个扰码,UE 识别一个小区主要通过两个信息:扰码(进入小区就分配)和小区 ID(用于无线网络拓扑结构)。一个小区可能会有多个发送-接收器(Transmitter-Receiver,TRX)。小区的 TRX 把信息广播发送给所有的 UE,主要通过包含 BCH 信息的主公共控制物理信道(Primary-Common Control Physical Channel,P-CCPCH)来实现。一个 TRX 包含了通过 Uu 接口的物理信道,这些物理信道用来传输业务信道中的信息,它可能是公共或者专用信息。一个小区至少要包含一个 TRX,TRX 是基站的一个物理组成部分,它可以实现各种功能,通过 TRX 从 Iub 接口来的数据流可以发送到无线信道和实际环境中。

2. 无线网络控制器

无线网络控制器(Radio Network Controller,RNC)是 UTRAN 的交换和控制元素,RNC 位于 Iub 和 Iu 接口之间,它也可能会有第三个接口 Iur,主要用于 RNS 间的连接。RNC 的实现是非常独立的,但是也有一些公共特性,如图 1-6 所示。

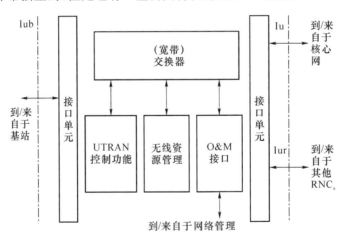

图 1-6 无线网络控制器的逻辑结构

RNC 把基站看成两个实体:公共传输和基站通信内容集合体。在 RNC 中控制这些功能的部分称为控制 RNC(Controlling RNC,CRNC),在 RNC 中还包括服务 RNC(SRNC)和漂移 RNC(DRNC)。

SRNC 主要是针对一个移动用户而言的,SRNC 负责启动/终止用户数据的传送、控制和核心网的 Iu 连接以及通过无线接口协议和 UE 进行信令交互。SRNC 执行基本的无线资源管理操作,如将 RAB 参数转化成 Uu 接口的信道参数、切换判决和外环功控等。用户专用信道的数据调度由 SRNC 完成,而公共信道上的数据调度在 CRNC 中进行。

DRNC 是指除 SRNC 之外的其他 RNC,控制 UE 使用的小区资源,可以进行宏分集合并、分裂。与 SRNC 不同的是,DRNC 不对用户平面的数据进行数据链路层的处理,而在 Iub 和 Iur 接口间进行透明的数据传输。一个 UE 可以有一个或多个 DRNC。

需要指出的是,以上三个概念只是从逻辑上进行描述的。在实际中,一个 RNC 通常可以包含 SRNC、DRNC 和 CRNC 的功能,这几个概念是从不同层次上对 RNC 的一种描述。SRNC 和 DRNC 是针对一个具体的 UE 和 UTRAN 的连接,从专用数据处理的角度进行区分的。CRNC 是从管理整个小区公共资源的角度出发从而派生的概念。

RNC 的整个功能可以分为两部分:UTRAN 无线资源管理(Radio Resource Management,RRM)和控制功能。UTRAN RRM 是一系列算法的集合,主要用于保持无线传播的稳定性和无线连接的服务质量,采用的方法是高效共享和集中管理;UTRAN 控制功能包含了所有和 RB 建立、保持和释放相关的功能,这些功能能够支持 RRM 算法。

RRM 算法将在后面的章节详细介绍,包括接入控制(AC)、切换(HO)、负载控制(LC)、功率控制(PC)和动态信道分配(DCA)等。

对于 UTRAN 来说,为了控制和管理 RB,提供 RAB 业务,除了需要执行 RRM 算法之外,还需要执行一些其他的算法,主要包括:系统信息广播;随机接入和信令承载业务建立;RB 管理;UTRAN 安全功能;UTRAN 层移动性管理(Mobility Management,MM);数据库处理;UE 定位。

UTRAN 层的移动性主要基于小区、UTRAN 注册区域(UTRAN Registration Area,URA)、UTRAN 无线网络临时识别器(UTRAN Radio Network Temporary Identifier,U-RNTI)等概念进行的。另外,为 RNC 定义不同的逻辑角色和定义不同的 Iur 接口的主要目的也是支持 UTRAN 的内部移动性管理。

一个 URA 是指一个包含许多小区的区域,并且 URA 只是 UTRAN 内部的一个功能实体,但是在 CN 中却是不可见的。这意味着无论何时 UE 和一个 RRC 连接,UTRAN 都能够精确知道 UE 的具体位置。UE 每次进入新的 URA 必须执行 URA 更新过程,通过 RNC 功能实体间的接口,URA 区域可以包含不同 RNC 所负责的服务区域。

1.2 蜂窝移动通信核心网

核心网(CN)包括支持网络特征和通信服务的物理实体,它可以看做是向 UMTS 用户提供所有通信业务的基本平台。基本通信业务包括由电路交换类型呼叫的交换和分组数据的路由,此外在这些基本业务之上还有增值业务,因此核心网部分从逻辑上分为电路交换(CS)域和分组交换(PS)域。

以 WCDMA 为例,核心网提供包括用户位置信息管理、网络特征、服务控制、信令和用户信息的交换传输机制等功能。它又分为服务网域、原籍网域和传输网域。各网域间的接口参考点如图 1-2 所示。

- 服务网域

服务网域(Serving Network Domain)是核心网域和接入网域相连的部分。服务网域代表用户接入点的本地核心网功能,因此随着用户的移动而改变。服务网域负责呼叫路由和用户数据从源端到目的端的传送。它和原籍网域交互来获得与用户相关的数据和业务,和传输网域交互来获得与用户无关的数据和业务。

• 原籍网域

原籍网域(Home Network Domain)代表和用户永久位置相关而和用户接入点无关的核心网功能。用户业务识别模块与原籍网域相关,因此原籍网域至少包括用户永久的特定数据,负责用户信息的管理,同时处理服务网域不提供的原籍相关业务。

• 传输网域

传输网域(Transit Network Domain)掌管了服务网域和远端用户间通信路径的核心网部分。当一个呼叫的远端用户和源呼叫用户在一个网络中时,没有相关的传输网域被激活。

1.2.1 UMTS 域间通信

UMTS 划分为应用层、原籍层、服务层、传输层和接入层,域间交互如图 1-7 和图 1-8 所示。图 1-7 显示了用户业务识别模块、移动终端/移动设备、接入网、服务网和原籍网域之间的交互;而图 1-8 显示了终端设备、移动终端、接入网、服务网、传输网域和远端之间的交互。原籍层只涉及了图 1-7 所示的域;应用层只涉及图 1-8 所示的域;服务层和传输层涉及两幅图中部分重复的域。虚线部分表示非 UMTS 特有的协议,虽然在一些情况下可以采用其他协议,为了提供便利的漫游能力,还是建议协议统一。

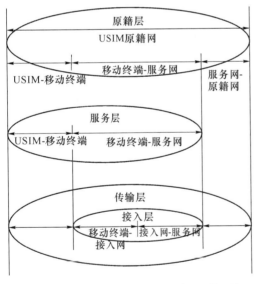

图 1-7 UMTS 域间功能交互模型

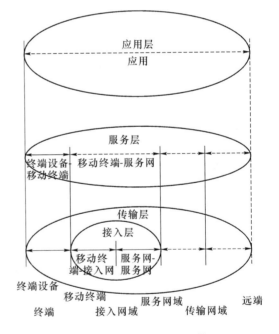

图 1-8 UMTS 与远端交互模型

"远端"代表了远程的终端实体,在图中表示通信的端到端特性,远端协议不在 UMTS 协议范围内。各层的定义和功能描述如下。

1. 传输层

传输层(Transport Stratum)支持用户数据和网络控制信令在 UMTS 中的传输,负责传输所使用的物理传输格式,主要有以下几种机制:①差错纠正和恢复机制;②空中接口和下层数据的加密机制；③为使用所支持的物理格式进行的数据适配机制；④为有效使用空中接口而进行的数据变换机制；⑤资源分配和不同接口之间的路由等。

2. 接入层

接入层(Access Stratum)包括与接入技术相关实体内的所有功能以及相关协议。接入层提供空中接口上数据传输的相关服务以及和 UMTS 其他部分接口的管理。

接入层包括下列协议：

- 移动终端-接入网(MT-AN)协议，支持具体无线有关的信息传输，用来协调移动终端和接入网之间无线资源的使用。
- 接入网络-服务网(AN-SN)协议，支持用户接入服务网并获得资源，和接入网特定的空中结构无关。

3. 服务层

服务层(Serving Stratum)包括对用户或网络产生的从源端到目的端的，数据及信息进行路由和传送的，相关协议和功能。与通信业务相关的功能包括在该层内，服务层包括以下一些协议：

- USIM-移动终端(USIM-MT)协议，支持用户从设备域内部获取客户特定信息的功能。
- 移动终端-服务网(MT-SN)协议，支持移动终端通过服务网获得业务的功能。
- 终端设备-移动终端(TE-MT)协议，支持终端设备和移动终端之间的控制信息交互。

4. 原籍层

原籍层(Home Stratum)包括处理和存储客户数据，为原籍网域提供与特定业务相关的协议和功能，并且允许其他域作为原籍网域进行操作的功能。客户数据管理、支付和计费、移动性管理和认证等相关的功能也位于该层内。

原籍层包括以下协议：

- USIM-原籍网(USIM-HN)协议，支持 USIM 和原籍网之间客户特定信息的协调。
- USIM-移动终端(USIM-MT)协议，支持移动终端为执行必要操作获取用户特定的数据和资源。
- 移动终端-服务网(MT-SN)协议，支持移动终端和服务网之间用户特定数据的交换。
- 服务网-原籍网(SN-HN)协议，支持服务网能够获得原籍网必要的数据和资源来代替原籍网执行特定的操作。

5. 应用层

应用层(Application Stratum)表示为提供给终端用户的应用过程，它包括利用原籍网、服务网和接入网提供的端到端的协议和功能，并利用这些协议和功能来支持基本业务和增值业务。

1.2.2 核心网的组成实体

CS 域和 PS 域根据各自支持用户业务的方式不同加以区分。CS 域指核心网中为用户业务提供电路交换类型所连接的所有实体以及所有支持相关信令的实体。电路交换型连接在连接建立时分配专用网络资源,在连接释放时释放专用资源。PS 域指核心网中为用户业务提供分组交换类型连接的所有实体以及所有支持相关信令的实体。分组交换型连接使用分组数据报传送用户信息,每个分组进行各自独立的路由。

在 WCDMA 系统中,CS 域和 PS 域是部分重叠的,也就是说两个域有各自特有的实体,也包括一些公共的实体。CS 域特有的实体包括移动交换中心(Mobile Switching Centre,MSC)、网关移动交换中心(Gateway Mobile Switching Centre,GMSC)和访问位置寄存器(Visitor Location Register,VLR);PS 域特有的实体包括服务 GRPS 支持节点(Serving GPRS Support Node,SGSN)和网关 GPRS 支持节点(Gateway GPRS Support Node,GGSN)。两者的公共实体主要包括本地地址寄存器(Home Location Register,HLR)、VLR、设备识别寄存器(Equipment Identity Register,EIR)、短信服务网关 MSC(SMS-GM-SC)、短信服务互联 MSC(SMS-IMSC)等,一个公共陆地移动网络(PLMN)只可以实现一个域或者同时实现两个域,具体如图 1-9 所示。

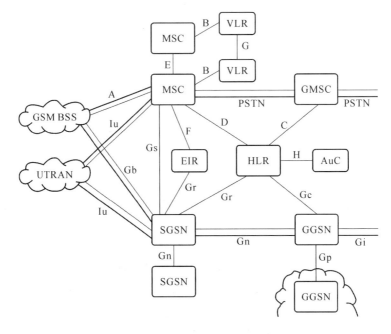

图 1-9 核心网组成和接口

通过 GSN 连接在一起的传输网络称为 IP 主网,它可以看成是专用内连网。这是 IP 主网通过防火墙和其他网络分离的原因。对于 IP 主网路由来说,PS 域必须包括一个域名服务器(Domain Name Server,DNS)。通过 DNS 节点,SGSN 和 GGSN 才可以完成路由的功能,从这个角度来看,SGSN 和 GGSN 实际上可以属于不同的网络。

1. PS 域和 CS 域的公共实体

PS 域和 CS 域的公共实体主要包括以下几个部分:

(1) 归属位置寄存器

HLR 负责管理移动用户的数据库,用于存储管理归属移动用户的信息,包括用户的签约信息、用于计费和路由呼叫所需的位置信息等。HLR 存储永久的用户数据,一个用户数据可以一直寄存在一个 HLR 中,HLR 负责移动性管理相关处理过程。

(2) 访问位置寄存器

VLR 负责用户的位置登记和位置信息的更新,存储位于管辖区内的移动用户信息。该数据库含有一些用户的临时信息(保留在其服务区内用户的数据),如手机鉴权、当前所处的小区(或小区组)等信息。

在 GSM 中 VLR 是独立操作的,但是在 3G 中 VLR 是服务 MSC(Serving MSC)的整体部分之一。VLR 介入移动性管理相关处理过程,如地址更新、地址登记、呼叫和安全事务。VLR 数据库包括激活用户的临时复本,这些复本在 VLR 内完成地址更新。

(3) 鉴权中心

鉴权中心(AuC)负责存储移动用户用于鉴权和在空中接口加密时所需的数据,防止非法用户接入系统,并保证通过无线接口的用户数据安全。

AuC 是一个产生鉴权向量(Authentication Vectors)的数据库。鉴权向量包含 VLR 和 SGSN 在 Iu 接口用于安全事务的各种参数。一般的,AuC 和 HLR 混合在一起,它们使用相同的移动应用部分(Mobile Application Part,MAP)协议接口来进行信息传输。安全性是移动性管理的一个组成部分,将在后面的章节详细介绍。EIR 存储的是和 UE 硬件相关的编号信息。

(4) 设备标识寄存器

EIR 是负责国际移动设备标识(IMEI)的数据库,完成对移动设备的鉴别和监视,并拒绝非法移动台接入网络。

(5) 短信服务网关 MSC

SMS-GMSC 作为短消息业务中心和 PLMN 之间的接口,使得短消息能够从业务中心(SC)传送到移动台。

(6) 短信服务互联 MSC

SMS-IMSC 作为 PLMN 和短消息业务中心之间的接口,使得短消息能够从移动台传送到业务中心。

2. CS 域的专有实体

(1) 移动交换中心

MSC 构成了无线系统和固定网络之间的接口,执行处理电路交换业务的所有必要的功能,是执行位于本 MSC 区域内所有移动台交换和信令功能的交换机,通常一个 MSC 与多个基站有接口。MSC 和固定网中交换机的区别在于 MSC 还需要考虑无线资源分配的影响以及用户移动性、执行位置登记和切换时的处理过程。

MSC/VLR 功能单元负责电路交换连接管理、移动性管理,如地址更新、地址登记、呼叫和安全事务等功能。

(2) 网关移动交换中心

GMSC 执行到移动台实际位置的路由功能。当网络发送一个呼叫到 PLMN 但无法查询 HLR 时,该呼叫将被路由到 GMSC,将查询合适的 HLR 并将呼叫接入到移动台所处的 MSC。选择哪个 MSC 作为 GMSC 由运营商决定。

GMSC 功能单元负责和其他网络的输入/输出连接。在连接管理中,GMSC 和服务 MSC/VLR 建立了一个呼叫路径,通过这种方式寻找呼叫用户。在移动性管理中,GMSC 先激活一个地址信息检索处理过程,其目的是为呼叫路径连接找到正确的服务 MSC/VLR。

(3) 互通功能

互通功能(IWF)是和 MSC 关联的功能实体。IWF 提供了 PLMN 和固定网之间互通的必要功能,其功能取决于不同的业务和固定网的类型。IWF 要求将 PLMN 中使用的协议转换为特定固定网使用的协议,当 PLMN 中使用的业务实现和固定网兼容时,IWF 则不需要工作。

3. PS 域的专有实体

UMTS PS 域支持节点包括网关 GPRS 支持节点(GGSN)和服务 GPRS 支持节点(SGSN),它们构成了无线系统和固定网之间分组交换业务的接口,执行处理移动台分组数据传输的所有必要功能。

(1) 服务 GPRS 支持节点

SGSN 节点支持通向接入网的分组通信,在 GSM BSS 中,接口是 Gb;在 UTRAN 中,接口则是 Iu。SGSN 主要负责移动性管理的相关事务,如路由区域更新、地址登记、分组寻呼和控制分组通信的安全机制等,即 SGSN 主要执行分组数据的路由和转发,负责跟踪登记移动台的位置信息,具有网络接入控制、用户数据管理以及计费、网络管理等功能。SGSN 中的本地登记功能存储了两类处理发起和终止的分组数据传输用户数据:

- 用户信息,包括 IMSI、临时识别号和 PDP 地址;
- 位置信息,包括移动台登记的路由区域(取决于移动台的操作模式),相关 VLR 的序号以及存在相关的激活 PDP 上、下文的每个 GGSN 的地址。

(2) 网关 GPRS 支持节点

GGSN 主要完成移动性管理、路由选择和转发等功能,提供 GPRS PLMN 与外部分组数据网的接口,完成不同网络之间数据格式、信令协议和地址信息的转换,并提供必要的网间安全机制(如防火墙)。GGSN 的位置登记功能存储了来自 HLR 和 SGSN 的两类用户数据:

- 用户信息,包括 IMSI 和 PDP 地址;
- 位置信息,包括移动台登记的 SGSN 地址。

GGSN 节点包括通向其他分组交换网络的连接,如通向 Internet。在核心网中,这个节点负责移动性管理的相关事务,比如在核心网电路交换域的 GMSC,任务管理也在 GGSN 中。

核心网包含两个独立的域(CS 域和 PS 域)来分别进行电路交换和分组数据业务的传输,并且这两个域都考虑到了业务传输的特性。业务传输的特性也会影响 CS 域和 PS 域的环境功能单元,还会进一步影响信令接口和信令的传输。

1.3 无线网络规划

对于无线网络运营商来说,如何经济有效地建设一个蜂窝移动通信网络,保证网络建设的性价比是运营商所关心的问题。概括来说,就是在支持多种业务并满足一定服务质量(QoS)的条件下,获得良好的网络容量,满足一定时间和位置概率下的无线覆盖需求。同时通过调整容量和覆盖之间的均衡关系使网络提供最佳的业务质量。无线网络规划的目标就是在满足运营商的上述基本要求前提下,达到容量、覆盖和质量的平衡,实现最优化设计。简单地说,无线网络规划就是根据建网的目标和要求,结合成本,确定网络建设的规模和方式,指导工程建设。

无线网络规划的对象包含无线接入、传输和核心网三大部分。无线接入网络规划侧重于接入网网元数目和配置规划。传输网络规划侧重于各网元之间的链路需求和连接方式规划。核心网络规划侧重于核心网网元数目和配置规划。其中以无线接入网络规划最为困难和重要,无线接入网络规划的结果将直接影响传输和核心网的规划。需要注意的是,本教材侧重于无线接入网的规划,有关传输网和核心网的规划,下面简单介绍其原理,后面章节不再叙述。

1.3.1 无线传输网及其规划

无线传输网可以简单分为光长途网和光城域网,下面简单介绍其原理。

1. 光长途网

光长途网技术的发展方向仍然是超高速率、超大容量、超长距离,其发展趋势为电层网络→OTN(光传送网)→ASON(自动交换光网络)。

TDM 传输速率目前已达 40 Gbit/s,速率提升的空间有限,最好的解决方法是密集型光波复用(DWDM)和同步数字复用(SDH)技术。目前,DWDM+SDH 已实现了在一对光纤中以 10 Tbit/s 以上的速度进行传输。通过采用超长波段和相干探测的方式,可实现跨洋无中继通信。在实际应用中,大部分情况下采用 G.655 光纤适合新建大容量 DWDM 干线。但在多跨距与长距离传输时,G.655光纤性能可能会劣于 G.652 光纤。长途传输网将提供多业务端口,如 FE、GE 甚至万兆以太网端口。目前,信息量存储的需求越来越大,存储区域网络(SAN)应运而生,因此长途传输网上还可能提供一些管理系统连接(ESCON)、光纤连接(FICON)等接口。

在长途光通信系统中,将由光→电→光的方式变为光→光,即向全光网发展。全光网在中继器内部不需要将光信号解调成电信号,因此可节约大量成本。数据业务的发展,要求传输网具有动态配置带宽的能力,光交叉连接(Optical Cross-Connect,OXC)和数字交叉连接(Digital Cross-Connect,DXC)是这方面的前期探索,可以相对灵活地配置网络。但 OXC 和 DXC 仍需人工配置,网络较大时将造成网络维护上的巨大困难,对数据业务也不能很好地支持。因此,需要在传输网中引入交换的概念,这就是自动交换传输网(ASTN)。其中,以光传输为基础的称为自动交换光网络(ASON)。ASON 将传统的传送网技术与 IP 技术融合形成下一代智能光传送网,传输的信号由以电路信号为主逐渐向以分组信号为主过渡。自动交换光网络是光网络的下一代网,是一个容量更大、高度灵活、智能管理、动态配置的光传输网。

2. 光城域网

城域网是局域网以太网技术向城域方向的延伸。城域网传输设备需要配备大量的数据接口,原有固定带宽的网络显然不能适应数据业务突发性强、业务流量变化大、带宽动态分配的特点。因此,目前运营商普遍面临着对城域传送网络重新规划设计和建设的任务,迫切需要建设一个多功能、低成本、传输与业务提供相结合的城域网。目前,城域网中的关键技术有基于 SDH 的多业务提供平台、基于 WDM 的多业务提供平台(MSTP)、弹性分组环(RPR)和粗波分复用(CWDM)。RPR 的国际标准尚未正式定稿,CWDM 是针对大颗粒业务和光纤紧张的状况,因此这二者在短期内不会成为城域网的主流技术,而 MSTP 技术是目前最有可能在城域网中大规模应用的技术。

(1) 多业务传输平台

数据业务目前普遍存在保护上的缺陷,在城域内裸光纤直拉浪费了大量的光纤资源且成本很高，SDH 强大的保护恢复能力和在城域范围内庞大的网络资源，使运营商们考虑以 SDH 设备作为多业务的传输平台。但是，SDH 设备是为固定速率业务设计的，对于可变速率(VBR)及任意速率的业务则显得传送效率不高。因此，应考虑在原有 SDH 设备上加入对数据业务层处理的功能，如以太网透传、以太网二层处理、ATM 的统计复用等功能，以更适应数据业务的传输，这就产生了 MSTP。ATM 业务目前应用日渐减少，因此 MSTP 设备上的 ATM 功能处于相对次要的地位，而在城域范围内最关心的是 MSTP 设备对以太网的支持能力。严格地说，仅支持简单的以太网透传的 SDH 产品仍会造成较大的带宽浪费，只有具有两层交换处理功能的 SDH 产品才称为严格意义上的 MSTP 产品，从而可以使两层网络从单纯的局域扩展到整个城市以至长途。但两层网络必须采用 MAC 地址交换，没有路由功能且广播风暴等问题决定了两层网络不能无止境扩大，在网络规模达到一定程度后，必须引入三层以及路由器功能，因此 MSTP 并不能代替路由器。

将以太网数据通过专用协议映射到 SDH 帧结构中，目前有点对点协议(Point to Point Protocol，PPP)、SOH 链路接入规程(Link access Procedure-SDH，LAPS)和通用成帧规程(Generic Framing Procedure，GFP)和 SDL 等解决方案。PPP 成熟却效率不高；LAPS 比 PPP 更简单方便，封装效率更高，但依然采用基于标志字节的帧定界方案，存在帧定界带来的各种缺点，目前应用较少。SDL 技术主要是针对高容量的数据包及传输系统，效率较高 GFP 具有 SDL 同样的优点，且更适合承载多种业务，较强的可升级性，良好的纠错能力。

为了增强带宽的利用率，在数据业务进虚拟通道(VC)之前可以采用级联(Concatenation)技术，级联技术又分为连续(Contiguous)级联或虚(Virtual)级联两种。连续级联要求 n 个 VC-12 必须地址相邻，灵活度不高。而虚级联方式无须 VC-12 相邻，但采用虚级联时在通道业务起始端和终止端要增加相应处理功能，接收端需引入一个缓存器以增加额外时延。

对于 ATM 业务，系统提供统计复用功能，可对多个 ATM 业务流中的非空闲信元进行抽取，复用进一个 ATM 业务流，提高 SDH 线路利用率，同时节约 ATM 交换机端口数。对于一般的 MSTP 设备，提供的业务能力主要有：

① PPP 功能，可实现端到端以太网端口固定带宽的分配，也称为以太网专线。

② 提供二次交换的功能，可以将本机单盘中多个以太网接口或不同站点以太网接口业务流量统计复用。

③ 支持 VLAN 的划分，将带宽分配和流量控制与 VLAN 的划分相结合，实现不同的带宽和优先级需求分配，可支持基于标记或端口的 VLAN，保证以太网用户的安全性。

④ 支持虚级联，实现不同时隙、不同路径的以太网业务传输，亦可达到传输保护的目的。

⑤ 提供对 ATM 非空闲信元的整合功能。

(2) 弹性分组环

利用 MSTP 技术接入数据业务存在明显的缺点，具体如下：

① 数据帧结构映射入 SDH 的虚容器后加上段开销才形成 SDH 标准帧信号，带宽利用率不高。

② SDH 是针对 TDM 业务开发的技术，只能提供固定的点对点连接，配置好后不能动态改变各节点之间的带宽。

③ 具有二次交换功能的 SDH 设备在带宽使用公平性上存在无法弥补的缺陷。

弹性分组环(RPR)就是将以太网的高效率、SDH 的稳定可靠、各节点带宽使用的公平性三者相结合的解决方案。它是适用于多业务分组传送的新型光纤环网传输技术,网络标准正由 IEEE 802 工作组制定,定名为 IEEE 802.17。目前,RPR 有两种技术方向,一种是纯 IP 的 RPR,一种是 RPR over SDH。在纯 IP 平台上,保障视频、音频等高服务质量的业务和 TDM 业务的时钟信号传输无圆满解决方案,因此 RPR over SDH 成为目前最为可行的解决方案。RPR over SDH 使运营商既可以提供高速的数据业务,也保留了对传统的基于电路的语音业务的支持。

RPR 在工作期间双纤均为传输业务,不设单独的保护环,带宽利用率很高,在出现环路故障时可保护一半业务。RPR 技术支持可变长分组交换的多节点环,环内不设主节点,每个节点可独立检测拓扑,即插即用,可实现环一级公平带宽算法,实现环内带宽资源共享,带宽算法在无拥塞时能在任意两个节点之间提供环内最大带宽。RPR 和 MSTP 相同,都是利用 VC 承载对服务质量要求较高的 TDM 业务,对该业务采用 MSP 保护,让另外一些 VC 承载 IP 业务,该业务以 RPR 技术本身保护。在面对分组而不是面向电路的情况下,RPR 环保护倒换时间和 SDH 一样小于 50 ms,提供了 SDH 级的健壮性。在 RPR 中,数据帧设置 TTL(生存时间或寿命)字段可以防止分组无限环行。同时,RPR 支持多播和广播、多达 8 个优先级的分组分类传送、分布式带宽和拥塞控制,并可以适配现有的 SDH 和以太网物理层。

总之,RPR 是一种以以太网的成本提供 SDH 级的健壮性的多业务承载技术。该项技术可用于城域网、局域网和广域网,但在目前讨论得最多的是在城域网范围内的应用。RPR 具备 SDH 系统不具备的灵活性,从而比点对点的以太网更有效率。

(3) 稀疏波分复用

由于 DWDM 的成本昂贵,使其在城域网中的使用受到很大的限制,CWDM(稀疏波分复用)应运而生。CWDM 设备适合于距离较短,不需要或需少量放大器的场合。由于 CWDM 波分间隔大,波长范围覆盖为 1 200～1 700 nm 的宽窗口,因此对波长准确度和光器件要求不高,从而大大降低了成本。CWDM 网络结构较简单,易于维护管理,比较适用于城域网。

3. 无线传输网规划

根据我国传输网的网络规模及业务发展的具体情况,可将传输网划分为 3 层:省际长途传输层、省内长途传输层及本地传输层。3G/B3G 蜂窝移动通信系统的引入,会影响到本地传送网的网络结构和带宽需求,其核心层的传输带宽也会因为宽带数据业务的引入而增大,但不应影响长途传输网络的结构。传输网作为基础的高速传输平台,负责为各种业务包括 3G/B3G 业务提供高速可靠的传送能力,相对于本地传输网,界面应相对清晰,不应和其他专业有过多的业务融合,以提高网络功能的灵活性和高效性。

对于省际和省内长途传输网来说,3G/B3G 蜂窝移动业务的引入不会改变其基本的网络结构,因此不用新建网络,更无须单独组网,以原有传输网络扩容为主。对于本地传送网方面,由于 3G/B3G 产生了新的带宽需求,本地网会出现资源紧张的状况,所以需要对传输网进行扩容,并充分考虑各种业务网尤其是 3G 业务对传输系统的要求,统筹规划。

(1) 长途传输网建设目标

以我国的传输网规划为例,省内 3G 传输网主要解决省内各 C3 以上节点之间 3G 业务的传输需求。省内传输网是为省内 3G 业务服务,并为省际传输网收集出省业务。省内 3G 传输网的特点是节点不多,一般为地市级,地理位置相对比较集中且业务量也多为集中型,对省会节点方向传输业务较多。

在省内建设时,应结合省际传输网的网络结构,除省会外再选择1~2个出省节点,与省际传输网相连,负责出省3G业务的汇集与转接,起到安全保护的作用。在组网上建议省内传输网以SDH环网为主,对于偏远地区且业务量较小的地市也可考虑建设SDH链路以解决传输需求。组织省内3G传输网时要尽量结合已建或在建的省际传输网结构,建设时可利用干线光缆的光纤资源进行实施,在与省际网同路由的段落应尽量利用已建设的WDM系统波道,以节约建设投资、降低运行成本。为便于实现电路的端到端管理,省内3G传输网的网管系统应和省际长途传输网一并考虑。省内3G长途传输网的建设应尽量考虑利用中国网通分得的干线纤芯,并根据网络结构的需要,在部分地段敷设新光缆或租用其他运营商的光缆或波道。

对于建设光缆难度较大的边远省份如内蒙、西藏、新疆等,局部地区可以因地制宜,建设微波或卫星传输网络来解决其3G业务的传输问题。

(2) 本地传输网建设目标

本地传送网可分为四层结构:核心层、汇聚层、边缘层、接入层。对于三类地区,核心层和汇聚层可以认为是一个层面,整个网络按核心层、边缘层和用户接入层三层进行考虑;对于一类及二类城市,可以按四个层面进行考虑。

本地传输网分层应尽量避免层面过多的情况,造成不同层面转接次数多,网络效率低。本地网应能够支持包括3G在内的多业务传输,避免不同业务分别组建本地传输网。对一些大带宽用户的接入,为了保证用户的电路质量,应直接建设用户到核心节点或汇聚节点的专用系统。

本地传输网网络组织建设应遵循以下原则:

• 技术方案

应以光纤为主要传输媒介,应用比较普遍和成熟的是SDH及派生的MSTP传输技术,但MSTP技术不同厂家提供的产品有较大的区别,在选用时应充分结合不同地区本地网的特点和要求。目前虽然一些低容量的PDH设备初期的单位造价便宜,但由于PDH产品的可管理性、调度和组网能力非常差,不能与SDH产品在一个平台上统一管理,后期在管理和维护上的投入非常大;随着SDH技术的成熟、价格的降低,PDH设备正在被逐步淘汰,设备的后期服务可能跟不上。

RPR技术在传输数据业务方面有很大的优势,但在提供传统业务方面的能力明显不足,而且标准化工作还没有完成,组网能力也比较差,建议要慎重采用。城域WDM(CWDM)技术在组网灵活性和保护机制等方面还不是十分成熟和实用,价格也比较贵,建议在光缆资源十分紧张的情况下使用。对于部分光纤缺少或光缆建设成本过高的边缘层,可以采用无线传输方式解决。

• 组网原则

目前,本地传输网中,核心层、汇聚层、边缘层基本均采用SDH环形组网方式。SDH设备应可以方便地支持多业务的综合传输,最好选用支持MADM、MSTP功能的SDH设备。考虑到传输网络的独立性,在应用MSTP设备时,可暂不考虑其二层交换功能。

当核心层的业务预测量在2个2.5 Gbit/s左右时,可以考虑采用10 Gbit/s的系统。一些地区已经在核心层建设部分2.5 Gbit/s传输系统,在建设时,应在总体规划的基础上,结合网络优化,正确处理新建 10 Gbit/s 系统与现有 2.5 Gbit/s 系统的关系,不应盲目追求高速率。对于 MADM 设备,4 纤环和 2 纤环在容量、调度等方面优缺点差别不大,城区光缆资源比较丰富,如果有条件在相邻 2 个节点间找到 2 条光缆路由,可以采用 4 纤环。这是因为它可以容忍系统多点故障,可靠性比较高。核心层设备的交叉连接能力应不小于 256×256 VC-4 和 1008×1008 VC-12。根据目前设备的能力和应用的经验,SDH 设备提供的高阶和低阶交叉连接是分别通过 VC-4 和 VC-12 两个交叉连接矩阵完成的。有些 10 Gbit/s 速率设备也能同时处理高阶和低阶交叉时,在 2 Mbit/s 业务量较小的时候为了节省投资,可以采用这种设备,但 2 Mbit/s 处理量较大时,在 10 Gbit/s 设备中同时处理 VC-4 和 VC-12 交叉连接容易出现阻塞现象,建议在设备上采用两级结构,高速设备只完成 VC-4 交叉连接,低速设备(比如具有大容量 VC-12 交叉连接能力的 2.5 Gbit/s 设备)用于完成 VC-12 的交叉连接。为了提高 VC-12 电路管理和调度的能力,建议尽量不要采用单个的 155 Mbit/s 复用器,应尽量采用大容量的设备(如具有大容量 VC-12 交叉连接能力的 622 Mbit/s、2.5 Gbit/s 设备)。

汇聚层一般采用 SDH 2.5 Gbit/s 系统比较合适,汇聚层设备的交叉连接能力应不小于 64×64 VC-4 和 252×252 VC-12。

在城市城区边缘层应该考虑到将来各种新型业务开展和数据业务的进一步发展,系统容量应比较大。设备应该能够提供 2 M、10/100 M、155 M 等多种业务接口,因此采用 SDH622 Mbit/s 设备比较适宜,交叉连接能力应不小于 16×16 VC-4 和 252×252 VC-12。其他边缘层网络,可以采用 SDH155 Mbit/s 设备,交叉连接能力应不小于 16 个 VC-4 和 63×63 VC-12。设备应该具有提供比较丰富的接口的能力。郊区及野外的传输系统一般都是向 G 网或 C 网的基站提供电路,采用 SDH155 Mbit/s 设备基本可以满足需要。为了满足将来业务发展、电路需求增加的需要,各城市应根据规划需要,要求核心层、汇聚层、城区边缘层的设备具有在线升级的能力。

1.3.2 无线核心网及其规划

如前面的网络结构组成所述,核心网分为电路域和分组域,分别支持话路业务和数据业务。以 3G 系统的 WCDMA 为例,核心网规划主要步骤和流程包括:

(1) 收集规划需要的输入数据

网元设置原则:包括电路域网元(MGW、MSC Server 和 HLR)、分组域网元(SGSN、GGSN、CG、DNS 等)和业务提供层网元(SMC、SCP 等)的网元起设门限、扩容门限、同种网元间的备份关系;GMGW、GMSC Server 的起设条件。

路由原则:包括话务路由原则和 No.7 信令路由原则。话务路由原则包括 3G 网内话务路由原则,3G 网和外网间(区分本运营商和其他运营商)的互联互通方式,过网长途话务是否采用受端入网。No.7 信令路由原则包括网元间开设直联信令链和准直联信令链的原则,LSTP、HSTP 进行 GT 翻译的原则。

接口承载方式:包括各网元间接口的承载方式,主要指 Nb、Mc 和 Nc 接口是否采用 IP、ATM 或 TDM。

语音编码策略:包括缺省 AMR 编码速率、编码帧周期、是否采用 TrFO 功能和静音检测功能。

支撑系统发展策略:包括 3G 网络的 BSS 系统(营销、客服、计费、账务、结算等)、OSS 系统(网管、资源管理等)和 MSS 系统的发展策略。

现有网络结构:包括规划区域内运营商现有的话务网网络组织、信令网网络组织、传输网网络组织、智能网网络组织、IP 网网络组织、与其他运营商的互联互通结构。如果 Nb 接口承载在 IP,还需要了解 IP 网络节点的交换能力及其支持的协议。

物业情况:包括规划区域内运营商现在拥有的机楼、机房情况,机房规划及空闲情况,计划建设的机楼情况。

传输条件:包括机楼是否为传输枢纽、是否拥有省际电路出口。

地理情况和人文特点:包括规划区域如何细分子区域,子区域间交通的情况,是否有著名旅游点、大型企业、军队部署和大型会议活动等。子区域间人口流动习惯,文化相似程度。

各种业务预测用户数和渗透率:根据市场发展策略、区域现有人口指标、经济指标和电信指标预测出来的本区域 3G 用户数、短消息渗透率、智能业务(如预付费、VPN 等)渗透率、数据业务渗透率(附着率)、平均忙时数据流量等。预测值还需要分解到各个规划子区域。

用户模型:包括话务模型和信令计算参考模型。话务模型包括用户忙时平均话务量、移动主叫用户比例、平均通话时长、漫游用户比例、移动用户分类长途比例、网间流量分布、可视电话参数等。信令计算参考模型包括平均每用户忙时鉴权次数、用户位置更新次数、切换次数、IMSI 附着分离次数、收发短消息条数等。

支撑系统现状:包括规划区域各个支撑系统的实现功能、网络组织和相互关系。

设备参考价格:各种网元的配置单价或以容量为依据的价格。

(2) 规划网元局点数、负责区域、设备容量、局所设置

根据子区域用户数、网元设置门限、备份原则计算网元局点数量,并根据现有网络结构、地理情况和人文特点划分每个网元负责的子区域,然后计算每个设备的容量。根据物业情况和传输条件,规划每个网元局所设置。本步骤是一个反复调整修正的过程,输出各种网元设置方案及表格。

(3) 检查各种网元相互关系是否合理

根据上一步结果,横向比较各网元间关系,检查各网元负责子区域的交集、子集关系是否合理。如果不合理,返回上一步,如果合理进行下一步。

(4) 网络拓扑结构和互联互通组织

结合路由原则和上述结果,制订电路域、分组域、信令网网络拓扑结构和互联互通组织方案。明确与外网哪些节点连接。本步骤输出各期网络拓扑结构图。

(5) 演进方案是否合理

纵向比较规划期内各期网络拓扑接口,明确每期新建网元割接情况。如果割接工作量太大或风险性太高,返回第 2 步。如果网络演进方案合理,进行下一步。

(6) 各种接口(Nb、Mc、Nc、中继、No.7 信令)的带宽计算

根据接口承载方式、语音编码策略、用户模型,结合以上规划结果,计算各网元各接口的带宽需求,并需要区分不同的接口承载方式。本步骤输出各网元接口带宽需求表。

(7) 计算对承载网(IP 或 ATM)、传输网的需求

根据现有承载网结构和传输网结构,把带宽计算结果分配到各个承载网节点和传输环。本步骤输出承载网节点带宽需求矩阵和传输需求矩阵。

(8) 软件仿真验证是否合理

利用专业 3G 仿真软件,根据用户模型、网络拓扑和带宽计算结果搭建模型,进行仿真验证。如果网元处理能力和接口配置产生溢出,验证不通过,返回第 7 步,否则,进行下一步。本步骤输出仿真结果图表。

(9) 支撑系统规划

根据支撑系统发展策略和支撑系统现状,制定支撑系统规划方案(包括 BSS、OSS 和 MSS)。本步骤输出支撑系统规划方案。

(10) 投资估算

根据设备参考价格和网元数量、带宽需求等进行投资估算。本步骤输出工程投资估算表。

1. 电路域话务规划

电路域规划方法主要是针对话务带宽需求和信令带宽需求,分别计算各接口的传输带宽需求。

- Nb 接口计算方法

Nb 接口主要计算 IP 语音媒体流带宽需求,涉及 MGW、GMGW、CN2 节点之间的带宽需求。用 IP 承载主要分为两种应用情况,在局域网内采用以太网接口,在 CN2 内部采用带 MPLS 的 POS 接口,对应两种协议栈,如图 1-10 所示,其中 AMR 表示承载的是自适应可变传输速率的语音业务源,CS-Data 则指代承载的是可视电路交换电话业务。

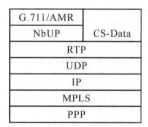

图 1-10 Nb 接口协议栈结构图

考虑协议栈开销及静音检测技术(静默因子 50%)后,每路 12.2 kbit/s 编码的 AMR 语音和 64 kbit/s 编码的可视电话媒体流的带宽需求如表 1-1 所示。

表 1-1 Nb 接口每路带宽需求

编码	每路带宽需求/(kbit·s^{-1})	
	Ethernet 承载	MPLS+POS 承载
AMR 语音	22.1	20.1
可视电话	169.6	155.2

考虑到两种承载方式对带宽影响不大,规划时可以统一按 Ethernet 承载方式计算:Nb 接口各局向带宽=3G 用户数×(平均每用户语音忙时话务量(Erl)×语音每路带宽+平均每用户可视电话忙时话务量(Erl)×可视电话每路带宽)/负荷系数/承载网冗余系数×各局向比例。其中负荷系数从避免突发话务量溢出角度出发而考虑,典型取值为 0.7;承载网冗余系数从预留突发数据及路由协议开销角度出发而考虑,典型取值为 0.5。

Nb 接口带宽需求＝∑Nb 接口各局向带宽

CN2 接入节点与汇聚节点带宽需求＝3G 用户数×(平均每用户语音忙时话务量(Erl)×语音每路带宽＋平均每用户可视电话忙时话务量(Erl)×可视电话每路带宽)/负荷系数/承载网冗余系数×(省内长途比例＋省际长途比例)

CN2 汇聚节点与骨干节点带宽需求＝3G 用户数×(平均每用户语音忙时话务量(Erl)×语音每路带宽＋平均每用户可视电话忙时话务量(Erl)×可视电话每路带宽)/负荷系数/承载网冗余系数×省际长途比例

注意：MGW 局内话务不占用 Nb 接口；本地网内 MGW 话务无须经 CN2 转接。

- DM 电路计算方法

TDM 电路计算方法主要涉及 GMGW 与固网汇接局、关口局、长途局之间的中继需求。各局向 E1 需求＝Ceiling(3G 用户数×平均每用户语音忙时话务量(Erl)/0.7/30×各局向比例)，其中 Ceiling(X)表示向上取整函数。

- IuCS 接口计算方法

Iu-CS 接口主要计算 MGW 和 RNC 之间的 ATM 带宽需求。Iu-CS 用户平面协议栈如图 1-11 所示。

考虑协议栈开销及静音检测技术(静默因子 50％)后，每路 12.2 kbit/s 编码的 AMR 语音和 64 kbit/s 编码的可视电话 ATM 传输的带宽需求如表 1-2 所示。

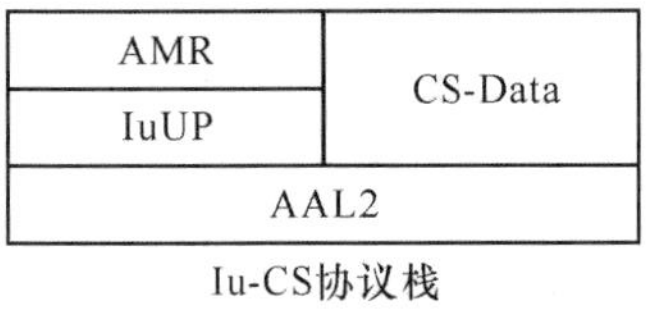

AMR	CS-Data
IuUP	
AAL2	
Iu-CS 协议栈	

图 1-11　Iu-CS 协议栈结构图

表 1-2　Iu-CS 接口每路带宽需求

编码	每路带宽需求/(kbit·s^{-1})
AMR 语音	9.94
可视电话	84.80

IuCS 接口总带宽＝3G 用户数×(平均每用户语音忙时话务量(Erl)×语音每路带宽＋平均每用户可视电话忙时话务量(Erl)×可视电话每路带宽)/负荷系数/SDH 开销系数×(1＋1％)。其中负荷系数从避免突发话务量溢出角度出发而考虑，典型取值为 0.7；SDH 开销系数从 SDH 封装 ATM 信元角度出发而考虑，典型取值为 0.9。1％表示考虑 IuCS 信令开销；STM1 需求个数＝IuPS 接口带宽/155。

2. 电路域信令规划

表 1-3 为 WCDMA R4 电路域信令模型，作为信令带宽的计算依据。

表 1-3　R4 电路域信令模型表

内　　容	参考取值	单　　位
位置更新(MSC Server 间)	0.2	次/用户/忙时
鉴权	2	次/用户/忙时
切换次数	0.6	次/用户/忙时
IMSI 附着	0.4	次/用户/忙时
IMSI 分离	0.4	次/用户/忙时

- Mc接口计算方法

MSC Server 和 MGW 之间的接口称为 Mc 接口，在 Mc 接口上承载的信令包括 RANAP、ISUP 和扩展的 H.248 协议，其中 RANAP 通过 MGW 内置信令网关实现 RNC 到 MSC Server 之间的信令透明传送，ISUP 通过 MGW 内置信令网关实现外网交换局到 MSC Server 之间的信令透明传送。扩展的 H.248 协议用于 MSC Server 控制 MGW，实现呼叫控制和业务承载的分离。

Mc 接口主要计算 MSC Server 和 MGW、GMGW 之间的 RANAP、ISUP 和扩展的 H.248 信令带宽需求。Mc 接口协议栈如图 1-12 所示。

图 1-12 Mc 接口协议栈结构图

由于 Mc 接口为厂家内部接口，信令流程和消息字节数存在差异，这里按表 1-4 所示的经验值取定。

表 1-4 Mc 接口信令流量经验值

MGW 类型	每一万用户所需要 Mc 接口信令流量/(kbit·s^{-1})	涉及信令
独立 MGW	466	RANAP、扩展的 H.248
独立 GMGW	153	ISUP、扩展的 H.248
MGW/GMGW	509	RANAP、ISUP、扩展的 H.248

以上数值已经考虑信令负荷系数及 IP 承载网冗余系数：

Mc 接口带宽＝3G 用户数/10 000×每一万用户所需要 Mc 接口信令流量

- Nc 接口计算方法

Nc 接口主要计算 MSC Server、TMSC Server 之间的呼叫控制 BICC 信令和局间切换 MAP 信令带宽需求。Nc 接口协议栈如图 1-13 所示。

图 1-13 Nc 接口协议栈结构图

Nc 接口信令计算采用如表 1-5 所示的参数进行计算。

表 1-5　Nc 接口信令参数表

类型	信令	单向最大消息数	单向最大消息总长度/B
一次局间呼叫	BICC	5	365
一次局间切换	MAP	3	548

BICC 信令链需求＝3G 用户数×BHCA/3600×单向最大消息长度/(64 000/8×0.2)

MAP 信令链需求＝3G 用户数×BHCA/3600×单向最大消息长度/(64 000/8×0.4)

其中，0.2 和 0.4 分别表示 BICC 和 MAP 的信令链路负荷，Nc 接口信令链配置需求＝BICC 信令链需求＋MAP 信令链需求（按 2n 取定）

- C/D 接口计算方法

C/D 接口主要计算 MSC Server 和 HLR 之间 MAP 信令带宽需求，C/D 接口采用 TDM No.7 信令承载。MSC/VLR 和 HLR 间的 C/D 接口涉及到的 MAP 主要操作分别为取路由、取漫游号码、位置更新、鉴权，计算公式为

忙时每用户 MAP 操作平均消息个数（MSU）＝平均忙时取路由信息次数×取路由信息平均消息个数＋平均忙时取漫游号码次数×取漫游号码平均消息个数＋忙时位置更新操作次数×位置更新平均消息个数＋忙时鉴权处理操作次数×鉴权操作平均消息个数

MAP 信令消息个数参考表 1-6 取值。

C/D 接口信令链需求＝3G 用户数×忙时每用户 MAP 操作平均消息个数/3 600×平均的 MAP 消息字节数/1.6/(64 000/8×0.4)（按 2n 取定）

其中，平均的 MAP 消息字节数建议按 130 B 取定，0.4 表示 MAP 信令链负荷，1.6 表示信令消息双向不平衡系数。

- GMGW 信令链计算方法

GMGW 电路信令链路计算方法主要涉及 GMGW 与固网汇接局、关口局、长途局之间的 ISUP 信令链路需求。根据《No.7 信令网工程设计规范》(YD/T 5094—2005)，参数如表 1-7 取定。

表 1-6　C/D 接口 MAP 信令消息数

操作类别	消息个数（双向）
位置更新	4 MSU
鉴权	2 MSU
被叫提供漫游号码	2 MSU
取路由信息	2 MSU

表 1-7　ISUP 信令链需求计算参数

参　数	ISUP
每呼叫平均 MSU 数量	8.2
平均每个 MSU 长度/B	30

GMGW 各局向信令链路需求＝3G 用户数×BHCA/3 600×各局向比例×每呼叫平均 MSU 数量×平均每个 MSU 长度/(64 000/8×0.2)　（按 2n 取定）

其中，0.2 表示 ISUP 信令链负荷。

3. 分组域业务规划

目前，蜂窝移动通信系统可以提供的分组域主要业务包括 Internet/Intranet 接入、MMS、位置服务、流媒体、下载、WAP、即时消息等。对分组域数据业务进行细分，根据不

同数据业务的业务特性,分不同的地区不同等级的用户,考虑如下参数:月平均使用次数、忙日集中系数、忙时集中系数、平均每次使用时长(s)、占空比、业务接入速率(kbit/s)、业务渗透率等,由此来确定每个业务的上下行忙时的平均流量、忙时附着用户激活比(即附着用户PDP Context 激活比例)。忙时附着用户激活比是忙时附着用户中同时激活PDP的比例。

忙时附着用户激活比(%) = $\sum\limits_{各类业务}$(月平均使用次数×忙日集中系数×忙时集中系数×平均每次使用时长×业务渗透率/3 600)×峰值系数

忙时每附着用户平均业务量 = $\sum\limits_{各类业务}$(月平均使用次数×忙日集中系数×忙时集中系数×平均每次使用时长×占空比×业务接入速率×业务渗透率/3 600)×峰值系数

分组域媒体流量=3G用户数×附着用户比例×忙时每附着用户平均业务量。

附着用户数=3G用户数×附着用户比例

忙时 PDP Context 数量=附着用户数×忙时附着用户激活比

• Gn/Gp 接口计算方法

Gn/Gp 接口主要计算 SGSN 和 GGSN 之间的媒体流及信令带宽。Gn/Gp 接口采用 IP 承载,该接口的协议栈如图 1-14 所示。

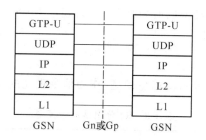

图 1-14 Gn/Gp 接口协议栈结构

Gn 接口带宽=分组域媒体流量×协议栈开销/承载网冗余系数×(1+1%)

其中,当平均 IP 包净荷为 256B 的时候,协议栈开销为 1.26;承载网冗余系数从预留突发数据及路由协议开销角度出发而考虑,典型取值为 0.5;1%表示 Gn 接口信令开销比例。

本地网节点产生的流量主要分为出省网流量和省网内部流量两部分。本地用户使用分组域业务时 SGSN 产生的流量都疏通到本省 GGSN;漫游用户使用区域性 APN 触发分组域业务时,SGSN 产生的流量则通过拜访的 SGSN 回到归属 GGSN。

CN2 接入节点与汇聚节点带宽需求=Gn 接口带宽×(1−省际漫游出用户比例+省际漫游入用户比例)

CN2 汇聚节点与骨干节点带宽需求=Gn 接口带宽×[(省际漫游出用户比例+省际漫游入用户比例)×漫游用户回归属地 GGSN 接入业务比例]

其中,省际漫游出入用户比例见 R4 电路域话务模型。

• Gi 接口计算方法

Gi 接口主要计算 GGSN 与 Internet、Intranet、业务平台之间的媒体流及信令带宽。

Gi 接口带宽=分组域媒体流量×协议栈开销/承载网冗余系数

其中,当平均 IP 包净荷为 256B 的时候,协议栈开销为 1.1;承载网冗余系数从预留突发数据及路由协议开销角度出发而考虑,典型取值为 0.5;

- Iu-PS 接口计算方法

Iu-PS 接口主要计算 SGSN 和 RNC 之间的 ATM 带宽需求。Iu-PS 用户平面协议栈如图 1-15 所示。

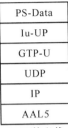

图 1-15 Iu-PS 接口协议栈结构

Iu-PS 接口带宽＝分组域媒体流量×协议栈开销/承载网冗余系数/SDH 开销系数×(1+1.5%)

其中，当平均 IP 包净荷为 256 字节时候，协议栈开销为 1.45；SDH 开销系数从 SDH 封装 ATM 信元角度出发而考虑，典型取值为 0.9；1.5% 表示 IuPS 接口信令开销比例；STM1 需求个数＝Iu-PS 接口带宽/155。

4. 分组域信令规划

表 1-8 为 WCDMA R4 分组域信令模型，作为信令带宽的计算依据。

表 1-8 R4 分组域信令模型

参数名称	参考取值	单位
3G 用户鉴权	3.55	次/用户/忙时
忙时每用户 Attach 次数	0.5	次/用户/忙时
忙时每用户 Detach 次数	0.5	次/用户/忙时
忙时每用户 PDP 上下文激活次数	1	次/用户/忙时
忙时每用户 PDP 上下文去激活次数	1	次/用户/忙时
忙时每用户路由区更新次数(SGSN 间)	0.1	次/用户/忙时

- Gr 接口计算

Gr 接口主要计算 SGSN 和 HLR 之间 MAP 信令带宽需求，Gr 接口采用 TDM No.7 信令承载。Gr 接口涉及的 MAP 主要操作分别为鉴权、附着/去附着、路由区更新，计算公式为：

Gr 接口信令流量＝附着用户数量×(忙时用户鉴权次数×平均消息长度＋忙时用户附着次数×平均消息长度＋忙时用户 SGSN 间路由区更新次数×平均消息长度＋忙时用户去附着次数×平均消息长度)/3 600

MAP 信令消息个数可以参考表 1-9。

表 1-9 Gr 接口 MAP 信令消息参考表

操作类型	消息平均总长度/B(下行)
3G 用户鉴权	79.75
忙时用户附着次数	760
忙时用户去附着次数	100
忙时用户路由区更新次数(SGSN 间)	760

Gr 接口信令链需求＝忙时 Gr 信令流量/(64000/8×0.4)（按 2n 取定）

其中，0.4 表示 MAP 信令链负荷

- 智能网信令链计算

智能网信令链计算涉及 MSC Server 和 SCP 之间的 CAP 信令链。

CAP 信令链需求 = $\sum$ 各种业务(3G 用户数×业务渗透率×BHCA/3 600×每呼叫平均消息数×消息平均长度/1.6/(64 000/8×0.4)) （按 2n 取定）

其中，0.4 表示 CAP 信令链负荷，1.6 表示信令消息双向不平衡系数。

计算智能网信令链时，首选需要注意区分各个 SCP 负责的智能业务，再进行信令链计算。当智能用户漫游出省后，业务控制依然使用归属地 SCP。

1.3.3 无线接入网规划特征

3G/B3G 无线网络规划同传统的 2G 网络相比有着本质的区别。传统的 2G 网络由于所承担的业务主要是语音，所采用的规划方法相对较为简单，但 3G/B3G 网络提供丰富多样的业务，从而导致 3G/B3G 无线网络规划比 2G 复杂很多。

传统的 2G(GSM)无线网络规划基本上可以分为两步：第一步主要是无线路径衰耗的预测，目的是使网络保证所需业务区域的无线覆盖；第二步是根据对业务区业务量的估计进行频率规划，以便确定系统的容量。通常在对 GSM 系统的无线规划中，主要考虑的是话音业务和少量的数据业务(如 SMS 业务)。这样，对于给定信道的数量，小区的容量是一个常数。因此，在 GSM 的无线规划中，覆盖和容量的规划可以分别独立地进行规划。

在 3G/B3G 系统中，由于引入了包括话音在内的多种不同速率、不同服务质量的业务，多业务环境和 3G/B3G 系统本身的特点使得 3G/B3G 系统规划有许多不同于 GSM 系统规划的内容。其中特别要注意的是，在规划 3G/B3G 系统时，小区的覆盖和容量要相互结合起来考虑。3G/B3G 系统覆盖能力与系统负载状况相关，系统负载增加会导致覆盖范围的缩小，3G/B3G 每载波的容量与所处环境、临区干扰等因素相关，具有小区呼吸效应，即"软"特性。因此，在 3G/B3G 系统中，功率控制(TPC)、软切换和更软切换产生的增益、上下行链路的功率预算等因素都需要加以考虑。

GSM 系统的无线网络规划是在小区的容量和覆盖两者间求得最佳点，而 3G/B3G 系统无线网络规划要在容量、覆盖、服务质量三者间寻求最佳点，这就无形中增加了 3G/B3G 系统无线网络规划的复杂性。

1.4 无线网络优化

蜂窝移动通信网络优化又称为无线通信网络优化,通常简称为无线网优或网优。主要是对移动蜂窝网络进行维护和性能改善,包含核心网、传输网、无线网三部分的优化,但由于核心网、传输网网元相对较少,性能相对稳定,一般需求量和人员较少;相反地,无线网网元数目繁多,无线环境复杂多变,加上用户的移动性,维护人员需求和性能提升压力较大,因此一般意义上的移动通信网络优化主要是指无线网络部分的优化,又简称为无线网络优化。

无线网络优化主要是指改善空中接口的信号性能变化,如用手机打电话碰到的通话中断(掉话)、听不清对方声音(杂音干扰)、回音、接不通、单通、双不通等网络故障就属于无线网络优化人员进行改善的范畴。无线网络优化的目的就是对投入运行的网络进行参数采集、数据分析,找出影响网络质量的原因,通过技术手段或参数调整使网络达到最佳运行状态的方法,使网络资源获得最佳效益,同时了解网络的增长趋势,为扩容提供依据。

无线网络优化实质上是对手机和基站之间的空中信号的性能改善,换言之,就是通过数据采集、性能评估、优化方案制订和优化方案实施等几个步骤来完成的。其中数据采集包括路测、拨打测试(DT、CQT)以及话务统计(NMO)等,路测和拨打测试是最基础的工作(刚刚入行网优的新人首要从事的工作),主要是坐在小轿车里面打开笔记本电脑和相关测试软件,连接上路测设备和GPS、扫频仪等进行道路类测试或者在大楼等高档商务区测试采集数据。

完成测试数据采集后对相关数据进行统计,找出影响网络问题的区域和原因,通过分析定位故障并提出解决方案,最后进行实施和调整效果验证。话务统计分析属于中高级无线网优工程师的工作范畴,但路测和路测数据分析必须结合话务统计分析。

1.4.1 无线网络优化组成

网络优化是一个长期的过程,它贯穿于网络发展的全过程。只有不断提高网络的质量,才能获得移动用户的满意,吸引和发展更多的用户。在日常网络优化过程中,可以通过操作维护中心(OMC)和路测发现问题,当然最通常的还是用户的反映。在网络性能经常性的跟踪检查中发现话务统计指标达不到要求、网络质量明显下降或来自用户反映、当用户群改变或发生突发事件并对网络质量造成很大影响时、网络扩容时应对小区频率规划及容量进行核查等情形发生时,都要及时对网络做出优化。

进行网络优化的前提是做好数据的采集和分析工作,数据采集包括话务统计数据采集和路测数据采集两部分。优化中评判网络性能的主要指标项包括网络接入性能数据、信道可用率、掉话率、接通率、拥塞率、话务量和切换成功以及话务统计报告图表等,这些也是话务统计数据采集的重点。路测数据的采集主要通过路测设备,定性、定量、定位地测出网络无线下行的覆盖切换、质量现状等,通过对无线资源的地理化普查,确认网络现状与规划的差异,找出网络干扰、盲区地段,掉话和切换失败地段。然后,对路测采集的数据进行分析,如测试路线的地理位置信息、测试路线区域内各个基站的位置及基站间的距离等、各频点的场强分布、覆盖情况、接收信号电平和质量、邻小区状况、切换情况及 Layer3 消息的解码数据等,找出问题的所在从而解决方案。

网络优化的关键是进行网络分析与问题定位,网络问题主要从干扰、掉话、话务均衡和切换 4 个方面来进行分析。

(1) 干扰分析

一般的蜂窝移动通信系统性能会与干扰水平密切相关,干扰会使误码率增加,降低话音质量甚至发生掉话现象。一般规定误码率在 3% 左右,当误码率达 8%~10% 时话音质量就比较差了,如果误码率超出 10% 则话音质量不可容忍,无法听清。因此,通常对载波干扰设置了一定的门限,规定同频道载干比 $C/I \geqslant 9$ dB,邻频道载干比 $C/A \geqslant -9$ dB(工程中另加 3 dB 的余量)。通话干扰的定位手段包括话务统计数据、话音质量差引起的掉话率、干扰带分布、用户反映、路测(RxQual)及呼叫质量拨打测试。

(2) 掉话分析

掉话问题的定位主要通过话务统计数据、用户反映、路测、无线场强测试、呼叫质量拨打测试等方法,然后通过分析信号场强、信号干扰、参数设置(设置不当,切换参数、话务不均衡)等,找出掉话原因。

(3) 话务均衡分析

话务均衡是指各小区载频应得到充分利用,避免某些小区拥塞,而另一些小区基本无话务的现象。通过话务均衡可以减小拥塞率、提高接通率,减少由于话务不均引起的掉话,使通信质量进一步改善提高。话务均衡问题的定位手段包括话务统计数据、话务量、接通率、拥塞率、掉话率、切换成功率、路测和用户反映。话务不均衡原因主要表现在:基站天线挂高、俯仰角、发射功率设置不合理,小区覆盖范围较大,导致该小区话务量较高,造成与其他基站话务量不均衡;由于地理原因,小区处于商业中心或繁华地段,手机用户多而造成该小区相对其他小区话务量高,它包括小区参数(如允许接入最小电平等)设置不合理而导致话务量不均衡;小区优先级参数设置未综合考虑。

1.4.2 无线网络优化发展趋势

随着手机用户的迅猛发展及业务类型的多样化,不同的终端类型及移动数据业务的内容可用性也成为了影响业务质量及用户感知度的重要因素。在传统优化项目中很难做到从以上两方面来衡量业务质量及用户感知度,主要受到以下两点的限制。

- 没有对全网进行监测。分析蜂窝网络的结构,发现影响业务质量的因素包括了手机终端、无线网、核心网、数据网。显然,只对无线网进行监测及优化而忽略其他因素对业务的影响是不可取的,只有全面考虑及解决影响业务质量和用户感知度的所有因素,才算是有效的优化。
- 不能体验用户感知度。提高终端用户感知度是网络优化工作的根本目标,换句话来讲,就是应该把用户感知度作为衡量蜂窝网络性能及业务质量好坏的标准。传统测试工具不能够做到从用户角度有效地感知业务质量,其中包括了用户所使用的终端类型、业务提供商提供的业务内容所带来的差异。

因此对于数据业务而言,传统的网络优化有着一定的局限性。根据数据业务应用多样化和多点接入的特点,为了达到更好的优化效果,需要扩展,优化外延,从自身承载网络向两端扩展到用户终端和业务应用服务器,即由以往面向设备的网络优化向面向业务优化转变。通过用户终端、网络和业务提供端全程的跟踪和优化,实现真正的端到端优化。

端到端优化注重最终用户使用数据业务时的真实体验,根据用户所感知数据业务服务质量,确定蜂窝网络性能评估体系,定位影响数据业务服务质量的瓶颈,找出问题产生的区域,提供全面优化,以提升终端用户对数据业务服务质量感受和提高蜂窝网络性能。与传统优化项目相比较,端到端优化项目有效地弥补了传统优化项目的不足,其优势具体体现在以下两点。

- 实现对数据业务的全网监测。端到端优化项目中,不仅考虑了无线网对于数据传输的影响,同时兼顾了由于终端和业务源本身而对数据业务造成的影响,实现多角度的分析和优化。
- 以用户感知度作为衡量网络质量的标准。端到端优化的最终目的就是要提高GPRS的业务质量及终端用户感知度,以用户感知度作为衡量网络质量的标准,有助于帮助人们从更加全面的角度开展优化项目,一切的工作都是为了提高用户感知度而服务的。因此,所有可能影响到用户感知度的因素都应该考虑在内。

端到端优化是提高数据业务质量及终端用户感知度的最好解决方案,它不仅仅考虑了无线网络环境对于数据传输的影响,基于数据业务受手机终端及业务内容影响较大的特点,端到端优化还将这两点也纳入了优化的范畴,更加全面和科学地对数据业务进行评估和分析优化。

在端到端优化中,首先要解决的问题是如何搭建基于用户感知(Quality of Experience,QoE)的端到端性能评估体系,将用户感知转化为应用层、业务层和网络层中各项可量化、可测量的指标。也就是说,根据分析和优化,将用户感知折射到业务质量模型,再映射到网络层性能指标,从而为用户提供更好的业务使用体验。因此,首先对 QoE、QoS(关键质量指标(KQI))、KQI、关键绩效指标(KPI)的关系进行梳理是必要的,QoE、QoS 与 KPI 的关系如图 1-16 所示。

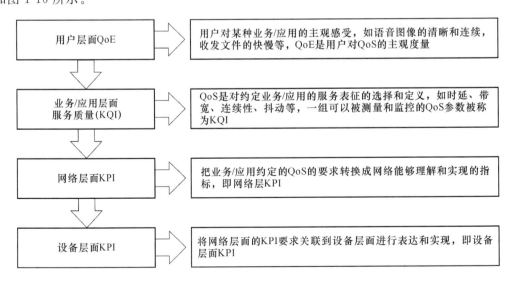

图 1-16　QoE、QoS 与 KPI 的关系

习　题

1. 试描述移动台的类型、功能和组成，目前手机 SIM 卡的主要功能是什么？
2. 结合 WCDMA 网络，说明接入网和核心网的作用。
3. 试比较电路交换业务和分组交换业务的差别，并且说明电路交换业务和分组交换业务的组成实体的不同。
4. 无线网络规划包含哪些部分？试说明传输网规划以及核心网规划的原理和特征。
5. 无线接入网规划的特征有哪些？
6. 什么是无线网络优化？结合 LTE-Advanced 网络说明无线网络优化的发展趋势。

第 2 章 无线网络规划的原理和流程

网络规划就是根据建网的目标和要求,结合成本,确定网络建设的规模和方式,指导工程建设。网络规划包含无线、传输和核心网三大部分。无线网络规划侧重于无线接入网网元数目和配置规划。传输网络规划侧重于各网元之间的链路需求和连接方式规划。核心网络规划侧重于核心网网元数目和配置规划。其中以无线网络规划最为困难和重要,它的结果将直接影响传输和核心网的规划。本章将侧重于无线接入网规划原理和流程的描述,以下将无线接入网规划优化简称为无线网络规划。

如何经济有效地建设一个无线通信网络,保证网络建设的性价比是运营商所关心的问题。概括来说,就是支持多种业务,并满足一定服务质量的条件下,获得良好的网络容量,满足一定时间和位置概率下的无线覆盖需求。同时通过调整容量和覆盖之间的均衡关系使网络提供最佳的业务质量。无线网络规划的目标就是在满足运营商上述基本要求的前提下,达到容量、覆盖和质量的平衡,实现最优化设计。

无线网络规划是一个复杂的系统工程,从网络能力的预测到工程的详细设计,从无线传播理论的研究到天馈设备指标的分析,从网络性能测试到系统参数调整优化,贯穿了移动通信网络建设的整个过程。无线网络规划的结果,将决定无线网络的网络结构,可能影响到未来若干年内无线网络的网络质量、投资成本、网络性能和容量,所以必须认真考虑影响规划结果的多种因素及规划参数。同时,无线网络规划是确定无线网络投资的重要依据,为投资决策提供参考。

本章详细介绍了无线网络规划的基本原理,给出了无线网络规划的流程,并就每一流程的内容进行了介绍。

2.1 无线网络规划的原理

无线网络规划是根据需要规划的无线网络的特性以及网络规划的需求,设定相应的工程参数和无线资源参数,并在满足一定信号覆盖、系统容量和业务质量要求的前提下,使网络的工程成本最低。因此,要规划好无线网络,首先就需要了解无线网络的特点。例如,3G制式下的 WCDMA 网络具有小区呼吸效应,随着小区负载的增加,覆盖会逐渐收缩,而LTE 网络需要考虑小区间干扰对系统性能的影响。其次,需要了解运营商对无线网络运行环境、无线业务需求等要求,不同的网络运行环境、不同的业务需求决定了不同的网络需要达到的性能指标。

2.1.1　无线网络规划的原则

在进行无线网络规划时,需要注意很多细节问题,在规划时应该遵循一些规划原则。

首先,应该用发展的眼光对待这个复杂的工程,要充分考虑长远的发展,对整个网络进行统一的规划,并且根据区域的重要程度来考虑采用分步实施的建设方式。

第二,要权衡好无线网络的覆盖、容量以及投资效益之间的关系,确保网络建设的综合效益。一方面,在无线覆盖的广度上应该根据经济水平、基础设施状况和运营商的网络资源、建设力量的差异进行综合的考虑。另一方面,在无线覆盖的深度上,规划应达到较高的覆盖水平和较高的网络质量。

第三,应该坚持以差异化策略指导网络规划与建设。无线网络的规划应该尽量采用能够实现降低成本的覆盖方案,从而确保工程建设投资和网络运营维护成本最小化。

第四,无线网络的规划存在反复调整和预优化的循环过程。在无线网络规划阶段,应随着基站站址的确定,通过反复的无线网络仿真和模拟,对网络质量进行充分的预优化,从而使规划的结果接近实际情况,确保达到满意的网络质量。

第五,在技术合理的条件下,应充分利用运营商现有的网络基础设施(如机房、铁塔、传输、站址等),避免重复建设,降低建设成本。

第六,应根据实际用户的敏感程度来分析确定不同区域覆盖的重要程度。

第七,对室内覆盖要特别重视,尤其是对人员流动量大、话务集中的室内环境,应该重点保证覆盖质量。

第八,要充分考虑网络规模和技术手段的未来发展和演进方向,从而尽量避免在后续的工程中,对无线网络结构和基站整体布局进行巨大变动,更换大量网元设备的情况。无线网络规划如果能够做到既考虑到投资的节约又为未来的发展预留空间,那么就能实现综合投资最优化。

针对具体的实际蜂窝移动通信系统,上面所述原则需要进一步细化,例如对于3G的WCDMA系统来说,具体原则包括:

- WCDMA网络建设应该坚持规模发展的原则,采用全网统一规划、分步实施的网络规划建设方案。
- 网络规划初期应该在覆盖的深度和广度上根据经济水平、基础设施状况而调整,在经济发达、中等发达地区和重要城市基本实现地级市和县级市的全覆盖,在欠发达省市可实现大部分地级市的覆盖。
- 随着网络的进一步发展,网络规划应实现在发达省市绝大部分乡镇的覆盖,在中等发达地区大部分乡镇的覆盖,在欠发达地区可实现少部分乡镇的覆盖,最终实现全国范围内的覆盖。
- 在技术合理的前提下,网络规划应充分利用运营商现有的通信基础设施(包括机房、铁塔、传输等),减少重复建设,降低建设和运营成本。
- 选择合理的技术和手段,加强无线网络规划,提高综合服务质量,协调好无线网络容量、无线覆盖和网络质量与投资效益之间的关系,确保网络建设的综合效益。
- 网络规划应充分考虑远期发展目标,具有向前良好的扩展性,即系统容量以满足用户增长需要为衡量目标,能方便地进行扩容升级,满足远期业务需求。

- 无线网络规划要将覆盖与业务规划结合起来,考虑室外与室内覆盖并重。
- 网络规划要规划好无线支撑系统的建设,能提供不同用户的服务质量等级服务。

2.1.2 无线网络规划的目标

无线网络规划与设计的目标包含覆盖、容量、质量以及投资成本4个方面。结合规划区域的业务预测分析,应当首先确定覆盖、容量、质量以及投资成本等各个方面的要求。

1. 覆盖目标

覆盖目标的指标主要包括各区域所要求达到的覆盖要求、区域覆盖率和需要进行连续覆盖的基本业务。

覆盖目标区域和区域面积:在规划前必须知道每一地区的面积大小和要求覆盖的比例。区域覆盖率则等于需要覆盖的面积与该地区总面积的比值,一般由运营商决定。区域覆盖率的取值与运营商的策略有很大关系,如要求覆盖地区的比例可以随时间进行变化。在网络建设初期要求的覆盖比例可以设得较低,而在后续的时期逐步增加。

不同区域的通信概率要求:通信概率被认为是服务质量的一项重要指标。针对不同的区域需要输入相应的通信概率要求。通信概率指的是移动台在无线区域覆盖边缘(或区内)通信时,在一定时间内信号质量达到规定要求的成功概率。它分为边缘通信概率和区域通信概率两种,区域通信概率指标范围的典型值在 90%~95% 之间。

需要进行连续覆盖的基本业务:根据对基本业务选择和网络覆盖原则的分析可知,在规划中应当根据规划区域内所选择的基本业务来进行连续覆盖,从而满足用户在达到或接近系统目标负荷的情况下,使用该基本业务仍能达到相应的通信概率要求。选取何种业务作为基本业务需要综合考虑投资、容量以及竞争对手的策略等方面,根据不同环境和不同的建设阶段进行选择。

2. 容量目标

无线网络容量主要考虑两方面因素,一是要保证各地无线网络容量满足业务预测的用户需求;二是对于高话务热点地区的容量应重点保证。容量目标描述的是在系统建成后所能提供的业务类型,以及达到传输质量要求的语音和分组数据业务的数量。容量目标主要结合网络规模预测所提出的网络建设要求和业务预测所得出。由于 CDMA 系统存在呼吸效应,必须考虑到未来用户和业务的发展情况,这就要求把业务的目标分成若干个阶段。

- 各个区域各个阶段的用户数:应包括当前阶段用户数和其他阶段的用户数。
- 目标负载因子:用于反映各个区域各个阶段的小区目标负载程度,在进行覆盖规划时需要假定上下行链路的负载因子从而计算出系统覆盖范围。
- 软切换比例:描述了小区内处于软切换的面积占总面积的百分比。配置网络资源的时候会根据设计的软切换率预留一定的信道板资源供软切换时使用。软切换是 CDMA 移动通信系统的重要特征,它可以提高系统的切换成功率,但是过高的软切换比例会造成对系统资源的浪费,因此应当保持合理的软切换比例。通过分析表明,WCDMA 系统中 30%~40% 的软切换比例最为合适。
- 提供的承载服务:在不同的阶段、不同的区域内,运营商可以根据数据业务的发展情况提供不同的承载服务。

- 可以提供的业务类型：用于反映各个区域各个阶段可以提供的业务，包括业务名称、连接类型、承载速率、非对称因子等。
- 各种业务忙时平均每用户的业务量：各业务忙时平均用户业务量是指每种业务在忙时平均每个用户的业务量，CS 业务的单位为 Erl，PS 业务的单位为 bit。
- 各种业务用户渗透率：各种业务用户渗透率是指使用各种业务的用户数占总用户的比例。

3. 质量目标

质量目标包括话音业务质量目标和数据业务质量目标。话音业务的质量主要体现在网络覆盖的连续性、接入成功率、切换成功率以及掉话率的控制等方面，应保证用户具有良好的使用感觉。对于无线网络而言，数据业务的传输速率是网络质量的重要指标。例如，第三代移动通信网络的无线数据业务速率应明显优于现有的 GPRS 和 CDMA 1x 移动通信网络，建议在初期工程中，小区边缘的分组数据接入速率应达到如表 2-1 所示的指标。

表 2-1 3G 小区边缘分组数据速率指标

序号	地区分类	小区边缘数据速率
1	一类、二类地级城市城区	≥144 kbit/s
2	三类、四类地级城市城区、县城	≥64 kbit/s
3	郊区	≥64 kbit/s
4	农村	暂不考虑数据业务覆盖能力

4. 投资成本目标

无线网络规划的重要目的，是在确定合理的无线网络投资的同时，确定最恰当的无线网络结构，最大化的网络容量，最完善的网络覆盖以及最匹配的网络性能，从而实现综合的投资优化。在保证满足覆盖容量和质量的基础上，降低建设成本是网络建设的重要目标之一。在无线网络规划的实践中，规划的很多环节可能会影响到无线网络的建设成本，在规划过程中应予以特别关注。例如，可以从覆盖手段、站址、站间距、天线挂高、天线指向的合理选择、基站信道板的合理配置等方面降低成本。

总之，设计过程中应考虑运用多种手段和方法，努力将建设成本控制在合理的水平上，主要方法包括：

- 根据覆盖目标合理采用宏蜂窝基站、微蜂窝基站、直放站和室内分布系统等多种覆盖手段。
- 根据话音和数据覆盖目标和不同建设阶段的需求，合理设置基站站点、站距、天线挂高、天线指向，并结合设备特点达到同等覆盖条件下的最佳经济效益。充分了解和掌握已有传输网络资源，并根据这些传输资源合理选择基站传输方式或直放站类型。
- 基站信道板应根据实际的话务负荷情况配置，避免无效信道的配置和投资浪费。
- 充分了解现有网络基础资源情况（如传输、机房、铁塔等），尽量充分利用。
- 详细了解站点的地理情况，对铁塔高度及其他配套措施有比较准确的估计。

2.2 无线网络规划流程

从网络建设的阶段来分,规划可以分为新建网络规划和网络扩容规划两种。然而无论是新建网络的规划还是扩容的规划,无线网络规划的最终目的都是得到新增基站站址和基站配置的设计方案。

无线网络的规划和建设是一个循环的过程,是一个方案设计、测试验证、方案修改、方案再验证、再修改的迭代过程,总体上可以分为规划目标数据采集、系统方案设计、方案仿真验证、规划方案输出四大步骤。无线网络规划与优化是一个阶梯式循环往复的过程。对于一个无线网络来说,移动用户在不断地增长,无线环境在不断地变化,业务分布情况也在变化之中,因此,无线网络是在循环反复的网络规划与优化的过程中不断发展壮大起来的。无线网络规划工作可用图 2-1 表示出来。

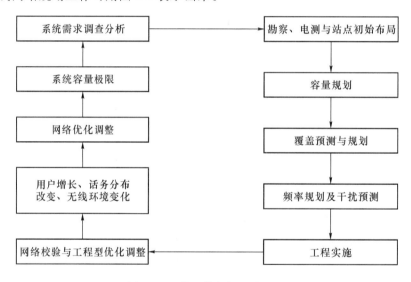

图 2-1 无线网络规划总流程图

2.2.1 网络规划的资料收集与调查分析

为了使所设计的网络尽可能达到运营商的要求,适应当地通信环境及用户发展需求,必须进行网络设计前的调查分析工作。调查分析工作要求做到尽可能的详细,充分了解运营商需求,了解当地通信业务发展情况以及地形、地物、地貌和经济发展水平等信息。调研工作包括以下几个部分:

- 了解运营商对将要建设的网络的无线覆盖、服务质量和系统容量等要求;
- 了解服务区内地形、地物和地貌特征,调查经济发展水平、人均收入和消费习惯;
- 调查服务区内业务需求及其分布情况;
- 了解服务区内运营商现有网络设备性能及运营情况;
- 了解运营商通信业务发展计划、可用频率资源并对规划期内的用户发展做出合理预测;
- 收集服务区的街道图、地形高度图,如有必要,需购买电子地图。

规划目标数据的采集是整个网络设计工程的基础。在数据采集的过程中,网络设计人员应当收集地理数据、电子地图、业务密度分析、无线传播模型、现网数据以及其他系统干扰等相关的数据信息。图2-2描述了数据采集各个部分之间的相互关系和流程。

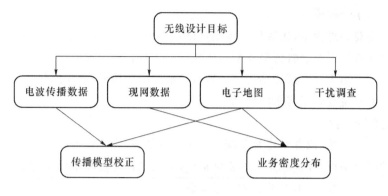

图 2-2 数据准备

(1) 地理数据

地理数据指的是规划区内道路、建筑、地形地貌等基本情况。无线网络规划需要建立数字化的地理信息数据库——电子地图,它是进行基站选址的基础,也是进行业务密度预测、网络模拟和传播模型校正的必备数据。

一般常见的电子地图精度为 5 m、20 m、50 m 和 100 m。当然,电子地图的精度越高、能反映的地理信息越详尽,相应根据其进行分析所得到的结果也会越详尽,但是电子地图精度越高,同样的范围内所含的数据量就越大,相应地,进行分析时运算量就越大。权衡运算量和规划的不同需求,在城区等建筑物密集的地方,进行微蜂窝规划的时候,使用精度较高的地图,而在郊区等开阔的地区,采用精度较低的地图。

从数据内容来说,电子地图是由反映地形高度的 DEM 数据、反映地面覆盖种类的 DOM 数据、反映地面线状的 LDM 数据及反映建筑群高度的 BDM 数据等构成。对覆盖区进行传播预测时,DEM 和 BDM 数据主要用于计算发射天线、接收天线的高度,用于判断是否发生反射、衍射;DOM 数据可用于计算地物校正因子。数据内容越详细准确,对于规划结果的准确性帮助越大,因此应尽量丰富地图的数据内容。

电子地图的格式有很多种,网络设计人员应根据所使用的网络规划软件支持的地图格式选择适合的电子地图。

(2) 业务密度分布

业务密度反映了业务(包括话音业务、数据业务)在规划区域内分布的情况,它是对基站进行选址的重要依据。现网数据主要指的是现有无线网络的站点分布以及业务分布等信息。对这些数据的收集主要是为业务密度分析所做的前提工作。

(3) 无线传播模型

在无线网络规划中,无线传播损耗是一个非常关键的参数,它决定着规划结果的正确性。实际应用中的无线传播环境是非常复杂的,需要通过理论研究与实际测试的方法归纳出无线传播损耗与频率、距离、天线高度等参量的数学关系式。这种关系式被称之为传播模型。常用的传播模型可分为3类:经验模型、半经验(或半确定性)模型、确定性模型。其中,经验模型是根据大量的测量结果统计分析后归纳导出的公式;确定性模型则是对具体现场环境直接应用电磁理论计算的方法得到的公式;半经验(或半确定性)模型是基于把确定性方法应用于一般的市区或室内环境中导出的公式。鉴于无线网络规划的复杂性,目前,仍然只能使用经验或半经验模型。

在无线网络规划过程中,无线传播模型可以帮助设计者了解预选站址在实际环境下的传播效果。设计者可以通过将传播模型运用在规划仿真软件中预测出所规划的基站的各种系统性能指标值。由于这一预测结合了当地数字地图中的地形、地貌的信息,因此预测的结果从某中意义上来说反映了将来实际网络的状况,对网络规划有着很大的指导意义。

(4) 其他系统干扰

建设一个新的系统,或者对已有系统进行扩容规划时,应当仔细调查已有系统对新建系统可能产生的干扰情况,保证新系统的正常运行,同时在设计过程中尽量避免新建系统对已有系统造成过大的干扰,影响原系统的正常运营。

2.2.2 勘察、选址和电测

基站的勘察、选址工作由运营商与网络规划工程师共同完成,网络规划工程师提出选址建议,由运营商与业主协商房屋或地皮租用事宜,委托设计院进行工程可行性勘察,并完成机房、铁塔设计。网络规划工程师通过勘察、选址工作,了解每个站点周围电波传播环境和用户密度分布情况,并得到站点的具体经纬度。

由于实际的物理环境所限,从技术角度考虑最适宜建站的地方,并不一定能够安放基站设备,因此在网络设计的过程中,可行的方法是为拟定安放的基站设定基站搜索圈,然后通过实地勘察,在基站搜索圈中确定基站站址,安放基站设备。

站址的实地勘察耗时耗力,应尽量减少。在进行实地勘察前,设计人员应当根据初选的基站站址和初步的基站设计参数,对网络的总体性能进行模拟。设计人员通过对模拟结果的分析,判断设计方案是否满足设计要求。若不符合,设计者对方案进行修改,并重新进行网络模拟;若符合,该设计可以作为初步的可行性方案提交。此后设计人员需要实地勘察设计方案中的基站站址是否都切实可行。若不可行,需要重新在已选定的基站搜索圈中选择新的基站站址,并重复上述的网络模拟和调整过程,保证所选基站站址和设计参数可以实现设计目标。

为了更准确地了解规划内电波传播特性,规划工程师在规划服务区内选择几类具有代表性的地形、地物、地貌特征的区域进行指定频段的电波传播测试,并整理测试数据,输入网络规划软件进行传播模型的校正,供下一步规划计算中使用。

2.2.3 网络容量规划

根据对规划区的调研工作,综合收集到的信息,结合运营商的具体要求,在对规划区内用户发展的正确预测基础上,再基于营运商确定的服务等级,从而确定整个区域内重要部分的业务分布和布站策略、站点数目和投资规模。另外还需要充分考虑当地高层建筑及塔的分布,以基本确定站点分布及数目。对于站点的位置及覆盖半径,必须考虑到业务需求量、传播环境、上下行信号平衡等对基站覆盖半径的限制以及建站的综合成本等诸方面的因素。综合所有因素后对网络进行初步容量规划，可以得出：
- 满足规划区内业务需求所需的基站数；
- 每个基站的站型及配置；
- 每个扇区提供的业务信道数、业务量及用户数；
- 每个基站提供的业务信道数、业务量及用户数；
- 整个网络提供的业务信道数、业务量及用户数。

以上步骤的规划是初步规划，通过无线覆盖规划和分析，可能要增加或减少一些基站，经过反复的过程，最终确定下基站数目和站点位置。

业务量和分组数据业务量的估算需要采用爱尔兰公式或者坎贝尔方法计算得到，单小区容量估算通过对单小区所能满足的话音和数据用户数目的估算，估计出实现系统容量目标所需要的基站数目。与采用 TDMA 和 FDMA 方式的移动通信系统不同，CDMA 系统容量计算相对复杂，也难以精确的通过计算得出。

与 GSM 无线网络相比，CDMA 系统容量规划更依赖于覆盖，容量直接和功率预算有关。功率预算针对的是一种典型的业务，而 CDMA 在实际中可能同时存在着多种业务类型，包括话音业务和高达 384kbit/s 的数据业务。这就意味着对于不同的用户，系统的容量在上行链路和下行链路是不同的。理论分析与仿真结果表明，上行链路的容量是下行链路容量的 2~2.5 倍。由于一般的 CDMA 系统是干扰受限系统，容量的规划实质上是对干扰量的估计。对于下行负荷的估计，主要是对于基站发射功率的估计。对于每个用户所要求的最小功率，由基站到移动台平均衰耗及移动台灵敏度决定，条件是不存在多接入引起干扰（包括小区内和小区外）。干扰引起的噪声提升使得移动台所需最小功率比原来有了提高，最后使得系统能接入的用户数减少。

2.2.4　无线覆盖设计及覆盖预测

无线覆盖规划最终目标是在满足网络容量及服务质量的前提下，以最少的造价对指定的服务区提供所要求的无线覆盖。无线覆盖规划工作有以下几个部分。

- 初步确定工程参数，如基站发射功率、天线选型（增益、方向图等）、天线挂高、馈线损耗等。进行上下行信号功率平衡分析、计算。通过功率平衡计算得出最大允许路径损耗，初步估算出规划区内在典型传播环境中，不同高度基站的覆盖半径。
- 将数字化地图、基站名称、站点位置以及工程参数网络规划软件进行覆盖预测分析，并反复调整有关工程参数、站点位置，必要时需要增加或减少一些基站，直至达到运营商提出的无线覆盖要求为止。
- 链路预算是进行网络预设计最重要的手段。进行链路预算时，网络设计人员全面考虑信号从发送端到接收端可能经历的增益和损耗，根据所采用的无线技术对接收信号大小的要求，确定出前反向链路可以承受的最大链路损耗。
- 以此最大的链路损耗为限制条件，根据已进行过校正的传播模型以及为保证一定的通信可靠性的要求所预留出的链路余量，设计人员可以确定出小区半径和目标规划区所需的小区数目。

通过链路预算，设计人员可大致确定满足覆盖目标所需的基站数目，同时经容量估算，设计者得到在满足容量目标的前提下所需的基站数目。进而,设计者比较满足覆盖需求和容量需求的基站数目,选择其中较大者,作为初步布站的数目。

覆盖依赖于所要覆盖的区域、区域类型和传播条件。覆盖范围的计算来源于链路预算和通过实测获得的无线传播模型校正,3G 链路预算中包含了一些 2G 链路预算中不采用的新参数,如干扰余量、快衰落余量、软切换增益等参数。

链路预算的主要目的是在对当前系统模型参数合理取值的基础上,分析小区的最大允许路径损耗,从而得出各种情况下的覆盖半径。蜂窝移动通信系统的链路预算不是一个单纯的线性过程,由于覆盖范围与小区间干扰密切相关,它和小区的负荷估算是结合进行的。首先,必须根据在不同移动台速度下每种业务的质量要求,获得相应的上下行的 E_b/N_0 指标值(一般由设备厂家给出),由此计算出各种业务的参考接收灵敏度。参考接收灵敏度与系统热噪声、业务速率和 E_b/N_0 有关。下行链路的预算问题要复杂些,面对的是如何把有限的总发射功率分配给各个活动终端的问题。鉴于终端位置分布、终端软切换状态等不确定性,必须建立一个模型,做一些简化性的假设,然后才能计算出一个统计性的结果。

2.2.5 小区识别号和频率规划

频率规划决定了系统最大用户容量,也是减少系统干扰的主要手段。网络规划工程师运用规划软件进行频率规划,并通过同频、邻频干扰预测分析,反复调整相关工程参数和频点,直至达到所要求的同、邻频干扰指标。

在 3G 以及未来的蜂窝移动通信系统中,由于物理小区识别号(PCI)数量有限,所以需要对 PCI 进行规划,也就是传统的扰码规划。这时候,需要对 PCI 和频率进行联合规划,如 TD-SCDMA 系统就需要主扰码和载频进行同时规划。下面以 3G 系统的 WCDMA 为例,简单说明 PCI 和频率规划。

从网络规划的角度看,WCDMA 系统中的码片和频率规划相对比较简单,主要任务是为下行链路分配扰码。扰码组的码序列限制在 512 个,扰码在网络规划中被分配给扇区,因为扰码的数目太多,扰码分配这一烦琐的工作通常由网络规划工具自动完成。

由于 WCDMA 系统的频率复用因子为 1,为典型的空中接口干扰受限系统。如果运营商有两个或三个载频,那么 WCDMA 系统频率规划时要考虑哪些载频分别用于宏蜂窝、微蜂窝和室内覆盖,同时还要考虑本运营商内部宽带系统和窄带系统间的干扰和运营商之间的干扰。

2.2.6 无线资源参数设计

合理地设置基站子系统的无线资源参数,保证整个网络的运行质量。从无线资源参数所实现的功能上来分,需要设置的参数包括:网络识别参数、系统控制参数、小区选择参数和无线资源参数。

无线资源参数通过操作维护台子系统配置,包含扇区数目、信道板数目、载频参数、功率参数、天线参数、导频参数、切换参数、馈线和连接器损耗、接收机噪声系数等,表 2-2 中分类列出了主要的基站参数。网络规划工程师根据运营商的具体情况和要求,结合一般开局的经验进行设置,其中有些参数要在网络优化阶段根据网络运行情况作适当调整。

表 2-2　无线资源相关参数

	参数名		参数名
导频参数	导频偏置指数 PN	其他参数	接收机噪声系数
	激活集搜索窗数		馈线接头损耗
	邻集搜索窗系数		载频
	剩余集搜索窗系数		扇区数
切换参数	软切换加入门限	功率参数	信道单元数
	软切换去掉门限		发射机最大功率
	软切换比较门限		导频信道功率比例
天线参数	天线增益		其他公共信道开销功率比例
	天线方向角		单个业务信道最小发射功率
	天线下倾角		单个业务信道最大发射功率

2.2.7　无线网络性能分析

无线网络规划由于技术性强，涉及的因素复杂且众多，所以它需要专业的网络规划软件来完成。规划工程师利用网络规划软件对网络进行系统的分析、预测及优化，从而初步得出最优的站点分布、基站高度、站型配置、频率规划和其他网络参数。网络规划软件在整个网络规划过程中起着至关重要的作用，它在很大程度上决定了网络规划与优化的质量。计算机辅助的网络模拟引入到移动通信规划中来，大大降低了网络建设的成本，降低了网络规划对设计人员经验的依赖。

可以通过静态仿真或者动态仿真的手段，对网络实际建成以后的运行性能进行预测，从而评价一个设计方案是否达到预期的设计要求。

性能分析以规划区的业务密度分布图、电子地图为基础信息，根据设计方案提供的站址信息、基站参数信息、系统参数信息，建立无线网络模型，进行网络模拟，得到规划区域内每点的移动台发射功率、接收功率；各点最强的 E_c/I_c、合并导频强度、超过覆盖门限导频数；每小区软切换区、软切换比例、每小区负载等性能参数，用以分析现有设计方案是否满足了覆盖目标和容量目标。

2.2.8　系统方案验证和维护

在系统方案设计完成后，还需要进行实地勘察，在基站搜索圈中确定基站站址，安放基站设备。进行实地勘察之前，设计人员应当根据初选的基站站址和初步的基站设计参数，对网络总体性能进行模拟仿真。设计人员通过对仿真结果进行分析，判断设计方案是否满足设计要求。若不符合，则需要设计者对方案进行修改，并且重新模拟仿真；若符合，该设计方案可以作为初步的可行性方案提交。

当网络建成，系统投入运行后，网络运行维护的主要内容就是网络优化。它是一项重要且长期的工作。由于优化比规划更加复杂，而且网络优化与规划密切相关，与实际运行效益直接有关，也是后续扩容阶段的一种准备，因此对于优化工作提出了很高的要求。

网络校验与优化的目的是评价现运行网络是否达到预先设定的网络设计标准,对网络的服务质量做出鉴定并进行优化,以尽可能地提高网络运行质量。

为了使现有网络稳定、高效和经济地提供尽可能大的容量和尽可能高的质量,就要求根据运行统计数据和实际测量情况对现有网络进行评价、对存在问题进行必须指出网络校验和优化是个多次反复的过程,直至网络调整到最佳运行状态。其工作包括:网络校验,收集 OMC 数据;路测,取得覆盖、话音质量等数据;数据分析及网络性能评估;制定网络优化方案;方案实施、反复调整。

2.3 无线网络基本规划方法

无线网络的覆盖、容量和网络性能之间的关系是相互影响、相互制约的。用户的分布、移动速度以及业务模型都直接影响无线网络的覆盖、容量和网络性能。因此要准确地反映未来网络的实际情况,不仅需要通过链路预算、容量推算等方法估算网络的大致建设规模以及基本建设方案,还需要采用专用的网络规划和仿真工具,建立准确的地理环境模型、用户业务和行为模型,才能仿真出实际网络的运行效果。下面简单介绍两种基本的基站预测方法。

2.3.1 以无线网络覆盖为依据的基站预测方法

在这种无线网络规划方法中,主要需要把握如下几个关键点:
- 确定业务类型,并列出业务的链路预算属性,如 AMR 业务、384 kbit/s 室外业务、最大路径耗损为 146 dB 等。
- 确定传播模型,3G 经典模型有 COST23 Hata 模型、奥村模型等。
- 传播模型的校正,一般是对不同的地理分区,选择 3~4 个具有代表性的区域进行模型校正,一条测试路径应该是"8"字形或螺旋性,避免系统误差。
- 传播模型的有效性,保证实测数据与校正后的模型的方差不大于 8 dB,否则要重新考虑测试路径、地理分区、测试数据的有效性。
- 参考业务一般应该在城区基本覆盖,如 3 km^2 范围。不同地理分区覆盖面积不同,覆盖面积与传播模型有关。
- 基站预算=总覆盖区域/(参考业务覆盖范围,如 3 km^2)。

2.3.2 以业务为依据的基站预测设计方法

在这种无线网络规划方法中,主要需要把握如下几个关键点:
- 确定业务模型,包括分组业务模型和语音业务模型。CS 业务主要包括坎贝尔模型、等效爱尔兰法、Post Erlang-B 方法。以坎贝尔模型为代表,因为它是解决混合实时类业务模型的理论计算方法之一,其特点是该模型预算值适度。
- 确定总业务量的预测分布。
- 以坎贝尔模型算出基站预算=坎贝尔业务/基站。
- 核算 CS 域剩余信道容量是否满足 PS 域数据承载。如不能满足,则根据数据承载需要增加基站预算。

- 根据不同的规划目标,基于业务与覆盖算法计算出来的基站规划数,选取合适的基站数量。

习　题

1. 试描述无线网络规划的目标,比较容量目标和覆盖目标的区别。
2. 如果已经有部分的无线网络覆盖(如已经部署了 GSM 系统),请说明进行新的覆盖规划和容量规划的目标是什么?
3. 什么是无线网络的容量规划?试描述其主要内容。
4. 是否可以认为执行了理想的无线网络规划,就可以不需要执行网络优化?为什么?
5. 什么是链路预算?它在覆盖规划中有什么作用?
6. 试说明无线资源参数包含哪些种类?举例说明这些参数对无线网络容量和覆盖范围的影响。
7. 如何进行无线网络性能分析?试说明无线网络仿真的作用,并描述静态系统级仿真和动态系统级仿真的差别。
8. 系统方案验证一般有哪些方法?试说明每种方法的目的和用途。
9. 试以 WCDMA 系统为例,说明无线网络的基本规划方法。比较以覆盖为依据和以业务为依据的网络规划方法的本质差别。

第3章 无线电波传播模型和校正

无线电波可通过多种方式从发射天线传播到接收天线,如直达波或自由空间波、地波或表面波、对流层反射波、电离层波等,如图 3-1 所示。就电波传播而言,发射机同接收机间最简单的方式是自由空间传播。自由空间指该区域是各向同性(沿各个轴特性一样)且同类(均匀结构)。自由空间波也被称为直达波或视距波。如图 3-1(a)所示,直达波沿直线传播,可用于卫星和外部空间通信。它也可用于陆上视距传播(两个微波塔之间),如图 3-1(b)所示。

第二种方式是利用地波或表面波进行传播。地波传播可看做是三种情况的综合,即直达波传播、反射波传播和表面波传播。表面波沿地球表面传播,从发射天线发出的一部分能量直接到达接收机;一部分能量经从地球表面反射后到达接收机;还有一部分通过表面波到达接收机。由于,表面波在地表面上传播且地面不是理想的,故有些能量会被地面吸收。当能量进入地面,便可以建立地面电流。这三种表面波见图 3-1(c)。

第三种方式即对流层反射波传播。这种波产生于对流层,对流层是异类介质,因天气情况随时间变化,它的反射系数随高度增加而减少。这种缓慢变化的反射系数使电波弯曲,如图 3-1(d)所示。对流层方式应用于波长小于 10 m(频率大于 30 MHz)的无线通信中。

第四种方式是经电离层反射进行传播。当电波波长小于 1 m(频率大于 300 MHz)时,电离层是反射体。从电离层反射的电波可能有一个或多个跳跃,如图 3-1(e)所示。这种传播用于长距离通信。电离层不可以产生电波反射,但由于折射率的不均匀,电离层可产生电波散射。另外,电离层中的流星也能散射电波。同对流层一样,电离层也具有连续波动的特性,它是一种随机的快速波动。

蜂窝移动通信系统的无线传播利用了第二种电波传播方式,即地波或表面波传播。在研究传播时,特定收信机功率接收的信号电平是一个主要特性。由于传播路径和地形干扰,传播信号减小,这种信号强度减小称为传播损耗。在无线传输过程中,需要考虑随着距离变化导致的路径损耗,也需要考虑地形地貌导致的衰落,还需要考虑由于相对移动导致的信号抖动等。

本章将系统介绍大尺度衰落、小尺度衰落以及传播模型的校正。大尺度衰落中将系统介绍路径损耗以及相应的经验模型,并且介绍慢衰落原理等。小尺度衰落将系统介绍相关时间和相关带宽的概念,分析频率选择性衰落和平坦性衰落产生的原因,并且说明各种快衰服从的概率分布等。

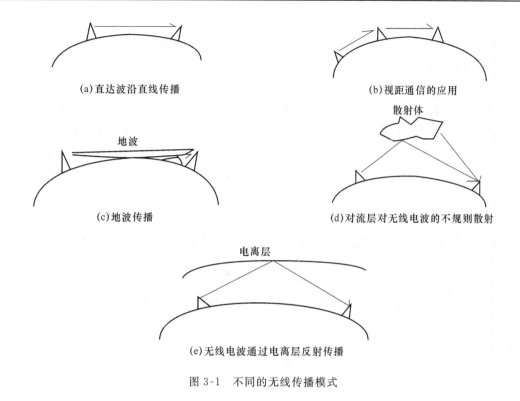

图 3-1 不同的无线传播模式

3.1 自由空间传播模型

自由空间传播模型用于预测接收机和发射机之间在完全无阻挡的视距传输时的接收信号场强。卫星通信系统和微波视距无线通信是典型的自由空间传播。与大多数大尺度无线电波传播模型类似,自由空间模型预测接收功率的衰减为发射端与接收端距离的函数(幂函数)。自由空间中距发射机 d 处天线的接收功率,由富莱斯(Friis)公式给出:

$$P_r(d) = \frac{P_t G_t G_r \lambda^2}{(4\pi)^2 d^2 L} \tag{3.1}$$

其中,P_t 为发射功率;$P_r(d)$ 是接收功率,为发射端与接收端距离的函数;G_t 是发射天线增益;G_r 是接收天线增益;d 是发射端与接收端间的距离,单位为 m;L 是与传播无关的系统损耗因子;λ 为波长,单位为 m。天线增益与它的有效截面相关,即

$$G = \frac{4\pi A_e}{\lambda^2} \tag{3.2}$$

有效截面 A_e 与天线的物理尺寸相关,λ 则与载频相关。

$$\lambda = \frac{c}{f} = \frac{2\pi c}{\omega_c} \tag{3.3}$$

其中,f 为载频,单位为 Hz;ω_c 为载频,单位为 rad/s;c 为光速,单位为 m/s。P_t 和 P_r 必须具有相同单位,G_t 和 G_r 为无量纲量。综合损耗 $L(L \geq 1)$ 通常归因于传输线衰减、滤波损耗和天线损耗,$L=1$ 则表明系统硬件中无损耗。

由式(3.1)自由空间公式可知,接收机功率随发射端与接收端距离的平方衰减,即接收

功率衰减与距离的关系为 20 dB/10 倍程。

各方向具有相同单位增益的理想全向天线通常作为无线通信系统的参考天线。有效全向发射功率(EIRP)定义为

$$P' = P_t G_t \tag{3.4}$$

表示同全向天线相比,可由发射机获得的在最大天线增益方向上的最大发射功率。

实际上用有效发射功率(ERP)代替 EIRP 来表示同半波耦极子天线相比的最大发射功率 c。由于耦极子天线具有 1.64 dB 的增益(比全向天线高 2.15 dB),因此对同一传输系统,ERP 比 EIRP 低 2.15 dB。实际上,天线增益是以 dBi 为单位(与全向天线相比的分贝增益)或以 dBd 为单位(与半波耦极子天线相比的分贝增益)。

路径损耗,表示信号衰减,单位为分贝的正值,定义为有效发射功率和接收功率之间的差值,可以包括也可以不包括天线增益。当包括天线增益时,自由空间路径损耗 L_p(单位为 dB)为

$$L_p = 10 \lg \frac{P_t}{P_r} = -10 \lg \left[\frac{G_t G_r \lambda^2}{(4\pi)^2 d^2} \right] \tag{3.5}$$

当不包括天线增益时,设定天线具有单位增益。其路径损耗为

$$L_p = 10 \lg \frac{P_t}{P_r} = -10 \lg \left[\frac{\lambda^2}{(4\pi)^2 d^2} \right] \tag{3.6}$$

自由空间模型仅当 d 为发射天线远场值时适用。天线的远场(或 Fraunhofer 区)定义为超过远场距离 d_f 的地区,d_f 与发射天线截面的最大线性尺寸和载波波长有关。Fraunhofer 距离为

$$d_f = 2D^2/\lambda \tag{3.7}$$

其中,D 为天线的最大物理线性尺寸。此外对于远地地区 d_f 必须满足:

$$d_f \gg D$$

和

$$d_f \gg \lambda$$

显而易见,公式(3.1)不包括 $d=0$ 的情况。为此,大尺度传播模型使用近地距离 d_0 作为接收功率的参考点。当 $d > d_0$ 时,接收功率 $P_r(d)$ 与 d_0 的 P_r 相关。$P_r(d_0)$ 可由式(3.1)预测或由测量的平均值得到。参考距离必须选择在远场区,即 $d_0 \geqslant d_f$,同时 d_0 小于移动通信系统中所用的实际距离。这样,使用式(3.1),当距离大于 d_0 时,自由空间中接收功率为

$$P_r(d) = P_r(d_0) \left(\frac{d_0}{d} \right)^2 \quad d \geqslant d_0 \geqslant d_f \tag{3.8}$$

在移动无线系统中,经常发现 P_r 在几平方千米的典型覆盖区内,要发生几个数量级的变化。因为接收电平的动态范围非常大,经常以 dBm 为单位来表示接收电平。式(3.8)可以表示成以 dBm 为单位。

在实际使用低增益天线,1~2 GHz 地区的系统中,参考距离 d_0 在室内环境典型值取为 1 m,室外环境取为 100 m 或 1 km,这样式(3.8)中的分子为 10 的倍数。这就使以分贝为单位的路径损耗很容易计算。根据经验,公式(3.8)可以简写为

$$L_p = 32.4 + 20 \lg f + 20 \lg d \tag{3.9}$$

其中,f 为频率(单位为 MHz),d 为距离(单位为 km)。式(3.9)与距离 d 成反比。当 d 增

加一倍,自由空间路径损耗增加 6 dB。同时,当减小波长 λ(提高频率 f),路径损耗增大。可以通过增大辐射和接收天线增益来补偿这些损耗。当已知工作频率时,式(3.9)还可以写成

$$L_p = L_0 + 10\gamma \lg d \qquad (3.10)$$

其中,γ 称为路径损耗斜率,式(3.10)中 γ=2。在实际的蜂窝系统中,根据测量结果显示,γ 的取值范围一般在 3~5 之间。

有了自由空间的路径损耗公式后,可以考虑在平坦但不理想的表面上两根天线之间的实际传播情况。假设在整个传播路径表面绝对平坦(无折射),基站和移动台的天线高度分别为 h_t 和 h_r,与自由空间的路径损耗相比,平坦地面传播的路径损耗为

$$L_p = 10\gamma \lg d - 20 \lg h_t - 20 \lg h_r \qquad (3.11)$$

当式中 γ=4 时,该式表明增加天线高度一倍,可补偿 6 dB 损耗;而移动台接收功率随距离的四次方变化,即距离增大一倍,接收到的功率减小 12 dB。

3.2 室外路径损耗传播经验模型

传播模型是无线通信网络性能评估的基础。模型的价值就是保证精度,同时节省人力、费用和时间。传播模型的准确与否关系到小区规划是否合理,运营商是否以比较经济合理的投资满足了用户的需求。由于我国幅员辽阔,各省、市的无线传播环境千差万别。例如,处于丘陵地区的城市与处于平原地区的城市相比,其传播环境有很大不同,两者的传播模型也会存在较大差异。因此如果仅仅根据经验而无视各地不同地形、地貌、建筑物、植被等参数的影响,必然会导致所建成的网络或者存在覆盖、质量问题,或者所建基站过于密集造成资源浪费。随着我国无线通信网络的飞速发展,传播模型与本地区环境相匹配的问题越来越得到重视。

选择的预期模型是具有合理精度的传播模型,并且应被多年无线环境的测量数据证明是正确的。一个良好的无线传播模型要具有能够根据不同的特征地貌轮廓,像平原、丘陵、山谷等,或者是不同的人造环境,如开阔地、郊区、市区等,做出适当的调整。这些环境因素涉及了传播模型中的很多变量,它们都起着重要的作用。因此,一个良好的无线传播模型是很难形成的。为了完善模型,就需要利用统计方法,测量出大量的数据,对模型进行校正。

一个好的模型还应该简单易用。模型应该表述清楚,不应该给用户提供任何主观判断和解释,因为主观判断和解释往往在同一区域会得出不同的预期值。一个好的模型应具有好的公认度和可接受性。应用不同的模型时,得到的结构有可能不一致。良好的公认度就显得非常重要了。

多数模型是预期无线电波传播路径上的路径损耗的。所以传播环境对无线传播模型的建立起关键作用,确定某一特定地区传播环境的主要因素有:

- 自然地形(高山、丘陵、平原、水域等)。
- 人工建筑的数量、高度、分布和材料特性。
- 该地区的植被特征。
- 天气状况。
- 自然和人为的电磁噪声状况。

另外，无线传播模型还受到系统工作频率和移动台运动状况的影响。在相同地区，工作频率不同，接收信号衰落状况各异；静止的移动台与高速运动的移动台的传播环境也大不相同。无线传播模型一般分为室外传播模型和室内传播模型，下面首先介绍几种经典的传播模型，如表3-1所示。

表 3-1 几种常见的室外无线传播模型

模型名称	适用范围
Okumura-Hata	适用于 900 MHz 或 1 900 MHz 宏蜂窝预测
Cost231-Hata	适用于 2 GHz 宏蜂窝预测
Cost231 Walfish-Ikegami	适用于 900 GHz 和 2 GHz 微蜂窝预测
Keenan-Motley	适用于 900 GHz 和 2 GHz 室内环境预测

3.2.1 Okumura 模型

Okumura 模型为预测城区信号时使用最广泛的模型。应用频率在 150～1 920 MHz 之间（可扩展到 3 000 MHz），距离为 1～100 km 之间，天线高度在 30～1 000 m 之间。

Okumura 开发了一套在准平滑城区，基站有效天线高度 h_t 为 200 m，移动天线高度 h_r 为 3 m 的自由空间中值损耗（A_{mu}）曲线。基站和移动台均使用垂直全方向天线，将测量结果画成频率 100～1 920 MHz 的曲线和距离 1～100 km 的曲线。使用 Okumura 模型确定路径损耗时，首先应确定自由空间路径损耗，然后从曲线中读出 $A_{mu}(f,d)$ 值，并加入代表地物类型的修正因子。模型可表示为

$$L_{50}(\text{dB}) = L_F + A_{mu}(f,d) - G(h_t) - G(h_r) - G_{AREA} \tag{3.12}$$

式中，L_{50} 为传播路径损耗值的 50%（即中值），L_F 为自由空间传播损耗，A_{mu} 为自由空间中值损耗，$G(h_t)$ 为发射天线增益因子，$G(h_r)$ 为接收天线增益因子，G_{AREA} 为环境类型的增益。

对于宽频段的 A_{mu} 和 G_{AREA} 分别见图 3-2 和图 3-3。此外，Okumura 发现，$G(h_t)$ 以 20 dB/10 倍程的斜率变化，$G(h_r)$ 对于高度小于 3 m 的情况以 10 dB/10 倍程的斜率变化。

$$G(h_t) = 20\lg\left(\frac{h_t}{200}\right) \quad 1\,000\text{ m} > h_t > 30\text{ m} \tag{3.13}$$

$$G(h_r) = 10\lg\left(\frac{h_r}{3}\right) \quad h_r \leqslant 3\text{ m} \tag{3.14}$$

$$G(h_r) = 20\lg\left(\frac{h_r}{3}\right) \quad 10\text{ m} \geqslant h_r > 3\text{ m} \tag{3.15}$$

其他修正也可应用于 Okumura 模型。一些重要的地形相关参数为地形波动高度（Δh）、独立峰高度、平均地面斜度和混合陆地-海上参数。一旦计算了地形相关参数，相应的修正因子就要被加上或去掉。所有的修正因子可从 Okumura 曲线中获得。

Okumura 模型完全基于测试数据，不提供任何分析解释。对许多情况，通过外推曲线来获得测试范围以外的值，尽管这种外推法的正确性依赖于环境和曲线的平滑性。同时，Okumura 模型为成熟的蜂窝和陆地移动无线系统路径损耗预测提供最简单和最精确的解决方案。由于其实用性，在日本已成为现代陆地移动无线系统规划的标推。该种模

型的主要缺点是对城区和郊区快速变化的反应较慢,预测和测试的路径损耗偏差经验值为 10~14 dB。

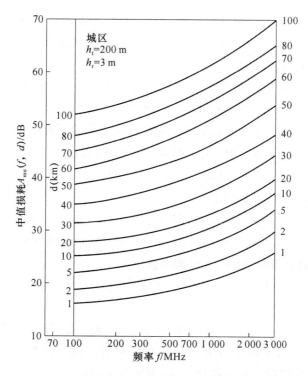

图 3-2 在准平滑地域上的自由空间中值损耗($A_{mu}(f,d)$)

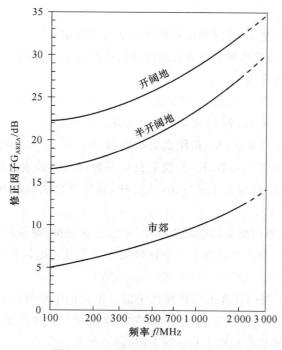

图 3-3 不同地形的修正因子 G_{AREA}

3.2.2 Hata 模型

Hata 模型是在 Okumura 曲线图基础上修改增强,得出的经验公式,频率范围为 150～1 500 MHz。Hata 模型以市区传播损耗为标准,其他地区在此基础上进行修正。市区路径损耗(单位为 dB)的标准公式为

$$L_{50}(市区)=69.55+26.16\lg f_c-13.82\lg h_t-a(h_r)+(44.9-6.55\lg h_t)\lg d \quad (3.16)$$

其中,f_c 为频率,范围为 150～1 500 MH;h_t 为发射有效天线高度,范围为 30～200 m;h_r 为接收有效天线高度,范围为 1～10 m;d 为发射端与接收端的距离;$a(h_r)$ 为有效移动天线修正因子,是覆盖区大小的函数。对于中小城市,移动天线修正因子为

$$a(h_r)=(1.1\lg f_c-0.7)h_r-(1.56\lg f_c-0.8) \quad (3.17)$$

对于大城市,移动天线修正因子为

$$a(h_r)=8.29(\lg 1.54h_r)^2-1.1 \text{ dB} \quad f_c\leqslant 300 \text{ MHz} \quad (3.18)$$

$$a(h_r)=3.2(\lg 11.75h_r)^2-4.97 \text{ dB} \quad f_c\geqslant 300 \text{ MHz} \quad (3.19)$$

为获得郊区的路径损耗,标准 Hata 模型修正为

$$L_{50}=L_{50}(市区)-2[\lg(f_c/28)]^2-5.4 \quad (3.20)$$

对于农村地区公式修正为

$$L_{50}=L_{50}(市区)-4.78(\lg f_c)^2-18.33\lg f_c-40.98 \quad (3.21)$$

尽管 Hata 模型不像 Okumura 模型那样可获得特定路径的修正因子,但上述几个公式还是非常有实用价值的。在 d 超过 1 km 的情况下,Hata 模型的预测结果与原始 Okumura 模型非常接近。该模型适用于大区制移动系统,但不适于小区半径小于 1 km 的短距离无线通信系统。

在实际无线传播环境中,还应考虑各种地物地貌的影响,基于 Hata 经验模型进行传播模型校正,考虑现实环境中各种地物地貌对电波传播的影响,从而更好地保证了覆盖预测结果的准确性。模型表示式为

$$L_p=K_1+K_2\lg d+K_3(h_m)+K_4\lg h_m+K_5\lg(H_{eff})+$$
$$K_6\lg(H_{eff})\lg d+K_{7diffn}+K_{clutter} \quad (3.22)$$

其中,K_1 是与频率有关的常数;K_2 是距离衰减常数;K_3、K_4 是移动台天线高度修正系数;K_5、K_6 是基站天线高度修正系数;K_7 是绕射修正系数;$K_{clutter}$ 是地物衰减修正系数;d 是基站和移动台之间的距离,单位是千米(km);h_m、H_{eff} 是移动台天线和基站天线的有效高度,单位是米(m)。

在分析不同地区、不同城市的电波传播时,K 值会因地形、地貌的不同以及城市环境的不同而选取不同的值。表 3-2 列举了一个曾经用于中等城市电波传播分析时的 K 值以及一些 $K_{clutter}$ 衰耗值。

根据这些 K 参数,可以计算出传播损耗中值。但是由于环境的复杂性,还要进行适当的修正。当蜂窝移动通信系统用于室内时要考虑建筑损耗。建筑损耗是墙壁结构(钢、玻璃、砖等)、楼层高度、建筑物相对于基站的走向、窗户区所占的百分比等的函数。由于变量的复杂性,建筑物的损耗只能在周围环境的基础上统计预测。可以有以下一些结论:

表 3-2 某中等城市传播模型的 K、$K_{clutter}$ 取值

参数名称	参数值	Clutter 场景名称	$K_{clutter}$ 值
K_1	160	Inland Water	−3.00
K_2	41	Wetland	−3.00
K_3	−2.55	Open Areas in Urban	−2.00
K_4	0.00	Rangeland	−1.00
K_5	−13.82	High Buildings	16.00
K_6	−6.55	Industrial & Commercial Areas	5.00
K_7	0.80	Dense Urban	5.00
		Suburban	−2.50
		Order Urban	0.00

- 位于市区的建筑平均穿透损耗大于郊区和偏远区。
- 有窗户区域的损耗一般小于没有窗户区域的损耗。
- 建筑物内开阔地的损耗小于有走廊的墙壁区域的损耗。
- 街道墙壁有铝的支架比没有铝的支架产生更大的衰减。
- 只在天花板加隔离的建筑物比天花板和内部墙壁都加隔离的建筑物产生的衰减小。

在 3G 蜂窝移动通信系统中，2 GHz 频率比 GSM 900 MHz 频率的绕射能力差，但是穿透能力强。室内信号来自室外时，一般室内的电波分量是穿透分量和绕射分量的叠加，而绕射分量占绝大部分，所以总地看来，2 GHz 室内外电平差比 900 MHz 室内外电平差要大。并且，900 MHz 信号进入室内后，由于穿透能力差一些，在室内进行各种反射后场强分布更均匀；2 GHz 信号进入室内后部分信号穿透出去，室内信号分布不太均匀，所以造成不同位置的信号电平差异大，用户感觉信号波动大。针对这种情况，可以为 2 GHz 相关网络的各种电平阀值留更大的余量，如切换迟滞、功控期望电平等，这需要根据实际网络进行调整和仔细规划。

平均的楼层穿透损耗是楼层高度的函数。一般认为，损耗线的斜率是 1.9 分贝/层。建筑物底层的平均穿透损耗，市区为 16 dB 左右，郊区在 13 dB 左右。特定楼层的测量表明，建筑物内的损耗特性可看做是带衰减的损耗波导。例如，当电波沿着与室外窗户垂直方向的走廊传播的时候，损耗可以达到 0.4 dB/m。

当计算隧道中的电波传播情况时，需要考虑隧道的传播损耗。这时可以把隧道简化成一个有耗波导来考虑。实验结果显示在特定距离下传播损耗随频率增加而下降，当工作频段在 2 GHz 以下时，损耗曲线与工作频率的关系呈指数衰减。

3.2.3 COST-231 模型

科学和技术研究欧洲协会组成 COST-231 工作委员会来开发 Hata 模型的扩展版本。COST-231 提出了将 Hata 模型扩展到 2 GHz 的公式为

$$L_{50}(\text{市区}) = 46.3 + 33.9 \lg f_c - 13.82 \lg h_t - a(h_r) + (44.9 - 6.55 \lg h_t)(\lg d) \quad (3.23)$$

其中，$a(h_r)$ 为移动台天线高度修正因子。

$$a(h_m) = \begin{cases} (1.1\lg f - 0.7)h_r - (1.56\lg f - 0.8) & \text{中小城市} \\ 8.29(\lg 1.54 h_r)^2 - 1.1 & 150 < f < 200 \text{ MHz} \quad \text{大城市} \\ 3.2(\lg 11.75 h_r)^2 - 4.97 & 400 < f < 1\,500 \text{ MHz} \quad \text{大城市} \\ 0 & h_m = 1.5 \text{ m} \end{cases}$$

远距离传播修正因子

$$\gamma = \begin{cases} 1 & d \leqslant 20 \\ 1 + (0.14 + 1.87 \times 10^{-4} f + 1.07 \times 10^{-3} h_t)\left(\lg \dfrac{d}{20}\right)^{0.8} & d > 20 \end{cases}$$

Hata 模型的 COST-231 扩展适用于下列范围参数：

f_c: 1 500~2 000 MHz；

h_t: 30~200 m；

h_r: 1~10 m；

d: 1~20 km。

基站天线有效高度计算：设基站天线离地面的高度为 h_s，基站地面的海拔高度为 h_g，移动台天线离地面的高度为 h_r，移动台所在位置的地面海拔高度为 h_{mg}。则基站天线的有效高度 $h_t = h_s + h_g$，移动台天线的有效高度为 $h_m = h_r + h_{mg}$。

3.2.4 Walfish 和 Bertoni 模型

由于宏蜂窝模型的基础是基站到移动台间的传播损耗由移动台周围的环境决定，但在 1 km 之内，基站周围的建筑物和街道走向严重地影响了基站到移动台间的传播损耗。因而前面提到的宏蜂窝模型不适合 1 km 内的预测。

COST-231-Walfish-Ikegami 模型可以适用于 20 m ~ 5 km 范围的传播损耗预测，既可用作宏蜂窝模型，也可用作微蜂窝模型。在作微蜂窝覆盖预测时，必须有详细的街道及建筑物的数据，不能采用统计近似值。

由 Walfish 和 Bertoni 开发的模型，考虑了屋顶和建筑物高度的影响，使用绕射来预测街道的平均信号场强。模型考虑路径损耗 S 为

$$S = P_0 Q^2 P_l \tag{3.24}$$

其中，P_0 表示全向天线间的自由空间路径损耗，具体算法为

$$P_0 = \left(\frac{\lambda}{4\pi R}\right)^2 \tag{3.25}$$

因子 Q^2 给出了基于建筑物屋顶的信号衰减。P_l 为从屋顶到街道的基于绕射的信号衰减。

路径衰减为

$$S = L_0 + L_{rts} + L_{ms} \tag{3.26}$$

其中，L_0 表示自由空间损耗，L_{rts} 表示屋顶到街道的绕射和散射损失，L_{ms} 为归于建筑物群的多屏绕射损耗。

在视距传输场景，传播损耗 S 可以表示为

$$L_t = 42.6 + 26\lg d + 20\lg f \quad d \geqslant 20 \text{ m} \tag{3.27}$$

在非视距传输场景，传播损耗 S 可以表示为

$$L_t = L_0 + L_{rts} + L_{msd}$$

$$L_{rts} = \begin{cases} -16.9 - 10\lg\omega + 10\lg f + 20\lg\Delta h_{Mobile} + L_{ori} & h_{roof} > h_{Mobile} \\ 0 & L_{rts} < 0 \end{cases}$$

$$L_{ori} = \begin{cases} -10 + 0.354\varphi & 0 \leqslant \varphi < 35° \\ 2.5 + 0.075(\varphi - 35) & 35° \leqslant \varphi < 55° \\ 4.0 - 0.114(\varphi - 55) & 55° \leqslant \varphi < 90° \end{cases}$$

$$L_{msd} = \begin{cases} L_{bsh} + K_a + K_d \lg d + K_f \lg f - 9\lg b & L_{msd} > 0 \\ 0 & L_{msd} < 0 \end{cases}$$

$$L_{bsh} = \begin{cases} -18\lg(1 + \Delta h_{Base}) & h_{Base} > h_{roof} \\ 0 & h_{Base} \leqslant h_{roof} \end{cases}$$

其中，L_0 为自由空间传输损耗；L_{rts} 为屋顶至街道的绕射及散射损耗；$\Delta h_{Mobile} = h_{roof} - h_{Mobile}$；$\Delta h_{Base} = h_{Base} - h_{roof}$；$\omega$ 为街道宽度，单位为 m；f 为计算频率，单位为 MHz；Δh_{Mobile} 单位为 m；φ 单位为度；L_{msd} 为多重屏障的绕射损耗。

$$K_a = \begin{cases} 54 & h_{Base} > h_{roof} \\ 54 - 0.8\Delta h_{Base} & d \geqslant 0.5 \text{ km} \text{ 且 } h_{Base} \leqslant h_{roof} \\ 54 - 0.8\Delta h_{Base} \times \dfrac{d}{0.5} & d < 0.5 \text{ km} \text{ 且 } h_{Base} \leqslant h_{roof} \end{cases}$$

$$K_d = \begin{cases} 18 & h_{Base} \leqslant h_{roof} \\ 18 - 15 \times \dfrac{\Delta h_{Base}}{h_{roof}} & h_{Base} > h_{roof} \end{cases}$$

$$K_f = -4 + \begin{cases} 0.7\left(\dfrac{f}{925} - 1\right) & \text{用于中等城市及具有中等密度树的郊区中心} \\ 1.5\left(\dfrac{f}{925} - 1\right) & \text{用于大城市中心} \end{cases}$$

上面表达式中，K_a 表示基站天线低于相邻房屋屋顶时增加的路径损耗，K_d 及 K_f 分别控制 L_{msd} 与距离 d 及频率 f 的关系。可以使用 Okumura-Hata 模型中的地形修正因子：

- K_h——丘陵地校正因子；
- K_{sp}——一般倾斜地形校正因子；
- K_{im}——孤立山峰校正因子；
- K_s——海(湖)混合路径校正因子。

3.2.5 路径损耗通用模型

这种模型最早由 Erisson 提出，最初设计是为了适用于 GSM 900/1800 系统，基站天线有效高度 h_m 为 30～200 m，移动台天线高度 h_r 为 1～10 m，通信距离为 1～35 km（可以更远）。传输损耗公式有两种类型，一种是一段式，它可以写为：

$$L_{50(\text{市区})} = K_1 + K_2\lg d + K_3\lg h + K_4\lg d\lg h + K_5 + K_{clutter} + K_d L_d - a(h_r) + K_{street}$$

(3.28)

另外一种为两段式,可以写为

$$L_{50(\text{市区})} = \begin{cases} K_1 + K_{21}\lg d + K_3\lg h_m + K_4\lg d\lg h_m + K_5 + K_{\text{clutter}} + K_d L_d - a(h_r) + K_{\text{street}} & d \leqslant d_0 \\ K_1 + K_{22}\lg d + K_3\lg h_m + K_4\lg d\lg h_m + K_5 + K_{\text{clutter}} + K_d L_d - a(h_r) + K_{\text{street}} + (K_{21} - K_{22})\lg d_0 & d > d_0 \end{cases}$$

(3.29)

实际上,可以有更多的分段,一般而言,视传播距离和计算精度而定,通常使用一段式或两段式即可。上面的表达式中,

$$K_1 = \begin{cases} 146.83 & 900 \text{ MHz} \\ 156.65 & 1\,800 \text{ MHz} \end{cases}$$

$$K_2 = 44.9$$

$$K_3 = -13.82$$

$$K_4 = -6.55$$

K_5 为人为环境的修正因子(在城市默认为 0);K_d 为绕射损耗系数,0~1 之间(一般农村为 0.95,城市 0.65,郊区 0.8);L_d 为绕射损耗(计算公式见 Okumura 模型的孤立山峰的计算);h_m、h_r 为基站、移动台天线有效高度,单位为 m,d 的单位为 km,d_0 为可由用户设定的分段点,默认为 1 km,$a(h_r)$ 参见 Okumura 模型;K_{street} 参见 Okumura 模型;K_{clutter} 为地物修正因子,一般有两种方式选择:一种是常用做法,用户所在处的地物因子,默认为 0;另一种是改进用法,作为一种选项,取从移动台至基站方向 1 200 m(不足 200 m,则直接取移动台所处位置的地物修正因子;200~1 200 m 为实际距离)的地物修正因子的加权平均,公式为

$$K_{\text{clutter}} = \frac{2}{n(n+1)} \times \sum_{i=0}^{n} [n \times W(i) \times K_{\text{clutter}}(i)]$$

(3.30)

其中,K_{clutter} 为实际修正因子($i=0$);$W(i)$ 为权系数;i 为下标;n 为 $(d-x)=1\,200$ m 时的下标,它的大小取决于地形数据的分辨率;d 为发射机与接收机之间的距离。

需要注意的是,不同地物的修正因子可由用户设定(如果已有经验值),也可以通过测试数据修正得到。

3.3 室内路径损耗传播经验模型

3.3.1 同楼层分隔损耗

建筑物具有大量的分隔和阻挡体。家用房屋中使用木框与石灰板分隔构成内墙,楼层间使用木质或非强化的混凝土。另一方面,办公室建筑通常有较大的面积,使用可移动的分隔,使空间容易划分,在楼层间通常使用金属加强混凝土。作为建筑物结构的一部分的分隔,称为硬分隔,可移动的并且未延展到天花板的分隔称为软分隔。分隔的物理和电特性变化范围非常广泛,将通用模型应用于特定室内情况是非常困难的。表 3-3 是不同分隔的损耗数据。

表 3-3 不同分隔的损耗数据

材料类型	损耗/dB	频率/MHz	材料类型	损耗/dB	频率/MHz
所有金属	26	815 MHz	一层楼层和一层墙的损耗	40~50	1 300 MHz
铝框	20.4	815 MHz	走廊的拐角	10~15	1 300 MHz
绝缘体箔	3.9	815 MHz	轻质织物	3~5	1 300 MHz
混凝土墙	13	1 300 MHz	20 英尺高的围墙	5~12	1 300 MHz
一层的损耗	20~30	1 300 MHz	金属垫-12 平方英尺	4~7	1 300 MHz

3.3.2 楼层间分隔损耗

建筑物楼层间损耗由建筑物外部面积和材料及建筑物的类型决定,甚至建筑物窗口的数量也影响楼层间的损耗。表 3-5 列出了旧金山一座三层楼的楼层衰减因子(FAF)。由表 3-5 可见对于三层建筑,建筑物一层内的衰减比其他层衰减要大得多;如表 3-4 所示,在五、六层以上,只有非常小的路径损耗。

表 3-4 不同层的损耗(3 栋楼的比较)

建筑物	915 MHz FAF/dB	σ/dB	位置数目	1 900 MHz FAF/dB	σ/dB	位置数目
A						
一层	33.6	3.2	25	31.3	4.6	110
二层	44.0	4.8	39	38.5	4.0	29
B						
一层	13.2	9.2	16	26.2	10.5	21
二层	18.1	8.0	10	33.4	9.9	21
三层	24.0	5.6	10	35.2	5.9	20
四层	27.0	6.8	10	38.4	3.4	20
五层	27.1	6.3	10	46.4	3.9	17
C						
一层	29.1	5.8	93	35.4	6.4	74
二层	36.6	6.0	81	35.6	5.9	41
三层	39.6	6.0	70	35.2	3.9	27

表 3-5 不同层的损耗(单座楼)

建筑物	FAF/dB	σ/dB	位置数目
办公楼 1			
穿过一层	12.9	7.0	52
穿过二层	18.7	2.8	9
穿过三层	24.4	1.7	9
穿过四层	27.0	1.5	9
办公楼 2			
穿过一层	16.2	2.9	21
穿过二层	27.5	5.4	21
穿过三层	31.6	7.2	21

3.3.3 对数距离路径损耗模型

很多研究表明,室内路径损耗遵从下式

$$L_p = L_p(d_0) + 10n\lg\left(\frac{d}{d_0}\right) + X_\sigma$$

其中,n依赖于周围环境和建筑物类型,X_σ表示标准偏差为σ的正态随机变量。表 3-6 提供了不同建筑物的典型值。

表 3-6 不同建筑物典型值

建筑物	频率/MHz	α	σ/dB
零售商店	914	2.2	8.7
蔬菜店	914	1.8	5.2
办公室,硬分隔	1 500	3.0	7.0
办公室,软分隔	900	2.4	9.6
办公室,软分隔	1 900	2.6	14.1
工厂 LOS			
纺织物/化学品	1 300	2.0	3.0
纺织物/化学品	4 000	2.1	7.0
纸张/谷物	1 300	1.8	6.0
金属	1 300	1.6	5.8
郊区房屋			
室内走廊	900	3.0	7.0
工厂 OBS			
纺织物/化学品	4 000	2.1	9.7
金属	1 300	3.3	6.8

3.3.4 Ericsson 多重断点模型

通过测试多层办公室建筑,获得了 Ericsson 无线系统模型。模型有四个断点并考虑了路径损耗的上下边界。模型假定 $d_0 = 1$ m 处衰减为 30 dB,这对于频率为 $f = 900$ MHz 的单位增益天线是准确的。没有假定对数正态阴影成分,Ericsson 模型提供特定地形路径损耗范围的确定限度。图 3-4 表明基于 Ericsson 模型的室内路径损耗图。

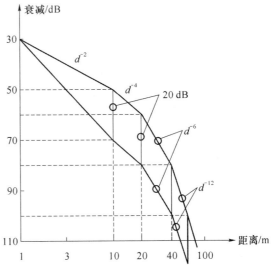

图 3-4 室内路径损耗

3.4 小尺度多径传播和参数

小尺度衰落简称衰落,是指无线信号在经过短时间或短距传输后其幅度快速衰落,以致大尺度路径损耗的影响可以忽略不计。这种衰落是由于同一传输信号沿两个或多个路径传播,以微小的时间差到达接收机的信号相互干涉所引起的,这些波称为多径波。接收机天线将它们合成一个幅度和相位都急剧变化的信号,其变化程度取决于多径波的强度、相对传播时间以及传播信号的带宽。

无线信道的多径性导致小尺度衰落效应的产生。三个主要效应表现为以下几点。
- 经过短距或短时传播后信号强度的急速变化。
- 在不同多径信号上,存在着时变的多普勒频移(Doppler Shifts)引起的随机频率调制。
- 多样传播时延引起的扩展(回音)。

在高楼林立的市区,由于移动天线的高度比周围建筑物矮很多,因而不存在从移动台到基站的视距传播,这就导致了多径衰落的产生。即使有一条视距传播路径存在,由于地面与周围建筑物的反射,多径传播仍会发生。入射电波以不同的传播方向到达,具有不同的传播时延。空间任一点的移动台所收到的信号都由许多平面波组成,它们具有随机分布的幅度、相位和入射角度。这些多径成分被接收机天线按向量合并,从而使接收信号产生衰落失真。即使移动接收机处于静止状态,接收信号也会由于无线信道所处环境中的物体的运动而产生衰落。

如果无线信道中的物体处于静止状态,并且运动只由移动台产生,则衰落只与空间路径有关。此时,当移动台穿过多径区域时,它将信号中的空间变化看做瞬时变化。在空间不同点的多径波的影响下,高速运动的接收机可以在很短时间内经过若干次衰落。更为严重的情况是,接收机可能停留在某个特定的衰落很大的位置上。在这种情况下,尽管可能由行人或车辆改变了场模型,打破接收信号长时间维持失效的情况,但要维持良好的通信状态仍非常困难。

由于移动台与基站的相对运动,每个多径波都经历了明显的频移过程。移动引起的接收机信号频移被称为多普勒频移。它与移动台的运动速度、运动方向以及接收机多径波的入射角有关。

3.4.1 影响小尺度衰落的因素

无线信道中许多物理因素影响小尺度衰落,主要包括多径传播、移动台的运动速度、环境物体的运动速度以及信号的传输带宽等。

(1) 多径传播

信道中反射及反射物的存在,构成了一个不断消耗信号能量的环境,导致信号幅度、相位及时间的变化。这些变化使发射波到达接收机时形成在时间、空间上相互区别的多个无线电波。不同多径成分具有的随机相位和幅度引起信号强度波动,导致小尺度衰落、信号失真等现象。多径传播常常延长信号基带部分到达接收机所用的时间,由码间干扰引起信号模糊。

(2) 移动台的运动速度

基站与移动台间的相对运动会引起随机频率调制,这是由于多径分量存在的多普勒频移现象造成的。决定多普勒频移是正频移或负频移取决于移动接收机是朝向还是背向基站运动。

(3) 环境物体的运动速度

如果无线信道中的物体处于运动状态,就会引起时变的多普勒频移。若环境物体以大于移动台的速度运动,那么这种运动将对小尺度衰落起决定作用。否则,可仅考虑移动台运动速度的影响,而忽略环境物体运动速度的影响。

(4) 信号的传输带宽

如果信号的传输带宽比多径信道带宽大得多,接收信号会失真,但本地接收机信号强度不会衰落很多(即小尺度衰落不占主导地位)。在后续章节中可以知道,信道带宽可用相干带宽量化。这里,相关带宽是一个最大频率差的量度,与信道的特定多径结构有关。在此范围内,不同信号的幅度保持很强的相关性。若传输信号带宽比信道带宽窄,信号幅度就会迅速改变,但信号不会出现时间失真。所以,小尺度信号的强度和短距传输后信号模糊的可能性与多径信道的特定幅度、时延及传输信号的带宽有关。

3.4.2 多普勒频移

当移动台以恒定速率 v 在长度为 d,端点为 X 和 Y 的路径上运动时收到来自远端源 S 发出的信号,如图3-5所示。无线电波从源 S 出发,在 X 点与 Y 点分别被移动台接收时所走的路径差为 $\Delta l = d\cos\theta = v\Delta t\cos\theta$。这里 Δt 是移动台从 X 运动到 Y 所需的时间,θ 是 X 和 Y 处与入射波的夹角。由于源端距离很远,可假设 X、Y 处的 θ 是相同的。所以,由路程差造成的接收信号相位变化值为

$$\Delta\varphi = \frac{2\pi\Delta l}{\lambda} = \frac{2\pi v\Delta t}{\lambda}\cos\theta \qquad (3.31)$$

由此可得出频率变化值,即多普勒频移 f_d 为

$$f_d = \frac{1}{2\pi} \cdot \frac{\Delta\varphi}{\Delta t} = \frac{v}{\lambda} \cdot \cos\theta \qquad (3.32)$$

由式(3.32)可看出,多普勒频移与移动台运动速度及移动台运动方向,与无线电波入射方向之间的夹角有关。若移动台朝向入射波方向运动,则多普勒频移为正(即接收频率上升);若移动台背向入射波方向运动,则多普勒频移为负(即接收频率下降)。信号经不同方向传播,其多径分量造成接收机信号的多普勒扩散,因而增加了信号带宽。

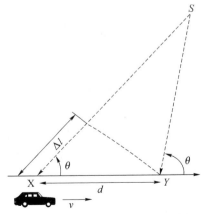

图3-5 多普勒效应示意图

3.4.3 菲涅耳区

从发射机到接收机传播路径上,有直射波和反射波,如果天线高度较低且距离较远时,直射波路径与反射波路径差较小,反射波的电场方向正好与原来相反,相位相差180°。则反射波将会产生破坏作用。另外,直射波与反射波路径差为 $\frac{2h_t h_r}{d}$,带来的相位差为 $\Delta = \frac{4\pi h_t h_r}{\lambda d}$,$h_t$、$h_r$ 分别表示发射机和接收机离地面的高度,d 为发射机到接收机间的水平距离,如图3-6所示。

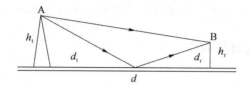

图3-6 直射与反射示意图

忽略从发射点通过地波传播到达接收机的一部分信号(该信号在超高频和甚高频段可以忽略不计),则总的接收场强和自由空间场强(单位为 V/m)比值的平方为

$$\left(\frac{E_r}{E_f}\right)^2 \approx 4\sin\left(\frac{\Delta}{2}\right) = 4\sin^2\left(\frac{2\pi h_t h_r}{\lambda d}\right) \tag{3.33}$$

式(3.33)表明,设 n 为自然数,当 Δ 为 $(2n-1)\pi$ 时,可产生6 dB的信号功率增益;而当 Δ 为 $2n\pi$ 时,两路信号相互抵消。这个角度的变化可能是由于天线高度、传播距离的变化或者两者共同作用所引起的。

已有研究结果还表明,当 $d < \frac{4h_t h_r}{\lambda}$ 时,$\frac{\Delta}{2} > \frac{\pi}{2}$,此时所得增益的大小随移动台向基站靠拢而摆动;当 $d > \frac{4h_t h_r}{\lambda}$ 时,$\frac{\Delta}{2} < \frac{\pi}{2}$,当移动台远离基站移动时增益无摆动。

实际传播环境中,第一菲涅耳区定义为包含一些反射点的椭圆体,在这些反射点上反射波和直射波的路径差小于半个波长,即 $\frac{\Delta}{2} < \frac{\pi}{2}$。如图3-7所示,第一菲涅耳区是主传播区,当阻挡物不阻挡第一菲涅耳区时,绕射损耗最小。在长为 d 路径上某一点(到发射机距离为 d_t,到接收机距离为 d_r)的第一菲涅耳区的半径为

$$h_0 = \sqrt{\frac{\lambda d_t d_r}{d}} = 548\sqrt{\frac{d_t d_r}{df}}$$

其中,h_0 的单位是米(m),d_t、d_r、d 的单位是千米(km),f 的单位是兆赫[兹](MHz)。

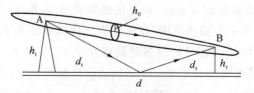

图3-7 第一菲涅耳区半径

例如，在典型的城市基站覆盖距离为 2 km 的路径上某点，假设该点距离发射天线 100 m，对于 2 000 MHz 频率而言该点第一菲涅耳区半径约为 3.7 m。

在第一菲涅耳区定义基础上，定义第 n 菲涅耳区为传播路径比第 $n-1$ 菲涅耳区多半个波长的反射点集合，两条反射路径的相位差为 180°。第 n 菲涅耳区半径为

$$h_0 = \sqrt{\frac{n\lambda d_t d_r}{d}} = 548\sqrt{\frac{nd_t d_r}{df}}$$

如果直达路径跳过起伏不平的地形及地表的建筑物，则反射波会对直射波产生积极作用，否则就有可能成为具有破坏性的多径干扰，且破坏作用随频率增高而变大。因此应该将基站的天线建得尽可能离地面高。事实上，根据经验用于视距微波链路设计只要 55% 的第一菲涅耳区保持无阻挡，其他菲涅耳区的情况基本不影响绕射损耗。

3.4.4 多径信道的参数

1. 相干带宽

时延扩展是由反射及散射传播路径引起的现象，而相干带宽 B_c 是从有效时延扩展得出的一个确定关系值。相干带宽是一定范围内的频率的统计测量值，是建立在信道是平坦（即在该信道上，所有谱分量均以几乎相同的增益及线性相位通过）的基础上。换句话说，相干带宽就是指一特定频率范围，在该范围内，两个频率分量有很强的幅度相关性。频率间隔大于 B_c 的两个正弦信号受信道影响大不相同。如果相干带宽定义为频率相关函数大于 0.9 的某特定带宽，则相干带宽近似为

$$B_c \approx \frac{1}{50\sigma_\tau} \tag{3.34}$$

如果将定义放宽至相关函数值大于 0.5，则相干带宽近似为

$$B_c \approx \frac{1}{5\sigma_\tau} \tag{3.35}$$

注意，相干带宽与有效时延扩展之间不存在确切关系，式(3.35)和式(3.34)仅是估计值。一般而言，谱分析技术与仿真可用于确定时变多径系统对某一特定发送信号的影响。因此，在无线应用中，设计特定的调制解调方式必须采用精确的信道模型。

2. 多普勒扩展和相干时间

时延扩展和相干带宽是用于描述本地信道时间色散特性的两个参数。然而，它们并未提供描述信道时变特性的信息。这种时变特性或是由移动台与基站间的相对运动引起的，或是由信道路径中物体的运动引起的。多普勒扩展和相干时间就是描述小尺度信道时变特性的两个参数。

多普勒扩展 B_D 是谱展宽的测量值，这个谱展宽是移动无线信道的时间变化率的一种量度。多普勒扩展定义为一个频率范围，在此范围内接收的多普勒谱有非 0 值。当发送频率为 f_c 的纯正弦信号时，接收信号谱即多普勒谱在 $f_c - f_d$ 至 $f_c + f_d$ 范围内存在分量，其中 f_d 是多普勒频移。谱展宽依赖于 f_d，f_d 是移动台的相对速度、移动台运动方向与散射波入射方向之间夹角 θ 的函数。如果基带信号带宽远大于 B_D，则在接收机端可忽略多普勒扩展的影响，这时是一个慢衰落信道。

相干时间 T_c 是多普勒扩展在时域的表示,用于在时域描述信道频率色散的时变特性。与相干时间成反比,即

$$T_c \approx \frac{1}{f_d} \quad (3.36)$$

相干时间是信道冲激响应维持不变的时间间隔的统计平均值。换句话说,相干时间就是指一段时间间隔,在此间隔内,两个到达信号有很强的幅度相关性。如果基带信号带宽的倒数大于信道相干时间,那么传输中基带信号可能会发生改变,导致接收机信号失真。若时间相关函数值大于 0.5 时,相干时间近似为

$$T_c \approx \frac{9}{16\pi f_d} \quad (3.37)$$

其中,f_d 是多普勒频移,$f_m = v/\lambda$。现代数字通信中,一种通用定义方法是将相干时间定义为式(3.36)与式(3.37)的几何平均,即

$$T_c = \sqrt{\frac{9}{16\pi f_d^2}} = \frac{0.423}{f_d} \quad (3.38)$$

由相干时间的定义可知,时间间隔大于 T_c 的两个到达信号受信道的影响各不相同。例如,以 60 m/s 速度行驶的汽车,其载频为 900 MHz,由式(3.32)可得出 f_d,根据公式(3.38)可计算出 T_c 的一个保守值为 5.2 ms。

3.5 小尺度衰落类型和几种分布

当信号通过移动无线信道传播时,其衰落类型决定于发送信号特性及信道特性。信号参数(如带宽、符号间隔等)与信道参数(如有效时延和多普勒扩展)决定了不同的发送信号将经历不同类型的衰落。移动无线信道中的时间色散与频率色散可能产生 4 种显著效应,这些是由信号、信道及发送速率的特性引起的。当多径的时延扩展引起时间色散以及频率选择性衰落时,多普勒扩展就会引起频率色散以及时间选择性衰落。

3.5.1 多径时延扩展产生的衰落效应

多径特性引起的时间色散,导致发送的信号产生平坦性衰落或频率选择性衰落。

1. 平坦性衰落

如果移动无线信道带宽大于发送信号的带宽,且在带宽范围内有恒定增益及线性相位,则接收信号就会经历平坦性衰落过程。这种衰落是最常见的一种。在平坦性衰落情况下,信道的多径结构使发送信号的频谱特性在接收机内仍能保持不变。然而,由于多径导致信道增益的起伏,使接收信号的强度会随着时间变化。平坦性衰落信道的特性如图 3-8 所示。

由图 3-8 可以看出,如果信道增益随时间变化,则接收端信号会发生幅度变化。接收信号 $r(t)$ 增益随时间变化,但其发送时的频谱特性仍保持不变。在平坦性衰落信道中,发送信号带宽的倒数远大于信道的多径时延扩展,$h(t,\tau)$ 可近似认为无附加时延(即 $\tau=0$ 的单一 δ 函数)。平坦性衰落信道即幅度变化信道,有时看成窄带信道,这是由于

信号带宽比平坦性衰落信道带宽窄得多。典型的平坦性衰落信道会引起深度衰落,因此在深度衰落期间需要增加 20 dB 或 30 dB 的发送功率,以获得较低的误比特率,这是与非衰落信道在系统操作方面的不同。平坦性衰落信道增益分布对设计无线链路非常重要,最常见的幅度分布是瑞利(Rayleigh)分布。瑞利平坦性衰落信道模型假设信道幅度依据瑞利分布。

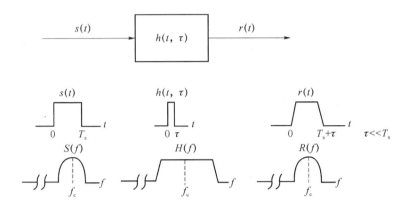

图 3-8 平坦性衰落信道特性

经历平坦衰落的条件可概括为

$$B_s \ll B_c$$
$$T_s \gg \sigma_\tau$$

其中,T_s 是带宽的倒数(如信号周期),B_s 是带宽,σ_τ 和 B_c 分别是时延扩散和相干带宽。

2. 频率选择性衰落

如果信道具有恒定增益且线性相位的带宽范围小于发送信号带宽,则该信道特性会导致接收信号产生选择性衰落。在这种情况下,信道冲激响应具有多径时延扩展,其值大于发送信号波形带宽的倒数。此时,接收信号中包含经历了衰减和时延的发送信号波形的多径波,因而,产生接收信号失真。频率选择性衰落是由信道中发送信号的时间色散引起的。这样信道就引起了符号间干扰(ISI)。频域中接收信号的某些频率比其他分量获得了更大增益。频率选择性衰落信道的建模比平坦性衰落信道的建模更困难,因为必须对每一个多径信号建模,且必须把信道视为一个线性滤波器。为此要进行宽带多径测量,并在此基础上进行建模。分析移动通信系统时,一般用统计冲激响应模型,如双线瑞利衰落模型(该模型将冲激响应看做由两个 δ 函数组成,这两个函数的衰落具有独立性,并且它们有足够时间使信号产生选择性衰落),或用计算机生成或测量出的冲激响应来分析频率选择性小尺度衰落。图 3-9 示意了频率选择性衰落的特点。

对频率选择性衰落而言,发送信号 $S(f)$ 的带宽大于信道的相干带宽 B_c。由频域可看出,不同频率获得不同增益时,信道就会产生频率选择。当多径时延接近或超过发送信号的周期时,就会产生频率选择性衰落。频率选择性衰落信道也称为宽带信道,信号 $s(t)$ 的带宽宽于信道冲激响应带宽。随着时间变化,$s(t)$ 的频谱范围内的信道增益与相位也发生了变化,导致接收信号 $r(t)$ 发生时变失真。信号产生频率选择性衰落的条件是

$$B_s > B_c$$
$$T_s < \sigma_\tau$$

通常若 $T_s \leqslant 10\sigma_\tau$，该信道也认为是频率选择性的，尽管这一范围依赖于所用的调制类型。

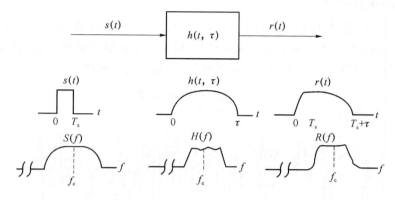

图 3-9 频率选择性信道衰落的特点

3.5.2 多普勒扩展产生的衰落效应

1. 快衰落

根据发送信号与信道变化快慢程度的比较，信道可分为快衰落信道和慢衰落信道。在快衰落信道中，信道冲激响应在符号周期内变化很快。即信道的相干时间比发送信号的信号周期短。由于多普勒扩展引起频率色散（也称为时间选择性衰落），从而导致信号失真。从频域可看出，信号失真随发送信号带宽的多普勒扩展的增加而加剧。因此，信号经历快衰落的条件是

$$T_s > T_c$$
$$B_s < B_D$$

需要注意的是，当信道被认为是快衰落或慢衰落信道时，还可以分为平坦性衰落或频率选择性衰落信道。快衰落或慢衰落仅与由运动引起的信道变化率有关。对平坦性衰落信道，可以将冲激响应简单近似为一个 δ 函数（无时延）。所以，平坦性快衰落信道就是 δ 函数变化率快于发送基带信号变化率的一种信道。而频率选择性快衰落信道是任意多径分量的幅度、相位及时间变化率快于发送信号变化率的一种信道。

2. 慢衰落

在慢衰落信道中，信道冲激响应变化率比发送的基带信号 $s(t)$ 变化率低很多，因此可假设在一个或若干个带宽倒数间隔内，信道均为静态信道。在频域中，这意味着信道的多普勒扩展比基带信号带宽小得多。所以信号经历慢衰落的条件是

$$T_s \ll T_c$$
$$B_s \gg B_D$$

显然，移动台的速度（或信道路径中物体的速度）及基带信号发送速率，决定了信号是经历快衰落还是慢衰落。

3.5.3 瑞利、莱斯以及 Nakagami-m 分布

1. 瑞利衰落分布

在移动无线信道中,瑞利分布是常见的用于描述平坦性衰落信号或独立多径分量接收包络统计时变特性的一种分布类型。众所周知,两个正交的噪声信号之和的包络服从瑞利分布。图 3-10 表示了一个瑞利分布的信号包络,它是时间的函数。

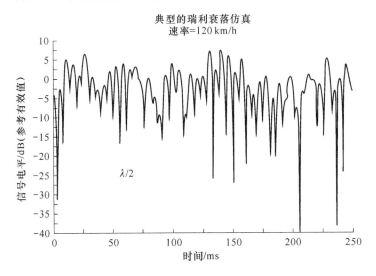

图 3-10 900 MHz 的典型瑞利衰落包络

瑞利分布的概率密度函数为

$$p(r) = \begin{cases} \dfrac{r}{\sigma^2} \exp\left(-\dfrac{r^2}{2\sigma^2}\right) & 0 \leqslant r \leqslant \infty \\ 0 & r < 0 \end{cases} \tag{3.39}$$

其中,σ 是包络检波之前所接收的电压信号的有效值,σ^2 是包络检波之前的接收信号包络的时间平均功率。不超过某特定值 R 的接收信号的包络由相应的累积积分给出

$$p(R) = \int_0^R p(r)\mathrm{d}r = 1 - \exp\left(-\dfrac{R^2}{2\sigma^2}\right) \tag{3.40}$$

瑞利分布的平均值 r_{mean} 为

$$r_{\mathrm{mean}} = E[r] = \int_0^\infty r p(r)\mathrm{d}r = \sigma\sqrt{\dfrac{\pi}{2}} = 1.2533\sigma \tag{3.41}$$

瑞利分布的方差为 σ_r^2,它表示信号包络的交流功率。

$$\sigma_r^2 = E[r^2] - E^2[r] = \int_0^\infty r^2 p(r)\mathrm{d}r - \dfrac{\sigma^2 \pi}{2} = \sigma^2\left(2 - \dfrac{\pi}{2}\right) = 0.4292\sigma^2 \tag{3.42}$$

包络的有效值为平均值再求平方根,即 $\sqrt{2}\sigma$。

r 的中值可由下式解出

$$r_{\mathrm{median}} = \int_0^{\mathrm{median}} p(r)\mathrm{d}r$$

得到

$$r_{\text{median}} = 1.177\sigma$$

因此,瑞利衰落信号的平均值与中值仅相差0.55 dB。注意,中值常用于实际中,因为衰落数据的测量一般在实地进行,此时不能假设服从某一特定分布。采用中值而非平均值,容易比较不同衰落的分布。图 3-11 示意了瑞利分布的概率密度函数。相应的瑞利累积分布函数如图 3-12 所示。

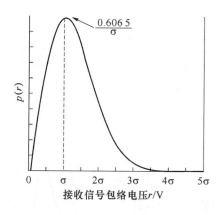

图 3-11 瑞利分布的概率密度函数

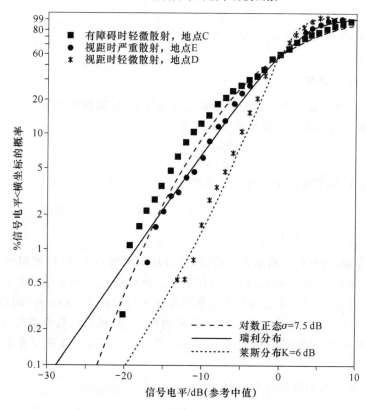

图 3-12 三种小尺度衰落累积分布的测量值及与精确的瑞利分布、莱斯分布和对数正态分布的比较

2. 莱斯衰落分布

当存在一个主要的静态(非衰落)信号分量时,如视距传播,小尺度衰落的包络分布服从

莱斯分布。这种情况下,从不同角度随机到达的多径分量叠加在静态的主要信号上。包络检波器的输出端就会在随机多径分量上叠加一个直流分量。正如从热噪声中检测出正弦波一样,主要的信号到达时附有许多弱多径信号,形成莱斯分布。当主信号减弱时,混和信号包络服从瑞利分布。所以,当主要分量减弱后,莱斯分布就转变为瑞利分布。

莱斯分布为

$$p(r)=\begin{cases}\dfrac{r}{\sigma^2}\mathrm{e}^{-\frac{(r^2+A^2)}{2\sigma^2}}I_0\left(\dfrac{Ar}{\sigma^2}\right) & A\geqslant 0, r\geqslant 0 \\ 0 & r<0\end{cases} \quad (3.43)$$

参数 A 指主信道幅度的峰值,$I_0(g)$ 是 0 阶第一类修正贝塞尔函数。贝塞尔分布常用参数 K 来描述,K 被定义为主信号的功率与多径分量方差之比。K 的表示式为 $K=A^2/(2\sigma^2)$ 或用 dB 表示为

$$K=10\log\dfrac{A^2}{2\sigma^2} \quad (3.44)$$

参数 K 是莱斯因子,完全确定了莱斯分布。当 A 趋近于 0,K 趋近于 $-\infty$,且主信号幅度减小时,莱斯分布转变为瑞利分布。图 3-13 给出了莱斯概率分布函数。莱斯累积分布函数与瑞利累积分布函数的比较如图 3-13 所示。

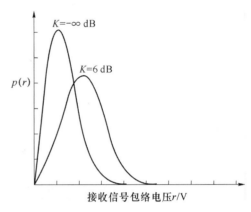

图 3-13 瑞利分布的概率分布密度函数

3. Nakagami-m 分布

Nakagami-m 分布是一种重要的衰落幅度分布模型,它能描述大量的衰落环境,包括瑞利分布和单边高斯分布等。其概率密度函数为

$$f_R(r)=\dfrac{2m^m r^{2m-1}}{\Gamma(m)\Omega^m}\mathrm{e}^{-\left(\frac{m}{\Omega}\right)r^2} \quad r\geqslant 0 \quad (3.45)$$

显然,Nakagami-m 概率密度函数与两个参数 (m,Ω) 密切相关,图 3-15 表示了 $\Omega=2$ 时几种 m 值的 Nakagami-m 概率密度。其中,$\Gamma(m)=\int_0^\infty v^{m-1}\mathrm{e}^{-v}\mathrm{d}v$ 是伽马函数,Ω 为幅度为 R 的二阶矩,即 $\Omega=E[R^2]=\overline{R^2}$。

m 为衰落参数,也可称为概率密度的阶,可以从 0.5 取到无限,控制幅度衰落的强度和深度,其具体含义为:当 $0.5\leqslant m<1$ 时,对应信道衰落情况比瑞利衰落严重;当 $m=1$ 时,等同于瑞利衰落;当 $m>1$ 时,则表现信道衰落情况好于瑞利衰落;当 $m=\infty$ 时没有衰落。

由图 3-14 可以看出:对于 $0.5\leqslant m<1$ 范围内的 m 值,得到的概率密度函数曲线比瑞利分布随机变量具有更大的拖尾;对于 $m>1$ 的值,概率密度函数曲线拖尾比瑞利分布拖尾衰减得快。

Nakagami-m 分布的概率分布函数为

$$F_R(r)=\int_0^r f_R(v)\mathrm{d}v \quad (3.46)$$

根据对任意正整数 m,$\Gamma(m)=m!$,且 $\Gamma\left(\dfrac{1}{2}\right)=\sqrt{\pi}$,$\Gamma\left(\dfrac{3}{2}\right)=\dfrac{1}{2}\sqrt{\pi}$,可以将式(3.46)简化为

$$F_R(r) = 1 - \sum_{k=0}^{m-1} \frac{\left(\frac{m}{\Omega}\right)^k}{k!} r^{2k} e^{-\left(\frac{m}{\Omega}\right)r^2} \tag{3.47}$$

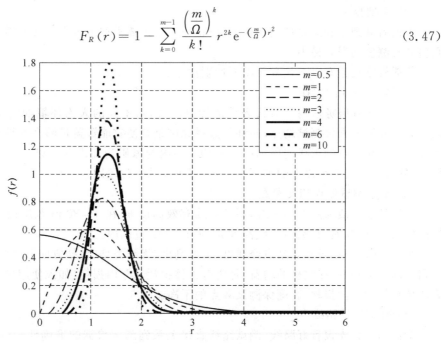

图 3-14 当 $\Omega=2$ 时的几种 m 值的 Nakagami-m 概率密度

Nakagami-m 分布的最大特点是衰落参数 m 能够对大量的衰落情况进行建模。比如，当 Nakagami-m 信道的衰落系数为 0.5 和 1 时，恰好等效于单边高斯分布和瑞利分布这两种特殊情况。在实际应用中，为了掌握具体信道的特性，常常需要对 Nakagami-m 信道的衰落参数作出估计。

3.6 无线电波传播模型的校正

路径损耗传播模型是进行网络规划的重要工具，传播预测的准确性将大大影响网络规划的准确性。在实际工程中，使用的传播模型基本是经验模型，如 Okumura-Hata 模型、COST 231 Hata 模型等。在这些模型中，影响电波传播的主要因素，如收发天线距离、天线高度和地物类型等，都以变量函数的形式在路径损耗公式中反映出来，但是，在不同的地区，地形起伏、建筑物高度和密度以及气候等因素对传播影响的程度不尽相同，所以，这些传播模型在具体环境下应用时，对应的变量函数式应该各不相同，为了准确预测本地的传播损耗，需要找到能反映本地无线传播环境的合理的函数式。

这个函数式可以通过多种方式获得，常用的方法是通过车载测试，得到本地的路径损耗测试数据，然后通过拟和的方法，用这些数据对原始传播模型公式的各个系数项和地物因子进行校正，使得校正后公式的预测值和实测数据误差最小。这样，经过校正以后的传播模型路径损耗预测的准确性将大大提高，能够比较好地反映本地无线传播环境的特点。

一般传播模型校正分三步进行。

(1) 数据准备

设计测试方案，进行车载路测并记录收集本地的测试信号的场强数据。

(2) 路测数据后处理

对车载测试数据进行后处理，得到可用于传播模型校正的本地路径损耗数据。

(3) 模型校正

根据后处理得到的路径损耗数据,校正原有的传播模型中各个函数的系数,使模型的预测值和实测值的误差最小。

传播模型校正有以下几方面需要特别注意。

(1) 测试站址的选择

尽可能选择服务区内具有代表性的传播环境,对不同的人为环境如密集城区、一般城区、郊区等,能分别设测试站点;站址的选择原则是要使它能覆盖足够多的地物类型(电子地图提供);测试站点的天线比周围(150～200 m)内的障碍物高出 5 m 以上;对每一种人为环境,最好有三个或三个以上的测试站点,以尽可能消除位置因素。

(2) 确定测试站点相关参数

测试站点一般采用全向天线,基站天线有效高度 h_t 在 4～30 m 范围内,最高建筑物顶层高度为 15 m 左右,移动台天线高度 h_r 在 1～2 m 范围内。

另外,还需要记录测试站点经纬度、天线高度、天线类型(包括方向图、增益)、馈缆损耗、发射机的发射功率、接收机的增益、是否有人体损耗和车内损耗(如果使用场强测试车,则没有人体损耗和车内损耗)。确保测试频点的干净。

(3) 确定测试路线

测试前要预先设置好路线,测试路线直接关系到测试数据的准确性。设定测试路线必须考虑以下几个方面:①能够得到不同距离不同方向的测试数据;②在某一距离上至少有 4～5 个测试数据,以消除位置影响;③尽可能经过各种地物;④尽量避免选择高速公路或较宽的公路,最好选择宽度不超过 3 m 的狭窄公路。确定测试路径通常有两种方法。以现网路测数据的传播模型校正为例,传播模型校正的步骤如图 3-15 所示。

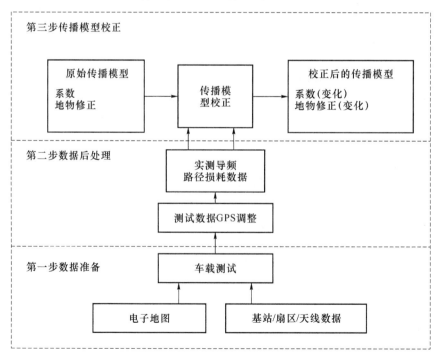

图 3-15 传播模型现网路测和校正步骤

3.6.1 数据准备

1. 电子地图与基站数据

电子地图是进行传播模型校正的必备工具,在进行传播模型校正之前,必须首先获得当地的电子地图。电子地图包括地形高度、地物信息等对电波传播有影响的地理信息,是进行模型校正、传播预测、覆盖分析、导频规划等工作的重要基础数据。不同精度的电子地图可识别的地物类型种类有所不同,对地物类型的划分方法也存在差别。对于用得最广的 20 m 精度数字地图,典型地物可分为水域、海、湿地、郊区开阔地、城区开阔地、绿地、树林、40 m 以上高层建筑群、20～40 m 规则建筑群、20 m 以下高密度建筑群、20 m 以下中密度建筑群、20 m 以下低密度建筑群、郊区乡镇以及城市公园等。根据建筑物的不同高度,还可将建筑群划分为高层建筑、一般建筑、低矮建筑等种类。在实际测试中,需要根据电子地图地表覆盖类型以及实际服务区的主要地物,对基站覆盖范围内的地物类型进行判断,确定测试路径,如果路径损耗的采集采取的是现网路测的方法,还需要得到现网基站数据和天线数据,基站数据用于锁定小区数码和导频污染分析,天线增益和高度等信息用于路径损耗计算。

2. 车载测试

在选定测试路线后,则可进行车载测试。车载测试的类型有两种,一种是连续波 CW 测试,即在典型区域架设发射天线,发射单载波信号,然后在预先设定的路线上进行车载测试,使用车载接收机接收并记录各处的信号场强;另一种是现网测试,即在已经运营的无线网络中,预先设定的路线上进行车载测试,通过车载测试手机收集接收并记录各个基站导频信号功率数据。

CW 测试频率和环境选择方便,而且是全向单载波测试,因而较易于避免其他电波干扰和天线增益不同引起的测试误差,采集数据的准确性具有良好的保障,尤其适用于建网初期对传播环境的本地化预测。基于 CW 测试的传播模型校正结果可以为网络规划提供较准确的传播预测。现网测试由于是在实际网络中获得路径损耗数据,测试数据真实地反映了宽带信号在本地无线环境中的传播,基于现网测试数据的传播模型校正结果尤其适用于为网络优化提供场强预测。

为了平均快衰落,得到本地接收信号均值的准确估计,对路测车速和设备采样数据具有严格的要求。工程上至少要求每 40 波长距离内记录 50 个点的瞬时接收功率,这时测试误差在 2～3 dB。如果不能达到这个标准,本地接收信号均值的测量误差将增高,导致数据后处理得到的路径损耗误差增大。

假定测试信号频率为 875 MHz,则有:

$$\frac{50 \text{个接收功率瞬时测量值}}{40\lambda} = \frac{50 \text{个}}{14 \text{米}} = 3.65 \text{ 个/米} \tag{3.48}$$

记这个测试标准为 $C(C \geqslant 0)$,可以得到车速 v(m/s)、前台测试设备的采样速率 R(个/秒)和测试标准 C 的关系为

$$\frac{R}{v} > C \tag{3.49}$$

例如,前台设备采样速率 R 为 50 个/秒,即 20 ms 测量一组导频的瞬时接收功率,则车速的要求为

$$v < \frac{R}{C} = \frac{50}{3.65} \text{ m/s} = 13.7 \text{ m/s} \approx 50 \text{ km/h} \tag{3.50}$$

可见,车速和前台设备采样速率密切相关,必须综合考虑。

3.6.2 现网路测数据后处理

车载测试收集到测试区域导频接收功率数据后,需要进行数据后处理。数据后处理的任务是解析这些数据,得到以 bin 为单位的本地导频接收功率,然后根据导频的发射功率、天线增益等参数,计算出对应的路径损耗,最后,为了保证路测数据有效、可用于校正,还要根据一定的条件对路径损耗实测值进行筛选,把人为和测试仪器引起的错误数据删除,筛选后的数据才是真正用于校正的路径损耗测量数据。

1. 测试数据 GPS 调整

由于车载测试时记录的测试点的经纬度和电子地图对应点的经纬度不同,如果不对测试数据进行 GPS 调整,那么测试数据的位置将偏离它应该对应的电子地图的位置。这在校正中会影响对应位置地物的分布,所以必须调整测试数据的经纬度,使它和电子地图吻合。

图 3-16 是路测数据 GPS 调整前在电子地图上显示的测试路线,图 3-17 是调整后的对比。路测数据 GPS 和电子地图的误差取决于路测使用的 GPS 设备的精度,电子地图上不同的地表覆盖类型用不同的颜色显示。在这个例子中,一般测试点的位置比电子地图的位置偏东约 40 m,偏北约 40 m。

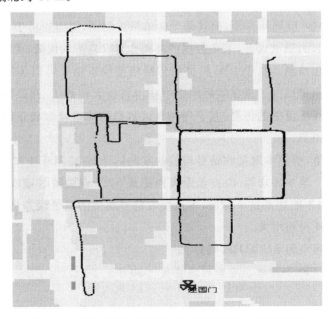

图 3-16 GPS 调整前测试数据在电子地图上的位置图

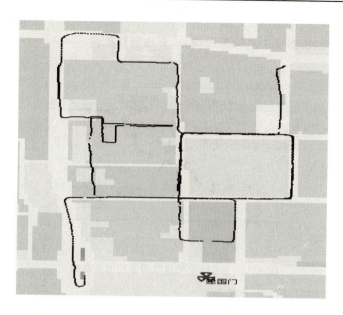

图 3-17 GPS 调整后测试数据在电子地图上的位置图

2. 计算导频的瞬时接收总功率

以高通公司的路测数据采集软件 CAIT 采集的路测数据为例,在路测过程中,被测基站的导频功率数据以 MDM 格式记录存储,MDM 数据中以数据包的形式记录某一时刻导频的四个多径分量的 E_c/I_o(dB) 和总的接收功率 I_o(dBm),这 4 个多径分量按照最大比合并即得到总的导频瞬时接收功率 E_c。E_c 的计算包括以下几个步骤。

- 设 4 个多径分量的导频功率,记为 $E_{c1}, E_{c2}, E_{c3}, E_{c4}$,单位为 dB,它们的计算公式为

$$E_{ci} = (E_c/I_o)_i + I_o \quad i=1,2,3,4 \tag{3.51}$$

- 将 $E_{c1}, E_{c2}, E_{c3}, E_{c4}$ 换算成 mW,按照最大比合并,得到总的导频接收功率 E_c(mW) 为

$$E_c = \frac{E_{c1}}{\sum_{i=1}^{4} E_{ci}} \cdot E_{c1} + \frac{E_{c2}}{\sum_{i=1}^{4} E_{ci}} \cdot E_{c2} + \frac{E_{c3}}{\sum_{i=1}^{4} E_{ci}} \cdot E_{c3} + \frac{E_{c4}}{\sum_{i=1}^{4} E_{ci}} \cdot E_{c4} = \frac{\sum_{j=1}^{4} E_{cj}^2}{\sum_{j=1}^{4} E_{ci}} \tag{3.52}$$

- 将 E_c(mW) 换算成 dBm 单位,则有:

$$E_c[\text{dBm}] = 10\lg E_c \tag{3.53}$$

- 为了平均快衰,得到基本格 bin 的接收信号均值,需要把落在这个 bin 的所有导频接收功率进行平均,如图 3-18 所示。

第 i 个 bin 的导频接收功率均值为

$$E_{ci} = \frac{\sum_{k=1}^{N_i} E_{ci}(k)}{N_i} \tag{3.54}$$

其中,N_i 是第 i 个 bin 的导频瞬时接收功率个数。

3. 计算路径损耗

得到了 bin 的导频接收功率均值以后,就可以计算该点的路径损耗,如图 3-19 所示。

要说明的是,这个路径损耗是指基站发射功率和车内手机接收功率的差值,为了得到可用于传播模型的路径损耗,需要从中消除天线增益、穿透损耗分量。

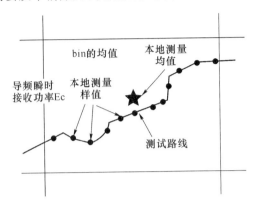

图 3-18　bin 的导频接收功率均值示意图

第 i 个 bin 的路径损耗计算公式为
$$L_i = P'_b - E_{ci} \qquad (3.55)$$
$$= P_t + G_b - L_b + G_m - L_{other} - E_{ci}$$

其中,P'_b 为基站有效发射功率;P_t 为基站发射功率;G_b 为基站天线增益;L_b 为基站耦合器、连接器、合成器损耗;G_m 为移动台天线增益;L_{other} 为人体和车辆穿透损耗。

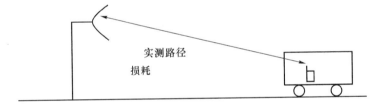

图 3-19　实测路径损耗示意图

如果被测基站采用的是方向性天线,为了方便计算,天线增益可以取收发两点连线在天线水平增益图交点的增益为发射天线增益。

3.6.3　校正原理与误差分析

1. 模型校正的原理

传播模型在使用时,需要对其准确性和可靠性进行测试,或者根据地形地物校正公式中的具体因子,针对不同的模型,其公式形式和参数不尽相同,故有不同的校正方法。由于各模型基本呈线性关系,而对于非线性的传播模型,可以考虑采用对数形式整体校正,得到线性的表达式,由此,可以考虑采用多元线性回归法进行分析。

在科学实验和生产实践中,有许多函数关系仅能通过由实验或观测得到的一组数据点 $(x_i, y_i)(i=1,2,\cdots,m)$ 来表示。而它的解析式 $f(x)$ 是未知的。选取一函数系 $\varphi_0(x)$,$\varphi_1(x),\cdots,\varphi_n(x)$ 构成的函数空间 $\varphi(x) = \sum_{j=0}^{n} u_j \varphi_j(x)$ 来近似表示 $f(x)$。其中,u_j 是一些

待定的参数。

$\varphi(x)$的了解一般有两个原则。其一,要求$\varphi(x)$通过这m个数据点,即要求$\varphi(x)$满足

$$\varphi(x_i) = \sum_{j=0}^{n} u_j \varphi_j(x_i) \quad i = 1, 2, \cdots, m \tag{3.56}$$

这是插值条件,属于精确计算的范畴。其二,要求$\varphi(x)$尽可能地从每个数据点附近通过(逼近),即曲线拟和问题。

拟和问题的提出非常自然,因为观测量总是由于种种原因存在误差(噪声),要求$\varphi(x)$精确满足这些本来就不精确的数据是没有必要的。尤其当数据总量很大时,用插值方法得到的$\varphi(x)$将非常复杂,即使$\varphi(x)$能够通过这m个点,除了x_i以外,$\varphi(x)$和$f(x)$的偏差也可能很大,因而在实际的传播模型校正中将经过严格的数据准备采集到的路测数据,经过数据后处理后,适当地设置收敛条件,采用拟和的方法得到校正后的传播模型。

2. 传播模型校正误差分析

传播模型校正的误差有两个来源:用于校正的测试数据的误差以及校正算法的误差。对于校正算法的误差来说,一旦确定核心算法,对于一定的传播预测函数和测试数据,核心算法的最小误差是确定的,它取决于传播预测函数中各个变量和测试数据的相关性。由于测试数据的随机性,对这部分误差可以不进行量化分析。

用于传播模型校正的数据是经后处理得到的路径损耗数据。对于现网导频功率的测试,导致误差主要有两方面的原因:一是被测基站的天线增益难于确定;二是合并导频接收功率中存在误差。

例如在CDMA网络中,为了减小干扰提高系统容量,基站一般采用方向性天线。在测试点得到的导频功率是多个多径分量的最大比合并功率,这些多径分量从基站沿不同方向发射,经过直射、反射、绕射等路径到达接收端,很难确定其发射方向,由于方向性天线各个方向的天线增益不同,基站的天线增益很难准确确定,由此导致一定的误差。合并导频接收功率误差的根本原因则是CDMA各个码信道的非完全正交,解调得到的被测基站(即服务基站)导频功率不可避免地包括了其他码信道的功率。

测试中可以设置测试手机锁定某个特定导频进行解调。这时由于不存在软切换,合并的各个多径都来自同一个导频,故最大比合并的导频接收功率计算公式为

$$\begin{aligned} E_c(\text{dBm}) &= 10\lg \sum_j \left[\frac{E_{cj}}{\sum_i E_{ci}} \cdot E_{cj} \right] \\ &= 10\lg \left[\sum_j \frac{\left(\frac{E_{cj}}{I_{oj}} \cdot P_r\right)^2}{\sum_i \left(\frac{E_{ci}}{I_{oi}} \cdot P_r\right)} \right] \end{aligned} \tag{3.57}$$

其中,E_{ci}为第i条接收支路码片能量,单位为mW;I_{oi}为第i条接收支路干扰功率谱密度,单位为mW;P_r为总接收功率,单位为mW。

一般地,有$I_{oi} = P_r$,所以第i条支路的导频接收功率可以写成:

$$\begin{aligned} E_{ci} &= \frac{E_{ci}}{I_o} \cdot P_r \\ &= P_{ci} + \xi(1-\delta_i)(P_r)_i + (I_{\text{other}})_i + \sum_{k \neq i} P_{ck} + P_n \end{aligned} \tag{3.58}$$

其中，P_{ci}为第i条支路服务基站导频接收功率，单位为mW；$\xi(1-\delta_i)(P_r)_i$为被测基站所有发射功率导致的干扰，ξ为被测基站各个码信道的正交因子，$(P_r)_i$为移动台接收到的被测基站功率，单位为mW，δ_i为被测基站导频信道功率与总发射功率的比值；$(I_{other})_i$为来自周围其他基站的总干扰功率，单位为mW；P_{ck}为来自第k条支路的服务基站导频信号的干扰；P_n为接收机热噪声功率。

可见，每条支路的导频接收功率由5部分构成，第1部分P_{ci}是需要得到的有效导频功率，第2部分是来自被测基站其他信道干扰引入的误差，第3部分是来自系统其他基站干扰引入的误差，第4部分是来自多径信道其他支路的导频信号的干扰引入的误差，第5部分则是热噪声。除第1部分以外，其余4部分都是CDMA各个码信道非正交引入的误差。这些误差可以定量计算。

根据工程上的常用配置，假定导频发射功率占基站总发射功率的16%，4路最大比合并，并且每条支路信号功率相等，基站各个信道的正交因子为0.3，则来自被测基站其他信道对移动台导频信道接收的干扰为

$$\xi(1-\delta_i)(P_r)_i = P_{ci} \cdot \frac{100}{4}\left(1-\frac{4}{100}\right) \cdot 0.3 = 7.2 P_{ci} \quad (3.59)$$

来自周围其他基站的总干扰为

$$(I_{other})_i = P_{pilot} \cdot \frac{100}{16} \cdot \frac{1}{\alpha} \cdot \beta_1$$
$$= 6.25 \frac{P_{pilot} \cdot \beta_1}{\alpha} \quad (3.60)$$

其中，β_1为调制后的延迟的PN序列的相关因子；α为移动台接收到的服务基站功率与总接收功率的比值。

对于式(3.58)中的第4部分，首先假定4路最大比合并，并且每条支路信号功率相等，对于某一条支路而言，其他3条支路会造成干扰，所以干扰因子为3，有：

$$\sum_{k \neq i} P_{ck} = 3 \cdot \beta_2 \cdot P_{ci} \quad (3.61)$$

其中，β_2是调制后的被测基站PN序列时延后的相关因子。接收信号中噪声功率P_n为

$$P_n = FN_0 W \quad (3.62)$$

其中，F是热噪声系数；$N_0=kt$，是热噪声功率谱密度，$k=1.38 \times 10^{-23}$ J/K，为玻耳兹曼常数，T为绝对温度，当T为290 K时，$N_0=-174$ dBm/Hz；W是系统带宽，在CDMA 2000系统中为1.228 8 MHz。

例如，当$F=8$，T为290 K时，$N_0=-174$ dBm/Hz，$P_n=-104$ dBm$=3.91$ mW。

习　题

1. 无线传播信道具有哪些主要特点？
2. 在无线通信中，电波传播的主要传播方式有哪几种？
3. 无线电波的传播受地形和人为环境的影响很大，影响环境的主要因素有哪些？
4. 常见的室外无线传播模型有哪几种？分别适用于什么场景？

5. Okumura 模型的主要运用环境和条件是什么？

6. 为什么要进行无线传播模型校正？校正的方法是什么？

7. 影响小尺度衰落的因素都有哪些？说明多径衰落对移动通信系统的影响。

8. 小尺度衰落有几种类型？分别是什么？

9. 快衰落服从什么分布？慢衰落服从什么分布？

10. 菲涅尔区的含义是什么？有哪些特点？

11. 瑞利分布、莱斯分布和 Nakagami-m 分布是无线通信中最常用的分布，试说明何时采用瑞利分布？何时采用莱斯分布？何时采用 Nakagami-m 分布？它们之间有什么联系？

12. Okumura-Hata 模型的适用范围是什么？Okumura-Hata 与 Cost231-Hata 的差异是什么？

13. 如果某发射机发射功率为 100 W，请将其换算成 dBm 和 dBW。如果发射机的天线增益为单位增益，载波频率为 900 MHz，求出在自由空间中距离天线 100 m 处的接收功率为多少 dBm。

14. 如果载频为 800 MHz，移动速度为 60 km/h，求最大多普勒频移。

15. 说明时延扩展、相关带宽和多普勒扩展、相关时间的概念和相互间的关系。

16. 若一发射机发射载频为 1 850 MHz，一辆汽车以 60 km/h 的速度运动，计算在以下情况下接收机载波频率：

（1）汽车沿直线朝向发射机运动；

（2）汽车沿直线背向发射机运动；

（3）汽车运动方向与入射波方向成直角。

17. 一辆汽车以恒定速率行驶 10 s 时收到 900 MHz 的发送信号。信号电平低于 rms 电平 10 dB 的平均衰落时段为 1 ms，则汽车在 10 s 内行驶多远？10 s 内信号经历了多少次 rms 门限电平处的衰落？假设汽车的行驶速度保持恒定。

18. 计算题图 3-1 所给出的多径分布的平均附加时延、rms 时延扩展及最大附加时延（10 dB）。设信道相干带宽取 50%，则该系统在不使用均衡器的条件下对 AMPS 或 GSM 业务是否合适？

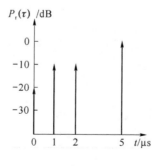

题图 3-1

19. 选择测量小尺度传播需要适当的空间取样间隔，假设连续取样值有很强的时间相关性。在 $f_c=1\,900$ MHz 及 $v=50$ m/s 的情况下，移动 10 m 需要多少个样值？假设测量能够在运动的车辆上实时进行,则进行这些测量需要多少时间?信道的多普勒扩展 B_D 为多少?

20. 使用 Okumura 模型求解 $d=50$ km、$h_t=100$ m、$h_r=10$ m,郊区环境下的路径损耗。已知发射机的有效辐射功率 P' 为 1 kW,载频为 900 MHz,求接收功率(假定接收机天线为单位增益)。

21. 两个独立的复数(正交)高斯源有相同分布,证明其和(包络)是瑞利分布。假设高斯源是 0 均值,有单位方差。

22. 设基站天线高度为 40 m,发射频率为 900 MHz,移动台天线高度为 2 m,通信距离为 15 km,利用 Okumura-Hata 模型,分别求解出城市、郊区和乡村的路径损耗(忽略地形校正因子的影响)。

23. 规划软件模型中的 K_5、K_6 是关于什么的参数?

第4章 天线技术与天线规划

天线是一种变换器,它把传输线上传播的导行波,变换成在空气等无界媒介中传播的电磁波,或者进行相反的变换。天线是无线电设备中用来发射或接收电磁波的部件。无线电通信、广播、电视、雷达、导航、电子对抗、遥感、射电天文等工程系统,凡是利用电磁波来传递信息的,都依靠天线进行工作。此外,在用电磁波传送能量方面,非信号的能量辐射也需要天线。一般天线都具有可逆性,即同一副天线既可用作发射天线,也可用作接收天线。同一天线作为发射或接收的基本特性参数是相同的,这就是天线的互易定理。

在任何无线通信系统中,天线系统的设计都是关键环节之一。天线利用自身的特性,可以使电磁波在某些方向获得较大的增益,同时也使某些方向的电磁波得到了抑制。这种特性对于移动通信系统非常重要,它使有用信号的功率得到最大程度的利用,而且还可以大大抑制、减小对其他方向的干扰。

具体而言,天线的辐射模式、增益、波瓣宽度、输入阻抗、极化特性、频带宽度、互调抑制度和结构等特性都直接影响着移动通信系统的性能。科学合理的设计和选择天线将增强并改善系统的性能,而不恰当的天线设计将给系统的性能带来巨大的不良影响。根据实际环境的需要合理地选择天线类型、优化天线参数对于提高无线链路性能,降低功率损耗,减少干扰,改善覆盖,提高系统容量以及避免系统中的导频污染等都有很大的作用。此外,合理的设计、选择和安装天线还能够降低无线系统的建设、维护成本。

本章将重点讲解无线通信传输中的天线理论,介绍其基本原理,并且重点介绍天线安装的原理和工程要求等。

4.1 天线原理

在无线通信系统中,天线是收发信机与外界传播介质之间的接口。同一副天线既可以辐射又可以接收无线电波,发射时把高频电流转换为电磁波;接收时把电磁波转换为高频电流。

天线理论主要有辐射理论、阻抗理论与接收理论。辐射理论主要研究天线的电流分布、辐射的强度、辐射的效率等。阻抗理论研究天线的输入阻抗,使馈电系统取得匹配。接收理论主要研究天线接收外来电磁波的能力,天线感应的电压等。根据这些理论就可以确定某一副天线用作发射或接收的特性。工程上一般采用一些特性参数来表征这些特性,如方向图、主瓣宽度、副瓣电平、方向性系数、增益、极化、输入阻抗、频谱宽度、有效面积、等效噪声温度等。本节将就天线辐射基本原理以及一些最为重要的天线参量进行详细介绍。

4.1.1 天线辐射电磁波的基本原理

导线载有交变电流时,就可以形成电磁波的辐射,辐射的能力与导线的长短和形状有关,如图 4-1 所示。如果两导线的距离很近,且两导线所产生的感应电动势几乎可以抵消,因而辐射很微弱。如果将两导线张开,这时由于两导线的电流方向相同,由两导线所产生的感应电动势方向相同,因而辐射较强。当导线的长度 l 远小于波长时,导线的电流很小,辐射很微弱。

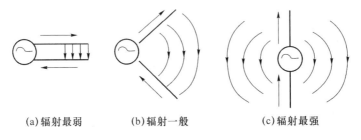

(a)辐射最弱　　　(b)辐射一般　　　(c)辐射最强

图 4-1　天线形状与电流强度

当导线的长度增大到可与波长相比拟时,导线上的电流大大增加,因而就能形成较强的辐射。通常将上述能够产生显著辐射的直导线称为振子。两臂长度相等的振子称为对称振子,每一臂长度为四分之一波长。全长与波长相等的振子,称为全波对称振子。将振子折合起来的,称为折合振子。

一个单一的对称振子具有"面包圈"形的方向图,如图 4-2 所示,其中(a)表示单一对称振子的顶视剖面图,而(b)为侧视剖面图,(c)为三维视图。

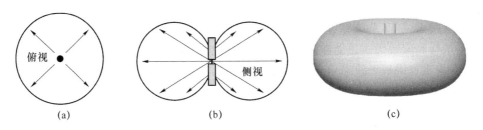

图 4-2　单一对称振子信号辐射形状

在地平面上,为了把信号集中到所需要的地方,要求把"面包圈"压成扁平的,此时可以把多个对称振子放在同一条直线上,组阵成一个振子组,从而能够控制辐射能构成"扁平的面包圈",效果如图 4-3 所示。

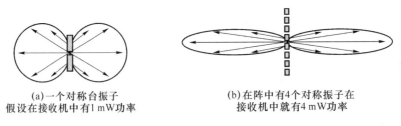

(a)一个对称台振子　　　　　　(b)在阵中有4个对称振子在
假设在接收机中有1mW功率　　　接收机中就有4mW功率

图 4-3　不同数量对称振子信号辐射对比

4.1.2 发射天线的阻抗和辐射效率

天线和馈线的连接端,即馈电点两端感应的信号电压与信号电流之比,称为天线的输入阻抗。输入阻抗分为电阻分量和电抗分量。输入阻抗的电抗分量会减少从天线进入馈线的有效信号功率。因此,必须使电抗分量尽可能为零,使天线的输入阻抗为纯电阻。天线的输入阻抗是天线输入端所呈现的阻抗,输入阻抗将受其他天线和邻近物体的影响。

在本节的讨论中,假设天线是孤立的,即和其他天线和物体远离。输入阻抗由实部和虚部组成

$$Z_{in} = R_{in} + jX_{in} \tag{4.1}$$

天线的输入阻抗是一个以功率关系为基础的等效阻抗。输入电阻 R_{in} 表示功率损耗,输入电抗 X_{in} 表示天线在近场的贮存功率。

功率损耗有两种方式,天线结构及附件的热损耗,离开天线后不再返回(辐射)的功率也是一种损耗形式。在许多天线中,热损耗与辐射损耗相比是很小的。天线的平均损耗功率

$$\begin{aligned} P_{in} &= P_r + P_L \\ &= \frac{1}{2}|I_{in}|^2 R_{ri} + \frac{1}{2}|I_{in}|^2 R_L \end{aligned} \tag{4.2}$$

其中,定义参考输入端电流 I_{in} 的辐射电阻为

$$R_{ri} = \frac{P_r}{\frac{1}{2}|I_{in}|^2} \tag{4.3}$$

热损耗电阻为

$$R_L = \frac{P_L}{\frac{1}{2}|I_{in}|^2} \tag{4.4}$$

辐射电阻可相对于天线上任意点电流定义,一般采用最大电流或者波腹点电流。

以基本电振子为例,由于基本电振子的电流是均匀的,辐射电阻

$$R_r = R_{ri} = 80\pi^2 \left(\frac{\Delta l}{\lambda}\right)^2 \tag{4.5}$$

输入阻抗的电抗部分表示近场贮存功率。电小(比波长小得多)天线除有一个小辐射电阻外,还有一个大输入电抗。例如,短振子有一个容抗,而电小环天线有一个感抗。根据低频电路理论,这是意料中的结果。

某些天线,例如对称振子,阻抗是比较有规律的,它是天线长度、半径和工作波长的函数。对于其他大多数天线,影响阻抗的因素很复杂,无法得出简单的规律,只能由实验方法测量。发射天线是发射机的负载,无线的输入阻抗与发射机的内阻共轭匹配时,可得到最大输出功率。

天线的输出功率仅一部分转换为辐射功率,其余被天线及附近结构所吸收。辐射效率定义为"天线的总辐射功率与净输入功率之比":

$$e = \frac{P_r}{P_{in}} \tag{4.6}$$

将式(4.2)和式(4.3)代入式(4.6),可得

$$e = \frac{\frac{1}{2}|I_{in}|^2 R_{ri}}{\frac{1}{2}|I_{in}|^2 R_{ri} + \frac{1}{2}|I_{in}|^2 R_L} \tag{4.7}$$

$$= \frac{R_{ri}}{R_{ri} + R_L} = \frac{R_{ri}}{R_{in}}$$

由式(4.7)可以看出,要提高天线的效率,必须尽可能提高天线的辐射电阻,减小天线的损耗电阻。例如,某一工作在 1 MHz,长 $\Delta l = 1 \text{ m} = 0.0033\lambda$ 的基本电振子,由式(4.5)辐射电阻

$$R_r = 80\pi^2 \left(\frac{1}{300}\right)^2 \Omega = 0.0088 \text{ }\Omega \tag{4.8}$$

均匀电流天线的欧姆电阻为

$$R_L \approx \frac{L}{2\pi a} R_s \tag{4.9}$$

其中,L 是导线长度,$L = \Delta l$,a 是导线半径,R_s 是表面电阻:

$$R_s = \sqrt{\frac{\omega\mu}{2\sigma}} \tag{4.10}$$

工作在 1 MHz 的铜线

$$R_s = \sqrt{\frac{4\pi \times 10^{-7} \times 2\pi \times 10^6}{2 \times 5.7 \times 10^{-7}}} \text{ }\Omega = 2.63 \times 10^{-4} \text{ }\Omega \tag{4.11}$$

假设导线半径是 $a = 4.06 \times 10^{-4}$ m,由式(4.9)得出 R_L 等于 0.103 Ω,将式(4.8)和 R_L 的值代入式(4.7),辐射效率为

$$e = \frac{0.0088}{0.0088 + 0.103} = 7.87\% \tag{4.12}$$

这是个很低的效率。由于辐射电阻跟长度的平方成正比,欧姆电阻跟长度成正比,增加天线的长度可以提高效率。

在工程上来看,输入阻抗与天线的结构和工作波长有关,基本半波振子,即由中间对称馈电的半波长导线,其输入阻抗为 $(73.1 + j42.5)\Omega$。当把振子长度缩短 3%~5% 时,就可以消除其中的电抗分量,使天线的输入阻抗为纯电阻,即使半波振子的输入阻抗为 73.1 Ω(标称 75 欧)。

而全长约为一个波长,且折合弯成 U 形管形状由中间对称馈电的折合半波振子,可看成是两个基本半波振子的并联,而输入阻抗为基本半波振子输入阻抗的四倍,即 292 Ω(标称 300 欧)。

4.1.3 方向性系数和增益

天线的方向性是指天线向一定方向辐射电磁波的能力。方向性系数用来表征天线辐射能量集中的程度,其定义为:在相同的辐射功率下,某天线在空间某点产生的电场强度平方同理想无方向性点源天线(该天线的方向图为一球面)在同一点产生的电场强度平方的比值。

$$D(\theta,\varphi) = \frac{E^2(\theta,\varphi)}{E_0^2}\bigg|_{相同辐射功率} \tag{4.13}$$

理想无方向性点源天线产生的电场强度平方可认为是实际天线产生的电场强度平方在全空间的平均值。因此式(4.13)也可以表示为天线在空间某点的辐射功率密度(坡印廷矢量)与该天线的平均辐射功率之比：

$$D(\theta,\varphi) = \frac{S(\theta,\varphi)}{P_r/4\pi r^2} \tag{4.14}$$

其中，$S(\theta,\varphi)$ 为天线辐射场的坡印廷矢量，$P_r = \int_0^{2\pi}\int_0^{\pi} S(\theta,\varphi) r^2 \sin\theta \mathrm{d}\theta \mathrm{d}\varphi$ 为该天线的总辐射功率。

天线在各方向辐射的场强不同，方向性系数与方向有关，与天线方向函数的平方成正比。通常以天线在最大辐射方向上的方向性系数作为这一天线的方向系数。方向性系数通常用分贝 dB 表示。

天线增益的定义与方向性系数相似，但实际天线与理想天线场强平方的比值是在相同输入功率条件下进行的，即在相同的输入功率下，某天线在空间某点产生的电场强度的平方与理想无方向性点源在同一点产生的电场强度平方的比值：

$$G(\theta,\varphi) = \frac{E^2(\theta,\varphi)}{E_0^2}\bigg|_{\text{相同输入功率}} \tag{4.15}$$

同样，增益也可以定义为在某点产生相等电场强度的条件下，无方向性点源无线输入功率 $P_{\text{in}0}$ 与某天线总的输入功率 P_{in} 之间的比值：

$$G = \frac{P_{\text{in}0}}{P_{\text{in}}}\bigg|_{\text{相同电场强度}} \tag{4.16}$$

根据天线的辐射效率为 $e = \dfrac{P_r}{P_{\text{in}}}$，则天线增益与天线方向性系数之间有如下关系：

$$G = \eta D \tag{4.17}$$

若不考虑天线自身的损耗，则天线的增益与方向性系数完全相同。需要注意的是，天线作为一种无源器件，其增益的概念与一般功率放大器增益的概念不同。功率放大器具有能量放大作用，但天线本身并没有增加所辐射信号的能量，它只是通过天线阵子的组合改变其馈电方式把能量集中到某一方向。增益是天线的重要指标之一，它表示天线在某一方向能量集中的能力。表示天线增益的单位通常有 dBi 和 dBd。两者之间的关系为

$$0\text{ dBd} = 2.17\text{ dBi}$$

dBi 定义为实际的方向性天线(包括全向天线)相对于各向同性天线能量集中的相对能力，"i"即表示各向同性——Isotropic。dBd 定义为实际的方向性天线(包括全向天线)相对于半波阵子天线能量集中的相对能力，"d"即表示偶极子——Dipole，如图 4-4 所示。

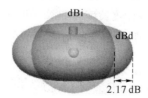

图 4-4　dBi 与 dBd 的关系

需要注意的是，天线增益不但与阵子单元数量有关，还与水平半功率角和垂直半功率角有关。

对于接收天线而言,方向性表示天线对不同方向传来的电波所具有的接收能力。天线方向性的特性曲线通常用方向图来表示,方向图可用来说明天线在空间各个方向上所具有的发射或接收电磁波的能力,如图 4-5 所示。

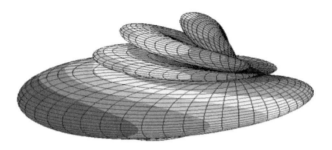

图 4-5 天线的方向性

4.1.4 有效长度

一般而言,天线上的电流分布是不均匀的,也就是说天线各部位的辐射能力不一样。为了衡量天线的实际辐射能力,常采用有效长度。它的定义是:在保持实际天线最大辐射方向的场强值不变的前提下,假设天线上的电流分布为均匀时天线的等效长度。通常将归算于输入电流 I_{in} 的有效长度记为 l_{ein},把归算于波腹电流 I_m 的有效长度记为 l_{em}。

如图 4-6 所示,假设实际长度为 l 的某天线的电流分布为 $I(z)$,该天线在最大辐射方向产生的电场为

$$E_{max} = \int_0^l dE = \int_0^l \frac{60\pi}{\lambda r} I(z) dz \quad (4.18)$$

若以该天线的输入端电流 I_{in} 为均匀分布、长度为 l_{ein} 时天线在最大辐射方向产生的电场可类似于电基本振子的辐射电场,即

$$E_{max} = \frac{60\pi I_{in} l_{ein}}{\lambda r} \quad (4.19)$$

令式(4.18)与式(4.19)相等,得

$$I_{in} l_{ein} = \int_0^l I(z) dz \quad (4.20)$$

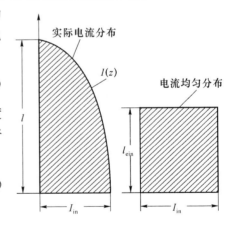

图 4-6 天线长度和电流分布

由式(4.20)可以看出,以高度为边,则实际电流与等效均匀电流所包围的面积相等。在一般情况下,归算于输入电流 I_{in} 的有效长度与归算于波腹电流 I_m 的有效长度不相等。

引入有效长度以后,考虑到电基本振子的最大场强的计算,可写出天线辐射场强的一般表达式为

$$|E(\theta,\varphi)| = |E_{max}| F(\theta,\varphi) = \frac{60\pi I l_e}{\lambda r} F(\theta,\varphi) \quad (4.21)$$

其中,l_e 是电流 I 的有效长度,与 $F(\theta,\varphi)$ 均用同一电流 I 归算。

在天线设计的过程中,有一些专门的措施可以加大天线的等效长度,用来提高天线的辐射能力。

4.1.5 天线系数

天线系数是天线用作接收天线时必不可少的一个参数。因为接收天线在使用时必然会跟接收机相连接,故可以通过接收机的测量值来获知空间场强的大小。而接收机的测量值通常指的是接收机的端口电压,因此,为了通过接收机的端口电压值来获知空间场强的大小,就必须知道接收机的端口电压与空间场强之间的关系,该关系由天线系数来表示。

由接收天线这一端,可知接收天线的最大接收功率为

$$P_{\max} = \frac{E^2 l^2 R_A}{2(2R_A)^2} = \frac{E^2 l^2}{8R_A} \tag{4.22}$$

其中,R_A 为天线的输入电阻,E 为接收天线处的电场强度。

在接收机这一端,接收机输入端的最大功率为

$$P_{\max} = \frac{1}{2} \frac{V_0^2}{R_0} \tag{4.23}$$

其中,V_0 表示接收机输入端的端口电压,单位为伏特;R_0 表示接收机输入端的输入电阻,单位为欧姆。

令式(4.22)和式(4.23)相等且假设天线与接收机共轭匹配,得

$$V_0 = \frac{1}{2} E l$$

用接收机测量场强时,经常以分贝数表示场强值的大小。取 $1\,\mu V/m$ 为电场的零分贝,记为 $dB\mu$,则接收机输入端的端口电压为

$$V_0(dB) = E(dB\mu) + 20\lg l - 6$$

或

$$E(dB\mu) = V_0(dB) + K(dB) \tag{4.24}$$

其中,

$$K(dB) = -20\lg l + 6 \tag{4.25}$$

K 是天线校正系数。在场强测量时,接收机的直接读数为 V_0。用式(4.25)求天线的校正系数。然后再用式(4.24)求得天线处的电场值。

例如,用半波对称振子作接收天线。将 $l = \frac{\lambda}{\pi}$ 代入式(4.25),得半波对称振子的校正系数为

$$K(dB) = -20\lg \frac{\lambda}{\pi} + 6$$

取其工作频率为 $150\,MHz(\lambda = 2\,m)$,则

$$K = 10\,dB$$

4.1.6 接收天线的噪声温度

天线除了能够接收无线电波之外,还能够接收来自空间各种物体的噪声信号。外部噪声通过天线进入接收机,因此,又称天线噪声。外部噪声包含有各种成分,例如地面上有其他电台信号以及各种电气设备工作时的工业辐射,它们主要分布在长、中、短波波段;空间中有大气雷电放电以及来自宇宙空间的各种辐射,它们主要分布在微波及稍低于微波的波段。天线接收的噪声功率的大小可以用天线的等效噪声温度 T_A 来表示。

类似于电路中噪声电阻把噪声功率输送给与其相连接的电阻网络,若将接收天线视为一个温度为 T_A 的电阻,则它输送给匹配接收机的最大噪声功率 P_n 与天线的等效噪声温度 T_A 的关系为

$$T_A = \frac{P_n}{k\Delta f} \tag{4.26}$$

其中,P_n 的单位是瓦[特](W);T_A 的单位是开[尔文](K);$k=1.38\times10^{-23}$ J/K,为玻耳兹曼常数;Δf 为频率带宽。T_A 是表示接收天线向共轭匹配负载输送噪声功率大小的参数,它并不是天线本身的物理温度。

当接收天线距发射天线非常远时,接收机所接收的信号电平已非常微弱,这时天线输送给接收机的信号功率 P_s 与噪声功率 P_n 的比值更能实际反映出接收天线的质量。由于在最佳接收状态下,接收到的 $P_s = AeS_{av} = \frac{\lambda^2 G}{4\pi} S_{av}$,因此接收天线输出端的信噪比为

$$\frac{P_s}{P_n} = \frac{\lambda^2}{4\pi k\Delta f} S_{av} \frac{G}{T_A} \tag{4.27}$$

也就是说,接收天线输出端的信噪比正比于 G/T_A,增大增益系数或减小等效噪声温度均可以提高信噪比,进而提高检测微弱信号的能力,改善接收质量。

噪声源分布在接收天线周围的全空间,它是考虑了以接收天线的方向函数为加权的噪声分布之和,写为

$$T_A = \frac{\int_0^{2\pi}\int_0^{\pi} T(\theta,\varphi)|F(\theta,\varphi)|^2 \sin\theta d\theta d\varphi}{\int_0^{2\pi}\int_0^{\pi} |F(\theta,\varphi)|^2 \sin\theta d\theta d\varphi} \tag{4.28}$$

其中,$T(\theta,\varphi)$ 为噪声源的空间分布函数;$F(\theta,\varphi)$ 为天线的归一化方向函数。为了减小天线的噪声温度,天线的最大接收方向应避开强噪声源,并应尽量降低副瓣和后瓣电平。

以上的介绍并未涉及到天线和接收机之间的传输线损耗,如果考虑传输线的实际温度和损耗,考虑到接收机本身所具有的噪声温度,则计算整个接收系统的噪声如图 4-7 所示。图中各参数意义为:T 表示空间噪声源的噪声温度;T_A 表示天线输出端的噪声温度;T_0 表示均匀传输线的噪声温度;T_a 表示接收机输入端的噪声温度;T_r 表示接收机本身的噪声温度;T_s 表示考虑到接收机影响后的接收机输入端的噪声温度。

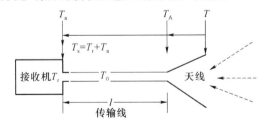

图 4-7 接收系统的噪声温度计算示意图

如果传输线的衰减常数为 α(Np/m),则传输线的衰减也会降低噪声功率,因而

$$T_a = T_A e^{-2\alpha l} + T_0(1-e^{-2\alpha l}) \tag{4.29}$$

整个接收系统的有效噪声温度为 $T_s = T_a + T_r$。T_s 的值可在几开到几千开之间,但其典型

值约为 10 K。

例题 已知天线输出端的有效噪声温度为 150 K。假定传输线长为 10 m，使用了 x 波段（8.2～12.4 GHz）的矩形波导（其衰减系数 $\alpha=0.13$ dB/m），波导温度为 300 K，求接收机端点的天馈系统的有效噪声温度。

解 因为
$$\alpha(\text{dB/m})=\alpha(\text{Np/m})\times 20\lg e=8.68\alpha(\text{Np/m})$$
所以
$$\alpha=0.13 \text{ dB/m}=0.014\ 9 \text{ Np/m}$$
则天馈系统的有效噪声温度为
$$\begin{aligned}T_a &= T_A e^{-2\alpha l}+T_0(1-e^{-2\alpha l})\\ &=150 e^{-0.149\times 2}+300\times(1-e^{-0.149\times 2})\\ &=(111.345+77.31)\text{K}=188.655 \text{ K}\end{aligned}$$

从这个例子可以看出，考虑到传输线及接收机本身带来的噪声影响，整个天馈系统的有效噪声温度与天线输出端的有效噪声温度可能相差较大。

4.2 极化天线

天线的极化特性是指天线辐射电磁波的极化特性。根据天线辐射的电磁波是线极化或圆极化，相应的天线被称为线极化天线或圆极化天线。

4.2.1 电磁波的极化

由于电场与磁场有恒定的关系，通常都以电场矢量端点轨迹的去向和形状来表示电磁波的极化特性，电场矢量方向与传播方向构成的平面称为极化平面。电磁波的极化方式有线极化、圆极化和椭圆极化。电场矢量恒定指向某一方向的波称为线极化波，工程上常以地面为参考。电场矢量方向与地面平行的波称为水平极化波，电场矢量方向与地面垂直的波称为垂直极化波。若电场矢量存在两个具有不同幅度和相位相互正交的坐标分量，则在空间某给定点上合成电场矢量的方向将以场的频率旋转，其电场矢量端点的轨迹为椭圆，而随着波的传播，电场矢量在空间的轨迹为一条椭圆旋转线，这种波被称为椭圆极化波。当电场的两正交坐标分量具有相同的振幅时，椭圆变成圆，此时的波被称为圆极化波。椭圆极化波可视为两个同频率线极化波的合成，或两个同频反相圆极化波的合成。线极化波和圆极化波可视为椭圆极化波的特例。

椭圆极化特性可由三个参数表示：轴比（椭圆长轴与短轴比）、倾角（参考方向与椭圆长轴间的夹角）和旋转方向。椭圆或圆极化波电场矢量端点的旋转方向称为极化方向或极化指向。极化方向在不同的领域有不同的定义，工程上通常使用 IEEE 标准的定义：当观察者沿波的传播方向由发射端向接收端看去，在某一固定横截面上电场矢量的旋转方向为顺时针时极化方向称为右旋，否则称为左旋。需要特别注意的是，场矢量在某一固定截面上的旋转方向与瞬时场矢量旋转线旋转方向不同，在某一固定截面内随时间逆时针旋转的场矢量在空间呈现为右手螺旋。场极化方向是根据横截面内场矢量的旋转方向定义的，因此，右手旋转线产生左旋极化波。

4.2.2 极化效率

极化效率是接收天线的极化参数。当入射平面波的极化椭圆在给定方向上与接收天线具有相同的轴比、倾角和极化方向时,在给定方向上天线将获得最大信号,这种情况称为极化匹配。若入射波的极化特性与接收天线的极化特性不匹配,则因失配将产生极化损失,极化损失的大小由极化效率给出。极化效率定义为:天线实际接收的功率与极化匹配良好时天线在此方向应接收的功率之比。

为了使接收天线能从来波中取得最大能量,它的极化方式应与来波的极化方式相同,假设传播过程中没有极化畸变,接收天线的极化方式应与发射天线的极化方式相同。实际上收发天线的极化方式不一定相同,因此存在极化损失。当两圆极化收发天线之间的旋向相反或两线极化收发天线的取向互相垂直时,极化效率为零,表示收发天线之间没有能量传输,这样的两副天线称为相互正交。

4.2.3 交叉极化隔离度和交叉极化鉴别率

单个线极化波或圆极化波通过一个非理想的传输过程后,线极化波会分解成一个与原极化波极化方向一致的主极化分量和一个极化正交的交叉极化分量;理想的圆极化波会变成一个椭圆极化波,即产生一个与原旋转方向相同的圆极化波和另一个旋转方向相反的圆极化分量,它们之间的幅度比称为反旋系数 b。

两个正交的信道间,由于系统本身的极化不纯或传输途径中的去极化效应,会产生两信道间的干扰,描述这种干扰的参数有交叉极化隔离度和交叉极化鉴别率。

交叉极化隔离度(XPI)的定义是:本信号在本信道内产生的主极化分量 E_{11} 与该信号在另一信道中产生的交叉极化分量 E_{12} 之比,单位为 dB。对线极化波:

$$\text{XPI} = 20\lg \frac{E_{11}}{E_{12}}$$

对椭圆极化波:

$$\text{XPI} = 20\lg \frac{1}{b}$$

交叉极化鉴别率(XPD)的定义是:本信道的主极化分量 E_{11} 与另一信号在本信道内产生的交叉极化分量 E_{21} 之比,单位为 dB。对线极化波:

$$\text{XPD} = 20\lg \frac{E_{11}}{E_{12}}$$

XPI 和 XPD 都是衡量两个信道间由于交叉极化的存在而引起的两个信道间干扰的程度。XPI 在单极化系统和双极化系统中都存在,而 XPD 只存在于双极化系统中。在双极化系统中,当两路信号幅度相等且去极化效应相同时,XPI=XPD。

4.2.4 极化方式对比

(1) 垂直单极化天线与双极化天线的比较

从发射的角度来看,由于垂直于地面的手机更容易与垂直极化信号匹配,因此垂直单极化天线会比其他非垂直极化天线的覆盖效果好,特别是在开阔的山区和平原农村。实验证明,在开阔地区的山区或平原农村,这种天线的覆盖效果比双极化(45°/-45°)天线更好。

但在市区由于建筑物林立,建筑物内外的金属体很容易使极化发生旋转,因此无论是单极化还是 45°/−45°双极化天线在覆盖能力上没有多大区别。

从接收的角度来看,由于单极化天线要用两根天线才能实现分集接收,而双极化天线只要一根就可以实现分集接收,因此单极化天线需要更多的安装空间,且以后的维护工作量要比双极化天线大。至于空间分集与极化分集增益差别不大,一般空间分集增益在 3.5 dB 左右。从尺寸天线尺寸方面来说,由于双极化天线中不同极化方向的振子即使交叠在一起也可保证有足够的隔离度,因此双极化天线的尺寸不会比单极化天线大。

(2) 45°/−45°双极化天线与 0°/90°双极化天线的比较

45°/−45°方式下的所有天线子系统都可用作发射信号,而 0°/90°双极化天线一般只采用垂直极化振子发射信号。经验表明,若用水平极化天线发射信号要比垂直极化天线发射信号低得多。在理想的自由空间中(假定手机接收天线是垂直极化),采用垂直极化振子进行发射时要比采用 45°/−45°发射时的覆盖能力强 3 dB 左右。但在实际应用环境中,考虑到多径传播的存在,在接收点,各种多径信号经统计平均,上述差别基本消失,各种实验也证明了此结论的正确。虽然在空旷平坦的平原,上述差异或许还存在,但具体是多少,还有待实验证明,可能会有 1~2 dB 的差异。综上所述,在实际应用中,上述两类双极化方式的差别不大,目前市场上 45°/−45°正交极化天线比较常见。

4.3 天线安装

天线在移动通信网络设计及优化中起到非常大的作用,系统地了解天线的参数要求和安装原则,将有助移动通信网络的设计,提高网络运营质量。移动通信系统天线设置时需要重点考虑传输线、天线下倾、天线高度、天线方向图、天线间隔距离和天线位置等因素。

4.3.1 传输线安装

连接天线和发射(或接收)机输出(或输入)端的导线被称为传输线或馈线。传输线的主要任务是有效地传输信号能量。它能将天线接收的信号以最小的损耗传送到接收机输入端,或将发射机发出的信号以最小的损耗传送到发射天线的输入端,同时它本身不应拾取或产生杂散干扰信号。这样,就要求传输线必须屏蔽或平衡。当传输线的几何长度等于或大于所传送信号的波长时就叫做长传输线,简称长线。

(1) 传输线种类

超短波段的传输线一般有两种,平行传输线和同轴电缆传输线(微波传输线有波导和微带等)。平行传输线通常由两根平行的导线组成,它是对称式或平衡式传输线。这种馈线损耗大,不能用于 UHF 频段。同轴电缆传输线的两根导线为芯线和屏蔽铜网,因铜网接地,两根导体对地不对称,因此叫做不对称式或不平衡式传输线。同轴电缆工作频率范围宽,损耗小,对静电耦合有一定的屏蔽作用,但对磁场的干扰却无能为力。使用时切忌与有强电流的线路并行走向,也不能靠近低频信号线路。

(2) 传输线的特性阻抗

无限长传输线上各点电压与电流的比值等于特性阻抗,用符号 Z_0 表示,单位为 Ω。同轴电缆的特性阻抗

$$Z_0 = (138/\sqrt{\varepsilon_r}) \times \lg(D/d) \tag{4.30}$$

通常 Z_0 取 50 Ω 或 75 Ω。式中，D 为同轴电缆外导体铜网内径，d 为其芯线外径，ε_r 为导体间绝缘介质的相对介电常数。

由式(4.30)不难看出，馈线特性阻抗与导体直径、导体间距和导体间介质的介电常数有关，与馈线长短、工作频率以及馈线终端所接负载阻抗大小无关。

(3) 馈线衰减常数

信号在馈线里传输，除有导体的电阻损耗外，还有绝缘材料的介质损耗。这两种损耗随馈线长度的增加和工作频率的提高而增加。因此，应合理布局尽量缩短馈线长度。损耗的大小用衰减常数表示。单位用 dB/m 表示。

这里顺便再说明一下分贝的概念，当输入功率为 P_0，输出功率为 P 时，传输损耗可用 γ 表示，单位为 dB：

$$\gamma = 10 \times \lg\left(\frac{P_0}{P}\right) \tag{4.31}$$

(4) 馈线匹配

简单来说，馈线终端所接负载阻抗 Z 等于馈线特性阻抗 Z_0 时，称为馈线终端是匹配连接的。当使用的终端负载是天线时，如果天线振子较粗，输入阻抗随频率的变化较小，容易和馈线保持匹配，这时振子的工作频率范围就较宽。反之，则较窄。

在实际工作中，天线的输入阻抗还会受周围物体存在和杂散电容的影响。为了使馈线与天线严格匹配，在架设天线时还需要通过测量，适当地调整天线的结构，或加装匹配装置。

(5) 反射损耗

当馈线和天线匹配时，高频能量全部被负载吸收，馈线上只有入射波，没有反射波。馈线上传输的是行波，各处的电压幅度相等，且任意一点的阻抗都等于它的特性阻抗。

当天线和馈线不匹配时，也就是天线阻抗不等于馈线特性阻抗时，负载就不能全部将馈线上传输的高频能量吸收，而只能吸收部分能量。入射波的一部分能量反射回来形成反射波。如图 4-8 所示，此时的反射损耗为 $10\lg(10/0.5) = 13$ dB。

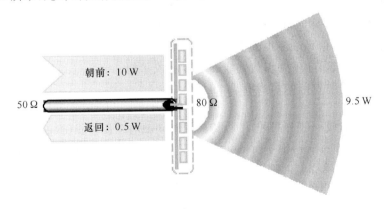

图 4-8　发射损耗示意图

在不匹配的情况下，馈线上同时存在入射波和反射波。两者叠加，在入射波和反射波相位相同的地方振幅相加最大，形成波腹；而在入射波和反射波相位相反的地方振幅相减为最小，形成波节。其他各点的振幅则介于波腹与波节之间。这种合成波称为驻波。反射波和入射波幅度之比叫做反射系数 Γ。

$$\varGamma = \frac{Z - Z_0}{Z + Z_0} \quad (4.32)$$

驻波波腹电压与波节电压幅度之比称为驻波系数 S，也叫电压驻波比（VSWR）。

$$S = \frac{V_{\max}}{V_{\min}} = \frac{1+\varGamma}{1-\varGamma} \quad (4.33)$$

终端负载阻抗和特性阻抗越接近，反射系数越小，驻波系数越接近于 1，匹配也就越好。

(6) 平衡设计

电源、负载和传输线，根据它们对地的关系，都可以分成平衡和不平衡两类。若电源两端与地之间的电压大小相等，极性相反，就称为平衡电源，否则称为不平衡电源；与此相似，若负载两端或传输线两导体与地之间阻抗相同，则称为平衡负载或平衡（馈线）传输线，否则为不平衡负载或不平衡（馈线）传输线。

在不平衡电源或不平衡负载之间应当用同轴电缆连接，在平衡电源与平衡负载之间应当用平行（馈线）传输线连接，这样才能有效地传输电磁能，否则它们的平衡性或不平衡性将遭到破坏而不能正常工作。为了解决这个问题，通常在中间加装"平衡-不平衡"的转换装置，一般称为平衡变换器。

1/2 波长平衡变换器又称 U 形平衡变换器，如图 4-9 所示。它用于不平衡馈线与平衡负载连接时的平衡变换，并有阻抗变换作用。在无线通信系统中，采用的同轴电缆通常特性阻抗为 50 Ω，所以还必须采用适当间距的振子将折合式半波振子天线的阻抗调整到 200 Ω 左右，才能实现最终与主馈线 50 Ω 同轴电缆的阻抗匹配。

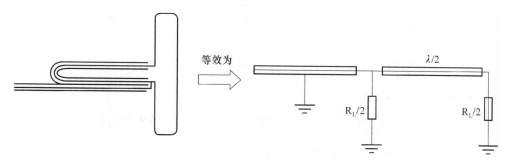

图 4-9 U 形平衡变换器

1/4 波长平衡-不平衡变换器是利用 1/4 波长短路传输线终端为高频开路的性质，实现天线平衡输入端口与同轴馈线不平衡输出端口之间的平衡-不平衡变换，如图 4-10 所示。

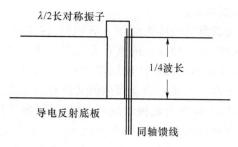

图 4-10 平衡-不平衡变换

4.3.2 天线下倾

天线下倾角的安装和调整是无线网络性能优化的一项重要工作。选择合适的下倾角可以使天线至本小区边界的射线与天线至受干扰小区边界的射线之间处于天线垂直方向图中增益衰减变化最大的部分,从而使受干扰小区的同频及邻频干扰减至最小。

一般来说,下倾角的大小可以表示为

$$\alpha = \arctan(H/R) + \beta/2 \tag{4.34}$$

其中,α 为天线的下倾角,H 为天线的高度,R 为小区的覆盖半径,β 为天线的垂直平面半功率角。式(4.34)是将天线的主瓣方向对准小区边缘时得出的,在实际的调整工作中,一般在由此得出的下倾角度的基础上再加上 $1°\sim2°$,使信号更有效地覆盖在本小区之内。

合理设置天线下倾角度不但可以降低同频干扰的影响,有效控制基站的覆盖范围和整网的软切换比例(对 CDMA 网络而言),而且可以加强本基站覆盖区内的信号强度。通常天线下倾角的设定有两方面侧重,即侧重于干扰抑制和侧重于加强覆盖。这两方面侧重分别对应不同的下倾角算法。一般而言,对基站分布密集的地区应侧重于考虑干扰抑制,而基站分布较稀疏的地区则侧重于考虑加强覆盖。

天线下倾在工程上有多种实现方式,例如机械和电子下倾,具体天线增益分布如图 4-11 所示。

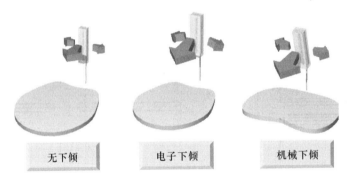

图 4-11 天线下倾性能示意图

机械下倾是物理地向下倾斜天线,由于采用物理下倾,其施工和维护十分麻烦,且其调整倾角的精度较低(步进精度为 $1°$)。此外由于下倾角度是模拟计算软件的理论值,和理论最佳值有一定偏差。在网络调整中,必须先将基站系统停机,不能在调整天线的同时监测调整效果,不能对网络实行精细调整。

电子下倾的原理是通过调整共线阵天线振子的相位,改变垂直分量和水平分量的幅值大小,变化合成分量场强强度,从而使天线的垂直方向图下倾。由于天线各方向的场强强度同时增大和减小,保证在改变倾角后天线方向图变化不大,使主瓣方向覆盖距离缩短,同时又使整个方向图在服务小区扇区内减小覆盖面积但又没有功率泄漏和变形。电调天线下倾角度在 $1°\sim5°$ 变化时,其天线方向图与机械天线的大致相同;当下倾角度在 $5°\sim10°$ 变化时,其天线方向图较机械天线图稍有改善;当下倾角度在 $10°\sim15°$ 变化时,其天线方向图较机械天线图变化较大;当机械天线下倾 $15°$ 后,电调天线方向图较机械天线图明显不同,这时天线方向图形状改变不大,主瓣方向覆盖距离明显缩短,整个天线方向图都在本基站扇区内,增加下倾角度,可以使扇区覆盖面积缩小,因此采用电调天线能够降低呼损,减小干扰。

另外，电调天线允许系统在不停机的情况下对垂直方向图下倾角进行调整，实时监测调整的效果，调整倾角的步进精度也较高（为 0.1°），因此可以对网络实现精细调整。一般电调天线的三阶互调指标为 −150 dBc，机械天线的三阶互调指标为 −120 dBc，相差 30 dBc，而三阶互调指标对消除邻频干扰和杂散干扰非常重要，特别在基站站距小、载频多的高话务密度区，需要三阶互调指标达到 −150 dBc 左右，否则就会产生较大的干扰。

4.3.3 天线高度

天线高度直接与基站的覆盖范围有关，信号覆盖范围受两方因素影响。
- 天线所发直射波所能达到的最远距离。
- 到达该地点的信号强度足以为移动终端所捕捉。

对于陆地无线通信系统而言，近地表面可以看做视线通信，天线所发直射波所能达到的最远距离（S）直接与收发信天线的高度有关，具体关系式可简化如式(4.35)所示。

$$S = 2R(H+h) \tag{4.35}$$

其中，R 为地球半径，约为 6 370 km，H 为基站天线的中心点高度，h 为移动终端的天线高度。

基站无线信号所能达到的最远距离（即基站的覆盖范围）是由天线高度决定的。随着网络规模、组网方式、话务量密度、基站密度的不同，天线高度也随之变化。一般而言，在不采用分层网的情况下，同一基站密度区域内各基站天线高度应该大致相等，基站越密，天线高度应该越低。

4.3.4 天线方向图

天线辐射的电磁场在固定距离上随角坐标分布的图形，称为方向图。用辐射场强表示的称为场强方向图，用功率密度表示的称之功率方向图，用相位表示的称为相位方向图。天线方向图是空间立体图形，通常可以用两个互相垂直的主平面内的方向图来表示，称为平面方向图。平面方向图可分为垂直方向图和水平方向图，就水平方向图而言，有全向天线与定向天线之分。定向天线的水平方向图的形状有很多种，如心形、"8"字形等。

天线具有方向性本质上是通过阵子的排列以及各阵子馈电相位的变化来获得的，在原理上与光的干涉效应十分相似。因此会在某些方向上能量得到增强，而某些方向上能量被减弱，即形成一个个波瓣（或波束）和零点。能量最强的波瓣叫主瓣，上下次强的波瓣叫第一旁瓣，依次类推。对于定向天线，还存在后瓣。图 4-12 所示为方向图的前后功率比，一般把前后瓣最大电平之比称为前后比。方向图的前后比大，天线定向接收性能就好。基本半波振子天线的前后比为 1，所以对来自振子前后的相同信号电波具有相同的接收能力。一般天线的前后比在 18~45 dB 之间。对于密集市区要积极采用前后比大的天线。

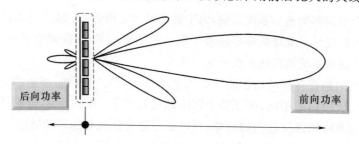

图 4-12　方向图前后功率比

在方向图中通常都有两个波束或多个波束,其中最大的波束称为主瓣,其余的波束称为副瓣。主瓣两半功率点间的夹角定义为天线方向图的波束宽度,就是习惯称呼的半功率角,也即 3 dB 波束宽度。天线的波束宽度也是天线的重要指标之一,它包括水平面半功率角与垂直面半功率角。主瓣瓣宽越窄,则方向性越好,抗干扰能力越强。常用的基站天线水平面半功率角有 360°、210°、120°、90°、65°、60°、45°、33°等,垂直面半功率角有 6.5°、13°、25°、78°等。如图 4-13 所示,显示了水平面半功率角(即 3 dB 波束宽度)和 10 dB 波束宽度的示意。

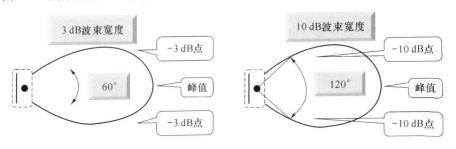

图 4-13　水平面方向图

图 4-14 所示为垂直面的波束方向图示意,分别显示了 3 dB 波束宽度和 10 dB 波束宽度的对比。

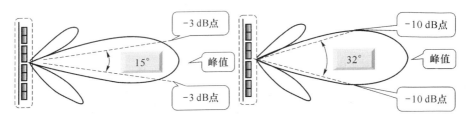

图 4-14　垂直面方向图

除了波束宽带,天线方向图中还需要关注零点填充。基站天线垂直面内采用赋形波束设计时,为了使业务区内的辐射电平更均匀,下副瓣第一零点需要填充,不能有明显的零陷。高增益天线由于其垂直半功率角较窄,尤其需要采用零点填充技术来有效改善近处覆盖。通常零陷相对于主波束大于 −26 dB 即表示天线有零点填充,有的供应商采用百分比来表示,如某天线零点填充为 10%,这两种表示方法的关系为

$$Y = 20\lg(X\%) \tag{4.36}$$

如零点填充 10%,即 $X=10$;用 dB 表示为 $Y=20\lg(10\%)=-20$ dB。

对于小区制蜂窝移动通信系统来说,为了提高频率复用效率,减少对邻区的同频干扰,基站天线波束赋形时应尽可能降低那些瞄准干扰区的副瓣,上第一副瓣电平应小于 −18 dB,但对于大区制无线通信系统的基站天线无这一要求。

天线方向角的调整对移动通信的网络质量非常重要。一方面,准确的方向角能保证基站的实际覆盖与所预期的相同,保证整个网络的运行质量;另一方面,依据话务量或网络存在的具体情况对方向角进行适当的调整,可以更好地优化现有的移动通信网络。

理想状况下,即各基站均匀分布、不考虑地形地物等因素、各基站均为定向站的情况下,基站各扇区之间的夹角应均为 120°,如此可以达到蜂窝网络的最小干扰。但实际上由于基

站分布极不规则,同时地形地物错综复杂,各基站的方向角可以根据实际情况确定。为了减少混乱的方向角带来的网络干扰的不确定性,应尽量保证各扇区间天线的夹角为120°,最低要求不能小于90°。如果方向角设置存在偏差,则易导致基站的实际覆盖与所设计的不相符,导致基站的覆盖范围不合理,从而导致一些意想不到的同频及邻频干扰。

在某些特殊情况下,如当地紧急会议或大型公众活动等,导致某些小区话务量特别集中,这时可临时对天线的方向角进行调整,以达到均衡话务,优化网络的目的。另外,针对郊区某些信号盲区或弱区,亦可通过调整天线的方向角达到优化网络的目的,这时应辅以场强测试车对周围信号进行测试,以保证网络的运行质量。

4.3.5 天线间隔距离

分集技术是从独立的多径衰落信道上传输的几个信号中获取信号的方法,其目的是克服衰落的影响。在移动通信网络中一般使用极化分集和空间分集。极化分集方式使用双极化天线,空间分集方式使用单极化天线。这两种分集方式各有优劣,分别适用于不同的范围。

- 双极化天线前向链路有 3 dB 功率损失,因为功率分给了两个极化波。
- 从安装空间的角度看,双极化天线无分集隔离距离要求,便于安装。
- 移动台倾斜时,使用 45°/−45°双极化天线比使用单极化天线的效果好。
- 极化分集依赖于环境,即反射体或散射体的分布。因此在农村地带,双极化天线效果不如单极化天线好。

4.4 天线设计

天线即可以是一根简单的导线,也可以是复杂的有源电子器件。从 20 世纪初所采用的最简单的单极天线到 20 世纪 90 年代发展起来的智能天线,天线随着无线通信系统不断发展的要求而不断得到创新和发展。可以预见,新的技术还将不断涌现,天线也将越来越先进。近些年出现的新型印刷天线,就是一种新材料和现代计算机技术相结合发展的产物。

对于无线通信系统的规划者而言,如何合理的设计、选择天线,使得整个无线系统达到所需的最佳性能,是一个非常关键的问题。需要注意的是,天线的规划必须考虑到无线系统的整体性能,而不能仅考虑局部一根天线如何设计达到最优化,因为局部的最优化往往并不意味着全局的最优化。对于移动通信系统而言,天线的设计包括基站天线的和移动台天线两部分。基站天线电气性能的设计通常取决于该基站服务区的大小和形状。而选择天线的最根本原则就是以最少的成本满足射频设计的目标和要求。

随着地域的不同,无线传播环境千变万化,业务量要求也参差不齐,这就需要天线的设计能够满足山区、平原、密集城区、郊区、商务会议中心和地铁等不同环境的具体要求。合理的调整天线的某些参数,例如天线的高度、方位角和下倾角等将会使天线更好的服务于不同的环境。

4.4.1 天线的基本设计方法

在陆地移动通信系统中使用的天线有基站天线和移动台天线两大类。移动台天线又可以分为车载台天线和手持移动台天线。

常用的基站天线有共线天线、对数周期天线、角反射器天线、偶极子天线、交叉偶极子天线和八木天线等。基站天线通常要求按照一定的模式在水平面辐射,有一定的下倾角度,垂直面主瓣附近的旁瓣要小,具有空间分集或极化分集能力,安装方便等。

当基站的服务区大小和形状确定后,基站天线在水平面的辐射应当使得服务区实现完全的覆盖,而且天线的增益应当尽可能的高。提高天线增益可以通过压缩天线垂直平面波束宽度来实现。通常基站天线的增益在 7 dB 到 15 dB。

常用的车载台天线有 1/4 波长单极天线、半波对称天线、印刷偶极子天线以及水平/垂直单极天线。常用的手持移动台天线有 1/4 波长单极天线、1/4 波长鞭天线、螺旋天线和平面反转 F 型天线(Planar IFA)等。移动台天线的设计要求和基站天线有很大的不同。移动台天线要求尺寸小、重量轻、尽量比较隐蔽,以便于用户的使用;还要求收发的频带范围宽,以便于在多个频率上同时收发信号;在水平面上应为全向辐射模式,在垂直平面上有较低的仰角以便于移动台天线在任何位置都能实现和基站天线之间的可靠收发;移动台天线的增益应当尽可能的高,以便发射机的功率能够降低,从而节省电量,延长待机时间,也便于减轻电池的大小和重量。

天线设计的主要步骤如图 4-15 所示,首先需要明确系统的要求。系统的要求包括收发频率和带宽、基站的话务量需求以及实际能够支持的信道容量、基站服务区的面积和形状、基站天线的 D/U(desired-to-undesired signal strength)要求和成本要求。明确了系统的要求和设计目标后,可以采用链路预算、硬件分析和成本估计等得出系统需求的天线性能指标。然后结合需求的性能指标选择出适当的天线。最后可以结合规划工具或测试数据等进一步优化配置天线。

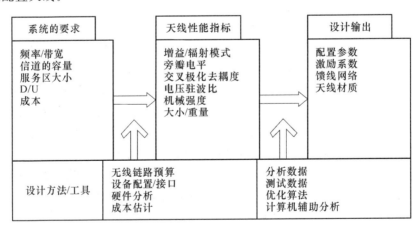

图 4-15 天线设计的主要步骤

设计基站天线的原则对于宏小区、微小区以及微微小区都是适用的。设计时需要综合考虑以下因素的影响,如天线的方向图、天线增益、天线和发射机的匹配程度、电压驻波比、频带宽度、分集方式、天线的互调、天线尺寸、材质结构和天线安装等,说明如下:

- 垂直面方向图和水平面方向图是否符合设计要求。天线的选取首先应该针对基站服务区的形状大小以及话务量和吞吐量的大小,来决定选用全向天线还是定向天线。如果出于容量的考虑,基站扇区化会大大提高基站的容量。在现有的系统中,除了单扇区的基站外,还有三扇区、六扇区的基站。其中,以三扇区最为普及。对于特殊形状的服务区,例如高速公路,则常采用两个180°的定向天线背靠背放置,来覆盖狭长的服务区。

此外,当天线垂直面波束宽度比较窄时,则这种天线的增益较高,使用这种天线的基站覆盖范围比较大。而如果使用垂直场强图较高的天线,则覆盖区内的每一点都可以获得相对较大的增益。在采用频率复用的系统中,对天线的垂直方向图也有一定的要求。例如,天线垂直面的主瓣必须有一定的下倾角度,以减少共道干扰。此外,为了将天线的覆盖范围限制在较小的半径内时,必须对垂直面主瓣附近的旁瓣进行抑制,以减少干扰。

- 天线的增益是否满足需求的指标。
- 天线的频带宽度。根据工作性质天线可以分为发射天线和收发共用天线。这两种天线对于频带宽度有不同的要求。收发共用天线需要更大的频带宽度,相应的制造成本通常也高于单独的发送天线。在实际选择时,最好选择即可用于发送也可用于接收的天线,即可以工作于收发两个频段上。这样当发射天线出现故障时,可以将接收天线配置为发射天线工作。
- 天线和发射机的匹配。当天线与其连接的馈线达到阻抗匹配时,传输信号能量的效率最高。所以应当选择天线的阻抗和馈线的阻抗相同。
- 电压驻波比是否符合设计要求。
- 互调。当天线同时工作于两个或者多个频率时,例如当天线同时用做收发天线时,就必须考虑互调的问题。互调是由于天线辐射单元和馈线之间连接器部件的非线性效应引起多个传输信道之间的互调。天线同时收发时,应当使其互调功率小于指定的值。
- 天线尺寸、材质。天线的尺寸应当根据使用的场合做出选择。应当尽量减少视觉效果的不利影响,并且不对建筑物的抗风能力带来不利的影响。天线的材质应当针对不同的地域环境来选择。例如抗风雪性能、抗腐蚀性能等。
- 天线的安装。选择天线时,应当注重天线安装是否方便。有时复杂的安装可能会使成本大大的提高。

此外,当多个通信系统共址时,如 GSM 系统和 CDMA 系统共址,还需要考虑采取一些隔离措施或干扰抵消措施来排除天线之间的干扰。总的来说,选择天线时要综合衡量以上性能指标,以最小的成本满足系统的设计目标。选择天线时,应尽量减少天线的种类,以减少备份天线的数目。

4.4.2 天线的调整及其影响

无线传播环境千变万化以及业务量参差不齐的状况,要求天线必须根据不同的环境进行不同的配置,以满足系统的设计目标,实现最佳运行效果。设计选择好天线后,对于天线的优化配置是通过调整天线的高度、下倾角和水平方位角等参数进行的。合理的调整天线的参数对于提高信号质量、保证良好的覆盖、减少干扰等都有着很大的作用。

(1) 天线高度的影响

在移动传播环境中,路径损耗和天线高度有着密切的联系。根据城市环境下的 Hata

传播模型,天线高度越高,传播路径损耗越小。因此,在相同的条件下,增加天线高度,将增大天线的覆盖面积。而且在相同的半径处,接收信号的平均强度也越大。

对于业务量较小,覆盖受限的区域来说,适当的增加天线高度,将扩大基站的覆盖范围,节省网络的建设成本。而对于密集城区来说,情况就完全不同了。在密集城区,为了满足高密度的业务量,基站的半径通常都比较小,例如 1.5 km,而且通常采用扇区化的基站。这时如果天线的高度过高,则会将信号辐射到周围的小区内,造成干扰。所以基站天线的高度需要根据服务区的具体情况进行合理的设计和计算。

(2) 天线下倾角的影响

天线的下倾角是指天线垂直面最大增益处与水平方向的夹角,习惯上向下为正,向上为负。天线的下倾角和基站(扇区)的覆盖距离是有很大关系的,在一定范围内,天线的下倾角越小,基站(扇区)覆盖的越远;天线的下倾角越大,基站(扇区)覆盖的距离就越近。在蜂窝移动通信系统中,不同小区之间采用了频率复用来提高频谱资源的利用。因此小区天线必须采用调节天线下倾角等措施,将信号辐射到小区内指定的位置,同时减少对周围其他小区的辐射干扰来保证系统的正常运行。此外,对于主瓣附近的旁瓣进行抑制也可以有效地减小频率复用的距离,如图 4-16 所示。天线主瓣下倾已经在实际系统中得到了广泛的应用。

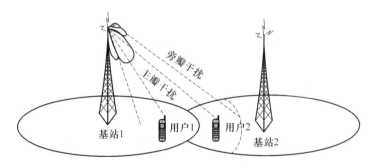

图 4-16 主瓣下倾和旁瓣抑制

在设置下倾角时,需要注意不要使基站(扇区)天线的下倾角太小,这样的话,不但本服务区用户从天线处获得的增益的平均值会减小,而且使本小区的信号传的太远,成为其他小区的强干扰源。这在 CDMA 网络规划中是尤为忌讳的,因为如果上述问题出现,在对网络进行优化时,由于传输时延的存在,可能会使移动台和测试设备无法正确的识别该 PN 码,因此很难在短时间内定位到该干扰源。

在 CDMA 系统中,当某个区域出现导频污染时,移动台会接收到三个以上强度相当的强导频。在这种情况下,调节引起导频污染的小区天线的下倾角,增大其中某些小区天线的下倾角,可以有效地减少这些小区在导频污染区域的辐射强度,从而使得移动台接收到的各导频信号强度之间的差别加大,有助于减轻并解决导频污染问题。

对于下倾角的设置,还有一个容易被忽略的问题,即有可能在基站所在处出现覆盖盲点,尤其在多扇区的情况下。因为天线的最大增益一般都在水平朝前方向,而垂直向下方向的增益通常都比较小,虽然基站所在处距离收发天线很近,但其存在盲点的情况确实时有出现。随着天线工艺的发展,这种情况也越来越少。相信这个问题不会成为工程师们考虑的焦点和难题。

(3) 天线水平方位角的影响

天线的水平方位角顾名思义,就是指天线水平方向最大增益处与基准方向间的夹角。天线水平方向角的确定,需要根据服务区的覆盖情况来确定。在设置天线的水平方向角时,需要注意基站与基站之间覆盖相互补充,扇区与扇区之间的配合。使整个系统尽量不要出现覆盖的漏洞,也不要出现大量的重复覆盖。

在网络优化的过程中,对于天线参数的调节大都集中在对天线水平方位角和下倾角的调节,而很少会采用更换天线的方法。这不是因为更换天线的方法绝对不可取,而是因为一般情况下调节水平方向角和下倾角就能达到一定的效果。虽然调节水平方向角和下倾角相对比较容易,但也需要经过实际反复的测量或用软件进行仿真,确定天线的设置存在问题之后,再进行调节。

如果天线水平方向角和下倾角存在问题,还是比较容易找到问题的所在。这只需要进行实地路测,得到这个基站(扇区)的覆盖范围,就可以定位天线方位角的问题。例如,基站(扇区)覆盖的距离比预计的要远,则是天线的下倾角偏小;而天线的水平方向角偏差较大,从覆盖图上也可以很容易看出。

4.4.3 天线选择

在移动通信网络中,天线的选择是一个很重要的部分,应根据网络的覆盖要求、话务量、干扰和网络服务质量等实际情况来选择天线。天线选择得当,可以改善覆盖效果、减少干扰、改善服务质量。根据地形或话务量的分布可以把天线使用的环境分为 8 种类型:市区(高楼多,话务大)、郊区(楼房较矮,开阔)、农村(话务少)、公路(带状覆盖)、山区(或丘陵,用户稀疏)、近海(覆盖极远,用户少)、隧道、大楼室内。

1. 市区基站天线选择

应用环境特点:基站分布较密,要求单基站覆盖范围小,希望尽量减少越区覆盖的现象,减少基站之间的干扰,提高频率复用率。

(1) 极化方式选择:由于市区基站站址选择困难,天线安装空间受限,建议选用双极化天线。

(2) 方向图的选择:在市区主要考虑提高频率复用度,因此一般选用定向天线。

(3) 半功率波束宽度的选择:为了能更好地控制小区的覆盖范围来抑制干扰,市区天线水平半功率波束宽度选 60°~65°。在天线增益及水平半功率角度选定后,垂直半功率角也就定了。

(4) 天线增益的选择:由于市区基站一般不要求大范围的覆盖距离,因此建议选用中等增益的天线。同时天线的体积和重量可以变小,有利于安装和降低成本。根据目前天线型号,建议市区天线增益视基站疏密程度及城区建筑物结构等选用 15~18 dBi 增益的天线。若市区内用作补盲的微蜂窝天线增益可选择更低的天线如 10~12 dBi 的天线。

(5) 预置下倾角及零点填充的选择:市区天线一般都要设置一定的下倾角,因此为增大以后的下倾角调整范围,可以选择具有固定电下倾角的天线(建议选 3°~6°)。由于市区基站覆盖距离较小,零点填充特性可以不做要求。

(6) 下倾方式选择:由于市区的天线倾角调整相对频繁,且有的天线需要设置较大的倾角,而机械下倾不利于干扰控制,所以在可能的情况下建议选用预置下倾天线。条件成熟时可以选择电调天线。

(7) 下倾角调整范围选择:在市区出于干扰控制的原因,需要将天线的下倾角调得较大,一般来说电调天线在下倾角的调整范围方面是不会有问题的。但是在选择机械下倾的天线时,建议选择下倾角调整范围更大的天线,最大下倾角要求不小于 $14°$。

(8) 在城市内,为了提高频率复用率,减小越区干扰,有时需要设置很大的下倾角,而当下倾角的设置超过了垂直面半功率波束宽度的一半时,需要考虑上副瓣的影响。所以建议在城区选择第一上副瓣抑制的赋形技术天线,但是这种天线通常无固定电下倾角。

由上可知,一般市区基站选择半功率波束宽度 $65°$、中等增益、带固定电下倾角或可调电下倾+机械下倾的双极化天线。

2. 农村基站天线选择

应用环境特点:基站分布稀疏,话务量较小,覆盖要求广。有的地方周围只有一个基站,覆盖成为最为关注的对象,这时应结合基站周围需覆盖的区域来考虑天线的选型。一般情况下是希望在需要覆盖的地方能通过天线选型来得到更好的覆盖。

(1) 极化方式选择:从发射信号的角度,在较为空旷的地方采用垂直极化天线比采用其他极化天线效果更好。从接收的角度,在空旷的地方由于信号的反射较少,信号的极化方向改变不大,采用双极化天线进行极化分集接收时,分集增益不如空间分集。所以在农村建议选用垂直单极化天线。

(2) 方向图选择:如果要求基站覆盖周围的区域,且没有明显的方向性,基站周围话务分布比较分散,此时建议采用全向基站覆盖。需要特别指出的是,这里的广覆盖并不是指覆盖距离远,而是指覆盖的面积大而且没有明显的方向性。同时需要注意的是,全向基站由于增益小,覆盖距离不如定向基站远。同时全向天线在安装时要注意塔体对覆盖区域的影响,并且天线一定要与地平面保持垂直。如果运营商对基站的覆盖距离有更远的覆盖要求,则需要用定向天线来实现。一般情况下,应当采用水平面半波束宽度为 $90°$、$105°$、$120°$ 的定向天线;在某些基站周围需要覆盖的区域呈现很明显的形状,可选择地形匹配波束天线进行覆盖。

(3) 天线增益的选择:视覆盖要求选择天线增益,建议在农村地区选择较高增益($16\sim 18$ dBi)的定向天线或 $9\sim 11$ dBi 的全向天线。

(4) 预置下倾角及零点填充的选择:由于预置下倾角会影响到基站的覆盖能力,所以在农村这种以覆盖为主的地方建议选用不带预置下倾角的天线。但天线挂高在 50 m 以上且近端有覆盖要求时,可以优先选用零点填充(大于 15%)的天线来避免"塔下黑"问题;

(5) 下倾方式的选择:在农村地区对天线的下倾调整不多,其下倾角的调整范围及特性要求不高,建议选用价格较便宜的机械下倾天线。

在农村,对于定向站型一般选择半功率波束宽度 $90°$、$105°$,中、高增益,单极化空间分集或 $0°/90°$ 双极化天线,主要采用机械下倾角,零点填充大于 15%。

对于全向站型一般选择零点填充的天线,若覆盖距离不要求很远,可以采用电下倾($3°$ 或 $5°$)。天线相对主要覆盖区挂高不大于 50 m 时,可以使用普通天线。

另外,对全向站还可以考虑双发天线配置以减小塔体对覆盖的影响,必须通过功分器把发射信号分配到两个天线上。

3. 郊区基站天线选择

应用环境特点：郊区的应用环境介于城区环境与农村环境之间，有的地方可能更接近城区，基站数量不少，频率复用较为紧密，这时覆盖与干扰控制在天线选型时都要考虑。而有的地方可能更接近农村地区，覆盖成为重要考虑因素。因此在天线选型方面可以视实际情况参考城区及农村的天线选型原则。

在郊区，情况差别比较大。可以根据需要的覆盖面积来估计大概需要的天线类型。一般可遵循以下3个基本原则。

（1）根据情况选择水平面半功率波束宽度为65°的天线或选择半功率波束宽度为90°的天线。当周围的基站比较少时，应该优先采用水平面半功率波束宽度为90°的天线；若周围基站分布很密，则其天线选择原则参考城区基站的天线选择；若周围基站较很少，且将来扩容潜力不大，则可参考农村的天线选择原则。

（2）考虑到将来的平滑升级，所以一般不建议采用全向站型。

（3）是否采用预置下倾角应根据具体情况来定。即使采用下倾角，一般下倾角也比较小。

在郊区，一般选择半功率波束宽度90°，中、高增益的天线，可以用电调下倾角，也可以是机械下倾角。具体选择时可以参考市区与农村的天线选择列表。

4. 公路覆盖基站天线选择

应用环境特点：该应用环境下话务量低、用户高速移动，此时重点解决的是覆盖问题。而公路覆盖与大中城市或平原农村的覆盖有着较大区别，一般来说它要实现的是带状覆盖，故公路的覆盖多采用双向小区；在穿过城镇、旅游点的地区也综合采用三向、全向小区；再就是强调广覆盖，要结合站址及站型的选择来决定采用的天线类型。不同的公路环境差别很大，一般来说有较为平直的公路，如高速公路、铁路、国道、省道等，一般在公路旁建站，采用S1/1/1或S1/1站型，配以高增益定向天线实现覆盖。有蜿蜒起伏的公路如盘山公路、县级自建的山区公路等，得结合在公路附近的乡村覆盖，选择高处建站，站型需要灵活配置，可能会用到全向加定向等特殊站型。不同的路段环境差别也很大，如高速公路与铁路所经过的地形往往复杂多变，有平原、高山、树林、隧道等，还要穿过乡村和城镇，所以对其无线网络的规划及天线选型时一定要在充分勘查的基础上具体对待各段公路，灵活规划。

在初始规划天线选型时，应尽量选择覆盖距离广的高增益天线进行广覆盖，在覆盖不到的盲区路段可选用增益较低的天线进行补盲。

（1）方向图的选择：在以覆盖铁路、公路沿线为目标的基站，可以采用窄波束高增益的定向天线。可根据布站点的道路局部地形起伏和拐弯等因素来灵活选择天线形式。如果覆盖目标为公路及周围零星分布的村庄，可以考虑采用全向天线或变形全向天线，如"8"字形或心形天线。纯公路覆盖时根据公路方向选择合适站址采用高增益（14 dBi）"8"字型天线（O2/O1），或考虑S0.5/0.5的配置，最好具有零点填充；对于高速公路一侧有小村镇，用户不多时，可以采用210°/−220°变形全向天线。

（2）极化方式选择：从发射信号的角度进行选择，在较为空旷的地方采用垂直极化天线比采用其他极化天线效果更好。从接收的角度进行选择，在空旷的地方由于信号反射较少，信号的极化方向改变不大，采用双极化天线进行极化分集接收时，分集增益不如空间分集。所以建议在进行公路覆盖时选用垂直单极化天线。

（3）天线增益的选择：若不是用来补盲，定向天线增益可选 17～22 dBi 的天线。全向天线的增益选择 11 dBi。若是用来补盲，则可根据需要选择增益较低的天线。

（4）预置下倾角及零点填充的选择：由于预置下倾角会影响到基站的覆盖能力，所以在公路这种以覆盖为主的地方一般选用不带预置下倾角的天线。在 50 m 以上且近端有覆盖要求时，会优先选用零点填充（大于 15%）的天线来解决"塔下黑"问题。

（5）下倾方式的选择：公路覆盖下倾角为零。地区对天线的下倾调整不多，其下倾角的调整范围及特性要求不高，建议选用价格较便宜的机械下倾天线。

（6）前后比：由于公路覆盖大多数用户都是快速移动用户，所以为保证切换的正常进行，定向天线的前后比不宜太高，否则可能会由于两定向小区交叠深度太小而导致切换不及时造成掉话的情况。

对于高速公路和铁路覆盖，一般优先选择"8"字形天线或 S0.5/0.5 配置，以减少高速移动用户接近或离开基站附近时的切换。

5. 山区覆盖基站天线选择

应用环境特点：在偏远的丘陵山区，山体阻挡严重，电波的传播衰落较大，覆盖难度大。通常为广覆盖，在基站很广的覆盖半径内分布零散用户，话务量较小。基站或建在山顶上、山腰间、山脚下或山区里的合适位置。需要区分不同的用户分布、地形特点来进行基站选址、选型、选择天线。以下这几种情况比较常见：盆地型山区建站、高山上建站、半山腰建站、普通山区建站等。在盆地中心选址建站，如果盆地范围不大，推荐采用全向 O2 站型；如果盆地范围较大，或需要兼顾到某条出入盆地的交通要道，推荐采用 S1/1/1 或 O+S 的站型。有时受制于微波传输的因素，必须在某些很高的山上建站，此时天线离用户分布面往往有 150 m 以上的落差。如果覆盖的目标区域就在山脚下附近，此时需配以带电子下倾角的全向天线，使信号波形向下，避免出现"塔下黑"现象。在半山腰建站，基站天线的挂高低于山顶，山的背面无法覆盖，因此只需用定向小区及半功率角较大的天线，覆盖山的正面。普通地形起伏不大的山区，推荐采用 S1/1/1 站型，尽量增加信号强度，给信号衰减留下更多的余量。

（1）方向图的选择：视基站的位置、站型及周边覆盖需求来决定方向图的选择，可以选择全向天线，也可以选择定向天线。对于建在山上的基站，若需要覆盖的地方位置相对较低，则应选择垂直半功率角较大的方向图，能更好地满足垂直方向的覆盖要求。

（2）天线增益选择：视需要覆盖区域的远近选择中等天线增益、全向天线（9～11 dBi）、定向天线（15～18 dBi）。

（3）预置下倾与零点填充选择：在山上建站，需覆盖的地方在山下时，要选用具有零点填充或预置下倾角的天线。对于预置下倾角的大小视基站与需要覆盖区域的相对高度做出选择，相对高度越大预置下倾角也就应选择更大一些的天线。

6. 近海覆盖基站天线选择

应用环境特点：话务量较少，覆盖面广，无线传播环境好。经研究表明，在海上的无线传播模型接近于自由空间传播模型。对近海海面进行覆盖时，覆盖距离将主要受三个方面的限制,即地球球面曲率、无线传播衰减、TA值的限制。考虑到地球球面曲率的影响,对海面进行覆盖的基站天线一般架设得很高,超过100 m。

(1) 方向图的选择:由于在近海覆盖中,面向海平面与背向海平面的应用环境完全不同,因此在进行近海覆盖时不选择全向天线,而是根据周边的覆盖需求选择定向天线。一般垂直半功率角可选择小一些的。

(2) 天线增益的选择:由于覆盖距离很大,在选择天线增益时一般选择高增益(16 dBi以上)的天线。

(3) 极化方式选择:从发射信号的角度进行选择,在较为空旷的地方采用垂直极化天线比采用其他极化天线效果更好。从接收的角度进行选择,在空旷的地方由于信号的反射较少,信号的极化方向改变不大,采用双极化天线进行极化分集接收时,分集增益不如空间分集。所以建议在进行近海覆盖时选用垂直单极化天线。

(4) 预置下倾与零点填充选择:在进行海面覆盖时,由于要考虑地球球面曲率的影响,所以一般天线架设得很高,会超过100 m,在近端容易形成盲区。因此一般选择具有零点填充或预置下倾角的天线,考虑到覆盖距离要优先选用具有零点填充的天线。

7. 隧道覆盖基站天线选择

应用环境特点:一般来说,靠外部的基站不能对隧道进行良好的覆盖,必须针对具体的隧道规划站址选择天线。这种应用环境下话务量不大,也不会存在干扰控制的问题,主要是天线的选择及安装问题,在很多种情况下大天线可能会由于安装受限而不能采用。对不同长度的隧道,基站及天线的选择有很大的差别。另外还要注意到隧道内的天线安装调整维护十分困难。特别是铁路隧道在火车通过时剩余空间会很小,在隧道里面安装大天线不可能。

(1) 方向图选择:隧道覆盖方向性明显,所以一般选择定向天线,并且可以采用窄波束天线进行覆盖。

(2) 极化方式选择:考虑到天线的安装及隧道内壁对信号的反射作用,建议选择双极化天线。

(3) 天线增益选择:对于公路隧道长度不超过2 km的,可以选择低增益(10～12 dBi)的天线。对于更长一些隧道,也可采用很高增益(22 dBi)的窄波束天线进行覆盖,不过此时要充分考虑大天线的可安装性。

(4) 天线尺寸大小的选择:这在隧道覆盖中很关键,针对每个隧道设计专门的覆盖方案,充分考虑天线的可安装性,尽量选用尺寸较小便于安装的天线。

(5) 除了采用常用的平板天线、八木天线进行隧道覆盖外,也可采用分布式天线系统对隧道进行覆盖,如采用泄漏电缆、同轴电缆、光纤分布式系统等。特别是针对铁路隧道,安装天线分布式系统将会受到很大的限制,这时可考虑采用泄漏电缆等其他方式进行隧道覆盖。

(6) 前后比:由于隧道覆盖大多数用户都是快速移动用户,所以为保证切换的正常进行,定向天线的前后比不宜太高,否则可能会由于两定向小区交叠深度太小而导致切换不及时造成掉话的情况。

(7) 适合于隧道覆盖的最新天线是环形天线,该种天线对铁路隧道可以提供性价比更好的覆盖方案。该天线的原理、技术指标仍有待研究。

对于隧道覆盖天线,一般选择 10～12 dB 的八木对数周期平板天线安装在隧道口内侧对 2 km 以下的公路隧道进行覆盖。

8. 室内覆盖基站天线选择

应用环境特点:现代建筑多以钢筋混凝土为骨架,再加上全封闭式的外装修,对无线电信号的屏蔽和衰减特别严重,很难进行正常的通信。在一些高层建筑物的低层,基站信号通常较弱,存在部分盲区;在建筑物的高层,信号杂乱,干扰严重,通话质量差。在大多数的地下建筑,如地下停车场、地下商场等场所,通常都是盲区。在大中城市的中心区,基站密度都比较大,进入室内的信号通常比较杂乱、不稳定。手机在这些环境下使用,未通话时,小区重选频繁,通话过程中频繁切换,话音质量差,掉话现象严重。为解决室内覆盖问题,通常采用建设室内分布系统的方法,将基站的信号通过有线方式直接引入到室内的每一个区域,再通过小型天线将基站信号发送出去,从而达到消除室内覆盖盲区,抑制干扰,为室内的移动通信用户提供稳定、可靠的信号供其使用。室内分布系统主要由三部分组成:信号源设备(微蜂窝、宏蜂窝基站或室内直放站);室内布线及其相关设备(同轴电缆、光缆、泄漏电缆、电端机、光端机等);干线放大器、功分器、耦合器、室内天线等设备。

根据分布式系统的设计,需要考察天线的可安装性来决定采用哪种类型的天线,泄漏电缆不需要天线。室内分布式系统常用到的天线单元有 4 种。

(1) 室内吸顶天线单元。

(2) 室内壁挂天线单元。

(3) 小茶杯状吸顶单元:超小尺寸,适用于小电梯内部、小包间内嵌入式的吸顶小灯泡内部等多种安装受限的应用场合。

(4) 板斧状天线单元:有不同的大小尺寸,可用于电梯行道内、隧道、地铁、走廊等不同场合的应用。

这些天线的尺寸很小,便于安装与美观,增益一般也很低,可依据覆盖要求选择全向及定向天线。如一般室内使用 2 dBi 增益、垂直极化的全向天线;7 dBi 增益、垂直极化的 90°定向天线。

习　　题

1. 辐射阻抗有何重要意义?如果减少辐射阻抗而使其他量都相等,则对天线的效率有何影响?

2. 天线增益和方向性之间的区别是什么?

3. 总损耗为 1 Ω(归算于波腹电流)的半波振子,与内阻为 $(50+j25)$ Ω 的信号源相连接,假定信号源电压峰值时 2 V,振子辐射阻抗为 $(73.1+j42.5)$ Ω,求:

(1) 电源供给的是功率;

(2) 天线的辐射功率;

(3) 天线的损耗功率。

4. 一半波振子水平架设在理想导电地面上，高度为 0.45λ，试求其方向系数。

5. 设天线输出端的有效噪声温度为 100 K。假定传输线是长为 10 m 的 x 波段（8.2～12.4 GHz）的矩形波导（其衰减系数 $\alpha=0.13$ dB/m），波导温度为 300 K，求接收机端点的天馈系统的有效噪声温度。

6. 电磁波的极化方式有哪几种？怎么区分不同的极化方式？

7. 为什么在实际应用中，目前市场上 $\pm 45°$ 正交极化天线比较常见？

8. 试述移动通信系统中天线安装需要重点考虑的因素。

9. 试比较单极化天线与双极化天线的差异。

10. 简述天线下倾角、天线高度和天线方向图的选择对移动通信系统的影响。

11. 根据地形或话务量的分布可以把天线使用的环境分为哪几种类型？并简述在各种类型下天线选用的原则。

第 5 章　无线网元设置与初始布局

蜂窝小区设计是在基站初始布局的基础上进行的,基站初始布局确定好以后要根据勘察、小区设计、覆盖预测、容量规划的结果作反复的调整,如图 5-1 所示。基站站址规划和选址工作的好坏,直接影响到基站开通后的效果,也是与市场联系最紧密的工作环节之一。

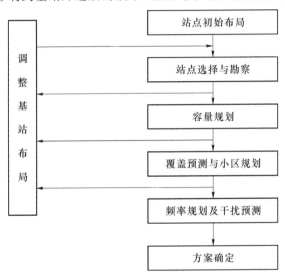

图 5-1　蜂窝小区设计流程图

为了实现网络覆盖目标,满足容量需求,总的来讲,在站址选择时要考虑以下因素。
- 站高的确定。基站天线的高低直接影响着网络的覆盖,在一般城区,根据目前的建筑物密度和平均高度,天线高度选择 35 m 左右比较合适。在农村地区,由于人口相对较少,建筑物也不是很密集,同时基站站距也较大,因此要求天线高度较高,选择 50 m 左右比较合适。对个别地区,如果要求的覆盖范围很大,如沿海海域,则站高应尽可能高,以扩大覆盖范围。
- 站距的确定。一般城区,在 35 m 左右的站高条件下,700 m 左右的站距比较合适。这是因为,一方面基站设备容量能满足所吸收的话务方面的需求,另一方面,也能满足室内深度覆盖的要求。而在其他区域,应该根据容量需求和站高条件,来确定基站的站距。增加站高,应适当增加站距;减少站高,应适当减少站距。
- 交通、传输、电源及配套等因素的考虑。在基站选址时,最好选择交通方便的区域,为工程实施和日后维护提供便利。同时,应考虑传输、电源引入方便,配套工程施工难度小、造价低等因素。特别地,应充分利用有利的地形条件,如小山坡,以扩大覆盖范围,降低工程造价。

本章将详细介绍无线网络低成本建设的基本原理和知识,介绍无线接入网络相关设备的设置原则,同时将重点介绍基站选址原理和要求,并给出相关的示例。

5.1 无线网络低成本建设思路

无线网络的竞争不仅是市场上的竞争和网络质量的竞争,还是网络建设和维护成本的竞争。在满足覆盖需求的前提下,工程建设的投资越小、维护成本越低,就越有成本优势和竞争力。因此本节将给出无线网低成本建设思路,供具体规划设计时参考。

5.1.1 低成本覆盖方案

下面分别对市区和郊区、农村给出低成本覆盖思路。

1. 市区

(1) 室外覆盖

城市市区因话务较为集中,因此室外覆盖一般以三扇区室内型基站设备为主。

对室外局部高话务密集区和小面积覆盖阴影区,如无法用宏蜂窝基站解决覆盖的商业街局部、居民小区等区域,可以考虑设置射频拉远或室外微蜂窝基站来解决,但应特别谨慎,并进行充分测试,以保证网络质量。

对覆盖距离较远而且馈线较长的小区,可以引入塔放,增加上行链路覆盖范围。

(2) 室内覆盖

确实无法靠室外基站解决的室内覆盖问题,按照重要程度和商业价值考虑是否建设室内分布系统。

对需要建设室内分布系统的楼宇,应进行无线覆盖测试,确定准确的需覆盖楼层、具体部位、建设范围等,然后制订具体的覆盖方案。切忌盲目全覆盖,以避免浪费甚至引起新的问题。

2. 小型县城、乡镇、郊区和农村

由于小基站设备具有全天候环境适应、设备小巧、功率低、交流供电、安装简便等特点,可以用于室内覆盖、室外话务热点地区的使用。由于它不需要专用机房,因此在部分省市还可以考虑共享现有小灵通基站的站址资源。可以根据实际情况采用全向天线或把功率分配到多个定向扇区来进行覆盖。

对有话务需求但分布较分散的小面积区域,可以考虑用射频拉远基站解决覆盖问题,优点是节省投资、应用灵活和提高基站容量的利用率。

对馈线较长的小区,可以引入塔放,增加上行链路覆盖范围。在初期工程中,可以采用功分器、全向发射扇区接收技术(OTSR)等手段,将全向基站分裂为多扇区天线发射和接收,一方面达到了扇区化基站覆盖的效果,另一方面节省了设备的投资。在后续工程中,则可以根据话务负荷的实际情况,将基站升级为扇区化设备。

对需要覆盖但话务需求极少的地区,如道路的某些路段、隧道等,可以采用光纤直放站或者射频直放站来覆盖,对较长的路段,还可以采用直放站级联的方式来覆盖。

5.1.2 降低配套成本的措施

无线网络建设时还应考虑尽量减少配套的投入,包括站址选择、机房建设、传输、电源、铁塔等。

(1) 站址选择

应尽量选择楼面高度接近基站天线挂高的楼房做站址,可以减小馈线长度,减少对铁塔等增高设施的需求。

(2) 机房建设

在没有机房条件但确实需要建设基站的地点,在业主同意的情况下,可以考虑使用室外型基站,以节省机房购置或租赁费用以及对电源配套的需求。

也可以考虑在楼面上建设简易机房,以节省机房购置或租赁费用。机房应选择离天线安装位置尽量近的房间。

以上做法都可以缩短馈线长度,如果能缩减到一定程度,馈线的损耗较小时,那么相应小区就不需要增加塔放来补偿馈线损耗。

(3) 传输

灵活采用合理、易于过渡的传输方式,整个传输网络的结构和能力做一定程度的超前考虑。但每期工程单个基站的传输容量应根据业务量需求的增长逐步增加,不必一次提供过多的资源。

(4) 电源

根据基站及其相关设备的重要程度,结合工程维护对电源功耗提出安全、适度的要求,根据情况决定电池容量配置,不必满足过长时间的供电需求,以降低电源设备的投资。

(5) 环境监控

为提高维护效率和保证设备的正常运转,应根据网络维护力量和计划,对重要的和有需求的基站设置环境监控系统。

(6) 铁塔

在满足覆盖要求的前提下,尽量采用综合造价低的增高设施,如增高架、简易铁塔、拉线塔等,在征地困难或者价格昂贵的地区还可以采用占地面积较小的灯柱塔。但是应兼顾后续工程中增加天线的需求及可能。

5.2 无线网元的设置原则

本节将重点介绍无线接入网相关通信实体在网络规划时的设置原则,分别包括基站控制器(BSC)/无线网络控制器(RNC),基站直放站以及室内分布式覆盖系统等。

5.2.1 网络控制器的设置原则

RNC的设置应充分考虑网络的可持续发展性、易维护性等要求,根据无线网络容量、基站数量、扇区载频数、传输电路数量和RNC的能力等因素合理确定RNC的设置数量。

原则上,RNC的站址宜与交换局合设;对于个别偏远省份,若交换局设置数量较少,在部分基站较集中、距交换局距离较远的地市,可以考虑单独设置 RNC 站址。

由于基站和基站控制器间的 U 口线路传输数字信号,对于线路环阻和线路损耗随距离的变化比较敏感,通常在使用 0.4 mm 线径的线缆作为 U 口线路时,对于室外大功率基站限制最大外线长度在 3 km 左右,对于普通小功率基站限制最大外线长度在 2.2 km 左右。按照以上原则,可以确定基站与基站控制器的归属关系。

1. 初步规划

① 首先局方应配合提供机房资源汇总表,统计可用的模块局机房、端局机房、接入网点等,并统计这些机房内的资源状况,包括电源容量、传输设备容量、外线覆盖区域以及可用空间等。

② 按照基站控制器和基站控制器机柜对于机房资源的具体要求,对以上可选机房做筛选,初步确定可放置基站控制器的机房。

③ 按照基站选址位置的外线状况,初步确定基站与基站控制器机房的归属关系。如果某基站可以连接到多个基站控制器机房,则选择连接线路最短的机房。

2. 具体配置

① 确定基站与机房的归属关系。检查每个基站与基站控制器机房的实际连接长度,如果超出限制,则必须调整归属关系,直到实际连接长度满足要求,如果仍不能寻找到合适机房,则可以考虑"并线"连接,即将每个 U 口有一对双绞线连接改为两对双绞线连接,一般可以满足 U 口线路指标。

② 确定机房内基站控制器数量。以 GSM 系统为例,对于每个基站控制器,满配置 5 块基站接口板,可以最多连接 10 个 1C7T 大功率基站或 20 个 1C4T 大功率基站。但是当连接 8 个 1C7T 基站就可能占用 56 个话路时隙,当连接 16 个 1C4T 基站就可能占用 64 个话路时隙,而目前每基站控制器在开通 2 个 2M 通道时最多提供 60 个话路时隙。

因此在规划大量使用 1C7T 基站和 1C4T 基站的区域,每基站控制器最多只能配置 4 块基站接口板,还要考虑扩容,建议在初期规划时每基站控制器只配置 3 块基站接口板,相应的就是每基站控制器最多 6 个 1C7T 大功率基站或 12 个 1C4T 大功率基站或其他组合。

按照以上原则就可以计算出每个机房内所需基站控制器的数量。按每机柜容纳 6 个基站控制器的标准,可以计算出所需基站控制器机柜的数量。

③ 确定基站控制器的覆盖区域。这部分工作主要在电子地图上完成。

- 在基站站址分布图上用彩笔标出各机房位置,用铅笔将各机房所连接的基站范围大致标出。
- 按照"地理相邻"的原则,将位置相邻的多个基站归为一组放在同一个基站控制器下,每组基站的数量可参照前述②项确定。
- 为配合后期呼叫区的合理划分,在划分各基站控制器的覆盖区域时应注意交界地带,不能处于人流密集话务量较高的繁华区域和城区宽阔街道。
- 按照以上原则反复调整,直到符合要求。
- 在基站站址分布图上用铅笔将各基站控制器的覆盖范围大致标出。

5.2.2 基站设置原则

宏蜂窝基站设置关系到无线网络效果、全网通信质量以及建成后的社会效益和经济效益,因此在基站设置时应注意遵循以下原则:根据业务预测结果,确定建设规模;应满足覆盖及话务的要求,既要将基站设置在真正有话务需求的地区,又应考虑基站的有效覆盖范围,使系统满足覆盖目标的要求;考虑在目前技术手段和可使用频段的前提下的基站设置密度和容量;保证重要区域能够为用户提供移动通信业务,如国家重点旅游区、主要公路、金融区、居民密集区及一些大型企业集团。

宏蜂窝基站的站址选择包括:充分利用现有局站站址和其他通信资源;应考虑与其他系统的干扰因素,保证必要的空间隔离;基站站址宜选在交通便利、供电可靠的地方;不宜选择在易燃、易爆建筑物场所和大功率无线电台、雷达站等附近;基站四周应视野开阔,附近没有高大建筑物阻挡;站址应选择有适当高度的建筑物、高塔或其他地点,如果建筑物高度无法满足天线挂高要求时,应有屋顶设塔或地面设塔的条件;站址选择在非通信专用房屋时,应充分考虑楼面荷载情况,必要时应采取加固措施。

1. 超远距离基站技术

由于 CDMA 技术特有的优势,在超远距离覆盖技术应用上与其他移动通信系统相比有较大的优势。例如,根据目前测试的情况,采用超远距离覆盖技术的 WCDMA 基站,其覆盖距离超过 100 km 以上。利用这一技术优势,在我国广阔的草原、荒漠及漫长的海岸附近海域,开通此项功能,将能大大扩大 WCDMA 和 cdma 2000 网络的覆盖范围,提高品牌形象。

2. 基站的功率放大器和塔顶放大器的使用

功率放大器能提高下行链路的预算,塔顶放大器能提高上行链路的预算,通过同时提高上下行链路的预算来扩大基站的覆盖范围,同时避免了上下行链路预算的不平衡。目前这类产品较多,一般能改善下行链路的预算 10 dB 左右。增加基站的功率放大器和塔顶放大器,能有效扩大基站的覆盖范围。特别地,与上述超远距离覆盖技术的结合使用,更能发挥覆盖优势。

3. 天线负俯仰角的使用

随着现代城市的快速发展,摩天大楼在迅速崛起,由于导频污染严重,确保高层建筑中的无线网络畅通成了一个问题。当然,问题的解决可以用前面提到的室内分布系统加以解决,但也可以使用天线负俯仰角的方式加以解决。天线负俯仰角,即天线向上"朝天"辐射,通过选择特定波形的天线,朝向特定的高层建筑,为高层建筑提供主导频。采取天线负俯仰角的方式有许多好处,实施难度小,投资少,方便灵活。

4. 微蜂窝基站的设置原则

微蜂窝基站通常分为室内微蜂窝基站和室外微蜂窝基站。室内微蜂窝基站通常设置在人口密度较大、话务量较高的建筑物内部,用于解决覆盖和话务的双重需求,如大型商场、高档写字楼、星级宾馆、会展及体育场馆等场所。

室外微蜂窝基站主要用于解决高话务密集区和小面积覆盖阴影区,通常用于无法靠宏蜂窝基站解决覆盖的商业街局部、居民小区等区域。需要注意的是,由于 CDMA 技术有自干扰和频间切换成功率不高的特点,室外微蜂窝基站的设置应特别谨慎。

CDMA 微基站本质跟 GSM 的微蜂窝基站是相同的,但跟传流大基站相比,其价格较低、体积较小、容量也较少。这种微基站一般适合话务量相对较小、增长潜力也不大的区域,如农村、一些交通干线等。远端模块基站是基站的一个部分,将射频部分通过光纤拉远至十千米到几十千米远,这跟光纤直放站非常相似,但光纤直放站不能增加系统的容量,而远端模块能提供容量,其本质上是施主基站的一个小区。一般远端模块价格比较便宜,使用方便,有较高的性价比,在那些话务需求不是很高的区域,比较适合使用。但由于远端模块基站需要光纤和施主基站两个条件,其使用不是很灵活,而且施主基站的后期变化会直接导致远端模块基站做相应的变动,给未来网络发展带来一定的影响,而微基站则没有此限制。

5.2.3 直放站设置原则

由于价格低,使用方便,直放站在移动通信系统中一直占有一席之地。对那些容量需求不大、覆盖范围较小的区域,使用直放站有很好的经济性。而且,由于没有复杂的网络规划,直放站工程实施快,能迅速满足市场业务发展的要求。再加上搬迁容易,直放站可以作为一个过渡的解决方案(在基站开通之前先迅速开通直放站,基站开通后再搬迁到新的站点),有较好的灵活性和机动性。应该说,在建网初期,考虑一定数量的直放站设置是解决网络覆盖问题的一个重要手段。对于一些自干扰系统来说,直放站的使用会增加施主基站引入噪声电平,降低系统容量,如果使用不当,会造成施主基站性能下降,所以直放站的使用一定要谨慎。

移动通信直放站的设置需注意以下几点:
- 对于解决诸如郊县主要交通公路、铁路等需覆盖的低话务量地区,可考虑设置直放站。
- 对于一些地形复杂及地下建筑、隧道等形成的通信盲区,可设置直放站。
- 对于基站载频利用率不高的区域,可以通过直放站将富余的通信能力转给需要的地方,提高设备利用率。
- 选择合适的基站作为信号源。

5.2.4 室内覆盖系统设置原则

由于现代建筑物密度很高,建筑面积非常大,而高频无线信号穿透损耗非常大(往往达到 20 dB 以上),完全依靠室外基站来解决室内的深度覆盖是不现实的。另外,还有大量的隧道(包括地铁等地下区域)也存在同样的问题。为解决这部分区域的覆盖,可采取室内分布系统的建设方式解决,室内分布系统的信号源可以是直放站,也可以是微基站、远端模块基站,具体的选择应根据实际的条件来确定。对于大型建筑物的室内覆盖,需要有针对性地建设专用系统。通常有信号源加室内分布系统、专用室外射频信号覆盖方式等。

室内分布系统的设置应充分利用建筑物的穿透损耗隔离室内与室外信号,同时在一层根据实际环境控制好室内外信号的切换区域。室内分布系统通常应用于建筑面积大、结构复杂、覆盖质量要求高的室内场所,如大型商场、高档写字楼、大型星级宾馆、机场火车站、会展中心、地铁等。

室内覆盖的信号源有微蜂窝和直放站两种选择,在应用中根据需要确定类型,表 5-1 是二者的对比。

表 5-1 室内覆盖系统基站和直放站解决方案对比

信号源	优点	缺点
基站或微蜂窝	提供稳定、优质的信号,不会受到其他导频的干扰;容量可根据需求确定,不受外部容量的限制;不会干扰室外的宏蜂窝	实施成本偏高,除了设备较贵外,还需配合传输;需要网络规划和优化的统一考虑;周期长
直放站	降低建设成本;快速、迅捷,周期短;环境要求低,无须特别的配套设施	不能增加系统容量;对基站的噪底升高有一定影响,降低基站的接收灵敏度;若采用射频直放站,存在施主信号选择问题;维护问题

建议按照以下原则选取信号源:
- 预测高话务地区,如大城市密集城区,直接采用微蜂窝,确保容量和信号质量。
- 预测数据业务发展的重点区域,直接采用微蜂窝。
- 通过增加微蜂窝,在导频复杂区域将过多的强导频推至微蜂窝覆盖区边缘,从而消除污染区域。
- 话务密度增加时,可将直放站更换成微蜂窝,直放站可用作他处,既满足需要,又保护了用户投资。
- 城市中话务量需求较低的室内覆盖系统信号源优选光纤式直放站,保证施主信号稳定、单一。
- 在信号比较单一、话务量需求也较低的地方,可选用射频直放站。

专用室外射频信号覆盖方式是将宏蜂窝基站的信号通过专用定向天线覆盖楼宇,通常可应用于高层住宅楼、办公楼、宾馆等,但采用这种方式时要特别注意可能产生的无线干扰,并需要选择好天线类型和角度。

5.2.5 寻呼区划分

将地理相邻的若干基站控制器归为一组划分到同一寻呼区,这部分工作主要在图上完成。确定每寻呼区内的基站控制器数量,主要考虑该地理区域内的用户数量、寻呼次数和话务量分布。

由于在初期规划时,不可能准确得到以上信息,因此可以参考经验。例如,在一类区和二类区一般按 5~6 个基站控制器分组,而在人流最为密集的繁华区域就适当缩小范围,只用 2.5~3 个基站控制器分组;对于三类区可以适当扩大,用 6~8 个基站控制器分组;对于郊县甚至可以将整个城区作为一个寻呼区。在基站站址分布图上用彩笔将各寻呼区的覆盖范围大致标出。编写无线资源配置表,说明寻呼区、基站控制器、基站的归属关系。

寻呼区的划分需注意以下几点。
- 寻呼区不宜过小,除非是特殊的高话务量区域。如果寻呼区太小,由于用户短距离移动引起的位置登记增多,结果可能发生诸如位置登记数据库过载、位置登记浪费电路交换资源等问题,以及发生切换频繁等。

- 寻呼区的形状不能过于狭长,否则在沿某方向通行时,会连续出现多个相邻寻呼区的基站信号,使得切换频繁等。
- 相邻寻呼区的边界不能在人流密集话务量较高的繁华区域中心。
- 相邻寻呼区的边界不能沿城区干道或与其垂直,否则沿路行进时会切换频繁。
- 较为理想的寻呼区边界包括:铁道;自然界标,如河流、坡地等;开阔区域,如广场、公园等;人流稀少的僻静小巷等。总之,需要避开人流多话务忙的区域。

5.3 基站选址和配套设施要求

下面简单介绍基站站址选择/机房选择以及铁搭要求等。

5.3.1 基站选址要求

目前对基站机房和天面等要求没有相应的规范,以下是根据移动通信基站工程经验总结的原则。

1. 基站机房

基站机房的面积视设备需求而定,安装一整套设备(含一套基站设备、传输设备、电源设备、电池组等)一般至少要 $15\ m^2$,为了方便后续工程的扩容,还应预留相应数量的扩展设备机架摆放位置。需要安装多套设备的机房,根据设备尺寸、对环境的要求和配套设备共用情况来确定所需面积。对于相当长时间不需要扩容和安装其他设备的基站,只装 1 套基站设备和传输、电源设备,若找不到合适的机房,也可以不考虑为设备扩容预留位置。为了尽量减小馈线长度,基站机房应尽量靠近天线安装位置。例如,天线安装在楼顶平台上或者更高,那么机房最好在楼房顶层或者在楼顶平台上新建简易机房。

机房环境要求一般包括以下内容。

- 选房。尽量租用房屋,即使没有房屋一般也考虑采用活动机房,原则上不选用私人住房,基站房应具备屋顶使用权。
- 地面。水泥地面(或经过装修的水泥地面),最好具备防水功能。
- 楼层。楼高适合的以及房屋适合建铁塔的最好为顶楼,屋顶不得有漏水现象;需建落地塔的最好为底楼,基站房距铁塔不得高于 5 m。
- 高度。城区为 35 m 左右,郊区为 45 m 左右,市区城乡结合部的高度 35~45 m,不具备高度要求的地方应具备修建铁塔条件或建简易支架。
- 排水。活动机房要特别注意排水问题,以免积水进入机房内。

2. 基站天面

应选择高度尽量靠近理想天线挂高的楼顶平台作为基站天面,尽量不要选择高度明显高于所需挂高的楼顶平台。以下将分几种情况进行介绍。

(1) 机房所处楼房的顶层高度已经足够

在这种情况下,可以直接在天面上竖立三角架,以支撑天线。通常 1 副天线需要 $2\ m \times 2\ m$ 左右的底部支架安装空间。另外,也可以把天线支撑杆下端固定在女儿墙上,这种情况只需要天面上有空间便于施工即可。

(2) 机房所处楼房的顶层高度不够

在这种情况下,一方面可以在天面上安装增高架(高度一般为 6~12 m),通常需要 5 m×5 m 左右的天面;另一方面,可以在天面上安装简易拉线塔(高度一般为 10~20 m),这种塔的塔身占地面积不大,一般在 0.5 m² 之内,然后从杆的上部多点拉线至楼面并固定。拉线在楼面上的固定点需要和塔身有相当的距离才能保证塔的稳定,也就是说采用这种塔需要一定的楼面面积。

安装铁塔(高度一般为 15~60 m,也有 80 m 甚至 100 m 的,但高度在 40 m 以上的铁塔一般都立在地面上,普通楼房承重有限)的占地面积一般这样估算:铁塔底座一般是正方形,边长=塔高的开根方。例如,16 m 高的铁塔,底座一般是 4 m×4 m 的,36 m 高的铁塔,底座一般是 6 m×6 m 的。选址时也可以按照这个原则粗略估算楼面是否满足需求。

对有较高天线挂高需求但占地面积限制较严的站址,也可以采用灯柱塔,但其造价一般并不低于相当高度的铁塔。

(3) 不易建设基站机房和架设天线的偏远地区

可以根据具体情况考虑采用室外型小基站,如果能找到位置、高度合适的地点,可以设立 H 形水泥杆+平台,解决设备和天线的安装需求。

无论何种情况,天线主瓣方向都不能有阻挡物。基站站址的实际情况多种多样,工程设计人员进行现场勘查时应提出站址是否满足要求的初步意见,及早发现问题,为基站选址留出尽量多的时间。

5.3.2 基站机房工艺要求

基站机房工艺总体要求包括:室内净空高度大于等于 2.8 m;地面材料使用水磨石、半硬质塑料;墙面、顶棚面层材料使用喷塑、调和漆、涂料等阻燃材料;环境条件(温、湿度等)遵守 YD-2007-93 有关要求;照度满足(LX)50~60(直立面 1.4 m 处)、100~150(水平面 0.8 m 处);净高不能低于 2.6 米。

基站机房的荷载要求包括:基站设备部分满足 80 kg×2/(1.4×0.4)m² = 286 kg/m²;电源设备部分满足 120 kg/(0.6×0.6)m² = 333 kg/m²;电池组部分满足(75 kg×12)/(2.9×0.5)m² = 621 kg/m²;空调(室内机)部分满足 20 kg×2/(0.5×0.3)m² = 267 kg/m²;以 12 m² 的机房为例,承重需满足(75×12+120+40+80)/12 = 95 kg/m²。故一般要求机房平均负荷达到 300 kg 以上。

机房面积要求包括:城区 2G 机房面积不能小于 20 m²,郊区 2G 机房面积不能小于 15 m²。对于 2G 和 3G 共机房的站点,要求机房面积在 25 m² 以上。机房原则上应比较规则,应利于摆放 BTS 机架及传输、电源设备。

基站供电要求包括:基站供电为三相 220 V 动力电,城区基站负荷应大于 12 kW,郊区基站城区负荷应大于 10 kW;2G 和 3G 共用机房的基站,交流要求在 20 kW。在有专用变压器的地方,应保证按负荷要求提供三相 220 V 动力电;在无专用变压器的地方,应考查基站周围有无公用变压器以及公用变压器到基站的距离、变压器功率、现有负荷情况;公用变压器距离超过 2 kM 的,应考察基站周围是否有高压线电路,能否建专用变压器;不具备上述条件的,应考虑重新选点。

接地要求包括:在选用机房时,应同时考虑可按照规范进行接地网施工,对于不能进行接地网施工的,房屋业主需要提供该房屋的建筑避雷接地设计资料。机房接地参见中华人民共和国通信行业标准 YD5068—98《移动通信基站防雷于接地设计规范》。

5.3.3 铁塔工艺要求

如需要建设铁塔,建议铁塔应设置安装基站天线的平台,定向基站天线数量一般为 6 副或 3 副,全向基站数量为 2 副。天线在平台上应能灵活地调整方向,铁塔应设馈线爬梯,每个基站有 6 根或 2 根 7/8″同轴馈线,馈线爬梯应为其预留安装位置。

若铁塔上安装微波天线,则应考虑微波天线的负荷。基站天线对铁塔工艺具体要求如表 5-2 所示。

表 5-2 铁塔工艺要求表

类别	要求
变形限制	在当地 30 年所遇最大风速下,铁塔轴向摆动不得超过±0.4°
	在当地 30 年所遇最大风速下,铁塔轴向扭曲不得超过±0.4°
	在发生比当地烈度高一度的地震时,铁塔不得产生影响通信的永久变形
载荷要求	设计铁塔时应按工艺提供的数据(包括天线数量、口径、重量等)考虑负荷
	基站天线按每副长 2.5 m、重 14 kg,迎风面积按 0.8 m² 考虑,每副天线支撑杆重按 50 kg(共 6 副)
	每副天线按 1 条馈线考虑,重量按 1.5 kg/m(含馈线加固卡子)
	铁塔平台上的施工负荷由铁塔设计单位考虑,但不得小于 150 kg/m²
	有关其他负荷(如雨、雪、冰凌等)由铁塔设计单位根据当地实际情况考虑
安全防护措施	铁塔必须有防雷措施,避雷针应有下引线至地网。铁塔基础应设置地网并与设备工作保护地网相连,接地电阻值小于 5 Ω
	铁塔需设置维护爬梯,沿爬梯两侧各设置宽 0.4 m 的馈线加固架。维护爬梯应设置在靠机房一侧的塔面上,沿途不得有任何阻挡。馈线加固架的步距为 0.5 m
	每座铁塔在移动通信天线挂高处设置 1 个半径为 2 m 的圆形操作平台,在平台的 4 周均可安装支撑基站天线竖杆的延伸臂(共 6 个长 0.5 m 的延伸臂),天线竖杆长 3~4 m 的镀锌钢管,要求能上下各安装 1 根基站天线。平台四周应设置高 1 m 的安全护栏
	根据当地规定设置塔顶航空闪光障碍灯,建议采用太阳能供电的 PLZ-3 型太阳能闪光障碍灯
	铁塔与机房之间应设置过桥,宽度为 0.8 m,两边护栏高 1.2 m,应考虑 2 人同时操作
	铁塔应有防腐防锈能力
其他	馈线沿过桥及沿馈线加固架加固时,其加固间距为 1 m 左右
	要求塔顶平台设置荷载为 500 kg 的滑轮一个
	铁塔基础应根据实际场地进行设计,对场地较小的站可采用钢管塔

在铁塔(含基础)设计时,应满足塔内建房(长×宽×高=4 800 mm×3 300 mm×2 800 mm,机房地面至少高出室外地面 600 mm)的要求。对于不满足工艺要求的铁塔需要采取相应的加固措施。

对楼顶天线增高架的工艺要求包括:天线增高架一般设在机房楼顶,工艺要求参照上表对铁塔的工艺要求,超过 10 m 按铁塔的工艺要求来制作;天线在增高架上应能灵活地调整方向,增高架应设馈线爬梯,每个扇区有 2 根 7/8″同轴馈线,馈线爬梯应为其预留安装位置;如增高架上安装微波天线,则应考虑微波天线的负荷。

基站的防雷接地须根据 YD5068—98《移动通信基站防雷与接地设计规范》的相关要求实施:

① 基站的接地应采用联合接地方式,将工作接地、保护接地、防雷接地接在一起。基站接地系统的电阻值应<5 Ω。

② 与其他通信系统的基站共用同一建筑物时,其接地应采用与其他通信系统共用同一组接地体的联合接地方式。

③ 天馈线系统防雷与接地:天线应在接闪器的保护范围内,接闪器应设置专用雷电流引入线,材料采用 40×4 的镀锌扁钢。

基站同轴电缆天馈线的金属外护层,应在上部、下部和经走线架进机房入口处就近接地,在机房入口处的接地应就近与地网引出的接地线妥善连通,当铁塔高度大于或等于 60 m 时,同轴电缆天馈线的金属外护层还应在铁塔中部增加一处接地。

同轴电缆进入机房后与通信设备连接处应安装馈线避雷器,以防来自天馈线引入的感应雷。馈线避雷器接地端应接至室外馈线入口处的接地排上,选择馈线避雷器时应考虑阻抗、衰耗、工作频段等指标与通信设备相适应。

④ 进入基站的低压电力电缆宜从地下引入机房,其长度不应小于 50 m(当变压器高压侧已采用电力电缆时,低压侧电力电缆长度不限)。电力电缆在进入机房交流屏处应加装避雷器,从屏内引出的零线不作重复接地。

基站供电设备的正常不带电的金属部分以及避雷器的接地端,均应作保护接地,严禁做接零保护。基站直流工作地应从室内接地汇集线上就近引接,接地线截面积应满足最大负荷的要求,一般为 35~95 mm^2,材料为多股铜线。

基站电源应符合相关标准、规范关于耐雷电冲击指标的规定,交流屏、整流器(或高频开关电源)应设有分级防护装置。

⑤ 电源避雷器和天馈线避雷器的耐雷电冲击指标等参数应符合相关标准、规范的规定。

⑥ 信号线路的防雷与接地:信号电缆应穿钢管或选用具有金属外护套的电缆,由地下进出基站,其金属外护套或钢管在入站处应作保护接地,电缆内芯线在进站处应加装相应的信号避雷器,避雷器和电缆内的空线对均应作保护接地。站内严禁布放架空缆线。

⑦ 通信设备的保护接地:机房内的走线架应每隔 5 m 作一次接地。走线架、吊挂铁件、机架(或机壳)、金属门窗以及其他金属管线,均应作保护接地。

⑧ 其他设施防雷与接地:基站和铁塔应有完善的防直击雷及抑制二次感应雷的防雷装置(避雷网、避雷带和接闪器等)。

机房顶部的各种金属设施,均应分别与屋顶避雷带就近连通。

5.4 小区站址的选择与勘察

基站选址的流程如图 5-2 所示。

基站布局主要受场强覆盖、话务密度分布和建站条件三方面因素的制约,对于一般大中城市来说,场强覆盖的制约因素已经很小,主要受话务密度分布和建站条件两个因素的制约较大。基站布局的疏密要对应于话务密度分布情况。但是,目前对大中城市市区还做不到按街区预测话务密度,因此,对市区可按照:①商业区;②宾馆、写字楼、娱乐场所集中区;③经济技术开发区;④住宅区、工业区及文教区等进行分类。一般来说:①②类地区应设三小区的基站,覆盖半径取 0.5～1.0 km;③类地区也应设三小区的基站,覆盖半径取 1～2 km;④类地区可设三小区基站也可设全向基站,覆盖半径 2～4 km。以上四类地区内都按用户均匀分布要求设站。主要公路一般设两小区基站,站间距离 15～25 km。

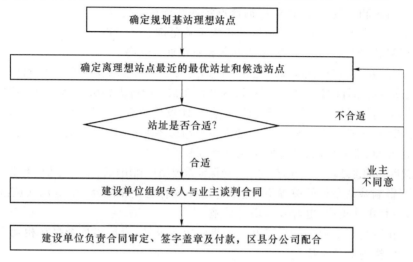

图 5-2 基站选址流程

基站初始布局还要考虑下面几个方面:

① 基站布局应符合蜂窝结构及蜂窝分裂要求,站址应尽量选择在规则蜂窝网孔中规定的理想位置,以便频率规划和以后的小区分裂。允许站址偏离范围为:4×3 复用方式、三叶草结构≤$R/5$(R 为基站区半径);3×3 复用方式、三叶草结构≤$R/10$。

② 结合当地规划和地形进行基站布局。基站布局要结合城市发展规划,可以适度超前;有重要用户的地方应有基站覆盖;市内话务量"热点"地段增设微蜂窝站或增加载频配置;地铁、地下商场、体育场馆如有必要另行加站。

5.4.1 站址要求

从无线电波传播特性的角度,为了满足覆盖和容量要求,对站址有一些要求,包括站点具体位置、机房位置、铁塔定点、天线高度、天线方向角及供电情况、传输路由等内容。以上内容应在现场确定,由设计院负责填写"选点操作表",并由各方签署勘察纪要,交建设单位作为原始资料存档备案。站点要求包括:

- 基站实际位置与规划位置偏差应不大于基站半径的 1/10。
- 严格按照六边小区框格在地图上设定出来的,以此满足频率复用的要求。
- 宏蜂窝基站之间的距离不能太小,最小站间距控制在 400 m 为宜。基站之间的距离最好为 400 m 的倍数,以便在话务量增加时进行小区分裂。
- 在选择站址过程中应充分注意机房周围是否有建筑物遮挡、反射等因素。在边远地区,高层建筑的遮挡会给基站覆盖带来影响;而在城区,距基站 300～500 m 的高层建筑是防止频率干扰的有利屏障。

- 远离高压电线。
- 注意和其他运营商基站隔离,如移动基站离联通基站的水平隔离应在 50 m 以上。
- 主要为覆盖高速公路的基站,一般情况下距离高速公路的水平距离在宜 100 m 左右,以便在高速公路上提供更好的信号。
- 城区基站 100 m 范围内不得有高大建筑物,距高压电线路等危险物不得低于 30 m;郊区基站 200 m 范围内不得有高大建筑物,距高压电线路等危险物不得低于 50 m;对于山区和丘陵地区,还应根据地形将基站选在至高点。
- 保证基站有效覆盖人口密集区和扩大覆盖范围。
- 不同制式(如 2G 和 3G)基站要注意水平和垂直隔离。

在完成基站初始布局以后,网络规划工程师要与建设单位以及相关工程设计单位一起,根据站点布局图进行站址的选择与勘察。市区站址在初选中应做到房主基本同意用作基站。初选完成之后,由网络规划工程师、工程设计单位与建设单位进行现场查勘,确定站址条件是否满足建站要求,并确定站址方案,最后由建设单位与房主落实站址。选址的要求包括:

- 交通方便、市电可靠、环境安全及占地面积小。
- 在建网初期设站较少时,选择的站址应保证重要用户和用户密度大的市区有良好的覆盖。
- 在不影响基站布局的前提下,应尽量选择现有电信枢纽楼、邮电局或微波站作为站址,并利用其机房、电源及铁塔等设施。
- 避免在特高频电视台附近设站。如果一定要设站,应核实是否存在相互干扰或是否可采取措施避免干扰。
- 避免在雷达站附近设站,如要设站应采取措施防止相互干扰和保障安全。
- 避免在高山上设站。高山站干扰范围大,影响频率复用。在农村高山设站往往对处于小盆地的乡镇覆盖不好。
- 避免在树林中设站。如要设站,应保持天线高于树顶。
- 市区基站中,对于小蜂窝区($R=1\sim3$ km)基站宜选择高于建筑物平均高度但低于最高建筑物的楼房作为站址,对于微蜂窝区基站则选低于建筑物平均高度的楼房设站且四周建筑物屏蔽较好。
- 市区基站应避免天线方向与大街方向一致而造成对前方同频基站的严重干扰,也要避免天线前方近处有高大楼房而造成障碍或反射后干扰其后方的同频基站。
- 避免选择今后可能有新建筑物影响覆盖区或同频干扰的站址。
- 市区两个系统的基站尽量共址或靠近选址。
- 需要满足楼内有可用的市电及防雷接地系统;楼面负荷能满足工艺要求;楼顶有安装天线的场地等建站条件。
- 选择机房改造费低、租金少的楼房作为站址。如有可能应选择本部门的局、站机房、办公楼作为站址。

5.4.2 站址选择过程

1. 图上初步规划

首先需要进行实地勘测,熟悉城区的地形地貌、街区走向规划、建筑物布局特点等,以便对覆盖区域有一个大致印象。

初步规划主要在图纸上实现。事先应准备大比例的城区地图,图纸对城区街道和建筑物的绘制需要准确清晰。基本过程包括：
- 在地图上将覆盖的区域按照前期规划的一类区、二类区和三类区进行划分,用彩笔准确标注各区域的边界。
- 根据不同街区的建筑环境特点,在图纸上粗略地分类标出,考虑所属的话务区,对所采用的基站覆盖模型做调整。
- 在图纸上进行基站预布放,主要考虑在城市的主要街道、交叉路口等位置的初步选址和编号,为现场勘测选址提供参考点。

2. 现场勘察选址过程

(1) 准备工作
- 通常可将人员分成若干小组,按照勘察区域内的主要街道划分各自的负责区域,每小组由无线规划人员和局方线路维护人员组成。无线规划人员应经过全面的培训,熟悉基站选址的基本过程、记录方法、对基站类型和天线类型的选用等。线维人员应熟悉区域内道路、建筑、配线等情况。
- 配备足够的交通和通信工具,以提高工作效率。
- 准备勘察区域的详细地图、站址记录表等。

(2) 勘察选址

将预布放的基站位置作为参考点,依据相应的基站覆盖模型开始勘察选址。基本原则是先覆盖路面和沿街建筑,再逐个进入机关单位、学校、商场、住宅区和批发集贸市场等建筑群内部。对于地形复杂、建筑密集的地段,应该在查看全貌后再确定具体的基站选址。对于各勘察小组负责区域的交界地带,必须相互配合做复查,以调整不合理或重叠的基站选址。

(3) 勘察记录

对于选址确定的建筑物信息进行详细记录,编写基站站址汇总表,同时将站址位置和编号准确标注在基站站址分布图上。

关于基站站址及安装位置的具体信息主要包括以下内容：
- 图纸编号。在图上规划区域的编号,如 A1、B2 等。
- 基站站址。街道门牌号、建筑物名称、楼层高度。
- 安装位置。在建筑物屋顶的安装方位,如东南侧、楼顶防火通道等。
- 重点覆盖。基站主要照射区域(主天线方向),如覆盖路面、覆盖东南小区等。
- 基站类型。选用的基站类型,如 CSL、CS4、CS28 或 CSA、CSB 等。
- 天线类型。选用的天线类型,如 −20、−10、−5、上倾 10°、上倾 20°、定向等。
- 安装方式。基站的安装固定,如底座安装、侧墙安装或钢索悬挂等。
- GPS 安装。是否在该基站安装 GPS。
- 是否捆绑(组控)。在某些特殊地段可考虑捆绑。
- 是否有地网。楼顶是否有接地网等。

3. 大基站选址的基本原则

基站选址由预布放的参考点开始,先覆盖路面,再进入办公区和住宅区。布放间距应满足所处建筑环境的覆盖模型。基站位置需要视野开阔,这一点对重要照射区域的要求相对较高,但是 10 层以上建筑物不建议使用。基站位置的设置需要避开广告牌、高墙等阻挡,2 m 之内不应有障碍物。同时,还需要避开其他移动通信系统的天线、微波传输天线等无线设备的主方向,且间距在 10 m 以上。一般来说,同一楼顶放置多个基站,间距应在 5 m 以上。

4. 基站选址的图例

如图 5-3 所示,将基站安放在交叉路口的临街建筑,能够覆盖各方向的街道路面,有效吸收区域内流动群体的话务量。

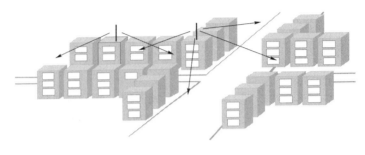

图 5-3　基站安放在交叉路口

如图 5-4 所示,基站位置应视野开阔,避开广告牌、高墙等阻挡,对于主要照射方向相对较高。

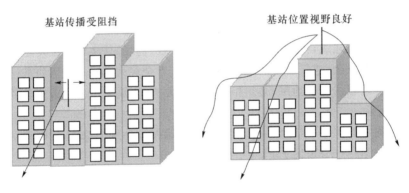

图 5-4　基站位置应视野开阔

如图 5-5 所示,基站位置不宜过高,不建议在 10 层以上建筑高度安装。如果位置过高,则对低层和路面的覆盖变差,同时由于覆盖面积扩大,会对较远处其他呼叫区的基站形成干扰。

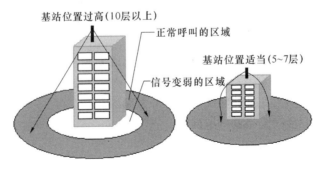

图 5-5　基站位置不宜过高

对于高层建筑,需要在四围的相邻建筑上安装大基站并使用特种天线来保证覆盖。

如 5-6 所示。通常当相对楼差在 6 层以下并且楼间距较宽(如隔着街道)时,建议使用 10°上倾角天线,使得天线主波束对准高层;也可以使用定向天线,通过调整定向天线的照射角度满足覆盖;当相对楼差更高或楼间距较小(如基站安装在高层的裙楼上)时,建议使用 20°或 30°上倾角天线,使得天线主波束几乎垂直向上,对高层获得较好的覆盖。

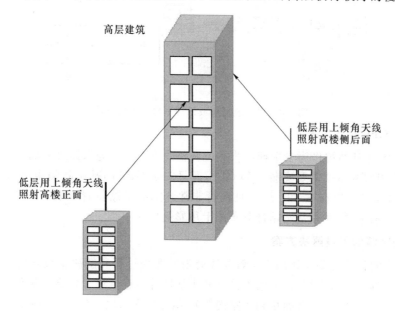

图 5-6　高层建筑需要使用特种天线来覆盖

住宅小区的建筑往往规划整齐,朝向一致,因此顺着其排列的"纵"方向(如住宅楼背北面南,则纵方向是东西向)在小区两端选择住宅楼顶部放置,使基站天线沿"纵"方向照射,利用信号在楼间地面的折反射做覆盖,如 5-7 所示。由于在"横"方向上受建筑物阻挡信号衰减大,每个基站通常只能提供"横"向两三排建筑的覆盖。同时,考虑到话务量状况,可能还需要沿纵方向多做几个基站加强覆盖。

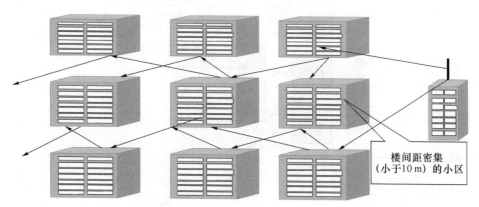

图 5-7　利用信号在楼间地面的折反射做覆盖

为了加强对建筑低层或低矮平房区等区域的覆盖,需要在周围相对较高的位置安装基站,同时使用大下倾角(20°)的基站天线,限制基站的覆盖范围,以汇聚更多的天线辐射能量在低层,如 5-8 所示。

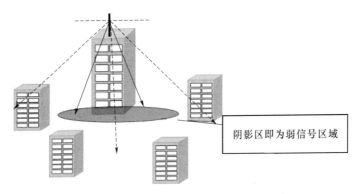

图 5-8 对建筑低层或低矮平房区等的覆盖

5. 安装 GPS 的基站选址

安装 GPS 的基站被作为空中帧同步相位调整的参考源。为保证可靠的全网同步，通常每 40～50 个相邻基站就需要安装一部 GPS，而且安装 GPS 的基站间隔距离通常不大于 3 km，一般选择安装高度在 8～10 层并且视野非常开阔的基站位置安装。对于安装了 GPS 的基站需要特别说明，并在基站站址分布图上用彩笔标注。

6. 典型区域的无线解决方案

该项工作的目的主要是让局方了解无线规划的实现过程和解决手段，选取对象可以是高话务区域（如商业区、步行街、电信办公区和生活区等），也可以是特殊建筑环境（如高层公寓、写字楼、密集住宅区、大型商场超市室内等），或则是特殊地形（山坡丘陵地带、沿江河岸等），对于具体位置应与局方充分讨论。

具体操作者需要到现场勘测，使用数码相机拍摄环境照片，绘制基站选址布局示意图，准确标注街道和建筑的名称、建筑物特征、规划基站位置及基站覆盖范围等，如图 5-9 所示。同时用文字简要描述该典型位置的环境特征，提出分析解决要点，然后对基站的选址布局效果做解释。

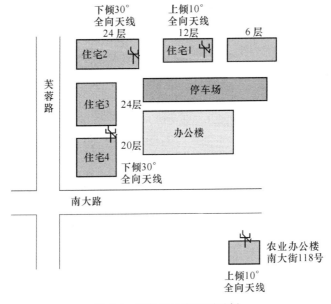

图 5-9 基站选址布局图示例

对于中小城市建议完成5~10个典型示例,对于大城市建议完成10个以上示例。

5.4.3 室外型小基站选址

本节将重点介绍作为宏基站补充的小基站在室外和室内场景下的站址选择原理和要求。

小基站主要用做大基站信号盲区的覆盖以及高话务量地区话务量的分担,与大基站配合使用,优势互补。小基站放置站址的选择过程如图5-10所示。

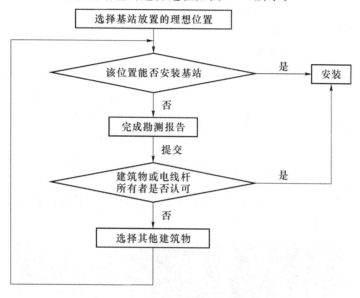

图5-10 小基站的小区站址选择流程

一个理想的基站放置位置除考虑覆盖、话务量,还应该考虑走线、维护空间及其他因素。做好这一步,不但可以使基站的安装快捷,而且今后的维护也方便省事。理想的室外型小基站放置位置判断流程如图5-11所示。

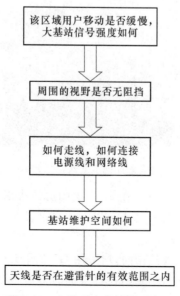

图5-11 室外型小基站放置流程

- 该区域用户是否以步行或缓慢移动为主？
- 是否能收到大基站信号，且信号强度在 35～50dBμV 之间？
- 垂直可视角是否肯定为 30°或以上？
- 在 2 m 之内是否肯定无障碍物？（不包括避雷针）
- 小基站和其他无线设备的距离是否足够？
- 小基站是否放置在卫星接收天线的方向上？（在±45°之内）
- 走线是否防碍他人？电缆能否安装？
- 在基站周围是否便于维护？
- 天线是否在避雷针的有效范围之内？

对于话务量大的室外区域，可考虑使用室外型小基站。其安装地址的选择注意以下几点：

- 由于小基站的覆盖范围相对较小，因此主要考虑移动速率慢的地方，如步行街、居民小区、商业广场等，以减少切换次数。尽量避免安装在车行道旁。
- 对于深度不是很深的房屋，建议也用室外型基站从旁边房屋或电线杆处两边予以照射，这样也会有较好覆盖效果。
- 室外型小基站的安装可有 3 种方式：固定在房子上，安装在电线杆上或者悬挂在水平铁丝上，分别如图 5-12、图 5-13、图 5-14 所示。

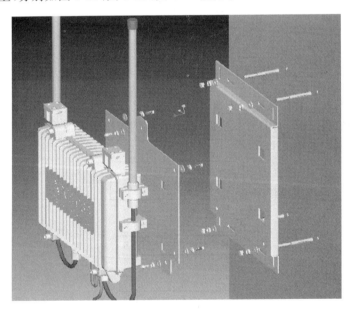

图 5-12　室外型小基站安装方法（一）

对于安装在房子上的方式，可安放在 2～6 层的房顶边缘，3 层为佳。基站可贴墙，但天线中心应高出女儿墙，或者基站远离墙 1 m 以上。也可以在房顶竖杆安装，但应保证其垂直视角大于 30°。

- 小基站的同步方式和大基站相同，均采用 GPS 同步方式，但小基站没有 GPS 接口，因此，为了保证同步性能，小基站在选点的时候应该尽量选择在大基站的覆盖范围内，并且大基站的同步级别应该尽量高一些，以达到较好的同步效果。当然，小基站之间也能相互同步，其同步级别逐级递减。

- 图 5-15(a)和图 5-15(b)分别表示了室外型小基站在步行街和居民小区的安装选点示意图。需要注意的是，在大基站实现基本覆盖的情况下，大基站的场强建议不要过大，保持在 35～50 dBμV 为宜，大基站信号不能过弱，是为保证小基站的良好同步。若大基站信号过强，则小基站分担话务量的作用就不明显。另外，小基站之间应该保证有一定程度的覆盖重叠，为了保证通话质量，在每个点上尽量保证可以收到至少两个基站的信号，并且至少有一个基站的信号在 35 dBμV 以上。

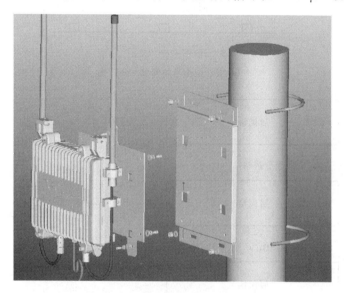

图 5-13　室外型小基站安装方法(二)

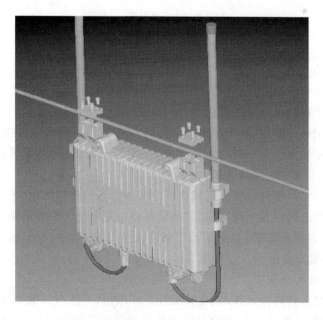

图 5-14　室外型小基站安装方法(三)

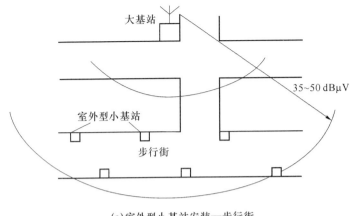

(a) 室外型小基站安装—步行街

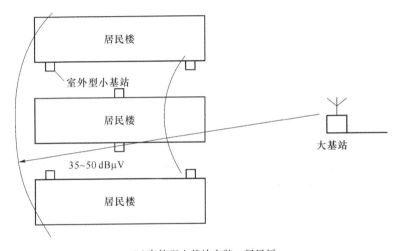

(b) 室外型小基站安装—居民区

图 5-15 不同场景下大基站和小基站的同步

- 天线应垂直于地面，倾斜应小于 3°。当然，如果基站安装位置较高（如 5～8 层楼高），可考虑将基站天线朝主要照顾区域倾斜 5°～10°（其他区域覆盖不重要的情况下），已利于该热点区域的覆盖。
- 从小基站天线处看，其视野尽量保证开阔，2 m 以内不能有障碍物。
- 特别注意不要安装在有枝叶的树干上，一则防雷击，二则避免树枝及树叶对信号的散射，影响小基站的覆盖效果。
- 室外型小基站的安装位置应远离高压电线等强信号干扰区域。
- 为避免基站之间相互干扰，基站之间应保持一定距离。如果基站天线位于同一水平面，且相互目视可见，则小基站间距离应大于 2 m。如果一个地方需放置两个或以上小基站，建议小基站分层放置，即小基站处于同一个垂直面内。若基站相互距离太近时，干扰将会很大。
- 基站应尽量远离其他天线，其安装位置 3 m 以内，不能有其他无线电设备（如电视天线）。尽量保证基站和其他的无线设备之间保持足够远的距离，以免互相干扰。尽量保证基站和其他的无线设备之间保持足够远的距离。

- 基站不能安装在其他天线辐射方向的±45°之内。当基站安装在其他无线电设备辐射方向上时,或者即使基站物理位置上在其他无线电设备的方向之外,会因为反射,可能对其他无线电设备造成影响。
- 室外型基站还应考虑防雷问题。若其安装位置高且突出,应保证其在避雷针的有效范围之内(45°)。

5.4.4 室内型小基站选址

对于话务量特别密集的大楼,如电信大楼、商场,可考虑用室内型小基站补盲或者解决话务量。理想的室内型小基站放置位置判断流程如图 5-16 所示。

- 是否能收到其他基站信号?
- 在 2 m 之内是否肯定无障碍物?
- 小基站和其他无线设备的距离是否足够?
- 走线是否防碍他人?电缆能否安装?
- 小基站是否便于维护?

其选址要求如下:

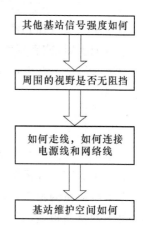

图 5-16 室内小基站位置设置流程

- 办公楼建议安装在长过道中央,收发天线连线垂直于过道方向,天线离墙壁大于 1 m。商场等方形区域建议挂在房间中央。这样,对整个楼层会有较好的覆盖作用。如果楼房不超过 50 m,中间一个基站就基本可覆盖三各楼层(不考虑话务量)。不同楼层基站位置最好错开,即不要在一条垂线上。如果一定要贴墙安装,建议基站离开墙壁 10 cm 以上。
- 在选择安装位置时,应保证至少有一个小基站可以接收到大基站的信号,使得其他小基站可以同步到该小基站上,图 5-17 表示了在地下室基站选点示意图。

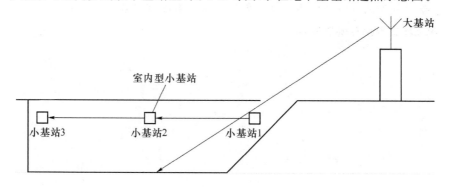

图 5-17 室内型小基站在地下室选点

在图 5-17 中,大基站信号无法对地下室实现全部覆盖,因此,将小基站 1 放置在可以接收到大基站信号的地方,然后小基站 2 和小基站 3 可以同步连接到小基站 1 上,从而实现了小基站与网络同步。

在一些用户数量大、话务密度高的室内区域,如大型商场、餐厅、证券公司等,可以用室内型小基站解决话务量,在小基站选点的过程中,同样应该保证小基站和大基站同步。
- 和室外型基站的网络规划一样,大基站信号不宜过高,同时在任何一个点上,应可以收到至少两个基站的信号,并且至少有一个基站的信号幅度大于 35 dBμV。另外,不要求大基站对整个商场都实现覆盖,因为小基站之间也可互相同步。
- 除墙壁外,基站周围 2 m 内不能有障碍物,尽量保证其周围视野开阔。
- 为避免基站之间相互干扰,基站之间应保持一定距离。如果基站天线位于同一水平面,且相互目视可见,则小基站间距离应大于 2 m。如果一个地方需放置两个或以上小基站,建议小基站分层放置,即小基站的处于同一个垂直面内。
- 基站应尽量远离其他天线,其安装位置 3 m 以内,不能有其他无线电设备(比如电视天线)。尽量保证基站和其他的无线设备之间保持足够远的距离,以免互相干扰。
- 基站不能安装在其他天线辐射方向的±45°之内。当基站安装在其他无线电设备辐射方向上时,或者即使基站物理位置上在其他无线电设备的方向之外,会因为反射,可能对其他无线电设备造成影响。

习 题

1. 试简述无线网络如何能做到低成本覆盖,给出降低成本的常用措施。
2. 试简单介绍无线网络控制器、基站、直放站、室内覆盖系统的设置原则。
3. 为了解决室内覆盖,试对比室内分布式覆盖方案和直放站解决方案的优缺点。
4. 为了使基站覆盖范围尽量大,可以采用什么技术来扩展覆盖范围?这时系统的容量和传输速率会有何特征?
5. 试分析室外基站天线负俯仰角的作用,如何实现室外宏基站对室内高层建筑的覆盖?
6. 基站机房设置的要求有哪些?
7. 铁塔安装的工艺要求包括哪些内容?
8. 小基站的作用有哪些?小基站安装对大基站有哪些影响?
9. 小区站址选择有哪些要求?

第6章 业务估算和小区容量规划

容量分析在网络规划中十分重要。在计算单小区单载波容量的基础上,结合网络的业务需求,可以估算网络所需要的基站数目。容量规划包括对语音业务、分组数据业务和两者的混合业务的业务量估算,也包括考虑了小区间干扰的单基站传输容量的计算。对于业务量估算,需要学会从话音和数据业务的容量分析理论入手,结合其统计特征,逐步给出容量的估算方法。对于无线网络单小区的传输能力,需要判断其是干扰受限还是资源受限,根据使用的多址方式不同,给出理论的单小区容量。

本章首先介绍业务理论模型,然后介绍语音业务、数据业务和混合业务的业务模型,并且讨论用户业务预测方法,最后介绍基站容量规划内容。

6.1 业务量模型

对于话音业务,呼叫过程类似于排队论中的 $M/M/n/n$ 多服务窗损失制排队模型,系统的爱尔兰容量从爱尔兰 B 模型导出;对于数据业务,呼叫过程类似于 $M/M/n$ 多服务窗等待制模型,系统的爱尔兰容量从爱尔兰 C 模型导出。本节首先简单回顾了话务的基本理论,并介绍话音爱尔兰容量和数据容量的计算方法。

6.1.1 话务量与 BHCA

话务量是电话负荷大小的一种度量,一般指电话用户在某段时间内所发生的负荷量。话务量一般指用户在某段时间内所产生的通话量。其单位通常以爱尔兰(Erl)表示(一个爱尔兰是指一条通话电路被百分之百的连续占用 1 小时的话务负荷,或者两条通话电路各被连续占用半小时的话务负荷)。

每个用户的平均话务量 A_0 可以表示成:

$$A_0 = \lambda \cdot \frac{1}{\mu} \tag{6.1}$$

其中,λ_0 是平均每用户单位时间内发出呼叫的次数,又称为呼叫到达速率;$\frac{1}{\mu}$ 为每用户平均通话时间;μ 为呼叫完成速率。

每个小区的话务量 A 可以表示为

$$A = A_0 dS \tag{6.2}$$

其中,A_0 是每用户平均话务量(Erl/用户),d 为用户分布密度(用户数/km^2),S 为小区面积(km^2)。

在现实环境中,话务量会随着时间而变化。即使不考虑长期发展过程中可能出现的变化,话务量还会以每天或每周为周期作短期的有规律变化,图 6-1 给出了交换机所承受的话务量在一天内的变化情况。

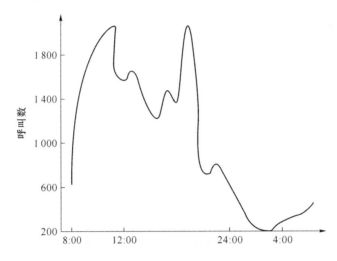

图 6-1 一天中按小时统计的呼叫次数变化情况

通常将话务量最大的一小时称为忙时,相应此小时的呼叫次数为"忙时呼叫次数"或"忙时试呼次数",缩写为 BHCA,用符号 λ_{BH} 表示。忙时话务量可以表示为

$$A_{BH} = \lambda_{BH} \times \frac{1}{\mu} \tag{6.3}$$

在网络规划中通常采用忙时话务量为设计指标,并认为无线网络能够支持忙时话务量也必然能够应付平时的话务量。

爱尔兰 B 函数是移动蜂窝网络设计时最常用的公式。该公式是假定所有未能找到空闲资源的用户即放弃呼叫要求,也就是说用户发出呼叫后没有空闲资源就不再试呼而算阻塞。在公用移动电话网中,虽然系统设计时设定一个蜂窝(或扇区)的用户第一次呼叫得不到空闲资源时将继续试呼,但由于有"扇区共享"或"定向重试"功能将该用户受阻塞的呼叫引导到另一个扇区去寻找空闲资源而离开它最初要求接入的扇区,所以对每个扇区的用户来说,用户的呼叫都是"没有空闲资源就放弃呼叫",结果使总的阻塞特性比较接近于爱尔兰 B 呼叫规律的要求。这就是在设计蜂窝系统时常用爱尔兰 B 函数的原因。

在网络规划设计中通常采用每用户忙时话务量的指标。每用户忙时话务量可用下式表示:

$$A = \lambda \cdot \eta \cdot T_o$$

其中,λ 为每用户在一天内的呼叫次数;η 为忙时集中系数(即忙时话务量与全天话务量之比);T_o 为每用户每次通话占用信道的平均时长。

每用户忙时话务量指一天中话务最忙时间每个用户的来话和去话话务量之和。在计算信道数时采用忙时平均话务量可以保证除忙时以外其他时间的无线信道呼损率明显低于设计要求,这是为了保持一定的服务质量等级所必需的。

根据我国公用移动电话网近几年的运营经验,平均用户忙时话务量可取 0.025～0.03 爱尔兰/户,相当于每个用户每天打电话(包括呼出和呼入)6 次,平均每次占用时长 2 min。

6.1.2 呼损率及爱尔兰呼损计算表

建立网络话务模型对系统的话务性能进行分析,可以采用两种方法:纯数学模型和仿真模型。这两种方法各有优缺点,应用范围也各有侧重,本节主要介绍数学模型。

用户的呼叫到达过程和通话过程都是随机过程。理论研究和实践表明,用户的呼叫到达过程服从泊松分布,而通话时间服从负指数分布。因此,可以采用 M/G/N/N 爱尔兰损失模型来描述蜂窝移动通信网络的话务特征。M/G/N/N 是英国统计学家 D. G. Kendall 定义的排队论中的记号,其中,M 由 Markov 过程而来,用于表明泊松分布和相应的指数分布;G 指均匀服务分布。M/G/N/N 是指一个泊松到达,均匀服务分布特性,N 个信道发生阻塞前最多可支持 N 个用户的排队系统。

由 M/G/N/N 爱尔兰损失模型可以推导出,N 个信道的小区,流入的话务量为 A,则同时有 n 个用户在通话的概率为

$$P(N,A,n) = \frac{\frac{A^n}{n!}}{\sum_{i=0}^{N}\frac{A^i}{i!}} \tag{6.4}$$

当 n=N 时,小区将发生阻塞。此时有:

$$B = P(N,A,N) = \frac{\frac{A^N}{N!}}{\sum_{i=0}^{N}\frac{A^i}{i!}} \tag{6.5}$$

式(6.5)即爱尔兰 B 公式,已被 ITU-T 规定为 Q.80 标准。按照《公用移动电话网路技术体制》的规定,无线信道呼损率≤5%,在话务密度高的地区呼损率小于 2%。

利用爱尔兰呼损公式和呼损计算表(如表 6-1 所示),呼叫必须具备如下性质:
① 每次呼叫互相独立,互不相关(呼叫具有随机性);
② 每次呼叫在时间上都有相同的概率;
③ 当呼叫得不到空闲频道即作为呼损,而不是等待某个时间以便得到空闲信道。

表 6-1 爱尔兰呼损计算表

A \ B \ n	2%	5%
1	0.020	0.053
2	0.223	0.381
3	0.602	0.899
4	1.092	1.525
5	1.657	2.218
6	2.276	2.960
7	2.935	3.738
8	3.627	4.543
9	4.345	5.370
10	5.084	6.216

续表

A\B n	2%	5%
11	5.842	7.076
12	6.615	7.950
13	7.402	8.835
14	8.200	9.730
15	9.010	10.633
16	9.828	11.544
17	10.656	12.461
18	11.491	13.335
19	12.333	14.315
20	13.182	15.249
21	14.036	16.189
22	14.896	17.132
23	15.761	18.080
24	16.631	19.030
25	17.505	19.985
26	18.383	20.943
27	19.265	21.904
28	20.150	22.867
29	21.039	23.833
30	21.932	24.802
31	22.827	25.773
32	23.725	26.746
33	24.626	27.721
34	25.529	28.698
35	26.435	29.677
36	27.343	30.657
37	28.254	33.330
38	29.166	34.351
39	30.081	35.373
40	30.997	36.396
41	31.916	37.421
42	32.836	38.446
43	33.758	39.473
44	34.682	40.501
45	35.607	41.529
46	36.534	42.559
47	37.462	43.590
48	38.392	44.621
49	39.323	45.654
50	40.255	46.687

6.1.3 数据业务容量

分组数据业务自身的特征给网络规划带来了更大的复杂性。对于话音业务,网络给用户分配一条专用的业务信道,且速率是恒定的。这条信道在用户通话过程中专属于该用户,直至通话结束,信道才被释放。对于分组数据业务,网络中的所有用户在业务会话过程中分共共享有限的高速信道。多个数据源通过共享的业务信道间歇性地发送数据。这种共享机制与数据业务自身的特征相一致(数据业务通常是突发性的,如 WWW 业务,单击产生突发,用户浏览后,再次单击突发)。由于高速的数据速率需要更大的功率并产生更大的干扰,网络中同时激活的高速数据信道的数量很少。系统需要对这些少量的高速数据信道进行合理的资源管理,既要保证产生的干扰不至于太大而影响整个网络的运营,又要使用户能够得到较高的数据速率。无线通信系统中分组数据业务的这种调度机制使得网络的性能预测变得十分困难。对于数据业务容量的预测,最好的方法是通过动态的系统级性能的仿真。

首先通过链路级仿真,得到各种数据速率的业务信道在不同的几何因子(geometry,定义为用户接收到的来自本小区的干扰功率除以来自其他小区的干扰功率与背景噪声之和)条件下所需的功率。链路级仿真依据 CDMA 的物理层标准建立信道模型,同时需要输入的条件还有无线信道多径模型、数据速率、要求的误码率或误帧率(数据业务的误帧率要求比话音业务要宽松得多)等。仿真得到的业务信道所需的功率将作为系统级仿真的输入,同时需要的输入还有用户的位置分布、传播模型、阴影衰落模型等。动态的系统级仿真在空中接口模拟用户的行为,为用户分配功率,不断地增减用户,直至系统饱和,得到系统的容量。

动态的系统级仿真十分复杂,将动态的系统级仿真简化,可使数据容量的计算简单化。本书将用静态的系统级仿真和爱尔兰排队模型来代替复杂的动态仿真,如图 6-2 所示。

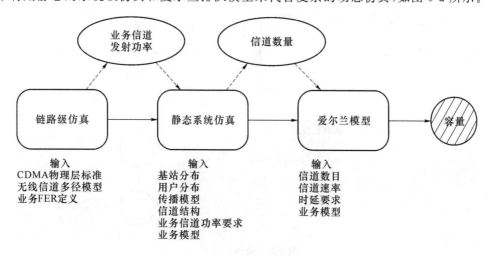

图 6-2 数据容量计算过程

图中的阴影标注区域表示仿真得到的结果。链路级仿真输出各种速率业务信道所需的功率,静态的系统级仿真不直接给出系统容量,而是输出各种速率的业务信道的数量的概率分布,再通过爱尔兰排队系统模型计算系统的数据业务容量。这里,静态的系统级仿真可以大大的简化。

下面将以 cdma 2000 1x 为例,介绍静态系统级仿真方法。在服务区内,数据用户以突发(burst)的方式发送数据分组业务。在发送分组的每一个时间片内,网络给用户分配一条辅助业务信道(Supplemental Channel,SCH),这条信道的速率在这个时间片内是固定的。cdma 2000 1x 的 SCH 信道速率可以有多个,如 9.6 bit/s、19.2 bit/s、38.4 bit/s、76.8 bit/s、153.6 bit/s 等,网络可用的信道数量和速率是随机的,受多个因素制约,包括用户位置、速度、多径衰落、阴影衰落、无线传播模型等。与动态的系统级仿真不同,静态的系统级仿真不基于时间,而是一种快照(snapshot)的方式,属于蒙特-卡洛仿真方法。在每一次快照中,将一定数量的数据会话业务按位置分布随机产生。在这次快照过程中,系统为每个激活的会话分配一个固定速率的 SCH 信道,并根据链路级仿真的结果分配所需的功率。如果基站所需的发射功率(前向)或接收功率(反向)超过所能承受的最大值,则减少会话数量;如果基站所需的发射功率(前向)或接收功率(反向)还未饱和,则增加会话数量。通过大量的快照,可以统计出不同速率条件下系统可用的 SCH 信道的数量分布。这种仿真方式大大降低了计算的复杂性。由系统可用的各种速率的 SCH 信道数,通过爱尔兰 C 排队模型,可以计算出系统的数据容量。

先来简单回顾一下爱尔兰模型,如图 6-3 所示。

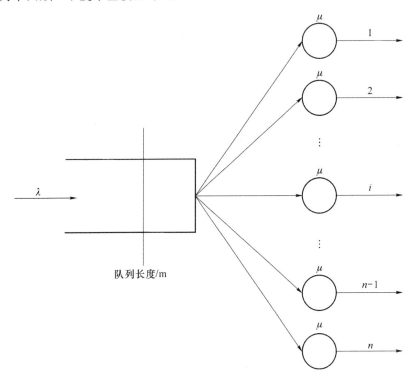

图 6-3　爱尔兰模型

图 6-3 的爱尔兰模型表明,当一个业务请求达到时,首先进入队列。队列中排队的业务按先到先服务的原则依次进入系统中空闲的服务器。每个服务器一次只能为一个业务服务。当系统存在"不忙"的服务器时,到达的业务立刻能得到服务;当系统中所有的服务器全忙时,到达的业务将进入队列中等待。队列中等待的业务数是随机的,队列的最大长度是

m。当队列长度达到 m 时,业务请求将被阻塞直至某个服务器处理完业务。

在 cdma 2000 1x 系统中,话音呼叫和突发性的数据包发送请求被视为爱尔兰模型中的业务请求,无线信道被视为模型中的服务器。对于话音业务,服务器是一个专用的 FCH 信道;对于突发的数据包,服务器是系统中可用的 SCH 信道。

各业务的到达是一个独立同分布的随机过程。在电信系统中,业务请求以泊松率到达。业务到达的平均速率为 λ(呼/小时或消息/小时)。

各业务的服务时间(业务信道的占用时间)是一个随机过程。对于每一个信道,它们的占用时间是独立同分布的。每个服务器的平均完成速率表示为 μ(每小时完成的呼叫或每小时发送的消息数)。系统的完成速率与处于"忙"状态的服务器数目有关。当 n 个服务器全忙时(n 条信道都被占用),系统的平均完成速率为 $n \times \mu$。服务时间的概率分布通过服务器的完成速率来计算。对于话音业务,服务时间就是通话时长;对于数据业务,服务时间为突发的分组长度除以信道速率。服务时间服从指数分布,平均服务时间为 $1/\mu$。

爱尔兰模型中的队列比较抽象,这个队列可以不是一个特定的存在于业务终端和服务器之间的物理实体。在移动通信系统中,对于前向链路而言,队列指的是基站处的缓冲器;对于反向链路而言,队列存在于分散的各终端的缓冲器。对于话音业务,队列的长度是 0,只要所有的服务器都忙,话音就会被阻塞,这类情况就是如图 6-3 描述的爱尔兰 B 呼损模型;对于数据业务,队列长度可以近似看做无穷,业务请求不会被损失而只会引起传输的时延,这类情况是爱尔兰 C 等待模型。

对于数据业务的情况,系统的可能状态可以有无穷多个,状态转移如图 6-4 所示。

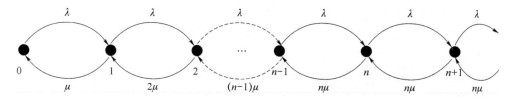

图 6-4 无限队列时延系统的状态转移图

可得到系统状态概率为

$$P_0 = 1 / \left[\sum_{i=0}^{n-1} \frac{A^i}{n!} + \frac{A^n}{n!(1-A/n)} \right] \quad A = \frac{\lambda}{\mu} \tag{6.6}$$

$$P_i = \begin{cases} \dfrac{A^i}{i!} P_0 & 0 \leq i \leq n \\ \dfrac{A^i}{n!} n^{n-i} P_0 & i > n \end{cases} \tag{6.7}$$

业务需要等待的概率等于系统状态大于或等于 n 的概率,用 $P(T>0)$ 来表示,则

$$P(T>0) = \frac{A^n}{n!(1-A/N)} \bigg/ \left[\sum_{i=0}^{n-1} \frac{A^i}{i!} + \frac{A^n}{n!(1-A/n)} \right] \tag{6.8}$$

这就是爱尔兰时延呼叫公式(或称爱尔兰 C 公式),它与爱尔兰 B 公式有下列关系:

$$P(T>0) = \frac{E_{B,n}(A)}{1 - \dfrac{A}{n}[1 - E_{B,n}(A)]} = E_{C,n}(A) \tag{6.9}$$

给定爱尔兰负载和服务器数,就能得到等待概率。通常把爱尔兰 C 公式量化成爱尔兰

C 表方便工程上使用。同时,业务的平均等待时间可以由等待概率算得。因此,给定爱尔兰负载和服务器数,也就同时能得到业务的平均等待时间,或指定平均等待时间和服务器数,得到系统能承受的爱尔兰负载。平均等待时间(用 W 表示)可用李特尔公式,得到:

$$W = E[\omega] = \frac{1}{\mu} \cdot \frac{E_{C,n}(A)}{n-A} \tag{6.10}$$

下面结合一个例子介绍数据容量的计算。基于数据业务前向受限的假设,只考虑前向链路的情况。同时,忽略 FCH,只考虑 SCH 的容量。由蒙特-卡洛仿真,得到 cdma 2000 1x RC3 网络配置条件下,每个小区能同时激活的每个速率的 SCH 信道的概率分布如表 6-2 所示。

表 6-2 SCH 信道数的概率分布

速率 信道数	19.2 kbit/s	38.4 kbit/s	76.8 kbit/s	153.6 kbit/s
1	——	——	18%	80%
2	——	——	52%	20%
3	——	12%	19%	——
4	——	37%	11%	——
5	——	35%	——	——
6	——	10%	——	——
7	3%	6%	——	——
8	8%	——	——	——
9	24%	——	——	——
10	38%	——	——	——
11	22%	——	——	——
12	5%	——	——	——

假设每个分组呼叫的长度是 40 kB,网络的排队时间要求为 5 s。对于 19.2 kbit/s 的业务信道,分组呼叫的平均完成速率 $\mu = 19.2/(40 \times 8)$(呼叫/秒)。通过爱尔兰 C 公式计算(或查爱尔兰 C 表)得到 19.2 kbit/s 信道在不同可用信道数条件下的爱尔兰容量如表 6-3 所示。

表 6-3 19.2 kbit/s 的爱尔兰容量(40 kB 的呼叫长度、5 s 的排队时间)

信道数	容量/Erl	信道数	容量/Erl
7	6.05	10	8.79
8	6.84	11	9.96
9	8.01	12	10.74

由概率加权,得到 19.2 kbit/s 的平均爱尔兰容量为

$$\begin{aligned} A_{19.2} &= 6.05 \times 3\% + 6.84 \times 8\% + 8.01 \times 24\% + \\ &\quad 8.79 \times 38\% + 9.96 \times 22\% + 10.74 \times 5\% \\ &= 8.72 \text{Erl} \end{aligned} \tag{6.11}$$

同样地,可得到 38.4 kbit/s、76.8 kbit/s、153.6 kbit/s 信道的爱尔兰容量如表 6-4。

表 6-4　各信道的爱尔兰容量(40 kB 的呼叫长度、5 s 的排队时间)

容量/Erl 速率 信道数	19.2 kbit/s	38.4 kbit/s	76.8 kbit/s	153.6 kbit/s
1	——	——	0.59	0.59
2	——	——	1.37	1.76
3	——	2.15	2.54	——
4	——	3.32	3.32	——
5	——	4.10	——	——
6	——	5.27	——	——
7	6.05	6.05	——	——
8	6.84	——	——	——
9	8.01	——	——	——
10	8.79	——	——	——
11	9.96	——	——	——
12	10.74	——	——	——

各种信道的平均爱尔兰容量为

$$A_{38.4} = 2.15 \times 12\% + 3.32 \times 37\% + 4.10 \times 35\% + 5.27 \times 10\% + 6.05 \times 6\%$$
$$= 3.81 \text{Erl}$$

(6.12)

$$A_{76.8} = 0.59 \times 18\% + 1.37 \times 52\% + 2.54 \times 19\% + 3.32 \times 11\% \doteq 1.67 \text{Erl} \quad (6.13)$$

$$A_{153.6} = 0.59 \times 80\% + 1.76 \times 20\% = 0.82 \text{Erl} \quad (6.14)$$

同样由系统级仿真,得到分组呼叫分配的信道速率分布如表 6-5 所示。

表 6-5　数据速率概率

数据速率/kbit·s^{-1}	概率	数据速率/kbit·s^{-1}	概率
19.2	29%	76.8	21%
38.4	35%	153.6	15%

这样,可以用下式计算单小区单载波的平均数据容量:

$$A_{\text{AVG}} = 8.72 \times 29\% + 3.81 \times 35\% + 1.67 \times 21\% + 0.82 \times 15\%$$
$$= 4.34 \text{Erl}$$

(6.15)

对于数据业务,通常会更希望用吞吐量来表示小区的容量。由爱尔兰 C 排队模型中,可以计算出每一种系统状态的概率,从而计算系统的吞吐量 R 为

$$R = \sum_{i=1}^{n} i \times R_{\text{SCH}} \times P(i) + n \times R_{\text{SCH}} \times P_{\text{delay}} \quad (6.16)$$

计算得到各类信道的吞吐量如表 6-6 所示。

表6-6 各信道的数据吞吐量(40 kB的呼叫长度、5 s的排队时间)

吞吐量/kbit·s⁻¹ \ 速率 \ 信道数	19.2 kbit/s	38.4 kbit/s	76.8 kbit/s	153.6 kbit/s
1	—	—	45.00	90
2	—	—	91.51	254.71
3	—	65.34	167.83	—
4	—	100.33	200.67	—
5	—	114.78	—	—
6	—	149.73	—	—
7	79.92	159.84	—	—
8	85.27	—	—	—
9	100.83	—	—	—
10	104.84	—	—	—
11	120.43	—	—	—
12	123.28	—	—	—

19.2 kbit/s 业务信道的平均吞吐量为

$$R_{19.2}=79.92\times3\%+85.27\times8\%+100.83\times24\%+ \\ 104.84\times38\%+120.43\times22\%+123.28\times5\% \\ =105.92 \text{ kbit/s} \tag{6.17}$$

38.4 kbit/s 业务信道的平均吞吐量为

$$R_{38.4}=65.34\times12\%+100.33\times37\%+114.78\times35\%+ \\ 149.73\times10\%+159.84\times6\% \\ =109.70 \text{ kbit/s} \tag{6.18}$$

76.8 kbit/s 业务信道的平均吞吐量为

$$R_{76.8}=45.00\times18\%+91.51\times52\%+167.83\times19\%+200.67\times11\% \\ =109.65 \text{ kbit/s} \tag{6.19}$$

153.6 kbit/s 业务信道的平均吞吐量为

$$R_{153.6}=90.00\times90\%+254.71\times10\%=106.47 \text{ kbit/s} \tag{6.20}$$

每个小区的平均吞吐量为

$$R_{\text{AVG}}=105.92\times29\%+109.70\times35\%+109.65\times21\%+106.47\times15\% \\ =108.11 \text{ kbit/s} \tag{6.21}$$

如果系统中的话音业务和数据业务共用一个载波,则话音和数据混合的容量将在纯话音业务容量和纯数据业务容量之间。话音业务占的比例越高,网络中数据业务的吞吐量就越小。运营商应该控制好话音业务和数据业务的比例关系,使话音容量和数据吞吐量得到一个较好的折中。话音和数据混合容量的关系如图6-5所示。

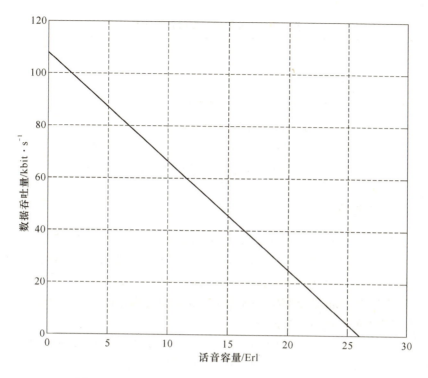

图 6-5　cdma 2000 1x 的话音容量与数据吞吐量的关系

6.2 业务模型应用

对系统容量的评估需要针对具体的网络应用业务进行,因为不同业务各自具有的特性会给系统带来不同的业务负荷,从而影响整个系统性能的评估。因此,有必要对第三代移动通信中可能提供的数据业务建立相应的模型,以满足系统评估和规划的需要。

实际的工程设计需要规划系统的容量,然后根据系统容量确定所需要的设备情况(如信道板数目等),从而完成系统配置。对于传统的话音业务,需要通过确定每用户的平均话务负荷和系统的忙时呼叫话务量,根据爱尔兰公式可得到所需要的信道数目,进而配置相应的设备。对于数据业务,除需要确定用户的呼叫特性外,还需要考虑数据量的到达过程。

在上文的话音业务模型部分提到过,根据话音用户的话务量和业务等级(Grade of Service,GoS),计算爱尔兰公式 B,得到所需的话音信道数量。同理可以根据数据用户的话务量和业务等级,得到所需的数据信道数量。在计算数据信道数量时,除了考虑话务量和业务等级,还需要考虑系统的可用功率、速率申请以及时延要求等因素。本节将介绍业务模型和系统配置之间关系。系统配置和可用功率以及时延要求等因素的关系,必须根据不同的厂商提供的设备情况,具体考虑。

6.2.1 话音业务

下面来通过一些典型的参数计算平均每个话音用户的话务量。话音用户的忙时试呼次数的典型值如表 6-7 所示。

表 6-7 话音用户的忙时试呼次数

	每小时忙时试呼次数	平均呼叫保持时间/s	平均话务量/Erl
IS-95 话音用户	1.2	60	0.02
cdma 2000 1x 纯话音用户数	1.2	60	0.02

表 6-7 中,平均每个话音用户的话务量根据下式计算:

$$平均话务量 = 忙时试呼次数 \times 平均呼叫保持时间 / 3\,600 \tag{6.22}$$

由表 6-7 可知,各类话音用户的话务量的典型值可以取 0.02Erl。

6.2.2 数据业务

与话音业务相比,数据业务存在着很大的不同,需要更多的参数来描述。对于话音业务,只需要平均每单位时间呼叫次数和平均呼叫时长两个参数就足以描述;而对于数据业务,则需要更多的参数,如忙时呼叫数、忙时会话数、占空比、忙时每用户平均吞吐量等。不同的数据应用(WWW、Email、FTP、FAX 等)有不同的建模方法,本书 cdma 2000 1x 为基础,介绍一个工程上的经典的业务模型。

数据业务呼叫的时间段模型如图 6-6 所示。一次会话(session)即指一次 PPP 连接,从应用层来说,通常对应为用户访问一个网站、发送一封邮件或者是下载一个文件等过程。一次会话又分为多个分组呼叫(packet calls),如用户阅读网站上的多个网页,每个网页的阅读时间就是分组呼叫间的休眠时间。在分组呼叫过程中,网络为数据用户分配信道资源,在休眠时,释放信道资源。每个分组呼叫由多个分组组成。

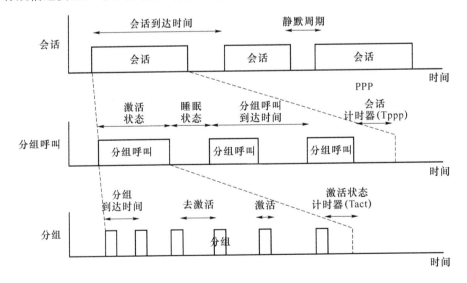

图 6-6 数据业务呼叫模型

为了表示数据业务对信道的占用情况,工程上数据用户的业务量也可以用话务量的单位爱尔兰来表示。数据用户的爱尔兰业务量可以从下式得到:

第 6 章 业务估算和小区容量规划

$$A_d = \frac{\lambda_d \cdot T_d}{3\,600} \tag{6.23}$$

其中，λ_d 表示每用户平均忙时分组试呼次数，T_d 表示平均呼叫保持时间，分别由下面两式计算：

$$\lambda_d = \lambda'_d \times 平均每个会话包含的分组呼叫数 \tag{6.24}$$

$$T_d = t_i + t_o + t_a$$

其中，λ'_d 表示每用户平均忙时会话次数，t_i 表示平均分组呼叫的激活时间，t_o 表示平均分组呼叫的去激活时间，t_a 表示激活状态计时器。

下面，我们通过一个例子来说明数据模型的计算。考虑到用户的实际情况，在这里将数据用户分为高端用户和低端用户两类，根据具体情况分别计算他们的话务量。

在 cdma 2000 1x 中，数据业务主要在 SCH 信道中传，SCH 的信道有 9.6 kbit/s、19.2 kbit/s、38.4 kbit/s、76.8 kbit/s、153.6 kbit/s 几种，信道传输的平均速率取最近的一个值，这里，高端用户的忙时平均信道速率为 38.4 kbit/s。先来看高端数据用户的情况，高端数据用户的数据速率分布如表 6-8 所示。

表 6-8 高端数据用户数据速率分布

各种数据速率 R_i/kbit·s^{-1}	数据速率分布	典型值
9.6	D_1	25%
19.2	D_2	40%
38.4	D_3	30%
76.8	D_4	4%
153.6	D_5	1%
平均数据速率 R_{ADR}(kbit/s)	R_{ADR}	26.208

表 6-8 中，平均数据速率由下式得到：

$$R_{ADR} = \sum_i R_i \cdot D_i = 26.208 \text{ kbit/s} \tag{6.25}$$

一个高端数据用户的各个参数如表 6-9 所示。

表 6-9 高端数据用户的各个参数

	信息服务	WWW	E-mail	FTP	视频点播	电子商务	其他
平均每月使用次数 C_1	60	60	60	60	5	20	15
忙日集中系数 C_2	0.05	0.05	0.05	0.05	0.05	0.05	0.05
忙时集中系数 C_3	0.1	0.1	0.1	0.1	0.1	0.1	0.1
平均每次使用时间 C_4/s	120	300	15	30	300	120	60
占空比 C_5	0.1	0.1	0.75	0.8	0.8	0.1	0.1
忙时每数据用户平均吞吐量 C_6/bit·s^{-1}	26.21	65.53	24.57	52.42	43.68	8.74	3.28
忙时会话数 λ_{APP_i}	0.3	0.3	0.3	0.3	0.025	0.1	0.075
平均每个会话包含的分组呼叫数 C_7	1	2	2	1	1	1	1

忙时每数据用户的吞吐量为

$$A_{BH} = \sum \frac{C_1 \cdot C_2 \cdot C_3 \cdot C_4 \cdot C_5 \cdot R_{ADR}}{3\,600} \approx 225 \text{ bit/s} \tag{6.26}$$

每类应用忙时会话数 $\lambda'_{\text{APP}\_i} = C_1 \cdot C_2 \cdot C_3$，如 WWW 业务，$\lambda'_{\text{APP\_WWW}} = 60 \times 0.05 \times 0.1 = 0.3$。所以，每个数据用户的忙时会话数 $\lambda_d = \sum \lambda'_{\text{APP}\_i} = 1.4$。每类应用的忙时分组呼叫数 $\lambda_{\text{APP}\_i} = \lambda'_{\text{APP}\_i} \times$ 平均每个会话包含的分组呼叫数。如 WWW 业务，$\lambda_{\text{APP\_WWW}} = 0.3 \times 2 = 0.6$。每个数据用户的忙时分组呼叫数则为 $\lambda_d = \sum \lambda_{\text{APP}\_i} = 2$。

每类应用的会话激活时间 $= C_1 \cdot C_2 \cdot C_3 \cdot C_4 \cdot C_5$，如 WWW 业务，$60 \times 0.05 \times 0.1 \times 300 \times 0.1 = 9/s$。每个用户的总会话激活时间为：$\sum$ 每类应用的会话激活时间 $= 30.83/s$，每个忙时分组呼叫的激活时间 $=$ 总会话激活时间 $/\lambda_d = 15.41/s$。

平均呼叫保持时间为 $T_d = t_i + t_o + t_a =$ 每个忙时分组呼叫的激活时间 $+ t_a = 15.41 + 5 = 20.41/s$。所以，平均每个高端数据用户的业务量为

$$A_d = \frac{\lambda_d \cdot T_d}{3\,600} = \frac{2 \times 20.41}{3\,600} = 0.011\,3\,\text{Erl} \tag{6.27}$$

再来看低端数据用户的情况，低端数据用户的数据速率分布如表 6-10 所示。

表 6-10 低端数据用户数据速率分布

各种数据速率 $R_i/\text{kbit} \cdot s^{-1}$	数据速率分布	典型值
9.6	D_1	100%
19.2	D_2	0%
38.4	D_3	0%
76.8	D_4	0%
153.6	D_5	0%
平均数据速率 $R_{\text{ADR}}/\text{kbit} \cdot s^{-1}$	R_{ADR}	9.6

表 6-10 中，平均数据速率由下式得到：

$$R_{\text{ADR}} = \sum_i R_i \cdot D_i \tag{6.28}$$

一个低端数据用户的各个参数如表 6-11 所示。

表 6-11 低端数据用户的各个参数

	信息服务	WWW	E-mail	FTP	电子商务	其他
平均每月使用次数 C_8	30	30	20	30	10	10
忙日集中系数 C_9	0.05	0.05	0.05	0.05	0.05	0.05
忙时集中系数 C_{10}	0.1	0.12	0.1	0.1	0.1	0.1
平均每次使用时间 C_{11}/s	120	300	15	30	120	60
占空比 C_{12}	0.1	0.1	0.75	0.8	0.1	0.1
忙时每数据用户平均吞吐量 $C_{13}/\text{bit} \cdot s^{-1}$	4.8	14.40	3.00	9.60	1.60	0.80
忙时会话数 $\lambda_{\text{APP}} C_{14}$	0.15	0.18	0.1	0.15	0.05	0.05

下面介绍表 6-11 中各个参数的计算方法。忙时每数据用户的数据吞吐量为

$$A = \sum \frac{C_8 \cdot C_9 \cdot C_{10} \cdot C_{11} \cdot C_{12} \cdot R_{\text{ADR}}}{3\,600} \approx 35\,\text{bit/s} \tag{6.29}$$

每类应用忙时会话数 $\lambda'_{\text{APP}\_i} = C_8 \cdot C_9 \cdot C_{10}$，如 WWW 业务，$\lambda'_{\text{APP\_www}} = 30 \times 0.05 \times 0.12 = 0.18$。所以，每个数据用户的忙时会话数 $\lambda_d = \sum \lambda'_{\text{APP}\_i} = 0.68$。每类应用的忙时分组呼叫数 $\lambda_{\text{APP}\_i} = \lambda'_{\text{APP}\_i} \times$ 平均每个会话包含的分组呼叫数。例如，WWW 业务，$\lambda_{\text{APP\_www}} = 0.18 \times 2 = 0.36$。每个数据用户的忙时分组呼叫数则为 $\lambda_d = \sum \lambda_{\text{APP}\_i} = 0.96$。

每类应用的会话激活时间 $= C_8 \cdot C_9 \cdot C_{10} \cdot C_{11} \cdot C_{12}$，如 WWW 业务，$30 \times 0.05 \times 0.12 \times 300 \times 0.1 = 5.5/\text{s}$。每个用户的总会话激活时间为：$\sum$ 每类应用的会话激活时间 $= 12.83/\text{s}$，每个忙时分组呼叫的激活时间 = 总会话激活时间 $/\lambda_d = 13.36/\text{s}$。

平均呼叫保持时间为 $T_d = t_i + t_o + t_a =$ 每个忙时分组呼叫的激活时间 $+ t_a = 13.36 + 5 = 18.36/\text{s}$。所以，平均每个低端数据用户的业务量为

$$A_d = \frac{\lambda_d \cdot T_d}{3\,600} = \frac{0.96 \times 18.36}{3\,600} = 0.005\text{Erl} \tag{6.30}$$

下面通过举一个例子，来说明如何根据已知的话音和数据用户的话务量来计算所需要的信道数量。

已知系统中需要支持的话音用户总数 $N_{\text{voice}} = 2 \times 10^5$，需要支持的高端数据用户总数 $N_{\text{data}} = 2 \times 10^4$，如果数据用户的忙时附着概率为已知且定为 $P_{\text{attach}} = 40\%$，系统的呼损率 B 为 0.1%，那么，分别求出相应的话音和数据用户的信道数量。

解：通过查表知，每个话音用户的平均话务量为 $A_{V,\text{sub}} = 0.02\,\text{Erl}$，所以系统总的话音用户话务量为：$A_V = A_{V,\text{sub}} \times N_{\text{voice}} = 0.02 \times 2 \times 10^5 = 4\,000\,\text{Erl}$，根据爱尔兰 B 公式可以得到话音用户所需的信道数量

$$V_{\text{channel}} = \text{Erlang B}(4\,000, 0.1\%) = 4\,123 \tag{6.31}$$

另外，通过查表知，每个高端数据用户的平均话务量为 $A_{D,\text{sub}} = 0.0118\,\text{Erl}$，所以系统总的数据用户的话务量为：$A_D = A_{D,\text{sub}} \times N_{\text{data}} \times P_{\text{attach}} = 0.0118 \times 2 \times 10^4 \times 40\% = 94.4\,\text{Erl}$，根据爱尔兰 B 公式可以得到数据用户所需的信道数量

$$D_{\text{channel}} = \text{Erlang B}(94.4, 0.1\%) = 122 \tag{6.32}$$

6.2.3 混合业务

前面分别对电路域和分组域业务进行了建模分析。下面介绍混合业务估算的几种方法。目前业界关于混合容量估算有以下几种方法，分别是等效爱尔兰法、Post Erlang-B 法、坎贝尔方法等。本节将以 TD-SCDMA 系统为参照系统，介绍各种方法的应用，使读者能对混合业务的容量估算有所了解。

1. 等效爱尔兰方法

等效爱尔兰方法的基本原理是根据业务所消耗的资源大小，将一种业务等效成另外一种业务，并计算等效后的业务的总话务量，然后计算满足此话务量所需的信道数。

在 TD-SCDMA 网络中，一个信道就是载波、时隙、扩频码的组合，称为一个资源单位（Resource Unit,RU），其中一个时隙内由一个 16 位扩频码划分的信道为最基本的资源单位，即 BRU。各种业务占用的 BRU 个数是不一样的，表 6-12 显示了各种业务使用 BRU 的情况。

表 6-12 TD-SCDMA 业务占用资源

业务类型	承载速率/kbit·s^{-1}	BRU 占用资源
AMR12.2K	12.2	2
CS64	64	8
PS64	64	8
PS128	128	16

由此可见,在一个时隙中,最多可有 8 个语音 AMR12.2K 业务,或者 2 个 CS64K 业务,或者 2 个 PS64K 业务,或者 1 个 PS128K 业务。根据表 6-12 可以估算不同业务占用资源比例。例如,设业务 A 为 AMR12.2K、业务 B 为 CS64K,预测 A 的话务量为 12 Erl,预测 B 的话务量为 6 Erl,根据上表可知:对于业务 A,每个连接占用 2 个 BRU 信道资源;对于业务 B:每个连接占用 8 个 BRU 信道资源。

因此,根据每种业务占用信道资源的比例,可以将 1 Erl 的业务 B 等效为 4 Erl 的业务 A,则网络中总话务量为 6×4＋12＝36 Erl(业务 A),如果要求阻塞率为 2%,则通过查询爱尔兰 B 表,共需要 46 个业务 A 的信道资源,共需要 92 个 BRU 资源。

也可以将 4 Erl 的业务 A 等效为 1 Erl 的业务 B,则网络中总话务量为 12/4＋6＝9 Erl(业务 B),如果要求阻塞率为 2%,通过查询爱尔兰 B 表,共需要 15 个业务 B 的信道资源,共需要 120 个 BRU 资源。

从以上结果可见,等效爱尔兰算法的局限性表现在当选择不同的等效业务时,计算所需信道数目不同。采用业务 A 作为等效业务,结果偏小,估算结果过于乐观,网络运行时业务呼叫阻塞率将高于设计值;采用业务 B 作为等效业务,结果偏大,估算结果过于悲观,网络基站投资规模过大。

2. Post Erlang-B 方法

Post Erlang-B 方法的原理是先分别计算出每种业务满足容量要求需要的信道数,再将信道进行等效相加,得出满足混合业务容量所需要的信道数。

在 TD-SCDMA 网络中,使用扩频因子不同的业务所占用的基本信道 BRU 个数是不一样的。例如,一个扩频因子 SF＝1 的业务,占用 16 个 BRU,SF＝8 的业务,占用 2 个 BRU,在一个载波下,如果上下行时隙比例确定,则所能提供的上下行 BRU 数目是固定的。因此只要确定了总的 BRU 数目,根据单小区在一定时隙配比条件下的上下行 BRU 数目,就可以确定满足容量需求的小区数目。计算过程如下:

① 根据预测,确定规划区域内 CS 业务话务量和 PS 数据业务流量;
② 对 PS 数据业务,根据吞吐量,将其转化为等效爱尔兰数;
③ 确定站型和时隙配比;
④ 计算单小区单业务的信道数目;
⑤ 根据爱尔兰 B 或者爱尔兰 C 公式确定单小区所能支持的爱尔兰数;
⑥ 计算基站需求个数。

流程图如图 6-7 所示。

从以上过程可以看出,Post Erlang-B 方法的计算结果过于悲观,原因在于基站的信道资源实际是在各种业务间共享的,但此方法人为地割离了业务的信道资源,降低了基站信资源的利用率。

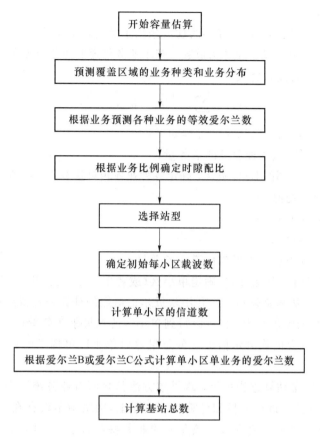

图 6-7 Post Erlang-B 方法流程图

3. 坎贝尔方法

坎贝尔方法是综合考虑所有的业务,构造成一个等效的业务,并据此来计算系统可以提供该等效业务总的话务量,最终得到混合业务的容量计算。该方法最后是利用爱尔兰 B 来计算相应的信道数的,这样网络的规模也可以计算出来。其得出的网络规模和系统仿真得出的网络规模出入较小,目前国内外比较倾向用这种方法来进行 CS 域混合业务的容量估算。

坎贝尔方法中等效的业务被定义为坎贝尔信道,一个坎贝尔信道可以等效为同时为混合业务提供服务。也就是说特定组合的混合业务被看成一个统一业务,该业务可被一个坎贝尔信道所服务。

坎贝尔信道的公式如下:

$$c = \frac{v}{a} = \frac{\sum_i \gamma_i a_i^2 b_i}{\sum_i \gamma_i a_i b_i} = \frac{\sum_i A_i a_i^2}{\sum_i A_i a_i} \tag{6.33}$$

其中,c 表示坎贝尔信道;v 表示混合业务方差;a 是混合业务均值;呼叫到达率;γ_i 表示平均呼叫保持时间;b_i 表示业务的呼叫强度属性,$\gamma_i b_i$ 可以等效为业务 i 的话务量;a_i 为业务 i 相对基本业务信道的业务资源强度,它反映业务对资源的占用情况。在 WCDMA 中,业务资源强度反映的是业务的吞吐量和业务的 E_b/N_o，在 TD-SCDMA 中主要反映的是各种业务对 BRU 的占用情况。

根据坎贝尔信道的定义，基站提供的坎贝尔信道数可以表示为

坎贝尔信道数＝(基站基本业务信道数－基本业务信道的业务资源强度)/坎贝尔信道

坎贝尔业务总量的计算公式为

$$C = \sum_i \gamma_i \times b_i \times a_i / c = \frac{a}{c} \tag{6.34}$$

利用坎贝尔方法进行容量估算的过程如下：

① 确定目标规划区域各种业务的话务量；
② 根据各种业务占用的 BRU 资源，确定各种业务相对基本业务信道的业务资源强度 a_i；
③ 计算混合业务均值 a；
④ 计算混合业务方差 v；
⑤ 计算坎贝尔信道 c；
⑥ 计算规划区域内总的坎贝尔信道业务总量 C；
⑦ 通过载波数、时隙分配方式，确定单小区(或者单基站)可提供的基本业务信道数(一般采用话音业务作为基本业务)，进而利用坎贝尔信道数的计算公式得到单小区可提供的坎贝尔信道数，通过查询爱尔兰 B 表，可以得到单小区的坎贝尔业务量；
⑧ 用规划区域内总的坎贝尔信道业务总量除以单小区可提供的坎贝尔业务量就可以得到所需小区数。

从以上坎贝尔容量估算过程可见，坎贝尔方法是将所有业务统一为 CS 域业务进行等效，并运用爱尔兰 B 公式进行分析和计算。而实际上，网络中不仅存在 CS 域业务，而且还存在着 PS 域业务。PS 域业务和 CS 域业务的业务特点有很大不同，而且对 PS 域业务通常采用爱尔兰 C 公式进行分析，因此利用坎贝尔方法对所有混合业务进行容量估算，存在着固有的局限性。这种局限性表现在没有考虑各种业务阻塞率的差别，而简单认为所有业务的阻塞率都相同，同时虚拟业务与各种业务的等效关系也不够准确。

通常认为，坎贝尔方法对 CS 域混合业务的估算是合适的，而对存在 PS 域业务的数据业务，如果不对坎贝尔方法进行修正，则不完全适用。因此，当进行 TD-SCDMA 网络容量规划时，如果 CS 域业务占较大的比例，则可以按照以上坎贝尔方法进行预测；而对于 PS 域业务占较大的比例，则需要对以上的坎贝尔方法进行修正，以避免估算结果和实际网络需求出现较大的误差。

6.3 用户预测

蜂窝移动业务的话务分布特点是：话务量主要集中在大中城市，在城市的市中心又形成一个较为集中的话务密集区，在这样的区域内，一般还存在局部的更高的话务热点，而郊县的话务量较低。建网时如果不考虑这些因素，均匀布点，不仅会造成低话务密度区设备资源的浪费，还会导致高话务密度区容量的不足，影响网络的投资效益和服务质量。要解决这个问题，必须进行话务密度分布预测。并且根据预测结果进行布站和信道配置。

话务密度预测的方法目前主要有两种，一是线性预测法，二是线性预测与人工调整相结

合的方法。采用线性预测法是利用小区规划软件,借助数字地图,将现有基站统计的忙时话务量实事求是地分配到每个小区中去;将目标年总的话务量输入计算机,小区规划软件就可以根据现有话务分布情况,生成目标年的话务分布图。

6.3.1 增长趋势预测法

增长趋势预测法是根据过去用户的增长趋势,来推测未来用户数的增长规模。例如,根据如表 6-13 的用户年增长率,可以推测我国 2000 年以后移动电话年增长率将在 40% 以下,每年用户数的净增长率也将稳步降低。

表 6-13 我国移动用户发展情况

年 份	1990	1991	1992	1993	1994	1995	1996	1997	1998
用户数/万	1.53	4.75	17.69	63.82	156.8	362.9	684.8	1 364	2 496
年增长率(%)	—	160	272	261	146	132	89	99	83

基于表 6-13 所示的我国移动用户增长比率,可以预测 1998 年后我国移动用户测数据如图 6-14 所示(部分)。

表 6-14 我国移动电话近、中期发展的预测值

年 份	1998	1999	2000	2001	2002	2003	2004	2005
用户数/万	2 254	3 432	5 053	7 016	9 219	11 861	14 582	17 680
增长量/万	931	1 178	1 621	1 963	2 203	2 642	2 721	3 098
年增长率(%)	70.33	52.26	47.23	38.85	31.40	28.66	22.94	21.25

通过与 1998 年(2 496 万)和 1999 年 8 月(3 305 万)用户发展的实际情况对比分析,表 6-14 中的数据略显保守,但其预测结果比较符合《邮电 1998—2002 年滚动计划》中移动电话用户的发展目标,其发展速度比较适中,具有一定的参考价值。

如表 6-15 所示,该地区 1992—1999 年用户增长率不是逐年下降趋势,而是有起有落,没有规律,故该地区 2000 年的增长率取 1995—1999 年的平均增长率 70%,2001 年的增长率取 40%,略高于全国平均水平 38.85%,这与该地区作为中等城市是相称的,2002 年的增长率取为 30%。

表 6-15 某地区移动用户增长情况

地名	1992		1993		1994		1995	
	用户数/万	增长率/(%)	用户数/万	增长率/(%)	用户数/万	增长率/(%)	用户数/万	增长率/(%)
HX	1 085	—	3 033	180	7 367	143	14 539	97
	1996		1997		1998		1999	
	31 180	114	49 761	60	93 922	89	177 659	89

6.3.2 人口普及率法

在取定普及率指标时必须考虑:世界中等发达国家移动电话普及率;全国未来几年内预期达到的指标;运营者在该地区用户普及率情况;该地区经济发展状况;影响购买力的一些

潜在因素。

我国香港特别行政区1998年的移动电话普及率已达26.61%,但仍保持着43.24%的增长,其具体数据如表6-16所示。

表6-16 1992—1998年香港移动用户增长及普及率

年 份	移动用户(户)	增长率(%)	普及率(%)
1992	189 664	—	3.3
1993	233 324	23.02	4.02
1994	290 843	24.65	4.93
1995	484 823	66.7	8.03
1996	798 373	64.67	12.97
1997	1 143 566	43.24	18.58
1998	1 638 010	43.24	26.61

表6-17所示为2002年前相关的统计数值,相比较于香港的移动用户数,我国的普及率仍然非常低,所以我国用户数的增长率应该会更大。

表6-17 全国移动电话的普及率

年 份	1995	1996	1997	1998	1999	2000	2001	2002
用户数(万)	362.9	684.8	1 364	2 496	3 432	5 053	7 016	9 219
普及率(%)	0.302	0.57	1.14	2.08	2.64	3.89	5.40	7.69

根据表6-17的预测,在2003—2004年,我国移动电话普及率会达到每百人10部。而以甘肃省会城市兰州为例,作为西北重要城市,经济发展水平居全国中等发达城市之列,其移动电话普及率在1999年就已达到6%,预计每百人10部手机的普及率将提前3年到来,即2000年兰州移动用户的普及率将达到10%。甘肃在1996—1999年的移动电话普及率分别见表6-18所示。

表6-18 某地区移动电话普及率现状

1996年		1997年		1998年		1999年	
用户数(户)	普及率(%)	用户数(户)	普及率(%)	用户数(户)	普及率(%)	用户数(户)	普及率(%)
31 180	1.13	49 761	1.77	93 922	3.25	177 659	6.12

该地区的普及率从1998年就已达到并超过了全国的平均水平,这与该地区作为省会城市是相称的。1999年该地区的普及率高于全国平均水平近3倍,按此比例,2000—2002年兰州移动用户普及率将分别达到10%、15%、20%左右。

上海、北京移动用户的普及率在1999年就已超过了15%,该地区作为中等发达城市,其普及率滞后北京两年即2001年达到15%,也不是不可能的事情。所以该地区未来三年移动用户的普及率取为10%、15%、20%。

6.3.3 成长曲线法

在研究预测方法的过程中,通过对大量事实的研究发现,技术装备功能特性的发展和市场需求的发展等有一定的相似性。例如，市内电话的发展，当普及率达到一定数值以上时，则逐渐趋于饱和，而不会单纯地按指数或线性趋势上升。这种饱和曲线常用的方程有龚珀资(Gompertz)曲线方程和逻辑(Logistic)曲线方程。本次预测中采用龚珀资曲线方程。

龚珀资曲线方程的数学表达式为

$$y_t = Le^{-be^{-kt}} \tag{6.35}$$

龚珀资曲线形状如图6-8所示。

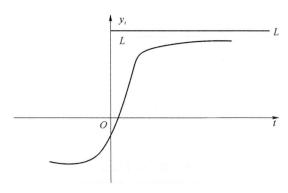

图 6-8　龚珀资曲线

龚珀资曲线的参数可按下面的步骤确定：首先，确定饱和峰值 L，然后将方程两边取对数，于是方程为 $\ln\ln(L/y_t) = \ln b - kt$；令 $A = \ln b$，$y'_t = \ln\ln(L/y_t)$，则方程式变换为线性关系式 $y'_t = A + Bt$，采用最小二乘法求解线性方程的系数 A 和 B。

(1) 确定饱和峰值 L

移动电话具有方便的移动性。人口流动性与年龄有关。15～64岁年龄段的人口流动可能性较大，使用移动电话的可能性最高，而 0～14 岁和 65 岁以上的人口活动范围相对固定，固定电话可以基本满足其通信需求。所以在进行用户预测时主要考虑这个年龄段的人员使用情况。从我国人口年龄结构变化趋势（表6-19）中可以看出，2000年15～64岁年龄段人口的比例为67.7%，可以认为这一比例为移动电话普及率的饱和值 L。

表 6-19　1995—2010 年我国人口年龄结构变化趋势

年份	总人口		0～14 岁		15～64 岁		65 岁以上	
	人口比例	人口/万人	人口比例	人口/万人	人口比例	人口/万人	人口比例	人口/万人
1995	100	121 121	26.7	32 303	66.6	80 727	6.7	8 091
1996	100	122 248	26.4	32 273	66.8	81 662	6.8	8 313
1997	100	123 385	26.1	32 203	67	82 668	6.9	8 514
1998	100	124 532	25.8	32 129	67.2	83 686	7	8 717
2000	100	126 859	25.3	32 105	67.7	85 841	7	8 913
2005	100	131 438	22.9	30 099	69.5	91 350	7.6	9 989
2010	100	136 183	20.7	28 248	71.1	96 799	8.2	11 136

(2) 计算 A、B 值(以某城市 GL 为例),如表 6-20 所示

表 6-20　各年 GL 城市 A、B 值

年份	序号 t	用户数 y_t	$y'_t=\ln\ln(L/y_t)$	$y'_u=t\times y'_t$	t^2
1996	1	31 180	1.422 966	1.422 966 042	1
1997	2	49 761	1.303 444	2.606 887 64	4
1998	3	93 922	1.114 066	3.342 198 523	9
1999	4	177 659	0.879 344	3.517 377 014	16
合计	10	352 522	4.719 820	10.889 429 22	30

用最小二乘法可以求得 A、B 的值,并建立数学模型。

$$n=4$$

$$\bar{t}=\frac{10}{4}=2.5 \tag{6.36}$$

$$y_t=1\,976\,705\ e^{-5.129\,540}\ e^{-0.182\,024\,t}$$

$$k=-B=0.182\,024$$

$$b=e^A=5.129\,54 \quad A=\bar{y'_t}-B\times\bar{t}=1.635\,02$$

$$B=\frac{\sum ty'_t-n\bar{t}\bar{y'_t}}{\sum t^2-n\bar{t}^2}=-0.182\,024 \quad \bar{y'_t}=\frac{4.719\,82}{4} \tag{6.37}$$

预测 2000 年 GL 的用户数,将 $t=5$ 代入上述公式,可求得 $y_{2000}=250\,804$;将 $t=6$ 代入公式,求得 $y_{2001}=353\,629$;将 $t=7$ 代入公式,求得 $y_{2002}=470\,899$;如表 6-21 所示。

表 6-21　用成长曲线法对 GL 地区 2000—2002 年移动用户预测

序号	地名	用户数		
		2000 年	2001 年	2002 年
1	GL	250 804	353 629	470 899

任何一种电信业务都包含启用、成长、饱和衰退四个阶段,具有这种特性的业务,可以采用成长曲线法进行预测,这种方法比较适合中期预测。

6.3.4　二次曲线法

许多工程问题常常需要根据两个变量的几组实验数据,来找出这两个变量的函数关系的近似表达式。通常把通过这种方法得到的函数近似表达式称为经验公式。经验公式建立以后,就可以把生产或实验中所积累的某些经验,提高到理论上加以分析。在进行移动用户预测时,可以根据前几年的用户发展情况,建立一个经验公式,以此公式来预测后几年的用户发展情况。

对于某城市移动用户的增长情况,可以设一经验公式

$$y=ax^2+bx+c \tag{6.38}$$

其中,x 为年数,y 为移动通信网用户量。

将前几年移动用户数代入，根据最小二乘法，即偏差的平方和最小来选择常量 a、b、c。

$$\sigma^2 = \sum_{i=1}^{N} [y - (ax^2 + bx + c)]^2 \tag{6.39}$$

求 a、b、c 的计算过程如下：

$$\partial \sigma^2 / \partial a = \sum_{i=1}^{N} [y_i - (ax_i^2 + bx_i + c)] x_i^2 = 0$$

$$\partial \sigma^2 / \partial b = \sum_{i=1}^{N} [y_i - (ax_i^2 + bx_i + c)] x_i = 0$$

$$\partial \sigma^2 / \partial c = \sum_{i=1}^{N} [y_i - (ax_i^2 + bx_i + c)] = 0 \tag{6.40}$$

将城市 GL1996—1999 年移动用户数据代入，求得 a、b、c 的值，就可以预测出该城市未来三年的移动用户数，如表 6-22 所示。

表 6-22　用二次曲线法对城市 GL 进行 2000—2002 年移动用户数量预测

地名	用户数		
	2000 年	2001 年	2002 年
GL	287 371	430 790	606 184

6.4　单小区容量估算

容量估算用于计算出上行（反向）或下行（前向）传输的理论容量上限。用户可以根据此值估计出小区可以支持的用户数，从而大致确定整个覆盖范围所需的小区数。

话音业务的容量估算考虑了典型的非理想功率控制、话音激活、其他小区对本小区的干扰因素。容量估算中用到的前反向 E_b/N_0 来自链路仿真的结果，同时估算并不考虑软切换等其他实际的因素。

6.4.1　WCDMA 小区容量

WCDMA 系统是一个自扰系统，系统容量与处理增益及信噪比有关，每扇区的容量（通道数或信道数—同时进行通信的用户数）为

$$K = 1 + \left(\frac{G}{E_b/N_0}\right)\frac{1}{\alpha} \tag{6.41}$$

其中，G 是处理增益，是码片速率与信源速率之比，包括了卷积编码增益和扩频增益；E_b/N_0 是信噪比，$0 \leqslant \alpha \leqslant 1$ 是话音激活因子，一般取 0.67。

$$\frac{E_b}{N_0} = \frac{G}{(K-1)\alpha + \dfrac{W \cdot N_0}{R \cdot E_b}} \tag{6.42}$$

若话音速率为 8 kbit/s，处理增益是 480 倍（26.8 dB），信噪比是 6 dB，对应误码率是 $P_b = 10^{-3}$，话音质量达到较高要求。话音激活因子是 0.67，则容量估算结果是约 180 个用

户。三个扇区的容量应该是单扇区容量的 3 倍,但考虑到天线的副波瓣影响及扇区间的非理想隔离,容量不到理想的 3 倍,一般认为是 2.55 倍,即一个小区的容量为 $2.55 \times 180 = 460$ 个。考虑周围小区的影响,容量下降到 60%,也即 WCDMA 系统中,在周围小区满的情况下,每个小区可以允许 $460 \times 0.6 = 275$ 个用户同时通话。公式(6.41)考虑了话音激活因子 0.67、周围小区满的系数 0.6、三个扇区系数 2.55 的因素,故有:

$$K = 2.28\left(\frac{G}{E_b/N_0} + 1\right) \tag{6.43}$$

当每个用户忙时话务量在 0.01~0.025 Erl 之间,一般取 0.025 Erl。在信道数等于 275 时,考虑到切换的 30% 预留信道,另外,在动态分配信道时,考虑到无线通信的每次接续呼叫中,信令传输时间不占用信道,信令交互时间比有线通信的长,总的来说信道利用率可达 70% 左右,那么实际中计算话务量时只能认为信道数在 $275 \times 0.5 = 137$ 左右。呼损率为 5% 时,对应的流入话务量 $A = 132.2$ Erl。每个用户忙时话务量取 0.025 Erl,则在周围小区满的情况下,每一个小区(含 3 个扇区)能容纳 $132.2/0.025 = 5\,288$ 个用户,也就是说系统中有 Y 个小区时,可放 $Y \times 5\,288$ 个用户号。以上是一个载频的结果,若多个载频,通信带宽是 5 MHz 的整数倍,那么系统容量更大,用户数也基本会增长同样的倍数。

以上所有指标不变,话音的信源编码速率从 8 kbit/s 提高到 12.2 kbit/s,那么在同样的信噪比要求时,话音的质量更高了,另一方面扩频增益减小了,但有效的信道数变少了,从 137 降到 91,流入的话务量从 132.3 Erl 降到 86.0 Erl,这样每个小区容纳的用户数从 5 288 降到 3 440。从此可看到,WCDMA 系统的容量与信噪比及话音的源速率有关。$3440/5288 = 0.650$,而 $8/12.2 = 0.656$,两个比率接近,两者的比率有一定的关系(不一定是线性的)。

6.4.2 3G 和 2G 系统的小区容量对比

与 3G 系统的小区容量相比,第二代窄带 CDMA 系统的容量要小得多,一个小区才 90 个左右,是 WCDMA 系统的 1/3 左右,与码片速率的比率基本相等(3.125 倍)。

在 CDMA 系统中,由于上行没有供相干检测(解调)的导频信号,只能采用非相干解调方法,这样所需的信噪比较大,大约要大 2 dB;而下行链路有公共导频信道供相干检测和信道估计用,所需的信噪比比上行链路的小,因而下行链路的容量比上行的大。假设系统业务是对称的(话音业务),即上下链路的业务速率是相同的,因此在考虑系统容量时只考虑容量较小的、受限的方向,也即考虑上行链路容量就可以了。在考虑容量问题时一个很重要的前提是相对于一定的信噪比来说的,所需的信噪比越低,系统的容量就越大。例如,所需的信噪比小 2 dB,那么 $\Delta C = 10^{\frac{2}{10}} = 1.58$,即容量高了 58%。在相同调制解调技术情况下,所需的信噪比的差值来自两种情况。一是业务种类不同,所要求的信噪比不同,如话音要求误码率的数量级为 10^{-3},数据误码率的数量级为 10^{-4}。误码率要求越低,所需的信噪比越高。二是在同样的误码率要求下,高速数据所需的信噪比要低一些。这是因为数据速率越高,业务信道所发射的功率就越大,相应地,用于信道估计和相干检测的导频信道的功率也大,使得信道估计的精确度提高,相干检测效果更好,这两项好处等于获得了增益。例如,12.2 kbit/s 话音需 4~6 dB 的信噪比、64 kbit/s 实时数据仅需 3 dB、144 kbit/s 需 2 dB、384 kbit/s 需 1.5 dB、2 048 kbit/s 需 1.0 dB。非实时数据（除了用前向纠错编码 FEC 外还可用自动反馈重传 ARQ）还可以降低信噪比要求。

话音编码速率为 8 kbit/s，话音激活因子为 3/8，周围小区满，信噪比取 7 dB（对应误码率为 $1/10^{-3}$，因为是非相干解调，相干解调时取 4～5 dB），以 99% 的概率满足误码率 $P_d = 10^{-3}$ 要求时每个扇区可以容纳 36 个用户。一个小区分三个小区，考虑到小区之间的隔离不是十分理想，方向天线有旁瓣，那么一个小区的容量就达不到扇区容量的 3 倍。这样一个小区可容纳 2.55×36＝92 个用户。从码片速率上，WCDMA 与 CDMA 有 3 840/1 228.8＝3.125 倍的关系。从上可见，在 8 kbit/s 的信源编码速率条件下，WCDMA 系统一个小区的用户数大约为 275 个（没有考虑 WCDMA 系统上行也可以采用相干检测的好处），有 2 dB 的增益。从信道数 275/92＝3 倍的关系来看，实际的信道数比值与码片速率的比值很接近，这也说明了计算结果是可信的。

根据 WCDMA 系统中码树的结构，用于划分信道的正交码最多有 253 个 SF＝256 的低速码用于传输业务数据，可以同时为 253 个低速用户（如话音业务用户）服务。实际上，每个扇区的容量仅能同时容纳 100 个左右 8 kbit/s 的话音用户；另外，因为每个扇区的扰码不同，每个扇区的码树可以一样。总之，在合理利用码资源的情况下，信道码是够用的。

所需的信噪比取决于比特速率的原因是高速专用物理控制信道（DPCCH）含有用于信道估计和功控信令比特的参考符号（3～8 bit 的导频信号，用于相关检测的信道估计），信噪比取决于信道及 SIR 估计算法的精度，而这些估计又取决于 DPCCH 中的参考符号。分配给 DPCCH 的功率越大，信道估计就越精确，所需的信噪比值就越小。DPCCH 的功率比 DPDCH 的小，随着比特速率的提高，业务信道 DPDCH 的功率提高，DPCCH 的功率值也随着提高，即分配给 DPCCH 的功率增大了，信道估计就更精确了，因而所需的信噪比就随着比特速率的提高而降低。

6.4.3 TD-SCDMA 系统容量估算示例

下面通过举例介绍如何利用 Post Erlang-B 方法进行容量估算。设某 TD-SCDMA 网络支持如表 6-23 所示业务。

表 6-23 各业务 BRU 占用

业务类型	承载速率/kbit·s^{-1}	BRU 占用资源
AMR12.2K	12.2	2
CS64	64	8
PS64/64	64	8
PS64/128	64/128	8/16

根据目标区域的业务模型得到该区域的语音业务 AMR12.2K 的话务量为 400 Erl，可视电话 CS64K 的话务量为 3.63 Erl，PS64/64 的吞吐量为 986.67 kbit/s，PS64/128 的吞吐量为 412.18 kbit/s，根据数据业务等效爱尔兰＝预测业务吞吐量/业务承载速率可以得到 PS 数据业务的爱尔兰数。

设该区域所有小区上下时隙比例配置为 3∶3,采用单载波,则根据一个小区能够提供 24 个语音信道、6 个 CS64K 信道、6 个 PS64/64 信道和 3 个 PS64/128 信道。对于 CS 域业务,设定阻塞率为 2%,通过查询爱尔兰 B 表,可以确定单小区能够提供 AMR12.2K 和 CS64K 的等效话务量。对于 PS 域业务,设定阻塞率为 10%,通过查询爱尔兰 C 表,可以确定单小区能够提供的 PS64/64 和 PS64/128 的等效话务量。结果如表 6-24 所示。

表 6-24 各业务等效爱尔兰

业务类型	预测话务量或者流量	等效爱尔兰	每小区提供的等效爱尔兰
AMR12.2K	400 Erl	400	16.6
CS64	3.63 Erl	3.63	2.28
PS64/64	986.67 kbit/s	15.42	3.01
PS64/128	412.18 kbit/s	6.44/3.22	3.01/1.04

根据表 6-25,可以得到分别需要的上下行小区数目为

$$\begin{cases} 400/16.6+3.63/2.28+15.42/3.01+6.44/3.22=33 & 上行 \\ 400/16.6+3.63/2.28+15.42/3.01+3.22/1.04=34 & 下行 \end{cases}$$

综合上下行的估算结果,为满足网络容量需求,取上下行较大的数目,即单载波 3∶3 时隙配置,需要 34 个小区。

习 题

1. cdma 2000 系统单小区的前向容量与反向容量有何区别?

2. 对于混和业务为何采用吞吐量进行描述?

3. 试描述容量规划的思路。

4. 根据表 6-9 计算 FTP 业务忙时会话数是多少?忙时每数据用户的吞吐量是多少?

5. 根据表 6-11 计算电子商务业务忙时分组呼叫数是多少?该业务会话激活时间是多少?平均每个低端数据用户的业务量是多少?

6. 已知系统中需要支持的话音用户总数 $N_{voice}=3\times 10^5$,需要支持的高端数据用户总数 $N_{data}=2\times 10^4$,如果数据用户的忙时附着概率为 $P_{attach}=35\%$,系统的呼损率为 0.2%,则分别求出相应的话音和数据用户的信道数量。

7. 某系统有 10 个信道,现在可以容纳 300 个用户,每个用户忙时话务量为 0.03 Erl,问此时的呼损率为多少?如果用户数和话务量不变,要使呼损率降低为 5%,这时需要增加多少信道数?

8. WCDMA 室内分布系统中,对于 12.2 kbit/s 的语音业务,如接收机需要的 E_c/I_o 为 −20 dB,则该业务对 E_b/N_0 的要求为多少?

9. 一个 CDMA 系统的有效频带宽度为 1.228 8 MHz,话音编码速率为 9.6 Kbit/s,比特能量与噪声密度比为 6 dB,则单小区的极限容量是多少?

10. 试绘出单位无线区群的小区个数 $N=4$ 时,三个单位区群彼此邻接时的结构图形。

假定小区的半径为 R，邻接无线区群同频小区的中心间距如何确定？

11. 设某蜂窝移动通信系统的小区半径是 5 km，同信道之间的小区间隔距离要求大于 25 km，问该系统的小区频率复用因子至少需多大？试画出最小频率复用因子时小区簇的组成。

12. 某基站共有 10 个信道，现容纳 300 户，每用户忙时话务量为 0.03 Erl，问此时的呼损率是多少？如用户数及忙时话务量不变，使呼损率降为 5%，求所需增加的信道数。

13. N-CDMA 系统的有效频带宽度为 1.228 8 MHz，话音编码速率为 9.6 kbit/s，比特能量与噪声密度比为 6 dB，计算系统容量。

14. 假设系统采用 FDMA 多址方式，采用 FDD 模式，信道带宽为 25 kHz，问同时支持 100 个激活用户通信，需要多大的系统带宽？如果采用 TDMA 方式，一帧的时隙数为 10，信道带宽为 200 kHz，其他配置和 FDD 一样，这时又需要多大的系统带宽？

第 7 章 小区覆盖规划和链路预算

链路预算是无线网络规划中必不可少的一步,通过它能够指导规划区内小区半径的设置、所需基站的数目和站址的分布。具体而言,链路预算要做的工作就是在保证通话质量的前提下,确定基站和移动台之间的无线链路所能允许的最大路径损耗。通话质量是一个主观量,反映到客观上,表现为一定的误帧率和中断率,通常对话音要求低于 1% 的误帧率和 2% 的中断概率。

链路预算是一种为不同业务提供小区范围评估的有效方法。链路预算的结果实际上是最大各向同性路径损耗。使用适当的路径传播模型可以计算出小区范围。链路预算中很小的变化会导致初规划结果的大不相同。对于不同业务和比特率,最大路径损耗不相同。

一个小区的有效尺寸是指上行链路和下行链路都能够可靠工作的最大距离。由于链路距离正比于传播损耗,最大路径损耗也就意味着最大链路距离,从而可以确定出小区的有效尺寸。许多经典的传播模型描述了传播损耗与距离的关系,如 HATA 模型、Lee 模型、Walfish-Ikegami 模型等。假设小区是正六边形的,基站位于正六边形中间,小区的最大传播距离设为 R,则对于三扇区结构的小区设置,每个扇区的覆盖面积为 $\frac{\sqrt{3}R^2}{2}$,对于全向小区的配置,每个小区的覆盖面积为 $\frac{3\sqrt{3}R^2}{2}$。用规划区的总面积除以每个小区的覆盖面积就可以得到规划区所需的基站数目。

下行链路是指基站发、移动台收这样一个通信链路。CDMA 的下行链路采用正交的 Walsh 码进行扩频,基站与基站之间一般通过 GPS 同步,对干扰具有较强的抑制作用。上行链路是指移动台发、基站收的通信链路。在无线通信系统中,上行链路严格同步很困难,不具有下行链路的一些优点。同时,由于受到体积、重量和电池容量的制约,手机的发射功率不可能做得很大。因此,小区的大小常常由上行链路受限大小所决定。

本章主要介绍容量估算的原理和方法,根据上下行链路不同,给出详细的上行链路和下行链路的链路预算方法和相关实例。

7.1 小区覆盖设计

蜂窝小区设计要考虑三个设计参数:覆盖场强、覆盖半径、边缘通话概率。这些参数又与下面各类参数有关:系统冗余量、快衰落及人为噪声引起的性能恶化的冗余、各类损耗、路损、基站天线输入功率、天线参数、分集增益、塔放、移动台射频性能、上下行链路平衡的计算等。下面具体介绍蜂窝小区设计中各类参数的设计。

7.1.1 通信概率的设定

通信概率是指移动台在无线覆盖区边缘(或区内)进行满意通话(指话音质量达到规定指标)的成功概率,包括位置概率和时间概率。

我国一般采用覆盖区边缘的无线通话率指标。一般来说(按移动台算),郊区的无线率指标为 75%,城市为 90%。近来,运营商为了提高竞争力和服务质量,这一指标提升至郊区为 80%,城市为 95%。

蜂窝移动通信系统的接收信号中值电平随时间的变化远小于随位置的变化,也就是说,由于时间的变化给通信概率带来的影响很小以至于可以忽略。而接收信号的中值电平在不同位置时的变化服从正态分布,通常所说的通信概率是位置概率的概念。

7.1.2 系统冗余量的设定

系统冗余量是由覆盖区边缘(或区内)的无线可通率指标带来的。系统冗余量的计算如下:

$$M_L = m_d - P_{\min} = K(L)\sigma_L \tag{7.1}$$

其中,L 为百分之覆盖区边缘的无线通话率;$K(L)$ 为与无线通话率有关的系统余量系数。$K(L)$ 值的计算公式为

$$K(L) = \sqrt{2}\,\mathrm{erf}^{-1}(0.02L-1) \tag{7.2}$$

其中,$\mathrm{erf}^{-1}(x)$ 为误差函数的反函数;如求覆盖区边缘的无线可通率为 75% 及 90% 的系统余量,$K(L)$ 值分别为

$$K(L) = \sqrt{2}\,\mathrm{erf}^{-1}(0.02\times75-1) = \sqrt{2}\,\mathrm{erf}^{-1}(0.5) = 0.675 \tag{7.3}$$

$$K(L) = \sqrt{2}\,\mathrm{erf}^{-1}(0.02\times90-1) = \sqrt{2}\,\mathrm{erf}^{-1}(0.8) = 1.28 \tag{7.4}$$

于是,系统冗余量分别为

$$M_L = 0.675\sigma_L \tag{7.5}$$

$$M_L = 1.28\sigma_L \tag{7.6}$$

CCIR 第 567-4 号报告中列出的接收信号中值场强随位置及时间变化的标准偏差 σ_L 和 σ_t 的变化情况如表 7-1、表 7-2 所示。这些数据是假定场强随时间和位置的分布为对数正态分布的情况下取得的。合成的标准偏差 $\sigma_T = \sqrt{\sigma_L^2 + \sigma_t^2}$。

表 7-1 标准偏差值 σ_L

频率/MHz	σ_L 值/dB				
	准平坦地形		不规则地形,$\Delta h/\mathrm{m}$		
	城市区	郊区	50	150	300
900	6.5	8	10	15	18

表 7-2 标准偏差值 σ_t

	σ_t/dB
	$D/\mathrm{km}=50\ \mathrm{km}$
陆地	2
海面	9
水、陆混合路径	3

σ_L 值也可按下式计算：

$$\sigma_L = 4.92 + 0.02(\lg f)^{4.08} \quad \text{市区及林区（Okumura 实验曲线的拟合结果）} \quad (7.7)$$

$$\sigma_L = \begin{cases} 6 + 0.69(\Delta h/\lambda)^{0.5} - 0.0063(\Delta h/\lambda) & \Delta h/\lambda \leqslant 3000 \\ 25 & \Delta h/\lambda > 3000 \end{cases} \quad \text{其他地区（CCIR567 号报告）} \quad (7.8)$$

7.1.3 恶化量冗余设定

恶化量指存在多径传播效应及人为噪声（主要是汽车火花干扰）的情况下，为了达到只有接收机内部噪声时同样的话音质量所必需的接收电平的增加量。

由于多径传播造成的快衰落，将使信号瞬时电平在中值电平上下 10～20 dB 范围内，甚至更大。但这并不等于它引起的恶化量。多径传播只对运动着的移动台引起信号的快衰落，这种快衰落的信号听起来好像是声音颤动。对于静止着的移动台或缓慢移动的手持机而言，多径传播的效应是在覆盖区内造成一些信号很低的小洞，这时，在低功率的手持机中，话音听起来很嘈杂。所以，多径传播效应对于进行中的移动台和对于停着的移动台及手持机所造成的恶化量是不同的，但都会引起噪声增加，故将其与人为噪声影响一并考虑。

对于一般的蜂窝移动通信网，只需考虑 3 级话音质量，移动台的恶化量冗余为 5 dB，基站接收端的恶化量冗余为 12 dB（车辆在行驶中）和 0 dB（车辆在停驻中或移动台缓慢移动）。

对于 VHF 频段，移动台接收时引起话音质量恶化的主要因素是人为噪声，而在 UHF 频段的恶化量则主要由快衰落引起。在基站接收时，由于接收天线远离人为噪声源，快衰落引起的恶化量比人为噪声引起的恶化量要大得多。一般恶化量冗余为 8～10 dB，对于噪声受限的覆盖区，恶化量和系统冗余量是必须要考虑的。对于干扰受限的覆盖区，场强覆盖一般没有问题，可根据实际情况酌情处理。

7.1.4 各类损耗的确定

1. 建筑物的穿透损耗

建筑物的穿透损耗是指电波通过建筑物的外层结构时所受到的衰减，它等于建筑物外与建筑物内的场强中值之差。建筑物的穿透损耗与建筑物的结构、门窗的种类和大小、楼层有很大关系。穿透损耗随楼层高度的变化，一般为 −2 dB/层。因此，一般都考虑一层（底层）的贯穿损耗。

下面是一组针对 900 MHz 频段，综合国外测试结果的数据。

- 中等城市市区一般钢筋混凝土框架建筑物，穿透损耗中值为 10 dB，标准偏差 7.3 dB；郊区同类建筑物，穿透损耗中值为 5.8 dB，标准偏差 8.7 dB。
- 大城市市区一般钢筋混凝土框架建筑物，穿透损耗中值为 18 dB，标准偏差 7.7 dB；郊区同类建筑物，穿透损耗中值为 13.1 dB，标准偏差 9.5 dB。
- 大城市市区一金属壳体结构或特殊金属框架结构的建筑物，穿透损耗中值为 27 dB。
- 由于我国的城市环境与国外有很大的不同，一般比国外同类地区的建筑物穿透损耗高 8～10 dB。

例如,虽然 1 800 MHz 的电波波长比 900 MHz 短,穿透能力更大,但绕射损耗更大。因此,实际上,1 800 MHz 频率的电波通过建筑物的穿透损耗比 900 MHz 的要大。GSM 规范 3.30 中提到,城市环境中的建筑物的穿透损耗一般为 15 dB,农村为 10 dB。一般取比同类地区 900 MHz 的贯穿损耗大 5～10 dB。

2. 人体损耗

对于手持机,当位于使用者的腰部和肩部时,接收的信号场强比天线离开人体几个波长时将分别降低 4～7 dB 和 1～2 dB。一般人体损耗设为 3 dB。

3. 车内损耗

金属结构的汽车带来的车内损耗不能忽视。尤其在经济发达的城市,人的一部分时间是在汽车中度过的。一般车内损耗为 8～10 dB。

7.1.5 天线性能参数的选定

一般来说,天线的发射方向(垂直方向的或者是水平方向的)越集中,那么获得的天线增益也就越高。对于一个全向性天线,在所有方向上的增益都是相同的。定向性天线则在主发射方向的增益最大。以下是天线的部分技术参数。

- 前后比:对于定向天线,有明显的最大增益方向,其最大主向增益与反方向增益之比,可以表示出天线的定向性情况。
- 极化:天线对发射波束的极化方式。
- 波束宽度:一般指天线发射的主方向与发射功率下降 3 dB 点的一个夹角,并把这个区域称为天线的波瓣,如图 7-1 所示。波束宽度又可以用水平 3 dB 宽度和垂直 3 dB 宽度来表示。在天线说明书方向图上可以明确地查到。

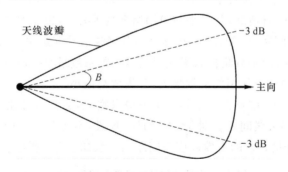

图 7-1 波束宽度示意图

工程技术人员会根据组网的要求建立不同类型的基站,而不同类型的基站需要选择不同类型的天线。天线的选择依据就是上述技术参数。例如,全向站采用了各个水平方向增益基本相同的全向型天线,定向站采用了水平方向增益有明显变化的定向型天线。一般在市区选择水平波束宽度 B 为 60°的天线,在郊区选择水平波束宽度 B 为 90°的天线,而在乡村选择能够实现大范围覆盖的全向天线则是最为经济的。

1. 天线高度与倾角

(1) 天线有效高度

为了获得一个地区预计的场强,需要定义基站天线的有效高度。根据 Okumura 的定义,天线高度 h_{ts} 为天线距海平面的高度,地形的平均高度 h_{ga} 一般为 3~15 000 m,通常可用天线的海拔高度减去地形的平均海拔高度得到实际天线有效高度: $h_{te}=h_{ts}-h_{ga}$。

(2) 天线倾角

当天线以垂直方向安装以后,它的发射方向是水平的,由于要考虑到同频干扰、时间色散等问题,小区制蜂窝网络的天线一般有一个下倾角度。天线的下倾的方式可以分为机械下倾和电子下倾两种。天线的机械下倾角度过大时会导致天线方向图严重变形,给网络的覆盖和干扰带来许多不确定因数,因此不主张天线下倾角超过 25°。

2. 天线分集技术的应用

一般来说,天线分集常采用空间分集或极化分集。空间分集是指两副接收天线架设的间距相隔一定的距离,从而使接收到的信号相关性小,提高接收质量。极化分集是指把两副接收天线的极化角度互成 90°,这样就可以获得较好的分集增益,并且可以把这种分集天线集成于一副天线内实现,这样对于一个扇区只需一副 TX 天线和一副 RX 天线即可,若采用双工器,则只需一副收发合一的天线,但对天线要求较高。

采用分集技术,可以抑制衰落的影响。分集增益与通信概率(覆盖区边缘无线通话率)有关,概率越大,分集增益越大,一般为 3~5 dB。

经验表明,对室内用户来说,空间分集和极化分集的效果大致相近,而对于室外用户,空间分集效果要优于极化分集。在 GSM 组网中普遍采用空间分集接收来减小深衰落的影响和改善检波后的信噪比。另外,对于移动台在功率上与基站的差额,分集技术是一种有效的补偿措施。

空间分集的具体实施就是在同一基站或小区,采用两副水平间隔为数十个波长的天线接收同一信号,通过分集组合技术选出最强信号或组合成衰落较小的信号。可以用分集增益来表示空间分集的改善情况,其大小与采用组合技术有关,但主要改善取决于分集天线的有效高度 (h_{te}) 与水平间距 (d) 的比值 ($h_{te}/d=\eta$) 及接收信号到达角(来波角)α。当接收正面来的信号(即 $\alpha=0°$)时,两副分集接收天线上信号相关系数最小,分集增益最大;当接收侧面来的信号(即 $\alpha=90°$)时,则其相关系数最大,分集增益最小。

为了获得较好的分集增益并在工程实施中得以实现,通常取分集接收天线上的信号相关系数 $\rho \leqslant 0.7$ 来决定天线间距。对于 900 MHz 频段,不妨取一个折中的来波角进行计算($\alpha=45°$),则得到其分集天线的有效高度与间距的关系如表 7-3 所示。

表 7-3 分集天线有效高度与间距的关系

分集天线有效高度 h_{te}/m	30	50	60	70	80	90	100
分集天线间距/m	3.4	5.6	6.7	7.8	8.9	10	11.1

可以看出,天线越高要求分集间距越大,但当间距超过 6 m 时,在铁塔上安装就很困难了。一般来讲基站天线高度为 30~60 m,天线间距为 4~6 m 为宜。但当天线安装在屋顶时,应尽量拉开天线间距,使 $d=0.11h_{te}$。

另外,无线分集技术的应用需要注意以下几点。

(1) 在乡村基站的分集接收

由于乡村基站的用户密度较低、建筑物稀疏,以追求覆盖距离为建设目标,故大多采用全向天线。并且因为采用同样分集的天线间距下相关系数比城市条件下大等原因,建议这些基站不采用分集接收而用塔顶低噪声放大器来扩大对移动台的覆盖范围。

(2) 分集天线的排列

分集天线的排列要按照水平间隔排列,不要按垂直间隔排列。因为在同样间距条件下,垂直排列比水平排列的相关系数要大得多。如果为了同样的相关系数,垂直间距将很大,安装困难,并且分集性能也可能变坏。

(3) 分集天线有效高度要小于 30 m 时的天线间距

分集天线间距一定要要保证大于或等于 3 m。这是因为虽然按照 $0.1h_{te}$,可以得到小于 3 m 的间距,但为了使两副天线的相互影响造成的方向图畸变保持在 2 dB 以内,分集天线间距应取大于或等于 3 m。

7.2 上行链路预算

由于受手机发射功率的限制,无线通信系统的覆盖首先由上行链路决定。因此,上行链路预算通常决定了小区的大小,进而决定了整个规划区在覆盖受限情况下的基站数。上行链路预算模型如图 7-2 所示,它允许的最大路径损耗为

$$
\begin{aligned}
L_p =& 移动台业务信道有效全向辐射功率-人体损耗-建筑物穿透损耗-\\
& 衰落余量+软切换增益+\\
& 基站接收天线增益-基站馈线损耗-\\
& 基站接收机灵敏度
\end{aligned}
\tag{7.9}
$$

再通过合适的传播模型,将最大路径损耗映射为传播距离,就可以得到小区的覆盖半径。

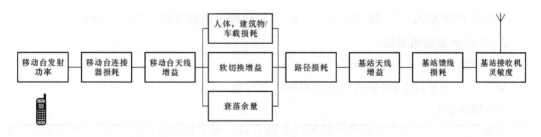

图 7-2 上行链路预算模型

7.2.1 上行链路预算参数

用于上行链路预算的参数大致可分为系统参数、移动台发射机参数、基站接收机参数、余量预留。系统参数是指网络运行相关的一些参数,如载频、扩频增益等;基站接收机参数是指接收上行链路信号时接收机的性能、相关的增益和损耗等;移动台发射机参数包括手机的射频参数,如发射功率、天馈部件的参数等以及相关的增益和损耗等;余量预留是为了保证系统稳定运行而需要预留的各种余量,包括阴影衰落、干扰余量、软切换增益和穿透损耗等参数。

1. 系统参数

(1) 载波频率

载波频率影响传播损耗,不同的频率,其传播损耗不同。

(2) 扩频带宽

CDMA 扩频后的带宽,也是接收机噪声的带宽。IS-95 与 cdma 2000 1x 的扩频带宽都是 1.228 8 MHz,WCDMA 是于 84 MHz,TD-SCDMA 是 1.28 MHz。

(3) 数据速率

无线信道的数据速率在 IS-95 标准中,语音业务的全速率为 9.6 kbit/s,对应的半速率是 4.8 kbit/s,1/4 速率是 2.4 kbit/s,1/8 速率是 1.2 kbit/s,由语音的激活情况决定。cdma 2000 1x RC3 中定义的数据速率还有 19.2 kbit/s、38.4 kbit/s、76.8 kbit/s、153.6 kbit/s 等。

(4) 处理增益

处理增益也叫扩频增益,在数值上等于扩频带宽与数据速率的比值。它表示经过解调后,用户信噪比可增加的倍数。对于 IS-95 的语音业务,扩频带宽是 1.228 8 MHz,业务信道数据速率是 9.6 kbit/s,处理增益为 21.07 dB。

(5) 背景噪声

背景噪声也叫热噪声,是由电子的热运动产生的噪声。热噪声的公式如下:

$$N_{\text{th}} = \frac{hfB}{e^{\frac{hf}{kT}} - 1} \qquad (7.10)$$

其中,$h = 6.546 \times 10^{-34}$ J·s 为普朗克常量,$k = 1.38 \times 10^{-23}$ J/K 为玻耳兹曼常量,T 是绝对温度,单位是开尔文[K],f 是中心频率,B 是系统带宽。当 $hf \ll kT$(这在微波频段是成立的)时,由泰勒级数展开,得

$$N_{\text{th}} = kTB \qquad (7.11)$$

热噪声谱密度为 kT。设室温为 300 K,计算热噪声谱密度得 −174 dBm/Hz。

2. 移动台发射机参数

(1) 业务信道最大发射功率

对于一个业务信道,发射机所能发射的功率的最大值。

(2) 接头损耗

发射机至天线沿途各种器件对信号产生的衰减。对于移动台,这个值通常忽略不计,为 0 dB。

(3) 发射天线增益

对于移动台而言,天线的尺寸不可能做的很大。同时移动台天线需要保证在任何方向都能可靠地进行收发,所以发射天线通常为全向天线,增益为 0 dBi。

3. 基站接收机参数

(1) 天线增益

天线一方面将基站发射机输出的信号能量转换成电磁波辐射到自由空间里,另一方面接收来自自由空间的电磁波,转换成基站接收机能处理的电能。常规的天线作为一种无源器件,是不会对输入功率产生实际增益的。它的效果是通过改变空间电磁场的能流密度,使某些方向的能流密度大一些。高增益天线在主瓣方向的增益很大(能流密度大),在其他方

向上的增益很小。全向天线对空间任何一个方向上的能流密度都是一样的。对于3扇区站点，通常采用的60°~70°的定向天线，增益通常是16~18 dB。

(2) 馈线、连接器与合并器等损耗

天线至接收机沿途各种器件对信号产生衰减。通常取3 dB作为链路预算用。实际上，应该根据实际的电缆类型、长度以及各种接头等器件的损耗值计算。

(3) 业务信道所需的 E_b/N_t

为了满足FER要求，用户的信噪比需要达到一定的值。E_b/N_t 为每个业务信道信息比特能量与总的噪声和干扰功率谱密度的比值，反映了信噪比的大小。这个 E_b/N_t 的目标值随传播环境、移动速度、链路实现方案的不同而不同。通常，E_b/N_t 的目标值需通过计算机仿真或现场测试来确定。对于IS-95的9.6 kbit/s语音方案，7 dB是一个业界公认的值。

(4) 噪声系数

噪声系数有多种定义，常用于：

- 度量天线端接收的环境噪声比热噪声高出的部分；
- 信号通过接收机后，度量SNR降低的部分；
- 考虑到天线端的噪声源（常用于卫星天线），度量天线的噪声温度比接收机的噪声温度高出的部分。

在移动通信网络的链路预算中，噪声系数指的是基站接收机的噪声系数和移动台接收机的噪声系数。当信号通过接收机时，接收机将对信号增加噪声，噪声系数就是对增加的噪声的一种度量方法，在数值上等于输入信噪比与输出信噪比的比值，定义为

$$F = \frac{\frac{S_i}{N_i}}{\frac{S_o}{N_o}} \tag{7.12}$$

或

$$F = 10\lg[(S_i/N_i)/(S_o/N_o)] \tag{7.13}$$

当信号与噪声输入到理想的无噪声接收机时，二者同样被衰减或放大，信噪比不变，$F=1$ 或 0 dB。但实际接收机本身都是有噪声的，输出的噪声功率比信号功率要增加得多，所以输出信噪比减小了，即 $F>1$。

当有 n 个接收机级联时，等效的噪声系数为

$$F = F_1 + \frac{F_2-1}{G_1} + \frac{F_3-1}{G_1G_2} + \cdots + \frac{F_n-1}{G_1G_2\cdots G_n} \tag{7.14}$$

上式表明，级联系统的噪声主要由第一级决定。

噪声系数属于接收机本身的属性。在CDMA移动网络中，常用的基站接收机噪声系数是4~6 dB，移动台接收机的噪声系数是6~8 dB。

(5) 接收机灵敏度

接收机灵敏度是指接收机输入端为保证信号能成功被检测和解码（或保持所需要的FER）而必须达到的最小信号功率。

在CDMA系统中，接收机灵敏度与其他系统有些不同。由于CDMA系统的所有用户是在同一频段上发送信号，接收机除了需要克服热噪声和接收机内部噪声外，还需要克服来自系统内部的噪声。因此，CDMA接收机的最小接收功率由所需的 E_b/N_t、处理增益和全

部的干扰噪声决定。一般情况下，CDMA 接收机灵敏度是指系统无负载时，接收机输入端所需的最小信号功率。

由

$$\frac{S_{\min}/R}{N_{th}F} = \left(\frac{E_b}{N_t}\right)_{req} \quad (7.15)$$

可得

$$S_{\min} = \left(\frac{E_b}{N_t}\right)_{req} \cdot N_{th}FR \quad (7.16)$$

或

$$S_{\min}(dBm) = \left(\frac{E_b}{N_t}\right)_{req} + N_{th} + F + R \quad (7.17)$$

其中，$S_{\min}$ 为基站接收机灵敏度；$\left(\frac{E_b}{N_t}\right)_{req}$ 为所需的 E_b/N_t 值；N_{th} 为热噪声谱密度；F 为噪声系数；R 为信息速率；

F 取 5 dB，E_b/N_t 取 7 dB，信道速率取 9.6 kbit/s 时，N_{th} 为 -174 dBm/Hz，接收机灵敏度为 -122.2 dBm。

4. 余量预留

(1) 阴影衰落标准差

发射机和接收机之间的传播路径非常复杂，从简单的视距传播，到遭遇各种复杂的地物阻挡等。因此无线信道具有极度的随机性，接收信号的场强波动快，难以进行准确具体的分析。传统的传播模型，集中于对给定范围内平均接收场强的预测。从大量实际数据统计来看，在一定距离内，本地的平均接收场强在中值附近上下波动。这种平均接收场强因为一些人造建筑物或自然界阻隔而发生的衰落现象称为阴影衰落（或慢衰落）。在计算无线覆盖范围时，通常认为阴影衰落值呈对数正态分布。阴影衰落的标准差随本地环境的不同而不同。在城市环境中，阴影衰落标准差是 8～10 dB。

(2) 边缘覆盖效率

由于无线信道是一个极度随机的信道，无法使覆盖区域内的信号一定大于某个门限。但是，必须保证接收信号能以一定的概率大于接收门限。小区边缘的覆盖效率是决定覆盖质量的一个指标，定义为在小区边缘，接收信号大于接收门限的时间百分比。75% 的边缘覆盖概率被认为是一个比较合适的值。图 7-3 是对数正态衰落余量和边缘覆盖效率的关系曲线。

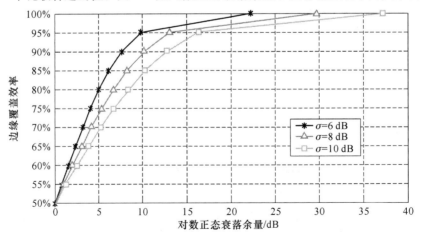

图 7-3 对数正态衰落余量与边缘覆盖效率的关系

(3) 面积覆盖效率

在实际工程中,常常对面积覆盖效率非常感兴趣。面积覆盖效率定义为在半径为 R 的圆形区域内,接收信号强度大于接收门限的位置占总面积的百分比。设接收门限是 x_0,接收信号大于 x_0 的概率是 P_{x_0},则面积覆盖效率由下式得到:

$$F_u = \frac{1}{\pi R^2} \int P_{x_0} \, dA \tag{7.18}$$

由式(7.18)推出的面积覆盖效率为

$$F_u = \frac{1}{2} \left\{ 1 - \mathrm{erf}(a) + \exp\left(\frac{1-2ab}{b^2}\right) \left[1 - \mathrm{erf}\left(\frac{1-ab}{b}\right)\right] \right\} \tag{7.19}$$

其中,$b = \dfrac{10 \cdot n \cdot \lg e}{\sigma \sqrt{2}}$;$a = \dfrac{-M}{\sigma \sqrt{2}}$;$\mathrm{erf}(x) = \dfrac{2}{\sqrt{\pi}} \int_0^x e^{-t^2} dt$;$M$ 为给定门限 x_0 的阴影衰落余量(后文将对衰落余量进行详细描述);n 为路径损耗指数;σ 为阴影衰落的对数标准差;

图 7-4 给出了小区边界覆盖效率与面积覆盖效率的关系。

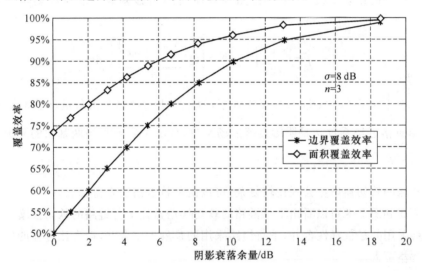

图 7-4 小区边界覆盖效率与面积覆盖效率的关系

(4) 衰落余量

无线信道的路径损耗不是一个定值,而是在中值附近上下波动。一般认为,无线信道的阴影衰落呈对数正态分布。为保证小区边缘一定的覆盖效率,在链路预算中,必须预留出一部分的余量,以克服阴影衰落对信号的影响。小区边缘接收信号的中值与接收机灵敏度之差,就是衰落余量的值。

$$P_{x_0} = \int_{x_0}^{\infty} \frac{1}{\sigma \sqrt{2\pi}} \exp\left[\frac{-(x-\overline{x})^2}{2\sigma^2}\right] dx = \frac{1}{2} + \frac{1}{2} \mathrm{erf}\left(\frac{M}{\sigma \sqrt{2}}\right) \tag{7.20}$$

其中,$\mathrm{erf}(x) = \dfrac{2}{\sqrt{\pi}} \int_0^x e^{-t^2} dt$;$x$ 为接收信号功率;x_0 为接收机灵敏度;P_{x_0} 为接收信号 x 大于门限 x_0 的概率;σ 为阴影衰落的对数标准差;$\overline{x}$ 为接收信号功率的中值;M 为衰落余量,且 $M = \overline{x} - x_0$。

(5) 分集增益

指基站采用分集技术带来的增益。分集增益可以根据接收路径的相关性计算出来。一一般情况下,分集增益已经包括在 E_b/N_t 的要求中,不用再单独计算。

(6) 软切换增益

软切换增益对链路预算的影响很大。软切换增益是在两个小区或多个小区的边界处通过切换而得到的增益。在这个边界上,平均损耗对每个小区都是相同的。

软切换增益有几种定义:

- 处于软切换时,用户在小区边界处的发射功率比无软切换时的减少量。
- 处于软切换时,中断概率(用户发射功率超过门限的概率)比无软切换时的减少量。
- 处于软切换时,为保证一定的边缘覆盖效率所需的阴影衰落余量比无软切换时的减少量。

链路预算是在用户以最大功率发射时,为保证一定的覆盖效率所能允许的最大路径损耗。因此,在链路预算中,使用第三种定义更恰当。

当用户处于两路软切换时,上行链路预算所需的阴影衰落余量与覆盖效率的关系如下式:

$$1 - \eta = \frac{1}{\sqrt{2\pi}} \int_{-\infty}^{\infty} e^{-x^2/2} \left[Q\left(\frac{\frac{M_{\text{rev}}}{\sigma} - ax}{b} \right) \right]^2 dx \qquad (7.21)$$

其中,$Q(x) = \int_x^{\infty} e^{-\frac{y^2}{2}} / \sqrt{2\pi} \, dy$;$\eta$ 为覆盖效率;M_{rev} 为上行链路衰落余量;σ 为对数衰落标准差;a 是阴影衰落近场系数,b 是阴影衰落远场系数,且 $a^2 + b^2 = 1$,当两基站的阴影相关性为 50% 时,$a^2 = b^2 = \frac{1}{2}$。

下行链路的软切换增益公式比较复杂,可以由蒙特卡洛仿真得到。

由图 7-5 和图 7-6 可以看出下行链路的软切换增益比上行链路的软切换增益要大。因为上行链路采用的是选择性合并,下行链路采用的是最大比合并,最大比合并的增益比选择性合并的增益更大。

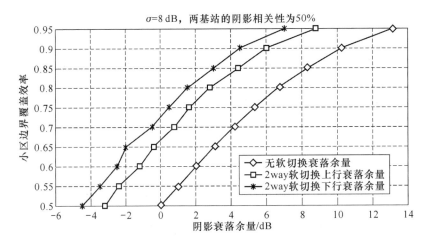

图 7-5 软切换状态下所需阴影衰落余量与覆盖效率的关系

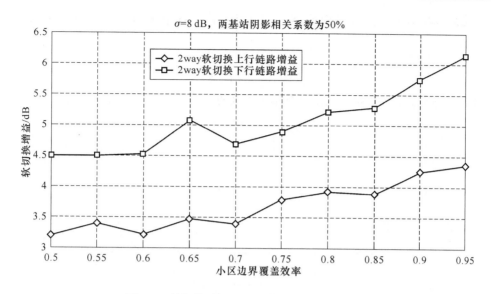

图 7-6 软切换增益与小区边界覆盖效率的关系

(7) 人体损耗

指手持话机离人体很近造成的信号阻塞和吸收引起的损耗。人体损耗取决于手机相对于人体的位置,链路预算中一般取 3 dB。

(8) 建筑物/车辆穿透损耗

当人在建筑物内或车内打电话时,信号需要穿过建筑物和车体,造成一定的损耗。这些穿透损耗随环境、建筑物及汽车类型的不同而不同。通常,对于密集城区,建筑物穿透损耗取 20～25 dB,对于一般的城区,取 15～20 dB,对于郊区和乡村,取 5～10 dB。车辆穿透损耗通常取 6～10 dB。

(9) 小区负载与干扰余量

CDMA 系统工程师通常用负载因子监视干扰情况和网络拥塞。上行链路的小区负载因子定义为工作的用户数与最大允许用户数的比值。

$$\beta = 小区负荷 \stackrel{\Delta}{=} \frac{工作用户数}{最大用户数} = \frac{N}{N_{max}} \tag{7.22}$$

下行链路的负载因子可以定义为 BTS 实际平均发射功率与 BTS 的最大平均发射功率之比。当系统全负载时,负载因子为 1。通常工程师会把负载因子控制在 75% 以下,当负载因子高于 75% 时,系统可能进入不稳定状态。

在 CDMA 系统中,所有的用户在同一频段内发射,每一用户的信号对别的用户来说都是干扰。CDMA 系统的这种自干扰提高了接收机的噪声基底,使接收机灵敏度降低,增加了接收机的最低接收门限。因为干扰而增加的接收机接收门限,在链路预算里以干扰余量的方式来体现。

干扰余量定义为总干扰噪声与热噪声的比值,表示了干扰使背景噪声提高的程度。

$$M_i = \frac{I_t + N_0}{N_0} \tag{7.23}$$

其中,M_i 为干扰余量;I_t 为干扰功率;N_0 为热噪声功率。

干扰余量与小区负荷密切相关,对于上行链路,干扰余量与小区负荷的关系由下式表示:

$$M = 10\log\left[\frac{1}{(1-\beta)}\right] \tag{7.24}$$

图 7-7 描述了上行链路干扰余量与小区负载的关系曲线。

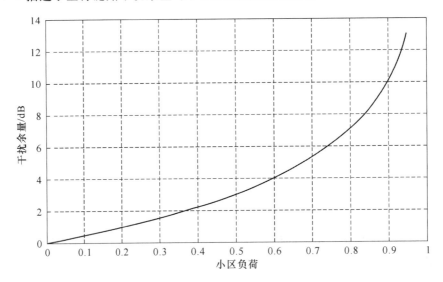

图 7-7　上行链路干扰余量与小区负载的函数关系

(10) 多用户检测效率

在 3G 通信系统中,引入了多用户检测(MUD)技术。在基站中利用多用户检测可以减轻本小区其他用户的干扰,部分避免小区覆盖范围随负载的增加而下降,扩展有负载网络的覆盖范围。在网络规划中,引入了一个新的参数——MUD 效率。实际上,MUD 效率取决于信道预测算法、干扰消除算法、移动速度、小区负载等,通常需要通过仿真来预测。MUD 效率定义为采用 MUD 技术后,本小区干扰减少的百分比。

7.2.2　上行链路预算举例

为方便使用,通常将链路预算制为表格形式。表 7-4 和表 7-5 分别给出 IS-95 和 cdma 2000 1x 语音业务在不同环境下的上行链路预算的例子。

表 7-4　IS-95 语音业务的上行链路预算表

上行链路	密集城区	城区	郊区	乡村
系统参数				
载波频率/MHz	850	850	850	850
扩频带宽/kHz	1 228.8	1 228.8	1 228.8	1 228.8
噪声温度/K	290	290	290	290
热噪声功率/dBm	−113.1	−113.1	−113.1	−113.1
数据速率 kbit/s	9.6	9.6	9.6	9.6

续表

上行链路	密集城区	城区	郊区	乡村
处理增益/dB	21.1	21.1	21.1	21.1
基站接收机				
接收机噪声系数/dB	4.0	4.0	4.0	4.0
基站反向要求的 E_b/N_t/dB	7.0	7.0	7.0	7.0
基站接收机灵敏度/dBm	−123.2	−123.2	−123.2	−123.2
基站天线增益/dBi	17.0	17.0	17.0	17.0
基站接收端馈线、连接器等损耗/dB	3.0	3.0	3.0	3.0
基站天线输入端的最小信号功率/dBm	−137.2	−137.2	−137.2	−137.2
移动台发射机				
移动台最大发射功率/dBm	23.0	23.0	23.0	23.0
移动台天线增益/dBi	0.0	0.0	0.0	0.0
移动台发射端馈线、连接器等损耗/dB	0.0	0.0	0.0	0.0
移动台最大有效发射功率/dBm	23.0	23.0	23.0	23.0
余量计算				
小区面积覆盖概率	90%	90%	90%	90%
小区边缘覆盖概率	75%	75%	75%	75%
阴影衰落标准差/dB	8.0	8.0	8.0	8.0
衰落余量/dB	5.4	5.4	5.4	5.4
软切换增益/dB	3.7	3.7	3.7	3.7
分集增益/dB	0.0	0.0	0.0	0.0
其他增益/dB	0.0	0.0	0.0	0.0
负载因子	50%	50%	50%	50%
干扰余量/dB	3.0	3.0	3.0	3.0
建筑物穿透损耗/dB	24.0	15.0	7.0	0.0
人体损耗/dB	3.0	3.0	3.0	3.0
室外总余量预留/dB	7.7	7.7	7.7	7.7
室内总余量预留/dB	31.7	22.7	14.7	7.7
最大允许路径损耗				
室外最大允许路径损耗/dB	152.5	152.5	152.5	152.5
室内最大允许路径损耗/dB	128.5	137.5	145.5	152.5
小区最大传播距离	Okumura-Hata 模型			
小区室外最大传播距离/km	5.74	5.76	10.89	36.50
小区室内最大传播半径/km	1.20	2.16	6.89	36.50

表 7-5　cdma 2000 1x 语音业务的上行链路预算表

上行链路	密集城区	城区	郊区	乡村
系统参数				
载波频率/MHz	850	850	850	850
扩频带宽/kHz	1228.8	1228.8	1228.8	1228.8
噪声温度/K	290	290	290	290
热噪声功率/dBm	−113.1	−113.1	−113.1	−113.1
数据速率/kbit·s^{-1}	9.6	9.6	9.6	9.6
处理增益/dB	21.1	21.1	21.1	21.1
基站接收机				
接收机噪声系数/dB	4.0	4.0	4.0	4.0
基站反向要求的 E_b/N_t/dB	4.5	4.5	4.5	4.5
基站接收机灵敏度/dBm	−125.7	−125.7	−125.7	−125.7
基站天线增益/dBi	17.0	17.0	17.0	17.0
基站接收端馈线、连接器等损耗/dB	3.0	3.0	3.0	3.0
基站天线输入端的最小信号功率/dBm	−139.7	−139.7	−139.7	−139.7
移动台发射机				
移动台最大发射功率/dBm	23.0	23.0	23.0	23.0
移动台每业务信道最大发射功率/dBm①	22.4	22.4	22.4	22.4
移动台天线增益/dBi	0.0	0.0	0.0	0.0
移动台发射端馈线、连接器等损耗/dB	0.0	0.0	0.0	0.0
移动台业务信道最大有效发射功率/dBm	22.4	22.4	22.4	22.4
余量计算				
小区面积覆盖概率	90%	90%	90%	90%
小区边缘覆盖概率	75%	75%	75%	75%
阴影衰落标准差/dB	8.0	8.0	8.0	8.0
衰落余量/dB	5.4	5.4	5.4	5.4
软切换增益/dB	3.7	3.7	3.7	3.7
分集增益/dB	0.0	0.0	0.0	0.0
其他增益/dB	0.0	0.0	0.0	0.0
负载因子	60%	60%	60%	60%
干扰余量/dB	4.0	4.0	4.0	4.0
建筑物穿透损耗/dB	24.0	15.0	7.0	3.0
人体损耗/dB	3.0	3.0	3.0	3.0
室外总余量预留/dB	8.7	8.7	8.7	8.7
室内总余量预留/dB	32.7	23.7	15.7	8.7
最大允许路径损耗				
室外最大允许损耗/dB	153.4	153.4	153.4	153.4
室内最大允许损耗/dB	129.4	138.4	146.4	153.4
小区最大传播距离	Okumura-Hata 模型			
小区室外最大传播距离/km	6.087	6.110	11.546	38.714
小区室内最大传播半径/km	1.268	2.292	7.306	38.714

---

① 此处考虑了 cdma 2000 1x 系统中反向导频信道所占用的功率。

考虑到 TD-SCDMA 与 cdma 2000 系统采用的技术和帧结构等有较大差别,下面以 TD-SCDMA 系统为例来介绍其链路预算。由于 TD-SCDMA 网络是一个承载多种业务的网络,不同业务的覆盖范围是不相同的,通常根据业务需求选择某一种业务做为连续覆盖业务,那么能够满足这种业务的无线链路要求理论上能够满足比其低优先级的其他业务的连续覆盖要求。由于 TD-SCDMA 系统是上行覆盖受限系统,链路预算在预规划中的目的就是求出该种业务的上行链路的最大允许路径损耗,进而求出基站的覆盖面积,通常分为 3 步:首先,根据业务确定各项上行链路参数;接着,代入上行链路预算公式,计算上行最大允许路径损耗;最后,将最大允许路径损耗代入传播模型公式,计算小区覆盖半径和基站数目。

下面以某区域连续覆盖业务为语音 12.2K 业务为例,说明以上计算过程。

第一步:确定各项参数,如表 7-6 所示。

表 7-6 TD-SCDMA 系统语音 12.2K 上行链路预算参数配置

参数		取值	单位
移动台发射机参数	移动台最大发射功率 P_m	24	dBm
	移动台天线增益 G_a	0	dB
	移动台有效发射功率 P_e	21	dBm
基站接收机参数	热噪声密度 N_0	−174	dBm/Hz
	基站接收机噪声系数 F	4	dB
	语音 12.2K 的上行 E_b/N_0	9.5	dB
	信号带宽 B	1.28	Mcps
	分配的资源单元	1 时隙($1 \times SF8$)	
	数据速率 R	12.2	kbit/s
	单天线增益 G_1	15	dBi
	智能天线赋形增益 G_2	7.5(一般取 6~8)	dB
	天馈损耗 L_f	1(对馈线损耗,塔放弥补长馈线损耗)	dB
各种储备余量和增益	穿透损耗 L_p	20	dB
	人体损耗 L_m	3	dB
	慢衰落余量 M_s	6.7(标准差为 10 dB,边缘通信概率为 75%)	dB
	干扰余量 M_i	2(上行 50% 负荷对应的噪声抬升)	dB
	快衰落余量 M_f	1	dB
	上行接力切换增益 G_{HO}	0	dB

根据上表,上行链路预算公式中各参数取值如下:

$P_e = 21$ dBm;$G_a = 0$ dB;$L_f = 1$ dB;$G_s = G_1 + G_2 = 15 + 7.5 = 22.5$ dB;$M_f = 1$ dB;$M_s = 6.7$ dB;$G_{HO} = 0$ dB;$M_i = 2$ dB;$L_p = 20$ dB;$L_m = 3$ dB;TD-SCDMA 接收机灵敏度:

$$S = \frac{E_b}{N_0} - \frac{B}{R} + 10\lg(k \cdot T \cdot W) + F = 9.5 - 10.6 - 112.9 + 4 = -110 \text{ dBm}$$

注:R'是等效的数据速率

第二步:将上述数值代入上行链路预算公式:

$$L = P_m - L_f + G_s + G_a - M_f - M_s + G_{HO} - M_i - L_p - L_m - S$$
$$= 24 - 1 + 22.5 + 0 - 1 - 6.7 + 0 - 2 - 20 - 3 - (-110) = 122.8 \text{ dB}$$

第三步:在得到上行链路最大路径损耗后,就可以代入选定的传播模型,从而获得 TD-SCDMA 系统小区覆盖范围。例如,选定 COST231-HATA 模型,其计算公式为

$$L = 137.4 + 35.2 \lg R \tag{7.25}$$

将链路预算结果 122.8 dB 代入以上传播模型公式,得到上行语音 12.2K 业务的最大覆盖半径为:

$$R = 10^{(122.8 - 137.4)/35.2} = 0.385 \text{ km}$$

7.3 下行链路预算

与上行链路相比,下行链路有一些不同:业务信道功率为所有的用户共享;软切换时,一个移动台同时和多个基站通信;下行链路所需的 E_b/N_t 随数据速率、移动速度和多径条件的不同,变化范围很大。这使得下行链路预算变得很困难。幸运的是,CDMA 通常是反向受限,下行链路预算的目的在于保证由上行链路预算所确定的小区覆盖内基站有足够的功率分配给各个移动台。

下行链路预算需要确定功率的信道主要有导频信道和业务信道,基本公式分别如下:

$$\frac{\delta_p P_h}{F N_{th} W + P_h + P_o} \geq d_p \tag{7.26}$$

$$\frac{g \delta_t P_h}{F N_{th} W + \xi P_h + P_o} \geq d_t \tag{7.27}$$

其中,δ_p,δ_t 分别为导频信道和单条业务信道占基站总发射功率的比例;F 为移动台处的噪声系数;N_{th} 为移动台处的热噪声功率谱密度;W 为扩频带宽;P_o 为用户接收到的其他小区功率;d_p,d_t 分别为导频信道所需的 E_c/I 和业务信道所需的 E_b/N_t,E_c/I 为导频信道每个码片的能量与移动台接收到的总的功率谱密度之比;g 为处理增益;ξ 为小区内各个业务信道间的正交因子;P_h 为用户接收到的本小区总功率,且

$$P_h = P_T - L_{all} \tag{7.28}$$

其中,P_T 为基站平均发射功率;L_{all} 为从基站发射机到移动台接收机之间总的增益损耗。

定义其他小区的干扰因子为

$$\beta = \frac{P_o}{P_h} \tag{7.29}$$

对于靠近小区边缘的移动台,这个值取 $\beta = 2.5$ dB 作为下行链路估算中的最坏情况。

7.3.1 下行链路预算参数

下行链路预算的参数和上行链路预算的参数既有相同之处,也有不同的方面。其中固定的系统参数、天线增益和馈线损耗以及在传播过程中的余量预留参数是相同的。不同点在于下行链路发射、接收的信号和干扰功率等的不同。

1. 系统参数

系统参数主要指导频信道码片速率，对于 cdma 2000 系统来说，导频信道的码片速率为 1.228 8 Mc/s。下行链路不仅要考虑业务信道在反向覆盖范围内能否成功的解调，还要考虑导频信道能否在上行链路预算确定的小区边缘上实现覆盖。

2. 基站发射机参数

（1）基站最大发射功率

基站最大发射功率是指基站额定的最大发射功率，通常为 20 W，即 43 dBm。

（2）导频信道发射功率比例

导频信道发射功率比例是导频信道发射功率占基站最大发射功率的比例，通常为 15%。

（3）基站平均发射功率

由于不同时刻与基站通信的移动用户数目、信息速率以及它们在小区中所处的位置不断变化，因此基站的发射功率也处在不断的调整中。基站平均发射功率表示基站发射功率的平均值。当基站平均发射功率为最大发射功率的 60%，即负载因子为 60% 时，其值为 40.78 dBm。

3. 增益损耗

（1）反向最大允许路径损耗

反向最大允许路径损耗指上行链路从移动台发射天线端到基站接收天线端的无线传播过程中所能允许的最大路径损耗。对于 3G 系统来说，由于 CDMA 系统往往是反向受限的，为了考查下行链路能否在反向覆盖的范围内实现正常的通信，近似用上行链路的路径损耗来表示下行链路的路径损耗。实际上由于 CDMA 系统的上下行链路使用了不同的载波频率，所以这两个方向的路径损耗是不同的。

此外，反向最大允许的路径损耗与小区边缘所支持的数据速率有关。对于不同的小区边缘数据速率要求，小区反向最大允许的路径损耗或小区半径不同。

（2）总的增益损耗

总的增益损耗包括基站发射机到移动台接收机之间的全部损耗。即：

$$L_G = 基站发射端馈线、连接器损耗 - 基站天线增益 + \\ 路径损耗 - 移动台天线增益 + 移动台连接器损耗 + \\ 阴影衰落余量 - 软切换增益 + 人体损耗 + 穿透损耗 \quad (7.30)$$

4. 干扰功率

在下行链路，移动台接收到的总干扰功率包括来自本小区的干扰功率、来自其他小区基站的干扰功率以及移动台自身的噪声功率。对于导频信道而言，由于解调导频信道时业务信道还无法解调，因此接收到的本小区功率都是干扰功率。对于业务信道而言，由于前向信道通过 Walsh 码正交，并经过了信道的解调，所以理想情况下，来自本小区的干扰功率为 0。但是由于无线环境中多径的存在，使得各个码信道之间不再正交，且单个码信道的多径信号也带来干扰，所以对于下行链路，来自本小区的干扰功率为接收到的本小区总功率乘以正交因子。

(1) 其他小区干扰因子

干扰因子指来自其他小区的干扰功率与接收到的本小区总功率之比。经过蒙特—卡洛仿真可以得到其他小区干扰因子的典型值为 2.5 dB。

(2) 移动台端噪声功率

移动台端噪声功率包括热噪声和移动台接收机部分增加的噪声。

(3) 正交因子

正交因子表示下行链路各信道由于多径而不再完全正交从而引起干扰的程度。正交因子的取值为 0~1，值越大，意味着前向信道的正交性越差。

7.3.2 下行链路预算举例

表 7-7、表 7-8 分别为导频信道在不同场景时下行链路预算表和 9.6 kbit/s 语音业务信道下行链路预算表。

表 7-7 导频信道的下行链路预算表

下行链路	密集城区	城区	郊区	乡村
系统参数				
扩频带宽/kHz	1228.8	1228.8	1228.8	1228.8
噪声温度/K	290	290	290	290
热噪声功率谱密度/dBm·Hz	−174	−174	−174	−174
导频信道码片速率/kc·s^{-1}	1228.8	1228.8	1228.8	1228.8
处理增益/dB	0	0	0	0
基站发射机				
基站最大发射功率/dBm	43	43	43	43
导频信道发射功率比例	15%	15%	15%	15%
导频信道发射功率/dBm	34.76	34.76	34.76	34.76
基站平均发射功率/dBm	40.78	40.78	40.78	40.78
基站天线增益/dBi	17	17	17	17
基站接收端馈线、连接器等损耗/dB	3	3	3	3
移动台接收机				
移动台天线增益/dBi	0	0	0	0
移动台连接器等损耗/dB	0	0	0	0
移动台噪声系数/dB	8.0	8.0	8.0	8.0
总的增益损耗				
反向最大允许路径损耗/dB	152.5	152.5	152.5	152.5
小区面积覆盖概率	90%	90%	90%	90%
小区边缘覆盖概率	75%	75%	75%	75%
阴影衰落标准差/dB	8.0	8.0	8.0	8.0
衰落余量/dB	5.4	5.4	5.4	5.4

续 表

下行链路	密集城区	城区	郊区	乡村
软切换增益/dB	3.7	3.7	3.7	3.7
分集增益/dB	0.0	0.0	0.0	0.0
其他增益/dB	0.0	0.0	0.0	0.0
人体损耗/dB	3.0	3.0	3.0	3.0
穿透损耗/dB	0.0	0.0	0.0	0.0
总的增益损耗/dB	143.2	143.2	143.2	143.2
干扰功率				
移动台接收的本小区总功率/dBm	−102.42	−102.42	−102.42	−102.42
其他小区干扰因子/dB	2.5	2.5	2.5	2.5
其他小区干扰功率/dBm	−99.92	−99.92	−99.92	−99.92
移动台端噪声功率/$N_{th}FW$)/dBm	−105.1	−105.1	−105.1	−105.1
总干扰加噪声功率/dBm	−97.21	−97.21	−97.21	−97.21
干扰加噪声功率谱密度/dBm·Hz	−158.10	−158.10	−158.10	−158.10
导频 E_c/I_o				
E_c/dBm·Hz	−169.33	−169.33	−169.33	−169.33
移动台接收到的导频 E_c/I_o/dB	−11.23	−11.23	−11.23	−11.23

表 7-8　9.6 kbit/s 语音业务的业务信道下行链路预算表

下行链路	密集城区	城区	郊区	乡村
系统参数				
扩频带宽/kHz	1228.8	1228.8	1228.8	1228.8
噪声温度/K	290	290	290	290
热噪声功率谱密度/dBm·Hz	−174	−174	−174	−174
语音业务信道信息速率/kbit·s^{-1}	9.6	9.6	9.6	9.6
处理增益/dB	21.07	21.07	21.07	21.07
基站发射机				
基站最大发射功率	43	43	43	43
每条业务信道最大发射功率占总功率的比例	7%	7%	7%	7%
每条业务信道最大发射功率/dBm	31.45	31.45	31.45	31.45
基站平均发射功率/dBm	40.78	40.78	40.78	40.78
基站天线增益/dBi	17	17	17	17
基站接收端馈线、连接器等损耗/dB	3	3	3	3
移动台接收机				
移动台天线增益/dBi	0	0	0	0
移动台发射端馈线、连接器等损耗/dB	0	0	0	0
移动台噪声系数/dB	8.0	8.0	8.0	8.0

续表

下行链路	密集城区	城区	郊区	乡村
总的增益损耗				
反向最大允许路径损耗/dB	152.5	152.5	152.5	152.5
小区面积覆盖概率	90%	90%	90%	90%
小区边缘覆盖概率	75%	75%	75%	75%
阴影衰落标准差/dB	8.0	8.0	8.0	8.0
衰落余量/dB	5.4	5.4	5.4	5.4
软切换增益/dB	3.7	3.7	3.7	3.7
分集增益/dB	0.0	0.0	0.0	0.0
其他增益/dB	0.0	0.0	0.0	0.0
人体损耗/dB	3.0	3.0	3.0	3.0
穿透损耗/dB	0.0	0.0	0.0	0.0
总的增益损耗/dB	143.2	143.2	143.2	143.2
干扰功率				
移动台接收的本小区总功率/dBm	−102.42	−102.42	−102.42	−102.42
正交因子	0.4	0.4	0.4	0.4
本小区其他用户的干扰/dBm	−106.40	−106.40	−106.40	−106.40
其他小区干扰因子/dB	2.5	2.5	2.5	2.5
其他小区干扰功率/dBm	−99.92	−99.92	−99.92	−99.92
移动台端噪声功率($N_{th}FW$)/dBm	−105.1	−105.1	−105.1	−105.1
总干扰加噪声功率/dBm	−98.08	−98.08	−98.08	−98.08
干扰加噪声功率谱密度/dBm·Hz^{-1}	−158.97	−158.97	−158.97	−158.97
接收 E_b/N_t				
移动台接收到的业务信道功率谱密度/dBm·Hz^{-1}	−151.57	−151.57	−151.57	−151.57
移动台接收到的业务信道的 E_b/N_t/dB	7.40	7.40	7.40	7.40

从以上下行链路预算表中可以看出,移动台接收到的导频信道 E_c/I_o 大于 −15 dB,E_b/N_t 大于 7 dB,都高于解调所需的最小指标,所以下行链路可以覆盖到。

7.4 数据业务链路预算

在蜂窝移动通信系统中,网络规划还要考虑数据业务的覆盖。由于高速数据需要更高的发射功率,高速数据的覆盖范围通常比话音用户的覆盖范围小。如果系统规划的目标是要针对高速数据业务,则链路预算应该基于业务信道,小区边界由数据业务边界决定。如果规划的目标是以语音业务为主,数据业务在小区内部支持,则小区边界由语音业务的链路预算确定。

同语音业务相比,数据业务的链路预算的不同之处在于:业务信道速率更高,而且支持多个不同的信道速率;对于语音用户通常有 3 dB 的人体损耗,而数据用户的人体损耗可以忽略；非实时性数据业务可以采取重传等措施保证业务质量，因此允许更高的 FER，所要求的 E_b/N_t 更低。

数据业务的上行链路预算与语音业务在方法上基本相同，只是某些项的取值不同，如表 7-9 所示，以 cdma 2000 系统为例，说明其数据共享信道 SCH 在不同传输速率要求的链路预算。

表 7-9 cdma 2000 1x SCH 信道上行链路预算

SCH 信道上行链路预算	19.2 kbit/s	38.4 kbit/s	76.8 kbit/s	153.6 kbit/s
系统参数				
扩频带宽/kHz	1228.8	1228.8	1228.8	1228.8
噪声温度/K	290	290	290	290
热噪声功率谱密度/dBm·Hz^{-1}	−174	−174	−174	−174
信息速率 $10\lg(R_b)$/dB	42.8	45.8	48.9	51.9
基站接收机				
接收机噪声系数/dB	4	4	4	4
接收噪声谱密度/dBm·Hz^{-1}	−170	−170	−170	−170
所需的 E_b/N_t/dB	3.4	2.6	1.8	1.0
接收机灵敏度/dBm	−123.8	−121.6	−119.3	−117.1
基站天线增益/dBi	17	17	17	17
基站接收端馈线、连接器等损耗/dB	3	3	3	3
基站天线输入端的最小信号功率/dBm	−137.8	−135.6	−133.3	−131.1
移动台接收机				
移动台业务信道最大发射功率/dBm	21	21	21	21
移动台天线增益/dB	0	0	0	0
移动台发射端连接器等损耗/dB	0	0	0	0
移动台业务信道最大有效发射功率/dBm	21.0	21.0	21.0	21.0
余量计算				
小区面积覆盖概率	90%	90%	90%	90%
小区边缘覆盖概率	75%	75%	75%	75%
阴影衰落标准差/dB	8	8	8	8
衰落余量/dB	5.4	5.4	5.4	5.4
人体损耗/dB	0	0	0	0
软切换增益/dB	3.7	3.7	3.7	3.7
分集增益/dB	0.0	0.0	0.0	0.0
其他增益/dB	0.0	0.0	0.0	0.0
负载因子	75%	75%	75%	75%
干扰余量/dB	6.0	6.0	6.0	6.0
总余量预留/dB	7.7	7.7	7.7	7.7
最大允许路径损耗				
最大允许的路径损耗/dB	151.1	148.9	146.6	144.4

SCH 信道的下行链路预算如表 7-10 所示,此处假设小区的边界由 cdma 2000 1x 系统中话音业务的链路预算确定。

表 7-10　cdma 2000 1x SCH 信道下行链路预算

SCH 信道下行链路预算	19.2 kbit/s	38.4 kbit/s	76.8 kbit/s	153.2 kbit/s
系统参数				
扩频带宽/kHz	1 228.8	1 228.8	1 228.8	1 228.8
噪声温度/K	290	290	290	290
热噪声功率谱密度/dBm·Hz^{-1}	−174	−174	−174	−174
SCH 信道信息速率/kbit·s^{-1}	19.2	38.4	76.8	153.6
信息速率 $10\lg(R_b)$/dB	42.83	45.84	48.85	51.86
处理增益/dB	18.06	15.05	12.04	9.03
基站发射机				
基站最大发射功率/dBm	43	43	43	43
导频信道功率比例	15%	15%	15%	15%
同步信道功率比例	1.5%	1.5%	1.5%	1.5%
寻呼信道功率比例	5.25%	5.25%	5.25%	5.25%
业务信道功率可用比例	78.25%	78.25%	78.25%	78.25%
每条 SCH 信道最大功率比例	18%	30%	50%	70%
每条 SCH 信道最大发射功率/dBm	35.55	37.77	39.99	41.45
基站天线增益/dBi	17	17	17	17
基站接收端馈线、连接器等损耗/dB	3	3	3	3
移动台接收机				
移动台天线增益/dBi	0	0	0	0
移动台发射端连接器等损耗/dB	0	0	0	0
移动台噪声系数/dB	8.0	8.0	8.0	8.0
总的增益损耗				
反向最大允许路径损耗/dB	153.4	153.4	153.4	153.4
小区面积覆盖概率	90%	90%	90%	90%
小区边缘覆盖概率	75%	75%	75%	75%
阴影衰落标准差/dB	8.0	8.0	8.0	8.0
衰落余量/dB	5.4	5.4	5.4	5.4
软切换增益/dB	3.7	3.7	3.7	3.7
分集增益/dB	0.0	0.0	0.0	0.0
其他增益/dB	0.0	0.0	0.0	0.0
人体损耗/dB	0	0	0	0
穿透损耗/dB	0.0	0.0	0.0	0.0
总的增益损耗/dB	141.1	141.1	141.1	141.1
干扰功率				

SCH 信道下行链路预算	19.2 kbit/s	38.4 kbit/s	76.8 kbit/s	153.2 kbit/s
移动台接收的本小区总功率/dBm	−98.1	−98.1	−98.1	−98.1
正交因子	0.4	0.4	0.4	0.4
本小区其他用户的干扰	−102.08	−102.08	−102.08	−102.08
其他小区干扰因子	2.5	2.5	2.5	2.5
其他小区干扰功率/dBm	−95.6	−95.6	−95.6	−95.6
移动台接收机噪声功率/dBm	−105.1	−105.1	−105.1	−105.1
总干扰加噪声功率/dBm	−94.34	−94.34	−94.34	−94.34
干扰加噪声功率谱密度/dBm·Hz^{-1}	−155.23	−155.23	−155.23	−155.23
接收 E_b/N_t				
移动台接收到的业务信道的 E_b/N_t/dB	6.85	6.05	5.26	3.71

习 题

1. 试计算 GSM(900 MHz)与 WCDMA(2 000 MHz)在自由空间中路径损耗各是多少？并问哪个损耗大？为什么？

2. 在微波频段，室温为 293 K 时，热噪声功率密度为多少？若通信系统的带宽为 20 MHz，则热噪声功率为多少？

3. 假设系统噪声系数为 7 dB，接收机的信噪比为 9 dB，信道速率为 12.8 kbit/s，则此时接收机的灵敏度为多少？

4. 当小区负荷为最大可用数量的一半时，FDD 制式的 CDMA 系统的反向链路的干扰余量为多少？当负荷为 75% 时，干扰余量又是多少？

5. 假定一个 TD−SCDMA 蜂窝移动通信系统，系统带宽为 1.6 MHz，最大发射功率为 33 dBm，发送天线增益为 6 dB，多天线处理增益为 6 dB，接收天线增益为 0 dB，所用的频点为 2 GHz，GP 的大小为 96 chip，语音业务的传输速率为 12.2 kbit/s。

(1) 系统的处理增益和扩频增益分别是多少？

(2) 如果满足误码率为 10-3 时接收机所需的接收机灵敏度为 −86.2+10lg(BW)，试计算此系统的最大覆盖范围。

(3) 当考虑多用户情况，此时要求 C/I 必须为 −2.5 dB，另外热噪声为 −103 dBm，引入干扰容限(即干扰附加值)，假定为 10 dB，重新计算系统覆盖范围。(注:路径损耗按如下公式计算：L_s(dB)=36.0+30lg f(MHz)+30lg R(km))。

第 8 章　频率规划及干扰控制

蜂窝结构是由美国贝尔实验室于 20 世纪 60 年代末提出的,其主要目的是实现频率复用,提高频谱利用率,解决移动用户大量增长与频率资源之间的尖锐矛盾。蜂窝移动通信在追求最大传输速率的同时,还要追求最大的覆盖。想要实现移动用户在更大范围内进行有序的通信,移动通信组网技术至关重要。在给定的频率资源下,如何提高系统的容量是蜂窝移动通信系统的重要问题。由于采用何种多址接入方式直接影响到系统的容量,所以一直是人们研究的热点。

蜂窝移动通信系统的基站工作频率,由于传播损耗提供足够的隔离度,在相隔一定距离的另一个基站可以重复使用同一组工作频率,称为频率复用。采用频率复用大大地缓解了频谱资源紧缺的矛盾,增加了用户数目或系统容量。频率复用能够从有限的原始频率分配中产生几乎无限的可用频率,这是使系统容量趋于无限的极好方法。频率复用所带来的问题是同频干扰,同频干扰的影响并不是与蜂窝之间的绝对距离有关,而是与蜂窝间距离和小区半径的比值有关。系统容量是表征通信系统的最重要标志之一,表示了通信系统最大传输率。不同多址方式的蜂窝系统具有不同的系统容量。

本章主要介绍不同复用模式下的系统容量及干扰特征。需要指出的是,尽管本章已经考虑了实际情况,将理想情况下计算出的载干比加了一个保护余量用来计算系统容量,但是这远远不够,必须由功能完善和强大的计算机辅助软件结合真实的小区射频参数、相应精度的电子地图和合适的传播模型来给出干扰预测图。

8.1　蜂窝结构的形成规则

理想情况下,蜂窝结构的基本单元(基站区)是正六边形(切换边界),由若干正六边形组成的无线区簇两两邻接组成全移动网的覆盖区。

无线区簇是一个频率复用的基本单元,在一个无线区簇内将全部可用频道平均分配给每个基站区或扇形小区。两个同样的无线区簇可以彼此邻接并保证各基站区或扇形小区的一一对应关系。由于分配给每个基站区或扇形小区的频道组是固定的,所以,任何相邻无线区簇内相对应的基站区或扇形小区都是同频区,从而形成一个完善的同频复用图案。

8.1.1　无线区簇

无线区簇必须满足彼此相邻接,相邻无线区簇内任意两个同频复用区中心距离应该相等,如图 8-1 所示。

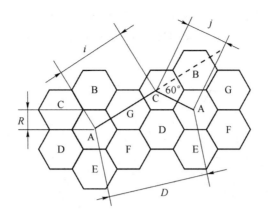

图 8-1 无线区簇的组成

如图 8-1 所示，i、j 为两个参量。从某一个小区出发，对这两个参量取不同的值(不能同时为 0)，可以到达任何一个小区。由图中的三角形关系可以得到两个同频复用区的距离为

$$D = \sqrt{i^2 + ij + j^2} \tag{8.1}$$

遵循此分布的无线区簇含有的基站数目为：

$$N = i^2 + ij + j^2 \tag{8.2}$$

设相邻两个基站区的中心距离为 1，基站区半径为 R，则有：

$$R = 1/\sqrt{3} \tag{8.3}$$

定义 $q = D/R$ 为同频复用距离保护系数，或称为同信道干扰衰减因子，可得

$$q = \frac{D}{R} = \sqrt{3N} \tag{8.4}$$

8.1.2 干扰模型

1. 同频干扰保护比

定义在接收机输出端有用信号达到规定质量的情况下，在接收机输入端测得的有用射频信号和干扰射频信号之比的最小值为同频干扰保护比，通常用 B(dB)表示。

2. N-复用无线区簇下的载干比估算

对于电波传输特性，可以取前述通用模型加以描述：

$$\begin{aligned} L_p = & K_1 + K_2 \lg d + K_3(h_m) + K_4 \lg h_m + K_5 \lg(H_{\text{eff}}) \\ & + K_6 \lg(H_{\text{eff}}) \lg d + K_7 d_{\text{diff}} + K_{\text{clutter}} \end{aligned}$$

由于考察的是理想蜂窝系统，各小区发射功率一致，天线有效高度也一样，不存在绕射损耗，从而可以得到载干比为

$$\frac{C}{I} = \frac{C}{\sum_{K=1}^{M} I_K} = \frac{10^{(P_t - L_P)/10}}{\sum_{K=1}^{M} 10^{(P_t - L_{PK})/10}} = \frac{10^{-L_P/10}}{\sum_{K=1}^{M} 10^{-L_{PK}/10}}$$

$$= \frac{10^{-L_P/10}}{\sum_{K=1}^{M} 10^{-L_{PK}/10}} = \frac{10^{-(K_2 + K_4 \lg H_{\text{eff}}) \lg d / 10}}{\sum_{K=1}^{M} 10^{-(K_2 + K_4 \lg H_{\text{eff}}) \lg d_K / 10}}$$

令 $K_2' = K_2 + K_4 \lg H_{\text{eff}}$，$d$ 为小区半径 R，d_K 为各干扰源至本小区的传播距离 D。

从图 8-2 中可以看出，每个小区周围总有 6 个最强的干扰源，有 6（或 12）个次强干扰源。

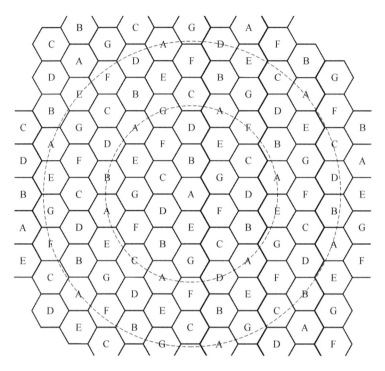

图 8-2 干扰源

$$\frac{C}{I} = \frac{10^{-K_2' \lg R/10}}{\sum_{K=1}^{6} 10^{-K_2' \lg D/10} + \sum_{K=1}^{12} 10^{-K_2' \lg 2D/10}} \quad (8.5)$$

$$= \frac{R^{-K_2'/10}}{6D^{-K_2'/10} + 12(2D)^{-K_2'/10}}$$

令 $\gamma = K_2'/10$（即由实际地形环境所确定的传播路径损耗斜率）：

$$\frac{C}{I} = \frac{R^{-\gamma}}{6D^{-\gamma} + 12(2D)^{-\gamma}} = \frac{q^{-\gamma}}{6 + \frac{12}{2^{\gamma}}} \quad (8.6)$$

取对数，可得：

$$\frac{C}{I}(\text{dB}) = K_2' \lg q + 10 \lg \left(6 + \frac{12}{2^{\gamma}}\right)$$

为了不失一般性，取 $K_2' = 40$，$\gamma = 4$，此时 $10 \lg \left(6 + \frac{12}{2^4}\right) - 10 \lg 6 \approx 0.5$ dB。

由此可以看出，第二圈的次强干扰源对干扰的贡献远小于第一圈的最强干扰源，可以忽略不计。

3. 同频干扰概率

实际上，由于非理想的基站位置和地形的起伏特点，移动台在移动时，接收到的信号要受瑞利快衰落和对数正态慢衰落的影响。不论是有用信号还是干扰信号,到达移动台时,其场强瞬时值和中值都是随机变量。即使移动台处于静止状态,由于存在各种扰动,包括周围移动体的运动,其场强瞬时值和中值依然是随机变量。

由此可见,接收机输入端 C/I 值不是静止的,而是一个随机变量。只有在 $C/I>B$ 时,干扰才不会对接收质量产生大的影响。同频干扰是以一定的概率出现的。

根据 CCIR740-2 报告,1979 年法国提出在多径衰落服从瑞利分布,阴影衰落服从对数正态分布时,同频干扰概率为

$$P(C/I \leqslant B) = \frac{1}{\pi}\int_{-\infty}^{+\infty}\frac{\exp\{-u^2\}}{1+10^{(C-I-B-2\sigma u)/10}}\mathrm{d}u$$

其中,u 为积分变量,σ 为信号和干扰的标准偏差,$\sigma = \sigma_C - \sigma_I$。图 8-3 给出了典型情况下的同频干扰概率。

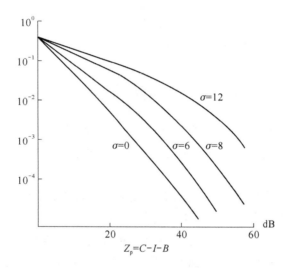

图 8-3 同频干扰概率

为不失一般性,取 $\sigma=6$,干扰概率 $P(C/I \leqslant B)=0.1$,查表可以得到 $Z_p=12$ dB,GSM 网络要求同频干扰保护比小于 9 dB,工程上一般取 $B=12$ dB。因此,在理想干扰模型下计算出的载干比 C/I 必须大于:9(12)+12=21 dB(24 dB)。

William C. Y. Lee 认为只需取 6 dB 余量就够了,这样可得:理想干扰模型下计算出的载干比 C/I 必须大于:9(12)+6=15 dB(18 dB)。

4. 近端-远端干扰

依据干扰模型,如图 8-4 所示,令移动台 B 相对于移动台 A 的 $\dfrac{C}{I}=K_2'\lg\dfrac{d_1}{d_2}=-9$ dB,可得 $\dfrac{d_2}{d_1}=1.69$。如果移动台 B 使用的频率和移动台 A 使用的频率邻接,当 $\dfrac{d_2}{d_1}>1.69$ 时,邻频干扰保护比不满足,将产生干扰掉话事件。同样情况会出现在相邻小区。

下面来看一种极端的情况:设小区 2 天线输出端功率为 34 dBm,在 D 处接收电平为 -85 dBm,基站灵敏度为 -110 dBm,假定上下行功率平衡,则移动台 D 的发射功率为 -110+(34-(-85))=9 dBm。

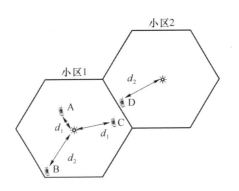

图 8-4 近端-远端干扰

现在,距离非常近的移动台 C 开机时,以最大发射功率工作,设为 30 dBm(1 W),假定信号到达小区 2 的路损与移动台 D 相同,则有:小区 2BTS 收到的干扰信号为 $30-(34-(-85))=-89>-110+9$,此时干扰较大将产生掉话。

8.2 频率复用技术及干扰分析

频率复用也称频率再用,这是蜂窝移动通信网络普遍采用的一种技术,使用同一频率覆盖不同的地区。这些使用同一频率的区域彼此之间需要相隔一定的距离,这个距离称为同频复用距离。

根据原邮电部颁布的 900 MHz 的 TDMA 数字公用陆地蜂窝移动通信网技术体制的要求,若采用定向天线,建议采用 4×3 复用方式。对于业务量较大的地区,根据设备的能力还可采用其他复用方式,如 3×3、2×6 等。无论采用何种方式,其基本原则是考虑了不同的传播条件、不同的复用方式、多重干扰因素后必须满足干扰保护比的要求。对于 GSM 系统来说:

- 同频干扰保护比　$\geqslant 9$ dB;
- 邻频干扰保护比　$\geqslant -9$ dB;
- 400 kHz 邻频保护比　$\geqslant -41$ dB。

8.2.1 分组频率复用技术

(1) 4×3 频率复用技术

以 GSM 系统为例,蜂窝移动通信系统采用的频率复用有 4×3、3×3、2×6 等多种结构。复用技术一般都是把有限的频率分成若干组,依次形成一簇频率分配给相邻小区使用(如图 8-5 所示)。根据 GSM 体制规范的建议,在各种 GSM 系统中常采用 4×3,4×3 复用方式是把频率分成 12 组,并轮流分配到 4 个站点,即每个站点可使用 3 个频率组,这种频率复用方式由于复用距离大,能够比较可靠地满足对同频干扰保护比和邻频干扰保护比指标的要求,使蜂窝移动通信网络的运行质量好,安全性好,如图 8-5 所示。

令蜂窝六边形边长为 1,从图 8-5 结合前述干扰模型,可以得到:

$$\frac{C}{I}=10\lg\frac{2^{-3.52}}{8^{-3.52}+2(7.2)^{-3.52}}=18\text{ dB}$$

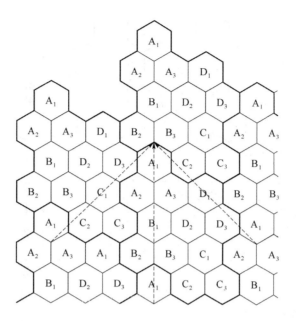

图 8-5　4×3 复用

减去 William C. Y. Lee 建议的 6 dB 余量,正好 18 dB。假设有 27 个频点,用"4/12"复用,频率分配如表 8-1 所示。

表 8-1　4/12 频率分配方案

频道号 载频数	频率组	A_1	B_1	C_1	D_1	A_2	B_2	C_2	D_2	A_3	B_3	C_3	D_3
1		1	2	3	4	5	6	7	8	9	10	11	12
2		13	14	15	16	17	18	19	20	21	22	23	24
3		25	26	27									

由表 8-1 可知,27 个频道用 4×3 配频,基站最大站型 2/1/1,可见这种复用方式频率利用率低,满足不了业务量大的地区扩大网络容量的要求。在有些大中城市人口密度高,经过多次扩容,站距相距不到 1 km,覆盖半径不过几百米,有些点甚至达到 300 m 的覆盖。可见,再依靠大规模的小区分裂技术来提高网络容量已经不现实了。有两种办法可以解决不断增长的网络容量需求,其一就是发展 GSM900/1800 双频网,其二就是采用更紧的频率复用技术。

(2) 3×3 复用技术

令蜂窝六边形边长为 1,从图 8-6 结合前述干扰模型,可以得到

$$\frac{C}{I} = 10\lg \frac{2^{-4}}{2(7)^{-4} + 2(5.57)^{-4}} = 13.3 \text{ dB}$$

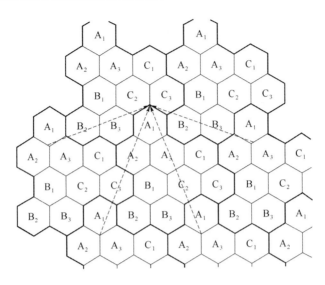

图 8-6　3×3 复用

(3) 1×3 复用技术

令蜂窝六边形边长为 1，从图 8-7 结合前述干扰模型，可以得到

$$\frac{C}{I}=10\lg\frac{2^{-4}}{5^{-4}+2(4.36)^{-4}}=9.43\text{ dB}$$

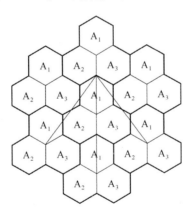

图 8-7　1×3 复用

(4) 2×6 复用

如图 8-8 所示，2×6 复用模型不是对称模型，A_1、A_4 小区与其他小区具有不同复用距离。令蜂窝六边形边长为 1，从图 8-8 结合前述干扰模型，可以得到 A_1、A_4 小区载干比为

$$\frac{C}{I}=10\lg\frac{1^{-4}}{(2.64)^{-4}}=16.86\text{ dB}$$

其他小区载干比为

$$\frac{C}{I}=10\lg\frac{1^{-4}}{(2)^{-4}}=12.04\text{ dB}$$

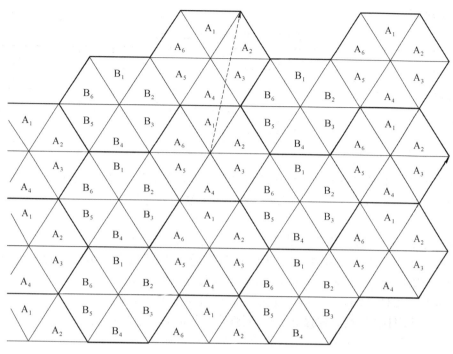

图 8-8 2×6 复用

8.2.2 多重频率复用

多重频率复用技术(Multiple Reuse Pattern, MRP)将整段频率划分为相互正交的控制信道(如 GSM 系统的 BCCH)频段和若干业务信道(如 GSM 系统中的 TCH)频段,每一段载频作为独立的一层。不同层的频率采用不同的复用方式,频率复用逐层紧密,如表 8-2 所示。

这种方法将整段频率划分为相互正交的控制信道和业务信道两个频段,分别使用不同的复用方式进行规划。提高系统容量的途径之一是使用更紧密的复用方式。由于 BCCH 信道在移动台接入、切换等过程中具有举足轻重的作用,为了保证控制信道的质量,使用与业务信道频段正交的频率,以 GSM 系统为例,能获得如下好处:

- BCCH 可以使用 4×3 或更高的复用系数,以保证 BCCH 信道质量;而业务信道则使用相对紧密的复用方式。
- BSIC 解码与话音信道负荷无关。由于 BCCH 频段和 TCH 频段相互正交,TCH 信道负荷的增加对 BCCH 信道基本没有影响,因此,也不会影响 BSIC 解码,从而改善切换性能。
- 简化邻近小区表的配置。有关文献指出邻近小区表过长会降低切换性能,而多重频率复用方法能简化邻近小区表,从而改善切换性能。由于 BCCH 单独使用一段频率(4×3 方式下有 12 个频点),邻近小区表(由 BCCH 频点等组成)长度可以显著减小。甚至可以简单地将所有的 BCCH 频率(本小区 BCCH 频率除外)全部加入邻近小区表。
- 它能真正发挥功率控制和 DTX 等抗干扰技术的作用。BCCH 不能使用动态功率控制和 DTX 等技术,故总是以最大发射功率在发射信号。因此,BCCH 和 TCH 使用相同频段,会影响这些抗干扰技术的效果。
- 增、删站点或小区的 TRX,不会对已有的 BCCH 频率计划造成影响,从而方便网络的维护。

表 8-2　6 MHz 频段 MRP 分段

载频号	1	2	3	4	5	6	7	8	9	11	12	13	14	15	16	17	18	19	20	21	22	23	24	25	26	27	28	29	30
BCCH(12)	1	2	3	4	5	6	7	8	9	11	12																		
$TCH_1(8)$												13	14	15	16	17	18	19	20										
$TCH_2(6)$																				21	22	23	24	25	26				
$TCH_3(4)$																										27	28	29	30

MRP 是近年来频率规划技术发展的热点之一。有关文献指出,应用 MRP,同时结合跳频、DTX、功率控制等抗干扰技术,可以将平均频率复用系数降到 7.5 左右,而不影响网络质量。

MRP 除了具有分段分组规划的所有优点外,还具有如下优点:

- MRP 可以结构化频率规划。BCCH、TCH 各层频段的分开减少了规划工作量,可以分层规划;另外还可以分出一段频率保留给微蜂窝。
- 由于 BCCH、TCH 各层相对较独立,便于分层维护和扩充。
- 由于 TCH 各层相对较独立,便于调整该层的最大发射功率减量。
- 适合于 TRX 数目分布不均匀的情况,如表 8-3 所示。

表 8-3　TRX 数目分布不均匀示例

小区 TRX 数	2	3	4
该类小区比例	20%	30%	50%
MRP 分段	12/8	12/8/6	12/8/6/4
平均频率复用系数	$(12+8)/2=10$	$(12+8+6)/3=8.7$	$(12+8+6+4)/4=7.5$
跳频分集增益	小	中	大

表 8-3 中,2TRX 的小区数目为 20%,3TRX 的小区数目为 30%,4TRX 的小区数目为 50%。假设这些小区是"均匀分布"的,则平均频率复用系数要小于实际复用系数。以 3TRX 的小区为例,因为具有 3 个和 3 个以上 TRX 的小区实际上有 80%,而且是均匀分布,所以第 3 层 TRX 的实际复用系数为 $6/0.8=7.5$。

扩展 MRP 是对 MRP 概念的扩展,分段后的每一层可以包含其后各层的频率,如表 8-4 所示。TCH_0 层包含 $TCH_1 \sim TCH_n$ 各层频点,TCH_1 层包含 $TCH_2 \sim TCH_n$ 各层频点,以此类推。首先,分配 TCH_n 层频率点,然后再分配 TCH_{n-1} 层频率点,以此类推。不过,这样会影响 MRP 规划的结构化。

表 8-4　6 MHz 频段扩展 MRP 分段

载频号	1	2	3	4	5	6	7	8	9	11	12	13	14	15	16	17	18	19	20	21	22	23	24	25	26	27	28	29	30
BCCH(12)	1	2	3	4	5	6	7	8	9	11	12																		
$TCH_1(8)$												13	14	15	16	17	18	19	20	21	22	23	24	25	26	27	28	29	30
$TCH_2(6)$																				21	22	23	24	25	26	27	28	29	30
$TCH_3(4)$																										27	28	29	30

现以中国电信的 7.2 MHz 频率带宽为例(60~95),采用 MRP 将 36 对载频按 12/9/8/7 分为四组,如表 8-5 所示。

表 8-5 一种 7.2 MHz 载频分配示例

信道类别	逻辑信道	TCH$_1$ 业务信道	TCH$_2$ 业务信道	TCH$_3$ 业务信道
频道号	60 61 62 63 64 65 66 67 68 69 70 71	72 73 74 75 76 77 78 79 80	81 82 83 84 85 86 87 88	89 90 91 92 93 94 95

信道 BCCH 采用 4×3 复用(如图 8-9(a)所示),业务信道 TCH$_1$ 采用 3×3 复用(如图 8-9(b)所示),业务信道 TCH$_2$ 和 TCH$_3$ 采用 2×3 复用(如图 8-10(a)、图 8-10(b)所示),分成四组。图 8-11 显示了 7.2 MHz 频带 MRP 载频配置总示意图。

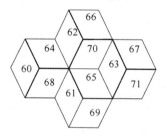
BCCH 12个载频采用4×3复用方式
(a)

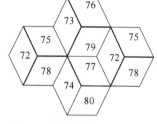
TCH$_1$ 9个载频采用3×3复用方式
(b)

图 8-9 7.2 MHz 频带 MRP 载频 BCCH 和 TCH1 配置示意

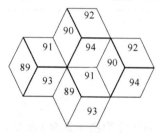
TCH$_2$ 8个载频采用2×3复用方式
(a)

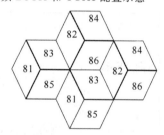
TCH$_3$ 7个载频采用2×3复用方式
(b)

图 8-10 7.2 MHz 频带 MRP 载频 TCH$_2$ 和 TCH$_3$ 配置示意

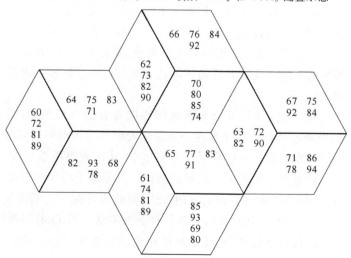

图 8-11 7.2 MHz 频带 MRP 载频配置总示意图

8.2.3 分组复用与 MRP 技术的系统容量比较

根据前面对各种复用技术的分析和介绍,现在比较一下这 4 种复用方式的容量增益。表 8-6 显示了不同带宽下采用这几种方式可以实现的基站配置,平均每站容量以及容量比(均以 4×3 复用方式为基准)。

表 8-6 不同带宽采用不同复用方式时的容量对比

	复用方式	基站配置	平均每站容量/户	容量比
6 MHz	4×3	3/2/2 或 3/3/2	1 440	1
	3×3	3/3/3	1 788	1.24
	1×3	4/4/4	2 640	1.83
	MRP(12,9,6)**	3/3/3	1 788	1.24
	2×6	2/2/2/2/2/2	2 160	1.5
9.6 MHz	4×3	4/4/4	2 628	1
	3×3	5/5/5	3 384	1.29
	1×3	6/6/6	4 272	1.63
	MRP(12,9,6)**	6/6/6	4 272	1.63
	2×6	3/3/3/4/4/4	4 416	1.68

注:呼损率为 0.02,0.025 爱尔兰/用户;**()中表示每个载频的复用方式。

8.2.4 同心圆技术

1. 基本原理

所谓同心圆(Concentric Cell)就是将普通的小区分为两个区域:外层及内层,又称顶层(Overlay)和底层(Underlay)。外层的覆盖范围是传统的蜂窝小区,内层的覆盖范围主要集中在基站附近。外层和内层的区别除覆盖范围不同外,频率复用系数也不同的。外层一般采用传统的 4×3 复用方式,而内层则采用更紧密的复用方式,如 3×3、2×3 或 1×3。因此所有载波信道被分为两组,一组用于外层,一组用于内层。这种结构之所以称为同心圆,是因为外层及内层是共站址的,而且共用一套天线系统,共用同一个 BCCH 信道。但公共控制信道必须属于外层信道组。也就是说通话的建立必须在外层信道上进行。同心圆的结构示意图如图 8-12 所示。

根据同心圆的实现方式不同,可分为普通同心圆和智能双层网(Intelligent Underlay Overlay,IUO)。两种同心圆的区别主要在于内层的发射功率和内外层间的切换算法。

普通同心圆内层的发射功率一般要低于外层功率,从而减小覆盖范围,提高距离比,保证同频干扰的要求。普通同心圆内和外层间的切换一般是基于功率和距离的。

IUO 的内层(因为频率采用更紧密的复用方式,因此通常此层为超级层)发射功率与外层(通常称为常规层)是完全相同的,原因与其切换算法有关。IUO 的切换算法是基于 C/I 进行切换的。其实现过程简单描述为:首先通话在常规层建立,然后 BSC 不断监视此通话下行链路超级组信道的 C/I 比,当某超级信道的 C/I 达到可用门限时(称为 Good $C/$

$I_{threshold}$),便将通话信道切换到此超级信道上。同时继续监测此信道的 C/I,如果变坏到一定门限(Bad $C/I_{threshhold}$)便切换到常规信道上。由此可见要采用 IUO,系统必须增加下行同频 C/I 比的估算以及与 IUO 相关的切换算法等功能。

◇ 小区内由外到内层切换:常规层到超级层(测量的 C/I 大于 Good $C/I_{threshold}$);
◇ 小区内由内到外层切换:超级层到常规层(测量的 C/I 小于 Bad $C/I_{threshhold}$)。

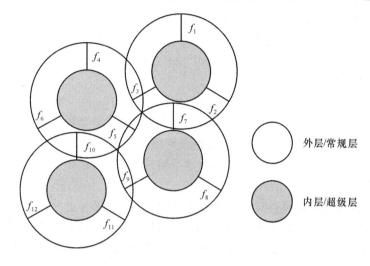

图 8-12 同心圆结构示意图

2. 容量

由于内层采用了更紧密的复用方式,每个小区可以分配更多的 TRX,从而提高了频率利用率,增加了网络容量。但需要注意的是同心圆内层的覆盖半径要小于一般小区,其对话务量的吸收是受话务分布情况及覆盖范围限制的。表 8-7 是不同话务分布,不同覆盖范围情况下同心圆与传统 4×3 方式的容量比较,S_i 为内层覆盖,S_{out} 外层覆盖面积,容量单位 Erl。

表 8-7 不同话务时同心圆于传统频率规划容量对比

	覆盖比 (S_i/S_{out})	3TRX	2TRXout+2TRXin	4TRX	3TRXout+2TRXin
话务均匀分布	0.3	14.04	10.57	21.04	20.05
	0.7	14.04	20.55	21.04	28.25
	0.9	14.04	21.04	21.04	28.25
话务线性分布	0.3	14.04	15.09	21.04	21.92
	0.7	14.04	21.04	21.04	28.25

需要说明的是覆盖比与频率复用类型有关,频率复用类型越紧密,同频干扰越大,内层覆盖比例将越小,另外还与切换参数的设置,以及周围环境有关。因此覆盖半径不是任意设置的,需要综合考虑网络的质量,一般很难超过 50%。

通过以上分析可以看出,同心圆技术对话务均匀分布情况下容量的提高很少甚至会降低,话务越集中于基站附近,效果越明显。总体上,容量提高比较有限,对于普通同心圆其内层发射功率低,不易吸收室内的话务量,因此频率效率不大,实际容量提高10%~30%。对于IUO,由于它内层发射功率不变,能够吸收室内业务,且基于质量进行切换对容量吸收比较灵活,因此实际容量提高相对较高,20%~40%。

3. 特点及应用

(1) 普通同心圆

普通同心圆特点包括:无须改变网络结构;需要增加一些特殊切换算法,但总体实现简单;手机无特殊要求;容量提高有限,一般为10%~30%,且与话务分布有关,内层因功率小而不易吸收室内话务;适用于话务量高度集中在基站附近,且分布在室外的情况。

在应用中需注意的问题包括:

- 做好网络规划。一方面注意应用于话务集中的地区,另一方面规划好内层的覆盖区,即不能因为复用紧密而带来干扰影响质量,又要能吸收足够的话务。如果规划不好,不仅不会提高容量,还有可能降低网络质量;
- 最好结合采用降低干扰的技术,如功率控制、DTX等。

(2) 智能双层网

IUO的特点包括:作为同心圆的一种方式,IUO可利用现有的站址,对网络改动小,对手机无特殊要求;系统功能需要增加对C/I的测量和估算以及特殊的切换算法;容量有20%~40%的提高,且与话务分布、超级层吸收的话务量有关,在提高容量的基础上能够保证质量;超级层可采用更紧密的复用方式,在频率足够宽时,可留出一部分频率用于微蜂窝;适用用于话务密度高且集中于基站附近的小区。

在应用IUO时应注意以下问题:

- 做好规划。小区规划时应根据话务分布情况进行,并注意减少干扰。
- 在进行小区信道配置时,应注意超级组频率和常规组频率的合理配置。要使底层吸收足够的容量,减少掉话,并设置好小区参数。
- 为降低干扰应结合使用功率控制和不连续发射(DTX)技术。
- 最好在常规层也采用基于C/I的切换。

8.3 小区分裂与频率规划

无线通信网络建网初期,用户数不多,资源一般都有富余。随着用户的不断增加,原来分配给每个基站区的资源出现阻塞现象,这时可在原有基站内增加分配新的资源。认资源是频率为例,如果用户继续增加,可用频端又已分配完时,只能进行蜂窝分裂、增加基站、增加同频复用,才能满足用户需要。通常分裂出新的小区半径只有原小区的一半。小区分裂有两种方式:一是不再使用原有基站;二是分裂出新的小区半径只有原小区的一半。

$$新小区半径 = 旧小区半径/2 \tag{8.7}$$

基于式(8.7),可得

$$新的小区覆盖面积 = 旧的小区覆盖面积/4 \tag{8.8}$$

令每个新的小区与旧小区有相同的最大业务负载,则在理论上可得

$$新的业务量/单位区域 = 4 \times 旧的业务量/单位区域 \tag{8.9}$$

因此蜂窝分裂与增加用户的容量的关系可用下式表示:

$$T_n = 4^n T_0 \tag{8.10}$$

其中,T_n 为蜂窝分裂 n 次后的网络容量,而 T_0 为蜂窝分裂前的网络容量。式(8.10)适用于蜂窝网孔按照 1:4 分裂为 4 个更小的小区情况。简单来说,分裂一次,用户数可扩大到原来的 4 倍,由于增加了干扰,实际容量会比 4 倍小些。

按照 1:4 方法分裂,每分裂一次,基站的覆盖半径小一半,基站的发射功率应降低 12 dB,基站的数量增加到原来的 4 倍,不仅建设投资增加,且越区切换频繁。最多容许分裂次数 n 将取决于站址及系统处理越区切换的能力。

下面介绍小区分裂常用的两种技术

(1) 固定分裂

固定分裂必须在每个新的分裂小区建立以前做出计划,必须作出对信道数、发射功率、频率配置、选择小区基站位置及业务负载等的考虑。准备完毕后,服务的交割应选择在业务量最低点,通常是在周末的午夜。最好系统停机在 2 小时以内,则这次交割中将只有极少的呼叫中断。

(2) 动态分裂

动态分裂实时利用基于配置频谱的效率。由于业务高峰期限间不会有一个完整的小区处于空闲状态,故此时动态分裂小区基站的算法是极为烦琐的。正在运行的蜂窝系统的小区分裂应逐步进行,以防止中断呼叫。假定位于两个原 2A 扇形之间正中的区域要求增加业务容量,正中点取在原 2A 扇形区和取名为"新 2A"之间。顺时针旋转 1A-2A 连线 120°可找到 1A 扇形区。于是 7 个分裂小区的集合的方向就确定了。在进行小区分裂时,为了对继续进行的呼叫保持服务,把分配给原 2A 扇形区的信道分成两成两组。

$$2A = (2A)_S + (2A)_{S1} \tag{8.11}$$

其中,$(2A)_S$ 代表用于原来的和新的两个小区的频率信道,而 $(2A)_{S1}$ 代表仅用于原小区的频率信道。在分裂阶段初期,在 $(2A)_S$ 中仅有少数信道,渐渐地,更多的信道将从 $(2A)_{S1}$ 中转移到 $(2A)_S$。当 $(2A)_{S1}$ 中没有信道时,小区分裂的过程就完成了。如果采用软件对小区的分裂进行处理将变得很容易。

8.4 频率规划时常用抗干扰技术

蜂窝移动通信系统本身有许多抗干扰技术,如跳频、功率控制、基于话音激活检测的不连续传输等。将这些技术有效应用将会提高 C/I,从而可以形成更紧密的频率复用方式,增加频率复用系数,提高频率利用率。下面以 GSM 系统采用的干扰技术为例,逐一介绍这些技术,并通过纯数学的方法仿真它们的增益。

8.4.1 动态功率控制

动态功率控制示意图如图 8-13 所示。不连续传输在话音激活期以 13 kbit/s 对话音编码,在安静期间以 500 bit/s 对舒适噪声编码。不连续传输在安静期间对干扰的贡献微乎其微,可以认为其功率为零(非激活态)。假设 DTX 激活因子为 p,则增益

$$\Delta C/I = 10\lg \frac{C}{pI} - 10\lg \frac{C}{I} = -10\lg p$$

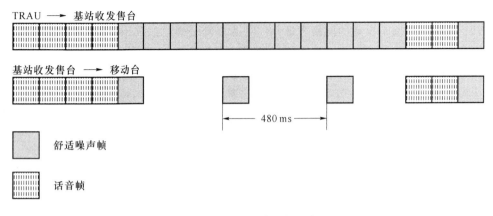

图 8-13 动态功率控制示意

8.4.2 跳频

跳频(FH)是扩频通信方式的一种,在蜂窝移动通信系统中应用,可以提高系统抗多径衰落的能力,并且能抑制同频干扰对通信质量的影响,具有较高的应用价值。特别是现今频谱资源日益紧张,跳频技术就成为提高频谱利用率的最有效的途径之一。

以 GSM 系统为例,由于每个逻辑帧的数据是分散交织在 8 个 TDMA 帧中发送的,而这些数据均经过卷积编码。如果这 8 个 burst 的码块有一小部分被干扰或损害,通过良好的卷积解码器,仍然可能较好地恢复出发送的数据,但如果有过多的码块被破坏,就很难恢复原来的数据了。而通过跳频,可以使一个信道的 burst 不至于连续长时间处于深衰落区(这对于工作在一个固定载频上静止或低速移动的移动台是很容易出现的),也不至于总被某一个强的同频信号所干扰,这样借助信道编解码就能够获得较好的传输效果。这就是采用跳频技术改善通信质量的简单原理。

GSM 系统使用的跳频序列是一种泊松伪随机变量序列,它最多可以提供 64 种跳频序列,长度与超高帧相同(持续 3 小时 28 分 53 秒 760 毫秒),以尽量保证各个序列之间正交,保证跳频的效果。GSM 中的跳频序列主要由两个参数描述:跳频序列号(HSN)和移动配置索引偏移量(MAIO),通常不同的小区指定给不同的 HSN,而不同的 MAIO 值指定给小区中不同的信道。

可以看出,由于同一个小区中的各个信道是采用的同一个 HSN,仅仅是偏移量 MAIO 不同,这样就保证了同小区内各个信道不会同时占用相同的频点。不同小区中由于 HSN 不同,采用的是不同种类的跳频序列,这样使各个小区之间跳频序列尽量不相关,使强干扰源信号被分散到多个信道中从而保证编解码效果。HSN=0 时 MAIO 由低到高循环重复,称为循环跳(Cyclic Hopping),由于这种方式跳频增益很低,在 GSM 中一般不采用。

GSM 支持基带跳频和射频跳频(也有称合成跳频或综合跳频,Synthesized Frequency Hopping)。基带跳频是指多个发射机工作在各自固定频点,而在基带上将不同信道的信号按跳频序列切换到不同发射机上发送,实现跳频。射频跳频指发射机的发射频率按跳频序列跳变。基带跳频简单易实现,但由于受 TRX 数目限制,跳频频点较少。

跳频主要带来的好处是频率分集(Frequency Diversity)和干扰分集(Interference Diversity)的效果。频率分集实际上提高了网络的覆盖范围,干扰分集则提高了网络的容量。由于基带跳频的可跳频率数等于 TRX 数,因此只能带来频率分集增益,不能带来干扰分集增益。但是,现在 GSM 运营商更关心的是容量问题,覆盖在大多数城市中已不是问题,要解决容量问题,采用射频跳频是一种很有效的方法,是网络规划中的应用趋势。

(1) 频率分集增益

频率分集指其抗瑞利衰落的能力,由于不同载频上的瑞利衰落有一定的不相关性(频率差越大,相关性越小),这样,分散在不同载频上的 burst 不会受同一个瑞利衰落的影响。这对于静止和低速移动的移动台意义是很大的,据说可以提供约 6.5 dB 的增益。高速移动的移动台,同一信道的两个接连的 burst 在时间位置上的差异已足以使他们与瑞利变化不相关,即几乎不会受同一次衰落的影响,此时慢速跳频能够提供的频率分集增益很小。

在移动台以较高速度移动条件下,小区配置的频点数目对跳频性能影响很小。而相对没有跳频的情况,大约有 1~2 dB 的频率分集增益。在移动台低速移动(TU3)时,因为频率分集效果,配置频点数目对系统性能影响显著,每增加一倍的频点大约可以有 0.2~1 dB 增益,负荷率可以提高 10% 左右。图 8-14 是一个跳频仿真系统输出的结果。

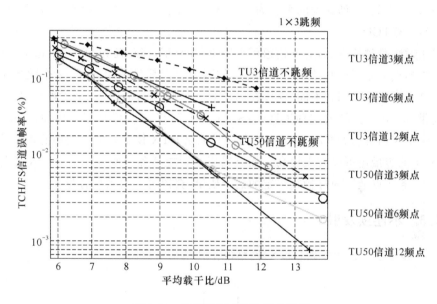

图 8-14 跳频仿真系统输出的结果

(2) 干扰分集增益

干扰分集指其抑制其他同频复用小区的干扰信号的能力,也就是提供跳频,提供传输路径上干扰的参差,改善了最恶劣条件下的干扰,使所有用户能均衡地获得较好的通信质量。这对于有大量用户的移动通信系统是十分重要的,特别是对于通过提高频率复用率来增加通信容量是十分关键的。通常要提供干扰分集效果,跳频频点数目不应小于 3。

考虑图 8-15,设移动台在时刻 t 使用 f_k 在通话。此时,干扰小区 f_k 被激活的概率是

$$p = C_{n-1}^{m-1}/C_n^m = m/n$$

$$\Delta C/I = 10\lg \frac{C}{pI} - 10\lg \frac{C}{I} = 10\lg \frac{n}{m}$$

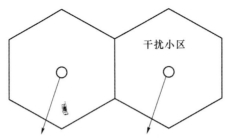

图 8-15 调频分集小区示意

(3) 跳频规划及容量分析

设共有频点 10 MHz,不采用跳频时频率规划及容量分析如下:

BCCH 的复用方式为 4×3,业务信道的复用方式为 3×3,10 MHz 共 50 个频点,去掉 1 个保护频点和 12 个 BCCH 频点,还剩 37 个频点,则每小区可分得 4 个业务频点((37−1)/9),总共还剩一个频点,即最大的配置为 5+5+5。每小区可提供的信道数为 37 个(1BCCH+2SDCCH+37TCH)。

当采用射频跳频技术后,业务信道可采用 1×3 复用,当负荷为 50% 时,每小区可提供 6 个业务逻辑频点。之所以称之为逻辑频点,是因为它们都是采用同样 12 个跳频集((37−1)/3),只是 HSN 和 MAIO 不同,这样在同样剩一个频点的情况下,最大配置变为了 7+7+7,可提供 53 个业务信道(1BCCH+2SDCCH+53TCH),提高了 43% 的容量。此时,90% 以上的地区仍可达到 9 dB 的 C/I。当同时采用 DTX 技术和中兴独特的快速功率控制算法时,系统的容量还可以大大提高。如果采用了智能话务控制技术后,GSM 还可以获得软容量,在话务热点地区通过牺牲一定的话音质量,获得更大的系统容量。

8.4.3 不连续发射

图 8-16 显示了不连续发射(DTX)网络的拓扑结构示意图。

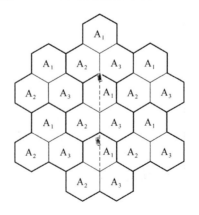

图 8-16 不连续发射网络拓扑结构示意

从图中可以看出,动态功率控制情况下,干扰移动台只有处于小区边界时,BTS 才以最大发射功率工作。

很显然,干扰移动台的位置是个概率。这种情况在跳频情况下尤其明显。设 DPC 因子为 p,则有:

$$\Delta C/I = 10\lg \frac{C}{pI} - 10\lg \frac{C}{I} = -10\lg p$$

8.4.4 1×3 复用＋射频跳频＋DTX＋DPC

下面具体考察一下 1×3 复用干扰情况,简单了解抗干扰技术为降低干扰、增大系统容量作出的贡献。

1×3 复用较 4×3 复用带来的干扰恶化量为

$$C/I_{(4\times3)} - C/I_{(1\times3)} = 18 - 9.43 \approx 8.57 \text{ dB}$$

1×3 跳频,50%频率负载带来的干扰分集增益为

$$10\lg 10(2/1) = 3 \text{ dB}$$

设跳频长度为 12 个频点,则带来频率分集增益约为 2 dB。

设 DTX 激活因子为 0.5,则带来增益为

$$-10\lg 10(0.5) = 3 \text{ dB}$$

设 DPC 因子为 0.9,则带来增益:$-10\lg 10(0.9) = 0.5$ dB。

总计增益为 3＋2＋3＋0.5＝8.5 dB。

从上面的分析可以看出应用抗干扰技术基本可以弥补复用方式密化带来的干扰恶化量。

8.5 自动频率规划算法

网络拓扑结构如图 8-17 所示,从上而下分别是宏蜂窝、微蜂窝,从覆盖范围由大变小,以 GSM 系统为例,又可以分为 900 MHz 和 1 800 MHz 双频网。

下面介绍 CAP(Channel Assignment Problem)常用算法,CAP 问题可描述为求解小区频率集合 $\{f[i][j], i=0,\cdots,M, j=0,\cdots,N_i\}$(其中,$M$ 为小区数目,N_i 为第 i 个小区的待配置频率数目),使得整个系统的干扰最小。定义 $f[i][j]$ 构成的空间为参数空间 S,定义求解的目标函数为 $g(f)_{\min}, f \in S$。称 $g(f)$ 为评价函数,它可用来评价一个频率配置方案的优劣。

典型地,评价函数 $g(f)$ 会依据事先计算好的表征小区两两之间干扰的矩阵(也称干扰表,它表达了如果两个小区同频,它们之间的干扰情况)来计算一个频率配置方案的评价值。典型的干扰表如表 8-8 所示。对于自由配频情况,给定 C/I 保护比门限,对于基站 A 的小区 1(2.3),将其他所有小区都看做是该小区的潜在干扰源(同频小区),逐个计算小区 1(2.3)相对于这些小区的 C/I,并分别统计不满足 C/I 保护比门限的区域面积。将这些面积归一化到[0,1]空间,作为干扰情况的度量指标。

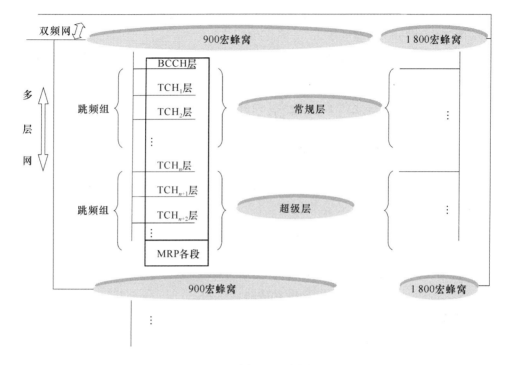

图 8-17 不同层的网络拓扑图

表 8-8 典型干扰表

主服务	干扰度量	基站 A			基站 B			基站 C		
		1	2	3	1	2	3	1	2	3
基站 A	小区 1									
	小区 2									
	小区 3									
	基站									
基站 B	小区 1									
	小区 2									
	小区 3									
	基站									

干扰表计算完毕后,基站(小区)两两之间的潜在干扰情况也就清楚了。现在的任务就是尽可能回避这些潜在的干扰(依照从大到小的原则),使它们尽可能不发生。因此,对于频率配置推理算法来说,其任务是根据输入的参数空间 S 的范围,以及推理目标 $g(f)_{\min}$,得到参数空间 S 中某点 f,该点使得整个系统的干扰最小。

若要考虑跳频,以跳频集 MA 代替频率集为参数;若要考虑同心圆,增加发射功率减少量和切换门限为参数。修改评价函数 $g(f)$,使其能够评价跳频和(或)同心圆条件下的干扰。另外,还存在一些特殊要求:

- 小区禁止使用某些频率；
- 小区指定使用某些频率；
- 频率隔离度。

当出现不满足上述要求的情况时，作为统一处理，在评价函数值上再累加一个高惩罚值即可。

习　题

1. 试描述频率规划对无线网络规划的作用，以及说明频率规划和扰码规划以及干扰控制的关系。

2. CDMA 系统中是否可以不进行频率规划？CDMA 系统中的干扰控制一般采用什么方法？

3. 为何把移动通信系统的小区称为蜂窝？为什么说最佳的小区形状是正六边形？

4. 蜂窝移动通信系统的小区簇是如何组成的？其大小主要由什么决定？同频无线小区的相隔距离是如何确定的？

5. 同频干扰产生的原因是什么？

6. 试绘出单位无线区群的小区个数 $N=4$ 时，三个单位区群彼此邻接时的结构图形。假定小区的半径为 R，邻接无线区群同频小区的中心间距如何确定？

7. 设某蜂窝移动通信系统的小区半径是 5 km，同信道之间的小区间隔距离要求大于 25 km，问该系统的小区频率复用因子至少需多大？试画出最小频率复用因子时小区簇的组成。

第9章 规划工具和网络性能评估

获得了用户的业务模型并知道网络的配置信息(如基站位置、发射功率、载频分配)后,就必须把这些信息结合在一起输入到无线网络规划工具中去,只有这样才能对网络的整体性能加以分析。无线网络规划工具必须像实际网络一样获悉无线网络资源算法的相关知识,以执行操作和作出判决。

目前的网络规划工具主要使用蒙特-卡洛仿真方法。假设移动台处于静止状态,所捕获的是基于统计平均的网络瞬时状况(静态抓拍)。为了正确得到整个网络的性能,移动台的随机分布通过产生许多这样的静态抓拍来获得。在规划仿真过程,需要输入数字地图、网络布局、业务量分布等。

基站位置的设计是移动通信网络规划的重要内容,不合理的基站位置不仅使网络建设的成本大大增加,还会使用户的通信产生许多问题。例如,没有充分考虑地形的影响,导致某些区域出现覆盖盲区;局部地区基站过密,出现导频污染问题,使通话过程容易出现掉话。因此,如何使基站安装在最佳的位置成为网络建设和运营成败的关键。通过网络规划工具,可以评估不同站址的网络性能,为站址选择提供理论指导。

网络规划的一个重要步骤是对初步的网络进行整体的系统性能评估。系统的性能评估依赖于无线网络规划工具。同时,还可以通过规划验证进行性能的验证。

本章将首先介绍无线网络规划工具,然后介绍站址选择原则,给出规划的网络性能分析示例,最后给出规划验证原理和相关性能示例。

9.1 网络规划工具

各种制式的无线网络规划工具问世多年,逐渐融入了链路预算、覆盖分析、地理信息显示、传播模型校正、话务量模拟、报告生成等实用功能,进而贯穿了规划设计过程始终。

无线网络规划工具通常基于静态仿真技术,在这一点上 3G 系统的三种制式并无差别。但是,同基于 FDD 的 WCMDA 和 cdma 2000 相比,基于 TDD 的 TD-SCDMA 具有鲜明的技术特点,因而对网络规划工具提出了独特的功能需求。所以,不同制式的无线网络规划工具会有不同的特征。

9.1.1 网络规划工具的功能需求

下面以具有额外需求的 TD-SCDMA 系统为例,说明规划工具的需求。

1. 准确模拟关键技术

与其他两种 3G 系统相比，TD-SCDMA 网络的下述特点会显著影响到规划工具的设计。

- 时分双工。TD-SCDMA 技术上下行使用同一频率的不同时隙进行通信。可以灵活地配置时隙转换点(SP)，但交错时隙配置时应当在中间留出隔离区域；此外，不同设备厂商部分公共信道在时隙结构上的位置也不尽相同。因此，TD-SCDMA 规划工具的仿真快照应当基于时隙进行，并能够灵活配置不同小区的时隙转换点及禁止某些时隙的使用以降低时隙交错时的干扰。
- 智能天线。智能天线通常可分成自适应天线和切换波束天线。前者自适应地识别用户信号的到达方向，通过反馈控制方式连续调整自身的波束赋形；后者则是预先确定多个固定波束，随着用户在小区中的移动，基站选择相应的使接收信号最强的波束，目前实际网络设备大都采用自适应天线。因此，TD-SCDMA 网络规划工具对天线模拟的复杂度比 WCDMA 更高。
- N 频点。TD-SCDMA 与 WCDMA 都可应用多载波技术，但 TD-SCDMA 的多载波技术可使同一扇区下的多个载波按照一个小区的方式来管理(如共用公共控制信道等)，即 N 频点技术。因此，在对频点的分配、使用与结果统计上，TD-SCDMA 系统对规划工具要求更高。
- 码资源规划。TD-SCDMA 的扰码长度只有 16 比特，码序列比较短。当产生位移后，容易发生相关性能的恶化，因此 TD-SCDMA 网络需要仔细进行扰码规划。相比之下，WCDMA 中扰码资源丰富，复用起来比较灵活。
- 动态信道分配(DCA)。DCA 包括在建立连接时无线资源的指配过程中，选择载波及时隙的慢速 DCA，也包括通话过程中躲避突发强干扰，选择新载波及时隙的快速 DCA。各厂家在 DCA 实现方法上也互有差异，TD-SCDMA 网络规划工具应当提供多种可选方式。
- 接力切换。相比较于 WCDMA 的软切换，接力切换对资源占用较少，虽然同时保持着与两小区的信令连接，但只与一个小区建立业务连接。因此，对于 TD-SCDMA 网络规划工具而言，使用链路数目或软切换栅格比例来判断空口资源使用效率的方法不再合适。

2. 提高规划工具仿真速度

由于采用了多种新的先进技术，TD-SCDMA 网络规划工具对仿真速度的要求更高，因而软件设计时应当注意通过不同过程的数据共享、变步长功率控制、被动终端(限于仿真次数，仿真区域的有些栅格内可能没有用户设备落入，导致这些栅格的网络状态无法获知，可以通过所谓的"被动终端"来探测，它与普通用户设备的区别在于并不引入新的噪声和增加系统负载，同样也不会由于系统资源的不足而无法接入)、并行计算等方法提高迭代速度：

- 智能天线建模。对于智能天线而言，赋形增益与用户和天线的相对位置关系密切，仅使用一套垂直增益和水平增益来近似模拟的方法已无法满足精度要求，计算干扰时需要事先提供或实时生成数目更多、也更为精细的天线增益方向图，以精细区分用户的到达角(DOA)。

- 干扰类型增加。时隙交错配置时会增加两种类型的干扰,即用户对用户的干扰和基站对基站的干扰。此外,在 N 频点设备不够成熟时,TD-SCDMA 中的多载波配置比 WCDMA 中的更为常见,此时也必须考虑相邻载波的干扰。干扰类型的增加将带来计算量的一定提升。

3. 适应多系统共存需要

3G 是一个多技术多系统并存的时代。3G 系统(2G 附近)投入使用后,将与已经大规模使用的 PHS 系统(1 900~1 920 MHz)、DCS1800 系统邻频共存,各系统之间可能存在一定程度的干扰。因而,单系统网络规划的结果很难给建设单位提供足够的信心,必须同时考虑 3G 引负相互之间,3G 和其他无线通信系统之间的干扰。

9.1.2 网络规划工具的实现方法

结合网络规划工具的功能需求,本节详细介绍 TD-SCDMA 规划工具在实现时需要着重考虑的因素和方法。

1. 时隙仿真

由于 TD-SCDMA 网络采用时分双工技术,因而其仿真过程应当基于时隙进行,即在每次快照进行前应当依据剩余码资源状况、干扰分布情况、用户分布情况等将用户分配到具体时隙中,随后就可以进行与 WCDMA 相同的功率叠代、收敛判决等过程;考虑到整体统计效应,输出时也需要分上下行提供全网、选定区域、每小区等范围内各时隙的算术平均。

TD-SCDMA 网络可在相邻小区配置不同的时隙转换点,但引入了用户与用户之间以及基站与基站的干扰。因此,蒙特—卡洛法仿真轮询计算干扰时,应当注意识别出交错时隙中这两种干扰源,并依据距离选用适当传播模型,如基站与基站之间使用双折线模型、用户设备与用户设备之间使用自由空间模型或 Xia 公式。

2. 智能天线

智能天线的引入使得 TD-SCDMA 网络的干扰计算比 WCDMA 系统的更加复杂。WCDMA 网络规划工具模拟天线时,只需配置一套方向图(包括垂直和水平增益),但在 TD-SCDMA 中,无论是自适应天线还是切换波束天线,都要求事先提供或者实时生成多套方向图。这两种天线的差异在于自适应天线具有更精确的用户跟踪能力,但仿真更为耗时,网络规划工具应当同时提供这两种方法供用户自行选择。需要指出的是,自适应天线的成形通常是基于特征向量的波束赋形法,精确模拟该方法时不仅要求目标用户得到最大增益,而且要求赋形零陷同时能够对准高数据速率干扰源。

在计算干扰时,TD-SCDMA 规划工具应当依据用户分布查找所属的方向图。以二维平面内下行干扰的计算为例进行说明。

- 在计算小区内其他用户设备引起的干扰时(图 9-1(a)),应查找针对干扰用户设备的赋形波束表,再结合受害用户设备位于该增益图中的位置(θ),就可以得出该条干扰链路上的天线总增益。当然,来自同小区的干扰还要依据非正交因子和联合检测因子作加权。
- 在计算邻小区引起的干扰时(图 9-1(b)),也要考虑受害用户设备和干扰用户设备之间的相对位置以及干扰用户设备的波束赋形表。

智能天线的波束方向图越精确，仿真结果越接近现实，这取决于系统厂家具体算法和天线厂家设备性能的结合，但目前智能天线行业标准尚未形成，当前各厂家组合的性能差别较大，因此应当加快推出行业标准，建立完备的智能天线数据库，并结合实际应用不断调整。

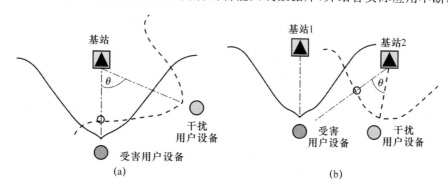

图 9-1　TD-SCDMA 网络中的干扰计算示意

3. 频率资源规划

从满足容量和降低干扰的角度而言，N 频点配置必将成为 TD-SCDMA 的重要组网方式。由于未来运营商的具体频段使用情况尚不明晰，规划工具应当能够灵活支持最为可能的 N 频点同频、N 频点混频、N 频点异频等多种方式。

对于规划工具而言，TD-SCDMA 中频点的规划方法可以参考传统 GSM 网络中的动态频率复用、多重频率复用（MRP）、智能多层频率复用等方法。

此外，需要注意的是：

- 随着数据业务不断升温，TDD HSDPA 同时建设满足数据业务需求，建议将 HSDPA 与 N 频点技术结合起来，作为其中一个辅载频，因此网络规划工具应当注意包含此功能；
- WCDMA 规划工具中，一般只需要考虑 HSDPA 与 R99 的同频、异频设置两种场景，但在 TD-SCDMA 中，一般会涉及 3 个以上载频的业务占用资源分配，因而对业务接入判断和结果统计等方面要求更高。

4. 码资源规划

TD-SCDMA 标准中规定 32 个扰码组与 32 个下行导频码一一对应，故应避免将重码和相关性很强的复合码复用到相邻小区中，即进行扰码规划。在搜索大规模的网络配置时，规划工具可以使用遗传算法、禁忌搜索算法等方法来查找相对较优的分配组合，所谓"较优配置"应当综合考虑三个指标，即扰码复用距离、复合码相关性、前期覆盖分析时产生的路损预测结果。

对规划工具的建议流程为：码规划之前先进行邻区规划；然后依据具体的分配原则（如距离要求、干扰要求、簇关系等）进行优选；随后小区下行导频码也将因之确定。码资源规划功能应当能够支持全网的码组规划和局部地区的分配优化，并提供码字预留、相关性检测、扰码指定等常用功能。此外，由于同一小区各载频要求使用相同的扰码和 Midamble 码，所以码资源规划时还应当顾及频率规划的结果。

5. 其他关键技术的实现

其他关键技术包括动态信道分配、接力切换以及联合检测。

- 动态信道分配。静态仿真技术无法模拟出时间流动,因而目前只需要模拟慢速DCA,即将该过程置于蒙特-卡洛仿真之前。规划工具通常应实现多种优先级选定策略,如基于剩余码资源的 DCA、基于时隙的 DCA、基于小区干扰的 DCA、基于到达方向的 DCA、基于频点的 DCA 等。需要注意的是,到达方向角偏差导致的影响不可忽视,因而在基于到达方向角的 DCA 中,网络规划工具应当提供到达方向角角度估计偏差的输入途径。
- 接力切换。同样,规划工具无法模拟出切换过程中与时间相关的迟滞参数,但应当能够方便地设置接力切换的相关测量门限参数,以便直观显示切换多发区域。
- 联合检测。目前网络规划工具主要使用联合检测因子来模拟联合检测功能,但研究表明该功能对上下行的影响程度不尽相同,因而网络规划工具应当可以对不同方向设置不同影响因子。不同系统厂家对多小区联合检测的支持能力和方案也不相同,需要规划工具厂家引起足够关注。

9.1.3 网络规划工具的关键输出

网络规划工具应当能够提供一些关键输出,以便评估网络规划方案并据此调整网络部署。与 WCDMA 网络类似,TD-SCDMA 网络也应当提供覆盖、容量和质量等统计结果,由于 TD-SCDMA 采用了时隙仿真机制,因而有些结果应当区分到时隙粒度。下面以 TD-SCDMA 为例介绍网络规划工具的性能输出结果。

1. 网络覆盖情况统计

(1) 公共信道覆盖

作为规划工具的最基本输出,公共信道性能体现了网络整体覆盖情况,也是规划工具评估、仿真结果与实际网络比较等课题的可靠依据(如表 9-1 所示)。WCDMA 网络中主要考察 PCIPCH 信道,但 TD-SCDMA 需要综合考虑 DwPTS 和 PCCPCH 两个信道,并且由于它们的信道结构相仿,仿真结果的整体趋势也应当一致,也可以用来检验规划工具的准确性。

表 9-1 TD-SCDMA 网络规划工具重要输出:公共信道覆盖相关

覆盖分析结果	物理含义	对软件的要求或用途
DwPTS RSCP	DwPCH 信道接收功率	整体趋势应当一致
PCCPCH RSCP	PCCPCH 信道接收功率	
DwPTS C/I	DwPCH 信道质量	整体趋势应当一致
PCCPCH C/I	PCCPCH 信道质量	
主服务小区分布	依据公共信道强度或质量判断的小区覆盖情况	借以判断信号杂乱等不良情况
DwPTS 覆盖范围	同时满足一定 DwPTS C/I 和 RSCP 门限的区域	方便地设定门限;直观地显示结果
PCCPCH 覆盖范围	同时满足一定 PCCPCH C/I 和 RSCP 门限的区域	

(2) 业务信道覆盖

业务信道覆盖方面,TD-SCDMA 与 WCDMA 网络所需要的输出结果种类差别不大。但需要注意的是,在业务解调门限上,TD-SCDMA 与 WCDMA 存在较大差异,应当依据设备性能而定(如表 9-2 所示)。

表 9-2 TD-SCDMA 网络规划工具重要输出:业务信道覆盖相关

覆盖分析结果	物理含义	对软件的要求或用途
上/下行 DPCH 覆盖范围	上/下行 DPCH 所需功率不超过最大上行 DPCH 发射功率	不同业务门限不同,应可以区别设置
上/下行 DPCH 覆盖概率	各次快照中满足 DPCH 覆盖概率的栅格比例	
业务覆盖平衡范围	同时满足上/下行 DPCH 覆盖范围	
业务信道失败原因	包括上行业务信道、下行业务信道等原因	依据原因进行参数化
综合覆盖范围	同时满足公共信道覆盖和 DPCH 覆盖	

2. 网络容量结果统计

网络容量的统计结果有助于甄别出恶劣小区,可以依据不合格的指标调整网络布局、工程参数、无线参数等。与 WCDMA 网络不同,TD-SCDMA 网络的容量仿真结果应当详细到时隙级别。需要注意的是,TD-SCDMA 网络负载可以由剩余码资源占用率、底噪抬升、负载因子等多个指标体现,而 TD-SCDMA 网络容量的码字受限特性已经由理论仿真得到验证,建议重点考核剩余码资源占用率(如表 9-3 所示)。

表 9-3 TD-SCDMA 网络规划工具重要输出:网络容量仿真结果

覆盖分析结果	物理含义	对软件的要求或用途
业务时隙噪声抬升	该时隙业务负荷情况	分时隙;对高时进行参数优化;调整网络布局、参数配置、DCA 算法等
上/下行剩余码资源占用率		
业务时隙负载		
业务信道发射功率	下行功率资源使用情况	
接通用户设备平均发射功率	上行覆盖情况	

3. 网络服务质量统计

与 WCDMA 网络相同,网络服务质量(接入成功率、数据业务吞吐量等)也是 TD-SCDMA 规划质量的重要考核。除表 9-4 所列各项外,规划工具在条件成熟时还应当摸索分组延误、时延抖动等重要分组业务指标的仿真实现方法。

表 9-4 TD-SCDMA 网络规划工具重要输出:业务信道覆盖相关

类别	覆盖分析结果	物理含义	对软件的要求或用途
接入情况	接入成功率	网络对业务的实际支撑能力	分业务、分小区
	接入失败原因	包括业务信道发射信道受限、上/下行码字受限、公共信道覆盖空洞、导频污染等原因	依据原因进行参数优化
吞吐量	上下行吞吐量	数据业务实际承载情况	分业务、分小区、分时隙
	HSDPA 吞吐量	HSDPA 业务实际承载情况	

9.1.4 规划工具与系统设备的绑定关系

作为一种工具门类而言,3G 网络规划工具已经在 WCDMA 网络和 cdma2000 网络中应用多年,基本的仿真原理和实现机制也已经得到了业界的广泛认可,规划仿真也已经成为使用不同系统设备的3G网络建设流程中的必要环节,如图9-2所示。

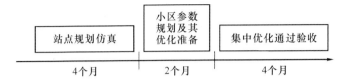

图9-2 规划仿真是3G网络建设流程的必要基础环节

作为一种成熟的标准体系,TD-SCDMA演进系统相关协议规范也已经完善,系统厂家都采用了下列新技术:关键技术,如联合检测算法、波束赋形算法;无线资源管理技术,如快速动态信道分配算法。

对于这些新技术,规划工具的实现方式屏蔽了不同技术细节的影响,只是从宏观的、统计的层面去模拟整体效果。如使用一个因子来模拟联合检测,使用多套预置的方向图数据来模拟智能天线。

对于无线资源管理技术而言,大量算法是和时间流动引起的信道质量变化密切相关的,本质上所有基于静态仿真技术的规划工具都对此无能为力。通常,对无线资源管理算法的算法评估也超出了网络规划工具的范畴,一般由更为精密但无法应用电子地图的动态仿真平台承担。

有鉴于此,理论上可以认为规划工具是超越系统设备的一个模拟平台。从实际情况来看,虽然有部分规划工具声称"对某系统厂家设备绑定很好",但事实上这种"绑定"主要还是体现在一致的术语上,并无实际意义。

9.2 测试工具介绍

TD-SCDMA无线网络常用的测试工具有测试终端和测试软件,测试终端通过实际测量无线网络的各种参数(参数类型可参考TS25.225),同时将测量的结果实时报给测试软件,测试软件按照一定的格式将这些信息存储起来,之后可以进行非实时的回放、分析等功能,从而得出网络的各种指标和网络中存在的问题,为网络优化提供参考。

9.2.1 测试终端

测试终端是指遵照TD-SCDMA协议规范工作,并能够将其所捕捉到的交互信息按照一定的格式向接口软件发送出来的设备,目前国内从事TD-SCDMA测试终端研发的厂家较多,已经商用的有Pecker、Rover等型号。

当前,TD-SCDMA商用手机终端在产业化道路上依然还有待进一步提高性能、稳定性、良品率等,因此测试终端同样也面临一定程度上的不稳定、不完善的情况。例如,Pecker测试终端不采用手机芯片的解决方案,而是基于DSP的架构来实现其功能,相比较于采用ASIC芯片的手机,其软件升级较为方便,但其发热量很高而导致稳定性较差等也是其面临的现实问题。同时由于采用DSP芯片,终端的成本较高,与采用商用芯片的测试终端相比较处于劣势,且不方便进行大规模生产。

测试终端的要求不同于普通终端,一般来讲,其至少需要满足以下要求:

(1) 功能要求
- 支持丰富的 3G 业务；
- 不同速率的 AMR 语音(4.75～12.2 kbit/s)；
- CS64 kbit/s 电路域数据业务,典型为可视电话；
- 不同速率的分组域数据业务,PS64K/64K、PS128K/64K、PS384K/64K 等；
- 各种不同速率组合的 CS 和 PS 并发业务；
- 支持短信、多媒体彩信等信息类业务。

(2) 支持多种测试模式,与路测软件和 GPS 结合组成完整的路测系统
- MMI 工程模式；
- 基站物理层测试；
- Uu 接口测试；
- 锁定频点、锁定小区、强制小区重选、强制/抑制切换等强制功能；
- 扫频功能。

(3) 采集的信息准确丰富
- 随机接入参数、小区搜索信息、服务小区信息、邻小区测量信息等层 1(物理层)测量值的采集；
- RLC、MAC、BLER 等 L2 测量信息/服务质量信息的采集；
- 用户设备和 UTRAN 之间的空口消息、系统消息、协议栈状态信息、用户设备的基本信息等 L3 消息的采集。

除了测试终端,还有 TD-SCDMA 扫频仪等设备,也广泛在网络评估和测试中应用,在此不一一列举。

9.2.2 测试软件

测试软件是网络优化工作中必不可少的,也是直接影响网络优化工作效率和深入程度的重要因素。目前 TD-SCDMA 网络优化测试软件已有多款,下面通过介绍路测系统来剖析路测系统的构成与功能。

路测系统由 TD-SCDMA 测试终端、GPS 接收机、扫频接收机、前台测试软件构成的路测前台测试系统和后台数据分析系统构成。前面已经介绍过路测终端,本部分重点介绍路测前台测试软件和后台数据分析软件。

1. 路测前台测试系统

路测前台测试系统一般是由路测前台测试软件和一台测试终端构成的,前台测试系统需要具备较强的终端控制能力和数据采集能力,能够捕捉来自不同终端的跟踪数据并实时进行记录。前台测试系统还需要具备 GIS 功能,通过外接 GPS 模块能够准确地对目前的测试地点进行定位(室外路测系统),能够在系统导入的数字地图上显示该测试点的位置,以便定位网络发生故障的位置。

同时前台测试系统也需要能够方便的设计各类控制脚本来控制终端的行为,实现自动化的测试。前台测试系统在做数据跟踪和记录的同时也对原始数据进行了层 1 到层 3 的完整解码,用户可以通过各种软件界面视图实时地从不同的角度观察当前时刻终端与网络交互的信令,以及终端所测量到的无线参数指标情况。同时前台系统还可以接入多种网络制式的各种终端进行同步测试,这样能够有效地对比不同网络和运营商之间的网络性能,测试

完成后可以对测试数据进行回放分析也可以快速地出具一份完整的网络评估报告。某些路测系统的分析和报告功能非常强大,因此日常的评估工作基本通过自动化报表已经能够完全满足要求。

2. 路测后台数据分析系统

后台数据分析系统侧重于网络问题的查找和定位,通常后台系统不具备测试能力,但却能针对前台所测试的路测数据提供更为强大的回放和数据分析能力。

首先路测后台系统应该能够导入前台测试系统记录的数据文件,这一步是进行数据分析的基础。目前在 TD-SCDMA 路测前台市场上,不同的厂商各自采用了不同的数据记录格式对测试数据进行记录,这在一定程度上也限制了路测后台数据分析系统的普遍适用性。

路测后台数据分析系统首先应具备前台测试数据的回放和参数展现,可以对参数和事件进行多种操作,以便在地图上观察满足条件的参数所在的地理位置,从而为下一步的网络优化提供条件。

目前的后台系统正在向更加智能化、更加灵活和更强的扩展能力方面发展,这类产品有一个共同的特点就是设计了一个开放式的平台,可以基于该平台实现当前网络下任意参数下进行任意的算法分析,而用户也可以方便地在该平台上依自身掌握的信息结合工程的实际需要任意地扩展分析库,并且这样的分析库可以在多个工程师间实现共享,实现了网络优化和分析经验的传递。

多维分析器能够帮助用户从多个不同的角度及其数据组合来分析数据。进行网络评估的一个重要目的是找出网络中网络问题最严重的 N 个小区或者基站或者其他网元,并对这些网元进行着重的分析。同时在数据分析时又不能试图通过单一的无线指标来定位问题的根源,因此需要再进入更多的维度来共同观察问题发生的内在联系,如切换失败对掉话的影响等。

除了上述功能外,后台分析软件也需要能够导入扫频仪等其他 TD-SCDMA 测试仪器数据的能力,以使得网络优化工程师能够从多个维度观察无线网络而不是仅仅从测试终端获取数据。

9.3 规划性能分析

性能是一个综合指标,不仅要反映该区域的导频覆盖情况,还需要反映该地区的业务质量。同时,只有前反向覆盖平衡的区域才是覆盖良好的区域。

系统设计不仅要求满足无缝覆盖的基本要求,还要考虑到容量对系统的影响。宏蜂窝结构能够满足覆盖要求,但是在业务需求高的区域易出现容量受限现象,因此需要进行相关的容量分析,得到当前网络的负载分布以及业务满足情况。软切换是 CDMA 特有的现象,软切换率的高低会影响系统资源的利用率以及掉话率,所以也需要进行详细的规划。如果网络采用了多载波配置,那么也必须进行相应的多载波分析。

9.3.1 蒙特-卡洛仿真

在网络规划平台中,采用如下蒙特-卡洛仿真方法。每个仿真包括多次静态抓拍用来模拟在网络中移动台各种位置的可能性,在每一步中考虑一种移动台放置的可能。一次静态抓拍包含移动台的放置、路径损耗的计算、接入、功率控制和数据统计。

具体步骤如下:

① 在每次仿真开始时,根据不同的仿真环境和仿真设置产生基站,包括它的位置、初始发射功率、热噪声等。

② 在每次静态抓拍开始时,移动台按照均匀分布平均分布在各个基站中。

③ 放置了移动台以后,计算各个移动台和基站间的路径损耗,加上对数正态阴影衰落并存到增益矩阵中。

④ 根据无线资源管理算法使每个移动台接入相应的基站,并且进行资源分配,即执行接入控制机制。

⑤ 在这个稳定的周期中,功率控制执行一定长的时间使功率达到所需要的质量的功率。在功率控制循环中增益矩阵保持不变。在功率控制的循环中足够的功率控制次数为大于150。

⑥ 在功率控制循环结束时,统计各种需要的数据。那些 E_b/N_0 小于目标 $E_b/N_0-0.5$(dB)的移动台被认为处于掉线状态,那些 E_b/N_0 大于目标 $E_b/N_0-0.5$(dB)的移动台被认为处于满意状态。

⑦ 当一次静态抓拍结束时,移动台被重新分配给系统,并重新执行上面的过程。在一次仿真中,要运行足够的静态抓拍来达到局部的平均 SIR 的值。

在一次静态抓拍中,得到各个移动台的单次统计数据,将结果记录输出。

蒙特-卡洛仿真模块中实现的关键算法有:接入控制算法、信道分配算法、功率控制算法和干扰计算算法。流程图如图 9-3 所示。

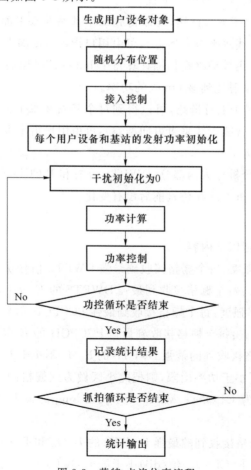

图 9-3 蒙特-卡洛仿真流程

9.3.2 栅格分析

栅格分析模块主要是针对无线通信系统的特点对上下行链路的性能和覆盖情况进行计算分析和预测,分别在仿真前后进行上行覆盖分析、下行覆盖分析和上下行覆盖平衡分析。栅格分析实现的主要功能包括导频信道分析、业务信道分析两部分。

仿真前栅格分析模块在生成业务之前进行,系统空载干扰只考虑热噪声,这时得到的覆盖是极限覆盖范围。引入的被动终端(不占用资源且不引入干扰)对每个 bin 进行扫描,得到每个 bin 的性能参数,然后对上下行链路的覆盖情况进行分析。假设基站以所分析业务的最大发射功率发射,用户设备以最大发射功率发射来分别检验下行和上行能否覆盖,如果在此极限情况下都不能覆盖,认为该 bin 不能覆盖。

仿真后栅格分析模块在蒙特-卡洛仿真之后进行,每次抓拍后引入被动终端对每个 bin 进行扫描,得到每个 bin 的性能参数,多次抓拍多次扫描以后取平均得到最终每个 bin 的性能参数,然后对上下行链路的覆盖情况进行分析。同样假设基站以所分析业务的最大发射功率发射,用户设备以最大发射功率发射来分别检验下行和上行能否覆盖,如果在此极限情况下都不能覆盖,认为该 bin 不能覆盖。抓拍中撒下的用户设备是为了模拟系统干扰,抓拍后引入的被动终端不占用资源不引入干扰。

蒙特-卡洛仿真后,对于下行链路,可以得到每个基站在水平面上每个角度的有效发射功率(已经包括了智能天线水平方向增益),可由用户指定零度参考方向和正方向(默认水平向右顺时针方向为正)。用被动终端扫描计算每个 bin 的信噪比的时候,信号功率为基站以该业务的最大发射功率发射达到该 bin 处的功率。

蒙特-卡洛仿真后,对于上行链路,可以得到每个基站在水平面上每个角度的本小区干扰和外小区干扰(包括了智能天线垂直方向增益),可由用户指定零度参考方向和正方向(默认水平向右顺时针方向为正)。

栅格分析中的导频分析分为两部分,DWPTS 分析和 P-CCPCH 分析,在仿真前后可以由用户选择进行分析,分析方法在仿真前后没有变化。

1. 导频信道分析

导频信道分析项包括以下内容。

- DwPTS 的功率强度:每个栅格接收到最强 DWPTS 信号功率(dB)。
- DwPTS 的 E_c/I_o:每个栅格接收到最强 DWPTS 的 E_c/I_o(dB)。
- PCCPCH 的功率强度:每个栅格接收到最强 PCCPCH 信号功率(dB)。
- PCCPCH 的 E_c/I_o:每个栅格接收到最强 PCCPCH 的 E_c/I_o(dB)。
- 服务小区:若栅格接收到的最强 DwPTS 的 E_c/I_o 不小于 E_c/I_o 门限,同时最强 DWPTS 信号功率不小于功率门限,则把此小区做为此栅格的服务小区;否则此栅格没有服务小区,记为 ULONG_MAX(unsigned long 的最大值,VC 中 LIMITS.H 中定义)
- DwPTS 污染:栅格接收到的最强 DwPTS 的 E_c/I_o 和 RSCP 都大于等于门限值,同时与其他小区的 RSCP 的差值(dB)小于等于 DwPTS 污染门限(默认 5 dB)的个数。

- 切换区域:若栅格接收到的次强 DwPTS 的 E_c/I_o 和 RSCP 都大于等于门限值,同时满足最强 DwPTS E_c/I_o 与次强 E_c/I_o 之差不小于切换门限,则此栅格为切换区域;若栅格接收到的最强 DwPTS 的 E_c/I_o 和 RSCP 都小于门限值,则为未覆盖区域,否则为非切换区域。
- DwPTS 覆盖概率:阴影衰落值小于等于每个栅格最大允许衰落值的概率。
- DwPTS 覆盖范围:若栅格接收到的最强 DwPTS 的 E_c/I_o 不小于 E_c/I_o 门限,最强 DwPTS 的功率不小于功率门限,则此栅格被覆盖到,记为 true,否则记为 false。
- PCCPCH 覆盖范围:若栅格接收到的最强 PCCPCH 的 E_c/I_o 不小于 E_c/I_o 门限,最强 PCCPCH 的功率不小于功率门限,则此栅格被覆盖到,记为 true,否则记为 false。
- 导频信道失败原因:0—全部失败;1—只有 DwPTS 覆盖;2—只有 PCCPCH 覆盖;3—公共信道覆盖成功;4—UpPCH 覆盖失败;5—其他原因。

导频信道分析的具体计算公式包括以下内容。

(1) 计算分析区域内每一点的接收到的规划区域内所有小区的总导频 DWPS 功率

对每个 bin 计算来自有效信号计算范围内所有小区到达该 bin 的 DWPTS 信号总功率,得到每个 bin 总 DWPTS 接收功率 P_R。

$$P_{\text{Re}(DWPTS)\_i} = P_{DWPTS} + G_\alpha + G_\beta - L_{bi} - L_P - L_m + G_m - L \tag{9.1}$$

其中,$P_{\text{Re}(DWPTS)\_i}$ 为每个 bin 接收到小区 i 的 DWPTS 发射的功率;用所分析 bin 与基站的水平方向夹角和垂直方向夹角,查导频信号发射时的智能天线水平面方向图和垂直面方向图,可以得到智能天线水平方向增益 G_α 和垂直方向增益 G_β;L_{bi} 为小区馈线损耗,L_P 为路径损耗;

叠加计算得到每个 bin 的接收总功率 P_R 为

$$P_R = \sum P_{\text{Re}(DwPTS)\_i} \tag{9.2}$$

(2) 计算规划区内每个 bin 的各 DWPTS 的 E_c/I_o

E_c 为接收到的某小区的功率,I_o 为接收到的总干扰,等于接收总功率+热噪声-本小区功率+(1-正交因子)×本小区功率=接收总功率+热噪声-正交因子×本小区功率

$$\frac{E_c}{I_o} = \frac{P_{\text{Re}(DwPTS)\_i}}{P_R + N_0FW - \alpha \cdot P_{\text{Re}(DwPTS)\_i}} \tag{9.3}$$

得到每个 bin 的各个 DWPTS 导频的 E_c/I_o,按照从大到小排列,可以得到第 n 强 DWPTS 功率 $P_{\text{Re}(DWPTS)n}$ 和第 n 强 DWPTS 载干比 $(E_c/I_o)_{\text{DWPTS}n}$。

(3) 计算分析区域内每一点的接收到的来自有效信号计算范围内所有小区的总导频 P-CCPCH功率

对每个 bin 计算来自有效信号计算范围内所有小区到达该 bin 的 P-CCPCH 信号总功率,得到每个 bin 总 P-CCPCH 接收功率 P_R。

$$P_{\text{Re}(PCCPCH)\_i} = P_{PCCPCH} + G_\alpha + G_\beta - L_{bi} - L_P - L_m + G_m - L \tag{9.4}$$

其中,$P_{\text{Re}(PCCPCH)\_i}$ 每个 bin 接收到小区 i 的 P-CCPCH 发射的功率;用所分析 bin 与基站的水平方向夹角和垂直方向夹角,查导频信号发射时的智能天线水平面方向图和垂直面方向图,可以得到智能天线水平方向增益 G_α 和垂直方向增益 G_β;

叠加计算得到每个 bin 的接收总功率 P_R

$$P_R = \sum P_{\text{Re}(PCCPCH)\_i} \tag{9.5}$$

(4) 计算规划区内每个 bin 的各 P-CCPCH 的 E_c/I_o。

$$\frac{E_c}{I_o} = \frac{P_{\text{Re}(PCCPCH)\_i}}{P_R + N_{\text{th}}FW - \alpha \cdot P_{\text{Re}(PCCPCH)\_i}} \tag{9.6}$$

得到每个 bin 的各个 P-CCPCH 导频的 E_c/I_o，按照从大到小排列，可以得到第 n 强 P-CCPCH 功率 $P_{\text{Re}(PCCPCH)n}$ 和第 n 强 P-CCPCH 载干比 $(E_c/I_o)_{PCCPCHn}$。

对于某个 bin 来说最大的允许衰落值＝发端功率－损耗＋增益－用户设备最小接收功率＝常量，以上单位都是 dB。阴影衰落的均值为 0，方差为 σ，阴影衰落小于 L 的概率 P 为

$$P\{X<L\} = 1 - P\{X \geqslant L\} = 1 - Q\left(\frac{L-0}{\sigma}\right) = 1 - \frac{1-\text{erf}\left(\frac{L}{\sqrt{2}\sigma}\right)}{2} = \frac{1+\text{erf}\left(\frac{L}{\sqrt{2}\sigma}\right)}{2} \tag{9.7}$$

2. 业务信道分析

下行业务 C/I（仿真前）：此时干扰只考虑热噪声。若某栅格没有服务小区，直接把 C/I 记为宏 MIN_DB；

下行业务平均 C/I（仿真后）：多次统计 C/I 的算术平均。有用信号为在单码道上的接收功率，干扰的计算需要用到蒙特-卡洛仿真的统计结果。设 θ 为所分析的 bin 与本小区基站 i 的水平方向夹角，用这个角度可查得基站此角度上的有效发射功率 P_{ae}^θ，再乘以损耗（包括路径损耗、智能天线垂直增益、用端的接头损耗、天线增益和人体损耗）就可得到本小区干扰；设 λ 为所分析的 bin 与外小区基站 j 的水平方向夹角夹角，用这个角度去查，可得到基站 j 在此角度上的有效发射功率 P_{inter}^λ 乘以损耗（包括路径损耗、智能天线垂直增益、用户设备端的接头损耗、天线增益和人体损耗），再把所有外小区基站到达所分析的 bin 的功率累加起来，就可以得到总外小区干扰。最后用正交因子乘以本小区干扰，加上外小区干扰和热噪声就可得到总干扰。计算公式如下：

$$\frac{C}{I} = \frac{P_{Rx}}{(1-\alpha)P_{\text{intra}}^\theta \cdot L_{PR} + \sum P_{\text{inter}}^\lambda \cdot L_{Pi} + N_{\text{th}}FW} \tag{9.8}$$

$$P_{Rx} = P_{traffic} + G_\alpha + G_\beta - L_{bi} - L_P - L_m + G_m - L \tag{9.9}$$

$$Loss = Pathloss + G_\beta + G_m - L_m - L \tag{9.10}$$

其中，α 为正交因子，G_α 为智能天线水平方向增益，G_β 为垂直方向增益，N_0FW 为热噪声，$P_{traffic}$ 为业务的发射功率单位 dBm，L 为人体损耗，L_m 为 UE 端的接头损耗，G_m 为用户设备天线增益，L_{bi} 为小区馈线损耗，L_P 为路径损耗。

下行业务覆盖范围（仿真前）：若某栅格的 C/I 不小于目标 $C/I-0.5$，则认为此栅格被覆盖到，记为 true，否则记为 false。

下行业务覆盖概率（仿真后）：计算多次统计后栅格接收的 C/I，不小于目标 $C/I-0.5$ 的次数与统计次数之比，作为下行业务覆盖概率。

下行业务覆盖范围（仿真后）：若下行业务覆盖概率不小于目标覆盖概率，则认为此栅格下行被覆盖到，记为 true，否则记为 false。

上行用户设备发射功率:基站端刚好满足目标 C/I 时用户设备的发射功率,此时干扰只考虑热噪声。若某栅格没有服务小区,直接把用户设备发射功率记为宏 MAX_UETX-POWER

上行用户设备平均发射功率(仿真后):多次统计用户设备发射功率的算术平均。干扰的计算要用到 MC 仿真的统计结果。本小区干扰应等于服务基站统计的每度上的本小区干扰与相应水平增益乘积的累加。外小区干扰应等于服务基站统计的每度上的外小区干扰与相应水平增益乘积的累加。最后用 MUD 因子乘以本小区干扰,加上外小区干扰和热噪声就可得到总干扰。计算公式如下:

$$\frac{C}{I} = \frac{P_{Rx}}{(1-\beta)\sum_{\theta} P_{\text{intra}}^{\theta} \cdot AG_{\theta} + \sum_{\theta} P_{\text{inter}}^{\theta} \cdot AG_{\theta} + NoFW} \tag{9.11}$$

$$P_{Rx} = P_{Tx} + G_m - L_m - L - L_P - L_{bi} + G_a + G_\beta \tag{9.12}$$

上行业务覆盖范围(仿真前):若用户设备的发射功率不大于用户设备的最大发射功率,则认为此栅格上行被覆盖到,记为 true,否则记为 false。

上行业务覆盖概率(仿真后):计算一个栅格上多次统计后用户设备的发射功率,不大于用户设备的最大发射功率的次数与统计次数之比,作为上行业务覆盖概率。

上行业务覆盖范围(仿真后):若上行业务覆盖概率不小于目标覆盖概率,则认为此栅格上行被覆盖到,记为 true,否则记为 false。

业务信道失败原因:0—公共信道失败;1—成功覆盖;2—只有下行 DCH 覆盖;3—只有上行 DCH 覆盖;4—上下行 DCH 失败。

上下行综合覆盖范围:若导频和业务信道均覆盖到,则认为上下行均覆盖到,记为 true,否则记为 false。

在上行考虑智能天线的情况下,分析每个 bin 时基站的智能天线都是以主瓣对准这个 bin 的,即在智能天线水平面方向图上的角度为 0 度,而蒙特—卡洛仿真完后统计在各个角度上的有效接收功率时,参考方向是由用户任意指定的。这就会造成查智能天线水平面方向图的角度 α 与按用户规定的正方向得到的角度 θ 不一致的问题。

假设用户任指定参考方向,由基站坐标和考察 bin 的坐标可以得到两者间水平方向的夹角 θ_0,那么智能天线水平面方向图上的角度 α 应该与按用户规定正方向得到的角度 θ 的换算关系为

$$\theta = (\alpha + \theta_0) \% 360° \tag{9.13}$$

其中,%表示横运算

3. 栅格分析输入输出的数据流向

各输入输出数据说明:

- 从数据库里读取所需的参数如基站信息、系统参数等。
- 从传播模型校正模块读取用户所选择区域内各点到任意基站的路径损耗。
- 从用户输入界面中获得导频门限 E_c/I_0、各种业务速率及其目标 E_b/N_0 等参数。
- 仿真后的栅格分析从蒙特卡罗仿真模块得到 BS 在每个角度上的有效发射功率、接收功率。

把用户所选择区域内每个 bin 的各项分析结果存入结果文件,从结果文件中读取进行图形结果和文本报告显示时所需的数据,如图 9-4 所示。

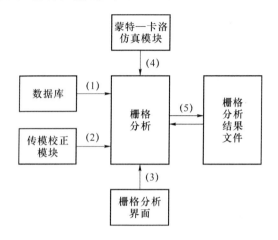

图 9-4　栅格分析输入输出数据流向

9.3.3　覆盖分析方法

覆盖分析的主要目标是针对用户特定的规划区域,进行网络覆盖和业务容量的分析,得出网络的重要链路性能指标、前反向覆盖范围以及业务量负载情况。如果无线通信系统支持多种数据业务,在进行覆盖分析时也需要进行考虑,与传统支持语音业务的分析方法略有不同。

覆盖分析是对于网络的详细分析,需要提供相关的详细数据,包括电子地图、业务密度分布、基站位置、参数设计、天线参数以及传播模型等信息。在此需要强调的是在覆盖分析的过程中,默认功率控制是有效的,即能够保证基站和移动台以满足业务数据正确调制解调所需要的最低功率发射。

图 9-5 给出了覆盖分析的总流程图。本节所介绍的覆盖分析方法的主要目标是通过仿真分析得到基站的发射功率和接收功率,进而可以得到网络的所有参数。仿真方法采用蒙特-卡洛静态仿真方法,通过多次快照的平均情况来分析实际的网络覆盖情况。每个快照的收敛条件包括基站与移动台发射功率上限,小区容量上限以及叠代分析次数上限等条件构成分析的结束条件。

在开始覆盖分析之前,每个快照必须根据用户密度图或是业务密度图产生移动台列表,后续前反向分析时都是在此移动台列表的基础上进行的。移动台列表的产生方法是根据业务密度随机产生的一个概率值,根据这个概率值决定是否增加一个移动台产生。移动台列表的产生方法的具体实现有很多种,这里不再论述。但需要注意的是,所有移动台的业务量总和与该区域总的业务量比较接近,同时移动台位置也要具备随机性。

静态仿真时前反向是独立的,所以前反向叠代分析分开进行。结果处理部分的主要功能是对仿真的结果进行处理,包括将每次快照得到的覆盖结果(如导频强度)进行平均处理,对覆盖指标(如切换率等)进行统计分析。

覆盖分析可以得到基站端的发射功率和接收功率。在分析结果的过程中,假设在地图某点有一个测试手机,因为分析采用的是静态方法,所以认为这个测试手机并不会改变已有的网络状态。这样就可以得到整个规划区域内所有位置上的性能参数结果,如手机发射功率和接收功率等。

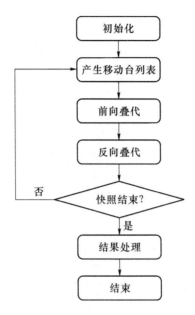

图 9-5 覆盖分析总流程图

1. 前向覆盖分析

对前向链路而言,要得到各种性能指标,最关键的是要得到各基站的发射功率。基站的发射功率大小与移动台分布和业务密度情况密切相关,因而要准确获得各基站的发射功率,需要通过静态仿真方法,循环叠代计算得到。当然,如果不考虑用户的分布和业务密度情况,也可以只根据网络的负载粗略估算基站的发射功率以及干扰情况,从而得到网络的覆盖情况。图 9-6 给出了前向覆盖分析的流程图。

基站的发射功率由开销信道功率(包括导频信道、同步信道和寻呼信道等)和业务信道组成。通常开销信道占基站总发射功率的比例是一定的,如导频信道占用比率通常为 20% 左右。下面分别介绍两个前向覆盖分析中的关键参数计算方法。

(1) 前向导频强度 E_c/I_o。

传播模型计算得到的路径损耗值用于计算基站总发射功率和导频信号到达移动台后的值。前者可以用于求解移动台端的 I_o 值,后者用于计算 E_c,并能够得到每个基站的导频信号到达移动台的 E_c/I_o 值。

移动台的接收功率的计算公式为

$$P_{MS}^{rec} = f \sum_{i \in A} P_i^{bs} L_{ij} + \sum P_i^{bs} L_{ij} + N_o \qquad (9.14)$$

其中,A 为移动台业务信道的激活集,N 为相邻集,将移动台干扰半径范围内所有扇区中,未在 A 中的都包含在 N 中。P_i^{bs} 是基站 i 的发射功率,f 是正交因子,N_o 是热噪声。初次进行叠代分析时,可以认为导频激活集中只有一个导频,不发生软切换。

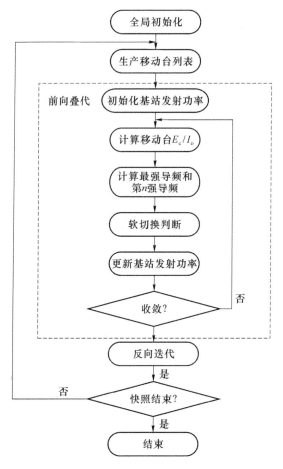

图 9-6　前向覆盖分析流程图

(2) 前向业务信道发射功率

根据导频信号的 E_c/I_o 值,可以更新移动台的主服务小区、激活集和软切换区域等结果。主服务小区定义为移动台接收到导频信号最强的小区,可以根据移动台接收到的导频信号强度排序得到。强度高于一定门限导频可以加入激活集,话音激活集大小为 6 个,而数据业务激活集目前只支持 1 个。

假设 $\left[\left(\dfrac{E_b}{N_t}\right)_j^{\mathrm{traf}}\right]_{\mathrm{target}}$ 为移动台业务信道 j 的 E_b/N_t 目标值;G 为该业务信道的扩频增益;L_{ij} 为基站 i 和移动台 j 之间的路径损耗;P_t 为热噪声功率;P_{ij}^{traf} 为待确定的激活集中的基站 i 对移动台业务信道 j 的发射功率;$(P_{\mathrm{MS}}^{\mathrm{rec}})_i$ 为移动台的总接收功率,A 为激活集。在移动台的接收机中 Rake 接收机进行最大比合并,能够得到以下的关系:

$$\left[\left(\dfrac{E_b}{N_t}\right)_j^{\mathrm{traf}}\right]_{\mathrm{target}} = \sum_{i \in A}\left(\dfrac{E_b}{N_t}\right)_i \tag{9.15}$$

如果业务/导频之比区别很大,把扇区信号合起来时可能会实际上降低了移动台的解调性能,原因是移动台使用来自不同扇区的相对导频强度来对相应的业务信道信号加权。前向业务/导频信道功率之比不同步会降低前向链路容量,为了优化使用前向链路上的分集性及对前向功率控制子信道实行优化解调,基站设备要保证 BTS 之间业务与导频功率之比同步。由以上关系可以计算得到每个业务信道所需的 $\left[\left(\dfrac{E_b}{N_t}\right)_j^{\text{traf}}\right]_{\text{target}}^i$,可以计算出满足 E_b/N_t 目标值的每个业务信道发射功率,进而得到基站的总发射功率。

$$P_{ij}^{\text{traf}} = \dfrac{1}{g} \times \dfrac{1}{L_{ij}} \left\{ \left[\left(\dfrac{E_b}{N_t}\right)_j^{\text{traf}} \right]_{\text{target}} P_{\text{MS}}^{\text{rec}} \right\} \tag{9.16}$$

经过多次叠代计算过程,基站总发射功率值最终收敛。

下面以 AIRPlanner 软件进行前向覆盖分析的结果。图 9-7 为前向最强导频 E_c/I_o 分布图,图 9-8 分别是移动台接收功率分布图。

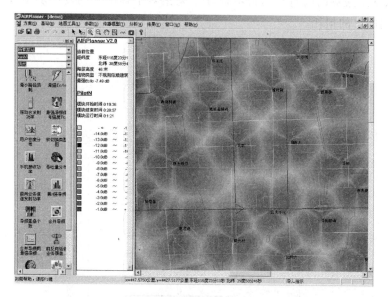

图 9-7 AIRPlanner 前向最强导频 E_c/I_o 分析结果

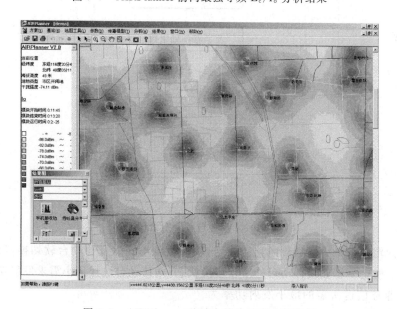

图 9-8 AIRPlanner 移动台接收功率分析结果

2. 反向覆盖分析

对于反向链路而言,与前向链路类似,最为关键的是得到移动台的发射功率,由此得到各小区发射天线处的干扰强度大小,从而进一步得到其他各项性能指标。cdma2000 1x 与 IS-95 的一个重要的差别在于反向增加了导频信道。因此在反向链路的覆盖分析有一些差别,而在前向则基本相同。反向分析的流程如图 9-9 所示。

基站接收功率计算公式为

$$P_{BS}^{rec} = \left(\sum_{k \in K} P_k^{ms} L_{ik} + P_t \right) \tag{9.17}$$

其中,K 表示基站服务的所有移动台集合;P_k^{ms} 是第 k 个移动台的发射功率;L_{ik} 为基站 i 和移动台 k 之间的总的损耗。

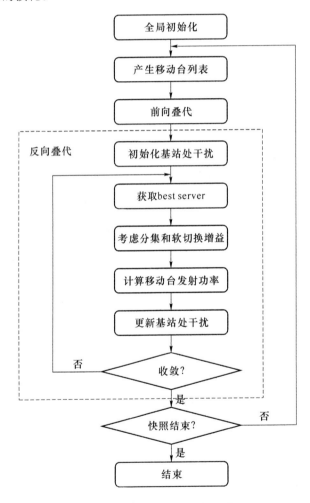

图 9-9 反向覆盖分析流程图

根据前向覆盖分析中已得到的移动台列表、主服务小区以及移动台软切换等信息可以计算移动台的发射功率。如果移动台处于软切换状态,则移动台选择最小需求发射功率发射。

移动台业务信道所需的最小发射功率为

$$P_j^{traf} = \min_{i \in A} \left\{ \frac{1}{g} \cdot \frac{1}{L_{ij}} \left[\left(\frac{E_b}{N_t}\right)_j^{traf} \right]_{target} \cdot (P_{BS}^{rec})_i \right\} \quad (9.18)$$

其中，$\left[\left(\frac{E_b}{N_t}\right)_j^{traf}\right]_{target}$ 为移动台 j 业务信道的目标 E_b/N_t；g 为该业务信道的扩频增益；P_j^{traf} 为移动台的第 j 业务信道发射功率，K 为基站 i 干扰半径范围内所要移动台的集合。

在 WCDMA 和 cdma2000 系统中，移动台中的业务信道发射功率和导频信道发射功率之间存在一个比例关系。设 λ_{Pilot} = 反向导频信道功率/反向业务信道功率，则基站接收功率为

$$P_{BS}^{rec} = \left(\sum_{k \in K} P_k^{ms} g(1 + 1/\lambda_{pilot}) L_{ik} + P_t \right) \quad (9.19)$$

按照协议中的规定，$(1/\lambda_{Pilot})$ 近似等于 $0.125 \times \text{Nominal\_Attribute\_Gain}$。协议规定 Nominal_Attribute_Gain 建议取值如表 9-5 所示。

表 9-5 建议值列表

传输速率/kbit·s^{-1}	1.5	2.7	4.8	9.6	19.2	38.4	76.8	153.6
Nominal_Attribute_Gain/dB	−47	−22	−2	30	50	60	72	84

经过多次迭代，最终基站接收功率收敛。图 9-10 是反向覆盖分析得到的移动台发射功率分布示意图。

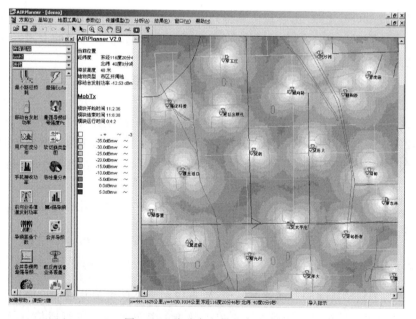

图 9-10 移动台发射功率分布图

9.3.4 容量分析方法

在前向和反向覆盖分析完成之后，各基站的覆盖范围就已经确定了，这时就可以进行网络的业务容量分析，下面以 cdma 2000 系统为例介绍相应分析方法。

cdma 2000 系统在 IS-95 所支持的话音业务之上，增加了对于多媒体数据业务的支持。

多种不同业务的服务质量不同,所占用的系统资源也不相同,因此对于业务容量分析需要将电路域和分组域业务进行分别分析。

1. IS-95 系统和 cdma 2000 系统的纯话音业务

根据覆盖分析的结果(前反向覆盖平衡的结果),可以得出的各小区的覆盖范围和话务密度图。因此,可以统计出每个小区覆盖范围内的业务量。

① 根据用户指定的话务密度图进行覆盖分析;
② 根据覆盖分析结果和话务密度图可以计算得到覆盖区域内的业务容量;
③ 分别计算各小区前反向的负载因子;
④ 将小区负载与负载上限(由容量估算得到)进行比较,判断各小区是否过载,及过载的数值。

2. cdma 2000 系统的话音数据混合业务

对于混合业务,首先要依据话音用户优先的原则进行分析,将各小区的业务量与吞吐量上限比较,得出扇区负载结果。然后选择业务类型和业务模型。针对选择的业务类型和业务模型用仿真的方法进行覆盖分析,并根据仿真结果得到前反向链路业务的最高吞吐量,吞吐量与小区半径之间的关系以及数据吞吐量和话音负载之间的关系。根据覆盖分析结果和业务密度图得到小区的吞吐量。根据容量仿真得到的最高吞吐量计算各小区前反向的负载因子。

将小区负载与负载上限(由容量估算得到)进行比较,判断各小区是否过载,及过载的数值。通过仿真得到不同话音负荷下的前反向链路每扇区的数据吞吐量的上限以及吞吐量与小区半径之间的关系。

根据覆盖分析的结果确定混合业务情况下的前反向覆盖区域,以便将相应业务类型的业务量数据归入到对应的扇区当中。具体算法与话音业务类似,首先计算话音业务的负载情况,在扇区能够满足话音业务的前提下,再进行数据业务的分析,分析方法类似话音业务。

由于数据业务的特殊性,可以考虑按照路径损耗的大小排序,作为获取服务的优先级原则,也就是说,路径损耗越小的用户具有越高的服务优先权;数据用户业务量的统计可以根据其概率分布每个数据业务用户的平均业务量。

根据前反向链路分析叠代计算时存储的用户业务相关属性(业务数据速率、地理位置等)归并计算各小区覆盖范围内的业务量。

9.3.5 切换分析方法

软切换是 CDMA 系统的一项重要技术,它可以扩大小区覆盖并增加反向容量。由于处在软切换区域中的移动台可以同时与一个以上邻近的基站或扇区进行通信,因而与硬切换相比,软切换不仅实现了小区间更加平滑的过渡,同时还提供了前反向链路的宏分集增益。对反向链路而言,软切换增益是通过在交换中心选择质量较好的信号帧来实现的,这一过程不需要额外的码信道来完成,且降低了移动台的发射功率,故可以提高系统的反向容量。然而对前向链路而言,由于每个基站都给处于软切换中的同一移动台分配业务信道并发射同样的信号,因而软切换会需要额外的前向码信道资源和基站的功率资源,从而对其他移动台造成更大的干扰。所以,软切换会增加系统的前向干扰从而造成系统前向容量的损失。

由于 CDMA 系统的软切换率大小与规划区内的业务负载情况、各小区的覆盖区域和软切换参数设置都有着密切的关系,单纯依靠手工是无法完成精确计算的,所以也必须借助 CDMA 网络规划软件,通过计算机模拟来完成。软切换率的计算可以看做是无线覆盖分析的内容之一。网络规划软件在进行覆盖分析时一般并不对每个移动台的动态行为进行模拟,而是根据业务分布预测的结果把一定的业务量分布到规划区内,然后通过叠代计算完成分析。它是一种静态模拟的过程。所以由此方法得到的是软切换区域的地理分布,以及软切换区域面积占总覆盖区面积的比例,这个比例可以近似认为等于系统的软切换率。图 9-11 给出了一个利用 AIRPlanner 进行覆盖分析得到的软切换区域分析结果图。

对计算机模拟得到的软切换区域应仔细观察,如果软切换区过大或过小,就需要调整软切换参数(T_ADD、T_DROP 等)以及天线的下倾角和方向角,然后重新进行模拟计算。在进行调整时需要兼顾其对系统覆盖范围的影响,因此调整和模拟需要反复多次的进行,直到规划结果达到最佳。

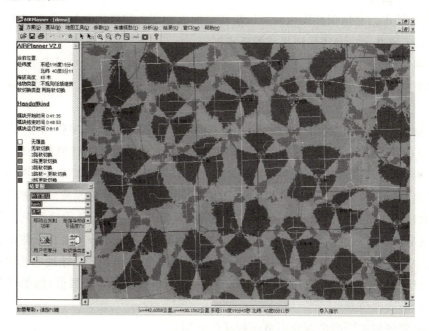

图 9-11　AIR Planner 软切换区域分析结果

9.4　规划验证

在网络规划中,如果能严格地按照制定的方法进行,那么规划质量应该是比较好的。但是,CDMA 无线网络规划是一个非常复杂的过程,受很多因素影响,有客观因素、人为因素甚至有规划软件算法的因素。这些因素主要包括:

- 电子地图精确度。电子地图的准确度直接影响到传播模型的校正和规划工具模拟。一般来说,规划用的电子地图包含三个信息:地物、地形、矢量信息。有的传播模型还需要电子地图具备建筑物信息。按分辨率来说,电子地图分为中低分辨率和高分辨率。中低分辨率通常指分辨率在 10 m 以上的地图,适用于大面积的仿真模拟,适用于 HATA、COST231、WIM 模型;高分辨率地图适用于小范围的仿真,采用射线跟踪模型。
- 预测业务分布。业务分布对规划设计影响很大。业务量预测偏低的小区容易造成覆盖空洞,业务量预测偏高的小区容易造成前反向覆盖不平衡和导频污染。
- 传播模型校正。传播模型校正前后的差别相当大,不恰当的传播模型可能导致规划工具模拟出来的结果与实际结果有很大差别。
- 系统外的干扰。由于无线资源很紧张,各种民用军用的无线发射台也很多,很难找到一个干净的频带可供使用,CDMA 的运营频带也不可避免地会受到一些干扰。这些干扰将导致 CDMA 网络性能的下降。
- 规划算法的准确性。所采用的规划工具的算法的准确性决定了规划模拟的结果具有的可信度。
- 站址勘查。必须保证天线的架设位置周围没有高大建筑物阻挡,附近没有大的干扰源,天线共站时必须保证足够的隔离度。

无线网络规划的质量直接影响建成后的网络质量。如果不对这些因素进行控制,将导致规划结果出现很大误差。规划验证的目的不是为了消除规划误差,而是尽量避免人为因素导致的误差。

从规划的主要内容和验证的可行性来看,对手机发射功率、手机接收功率、接收导频的 E_c/I_o 三项指标的验证最为重要。规划验证过程就是对上述指标进行路测采样、数据处理和误差分析,以得到规划结果的准确性信息并提出改进意见。其中,如何采集网络数据以及采集量的多少对于规划验证准确性来说是非常关键的。样本过少容易导致误差分析的准确度不够,而样本过多则需要进行大量的测试工作。因此规划人员必须明确路测采样的指导方针,特别是测试路线的选取。在得到了实测数据后,需要对一小段路径内采集的数据进行平均以消除无线信道快衰落的影响从而获得本地均值。最后比较多个地理单元的预测值和实测值,由比较结果评估规划设计。在比较中,将把规划结果作为预测值,而把实际网络的路测结果作为实测值。

以下将对规划验证的步骤分小节进行具体介绍。

9.4.1 路测采样

在进行实测之前,应该首先确保系统处于稳定状态。"稳定"意味着系统中所有的基站正常工作并且移动台能得到服务。实际上,确定系统是否稳定是十分重要的。如果在系统不稳定时进行路测工作,采样结果将是无效的。因此,在正式的测试之前,可以进行一个预测试来检查系统是否稳定。预测试的方法是在网络的主要区域进行十几或几十次呼叫。从移动台的切换、接收功率等方面的情况,能够检查网络的稳定性。

在路测采样的准备工作中,选择合理的路测路线是非常重要的。采样点的选取将极大地影响测量的可靠性以及误差的可信度,好的样本应遵循随机抽样的原则,必须是无偏颇的。众所周知,传播模型是无线网络规划的关键因素。系统设计过程中使用的传播模型的

精确度是规划误差的主要原因。因此,路测路线的选取应充分考虑到无线传播的特征。一个好的测试路线一般应包含下面的信号:

移动台和基站之间无线信号的传播随着距离而变化。在平坦地形情况下,当传播距离在费涅尔区之内时,接收信号强度随距离的增加以 20 dB/dec 的趋势递减;而当传播距离超过费涅尔区时,信号强度随距离的增加以 40 dB/dec 的趋势递减。传播模型也通常分为宏蜂窝模型和微蜂窝模型。因此,测试路线应覆盖到离基站不同远近的区域。

在移动通信系统中,不可能总是把基站的位置选择在传播路径的最高点,因此不可避免地存在无线信号传播的非直射情况。当移动台和基站之间的传播路径上有阻挡物时,无线信号就开始以绕射的方式进行传播。在非直射情况下,需要计算信号的绕射损耗。为了分析绕射损耗的误差,选取的测试路线应该覆盖到信号的非直射区域。

地貌也是影响无线传播的重要因素。不同的地貌对移动台接收到的无线信号强度有不同的影响。覆盖网络区域内尽可能多的地貌类型也是选择测试路线的准则之一。

9.4.2 数据处理

在移动环境下,信号的瞬时幅度可以用下式表征:
$$r(x) = m(x) r_0(x) \tag{9.20}$$

其中,$r_0(x)$ 是一个均值为 1 的随机过程,表示无线信号的快衰落变化;$m(x)$ 是信号包络的慢变均值,x 表示接收信号的地理位置。在路测过程中,测量到的是接收信号的瞬时幅度。然而,误差分析需要比较的是信号功率的预测值与实际环境中的本地均值。因此,我们需要从测量到的信号的瞬时幅度值估计出实际环境中信号功率的本地均值。通过平均快衰落过程 $r_0(x)$,可以得到信号功率的真实值:

$$\hat{p}(x) = \frac{1}{2L} \int_{x-L}^{x+L} r(y)^2 \mathrm{d}y = \frac{1}{2L} \int_{x-L}^{x+L} m(y)^2 r_0(y)^2 \mathrm{d}y \tag{9.21}$$

在式(9.21)中,路径的平均长度 L 既要保证信号的快衰落过程被平滑,同时又不能太长而滤除了信号的慢变均值。在长度 $2L$ 内,保持:

$$m(y) = \mathrm{con\,stan\,} t \quad x - L < y < x + L \tag{9.22}$$

则信号功率的估计值为

$$\hat{p}(x) = \frac{m^2(x)}{2L} \int_{x-L}^{x+L} r_0^2(y) \mathrm{d}y = m^2(x) E[r_0^2(y)] \tag{9.23}$$

当接收信号由两路或更多的强度相当、相位均匀分布的多径信号合成时,$r_0(x)$ 为典型的瑞利衰落模型;而当其中一径的信号强度远大于其他各径时,$r_0(x)$ 为莱斯衰落模型。瑞利衰落是一种更糟糕的情况,从瑞利衰落导出的采样准则也能适用于一般情况。表 9-6 列出信号功率本地均值的标准偏差、1σ 和 2σ 扩展值随平均距离($2L$)的变化情况。

当平均距离超过 40 个波长时,信号功率的本地均值的 1σ 扩展值小于 1 dB,此时,可以认为本地均值的偏差足够小。在实际情况中,通常用离散的采样平均来代替式(9.21)的积分。通常认为每 40 个波长的距离取 50 个以上的数据进行平均能得到很好的近似。

表 9-6 信号功率的本地均值偏差与平均距离的变化关系

$2L$	$\hat{\sigma_p}$	1σ 扩展值 $10\lg\left(\dfrac{p_{av}+\sigma_p}{p_{av}-\sigma_p}\right)$	2σ 扩展值 $10\lg\left(\dfrac{p_{av}+2\sigma_p}{p_{av}-2\sigma_p}\right)$
5λ	$0.33 p_{av}$	2.98 dB	6.5 dB
10λ	$0.24 p_{av}$	2.14 dB	4.5 dB
20λ	$0.18 p_{av}$	1.55 dB	3.24 dB
40λ	$0.12 p_{av}$	1 dB	2.1 dB

9.4.3 误差分析

网络规划工具能预测电子地图上每一个地理单元的信号强度,这个地理单元被称为"bin",它的大小由电子地图的分辨率和希望达到的计算时间决定。每个 bin 的信号强度的"真实值"被认为是采样速率足够的前提下在该 bin 的采样点的平均值。预测值和真实值间的误差如下式表示:

$$e(x) = \hat{p}(x) - p(x) \tag{9.24}$$

其中,$e(x)$ 是表示误差值的随机变量,$\hat{p}(x)$ 是信号强度预测值,$p(x)$ 是由采样平均值代替的信号强度的真实值,x 表示 bin 的地理位置。通过对误差的均值和方差进行统计,能验证规划工具的准确性。均值和方差可以由下式估计:

$$\bar{e} = \frac{1}{N}\sum_{i=1}^{N} e_i \tag{9.25}$$

$$S^2 = \frac{1}{N-1}\sum_{i=1}^{N}(e_i - \bar{e})^2 \tag{9.26}$$

其中,N 是路测采样的 bin 的个数。设误差均值和方差的真实值分别为 μ_e 和 σ_e^2。已有文献已经证明:

$$E(\bar{e}) = \mu_e \tag{9.27}$$

$$E(S^2) = \sigma_e^2 \tag{9.28}$$

也就是说式(9.25)和式(9.26)对均值和方差的估计是无偏估计。

接下来,需要确定为了保证均值和方差估计的准确度,需要测量多少个 bin。过多的 bin 无疑会浪费大量的时间,而太少的 bin 则无法保证误差估计的可信度。

假设 $x = \bar{e} - \mu_e$。在采样点足够多的前提下,随机变量 x 收敛于零均值的高斯分布,标准差由下式给出:

$$\sigma_x = \frac{\sigma_e}{\sqrt{N}} \tag{9.29}$$

σ_e 是一个未知数,使用式(9.26)的 S 代替。可以证明,随机变量 x 的标准差为

$$\sigma_x = \frac{S}{\sqrt{N-1}} \tag{9.30}$$

x 位于区间 $(-c, +c)$ 的置信度为

$$P(-c<x<c)=\int_{x=-c}^{c}\frac{1}{\sqrt{2\pi\sigma_x^2}}e^{-\frac{x^2}{2\sigma_x^2}}dx \quad (9.31)$$

其中,c 表示误差均值估计的准确度。$P(-c<x<c)$ 表示误差 $e(x)$ 的均值的真实值位于 $(\bar{e}-c,\bar{e}+c)$ 内的概率。误差的样本均值的准确度与测试点数的关系如图 9-10 所示。

大量测试表明:随机变量 $e(x)$ 呈正态分布。对于正态采样,$e(x)$ 的方差估计值 S^2 有如下的分布:

$$\frac{(N-1)S^2}{\sigma_e^2} \sim \chi(N-1) \quad (9.32)$$

其中,$\chi(n)$ 的概率分布密度函数如下式:

$$f(x)=\begin{cases}\dfrac{1}{2^{\frac{n}{2}}\Gamma\left(\dfrac{n}{2}\right)}x^{\frac{n}{2}-1}e^{-\frac{x}{2}} & x>0 \\ 0 & x\leqslant 0\end{cases} \quad (9.33)$$

于是,$\dfrac{S^2}{\sigma_e^2}$ 的概率可以由下式给出:

$$P(1-\beta<\frac{S^2}{\sigma_e^2}<1+\beta)=\int_{(N-1)(1-\beta)}^{(N-1)(1+\beta)}f(x)dx \quad (9.34)$$

其中,β 表示误差 $e(x)$ 的方差的估计值与真实值之间的偏离百分比。$e(x)$ 方差的估计值的准确度与测试点数的关系如图 9-12 所示。

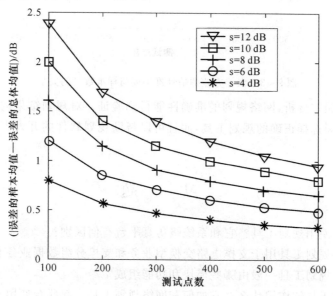

图 9-12 95%概率条件下的误差均值的估计准确度与样本数目的关系

例如,当信号接收功率的预测误差 $e(x)$ 有 10 dB 的标准差时,为了使预测误差的样本均值以 95%以上的概率在总体均值的 ±1 dB 之间,需要测量 400 个 bin。如果要使预测误差的样本方差以 95%以上的概率在总体方差附近的 5%以内,则需要 3 000 个测试 bin。假设总的地理区域为 5 km×5 km,每个 bin 的大小为 50 m×50 m,那么 bin 的总数目为 10 000。这就意味着需要测 400/10 000=4%的区域来估计误差均值,3 000/10 000=30%的区域来估计误差方差。

对于一个很大的地理区域(如大城市),误差在不同的地方并不是同分布的。那么,可以把整个大的地理区域划分为 k 个子区域。在每个子区域内,误差是同分布的。为每一个子区域做误差分析。总的误差均值和标准差由下两式得到:

$$\overline{e} = \frac{\overline{e}_1 + \cdots + \overline{e}_k}{k} \tag{9.35}$$

$$\overline{S} = \frac{S_1 + \cdots + S_k}{k} \tag{9.36}$$

其中,$\overline{e}_i$ 是每个子区域的误差的样本均值,S_i 是每个子区域的误差的样本标准差。

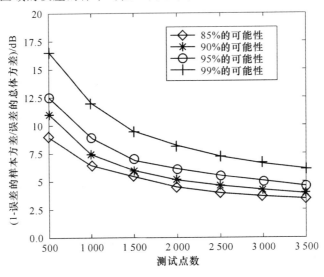

图 9-13　误差方差的估计准确度与样本数目的关系

通过定量的误差分析,网络规划的准确性能得到验证。对规划结果的误差分析不仅可以使规划人员选择选择正确的规划工具,而且可以帮助规划软件的开发人员进一步改进规划算法。

习　　题

1. 为何需要使用规划工具?它和系统级仿真平台有何区别?
2. 无线网络规划工具用于支撑电路交换型业务和支撑分组数据业务有何差别?
3. 无线网络规划工具一般由哪些模块和功能组成?
4. 无线测试工具的作用什么?它如何和网络规划工具一起联合使用?
5. 什么是蒙特-卡洛仿真方法?它和时间驱动的动态系统级仿真方法有何不同?两者分别用于什么场景?
6. 什么是栅格分析?为何要使用栅格分析?其优缺点分别是什么?
7. 如何能够平衡上行链路和下行链路的覆盖性能?

第 10 章 无线网络优化的原理和步骤

由于移动通信系统受客观环境的影响较大,随着系统的不断扩容及外界环境的变化,往往会产生很多新的问题,导致服务质量达不到应有的水准。这样,巨大的投资没有得到充分的利用,同时也影响了系统运营部门的声誉。因此,如何调整和优化系统结构,提高系统的运行效率,改善移动电话系统的服务质量是无线网络优化的重要任务。

当营运商准备建设一个移动通信网络时,首先必须根据特定地区的地理环境、业务量预测和测试得到的无线信道的特性等参数进行系统的工程设计,包括网络拓扑设计、基站选址和频率规划等。然而与固定无线接入系统相比,由于移动通信中用户终端是移动的,因此无论是业务量还是信令流量或其他一些网络特性参数,都具有较强的流动性、突发性和随机性。这些特性决定了移动通信系统设计与实际情况在话务模型、信令流量等方面存在较大的差异。所以,当网络运行以后,营运商需要对网络的各种结构、配置和参数进行调整,使网络能够更合理的工作。这是整个网络优化工作中的重要部分。

本章主要介绍无线网络优化的基本原理、流程、优化步骤,并且详细讲述网络优化过程所需要的数据采集和数据分析技术等。

10.1 网络优化概述

对正在运行的通信网络做的任何改动都意味着风险,与通信网络追求稳定可靠的宗旨相违背。但是由于宏观经济不断发展和城市建设的不断变迁,通信网络中的无线接入部分不可能是一成不变的,调整和优化过程是必然的。从这个意义上说,网络部署之后就出现了网络优化。完善的网络规划是网络成功运营的基石,但是网络优化对于无线网络建设具有非常重要的意义。

- 现有的观察方法不能充分正确地分辨用户和环境,诸如用户分布、传播模型等不确定因素使得简化模型下的网络规划难以准确反映网络实际性能。
- 由于物业等客观限制以及无线网络分散分布的特点难以保证所有基础设施如基站、天线等符合规划方案,而这些因素不仅影响网络覆盖性能,同时还会影响容量和质量。
- 3G 网络中引入了多媒体业务,大量而丰富的业务是 3G 网络蓬勃发展的关键,新业务的开发周期缩短,而不同种类业务的资源消耗量不能简单通过爱尔兰公式描述,需要根据业务发展变化调整和优化网络。
- 接受网络服务的用户群及其需求随着经济和社会发展而动态变化,使得网络需要不断调整优化以寻求最佳工作模式。

- 网络设备研发人员的知识水平以及实验室测试环境不足以彻底揭示技术本身引入的问题,设备参数及其组合需要工程技术人员在实践中调整和设置,特别是 3G 网络中无线资源管理参数不仅数量众多,而且对系统性能影响更为显著。

为了解决上述问题,网络优化中要首先注意三个概念:目标、实现、需要(如图 10-1 所示)。"目标"是网络规划和优化工作中对网络的主观定位,在工作周期内是固定不变的;"实现"是网络部署或上一次网络优化过程结束后的网络客观状况;"需要"是网络使用者或运营者对网络的客观要求。网络优化就是要缩小"实现"与"目标"或"需要"之间的差距,其根本手段是针对网络中可能或者已经出现的问题,对网络中的各个网元进行调整。

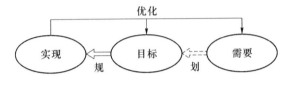

图 10-1 网络优化中的概念

10.1.1 网络优化的目标

所谓网络优化,一方面是要对网络运行中存在的诸如覆盖不好、话音质量差、掉话、网络拥塞、切换成功率低和数据业务性能不佳等质量问题予以解决,使网络达到最佳运行状态;另一方面,还要通过优化资源配置,对整个网络资源进行合理调配和运用,以适应需求和发展的情况,最大限度地发挥设备潜能,从而获得最大的投资效益。所以,网络优化的主要目的就是通过对投入运行的无线网络进行数据采集和分析,找出影响网络质量或资源利用率不高的原因,然后通过技术手段或者参数调整使网络达到最佳运行状态,使网络资源获得最佳效益;同时了解网络的增长趋势,为扩容提供依据。因此网络优化是移动通信系统实际运营过程中的一项重要内容。

由于移动通信网是一个不断变化的网络,网络结构、无线环境、用户分布和使用行为都是不断变化的。同时,网络规模的扩张、网络覆盖规划规模的复杂化、网络话务模型和业务模型的改变都会导致网络当前的性能和运行情况偏离最初的设计要求。这些都需要通过网络优化持续不断地对网络进行调整以适应各种变化。所以网络优化工作是一项长期的持续性的系统工程,需要不断探索,积累经验。只有解决好网络中出现的各种问题,优化网络资源配置,改善网络的运行环境,提高网络的运行质量,才能使网络运行在最佳状态,为移动通信业务的迅猛发展提供有力的技术支持与网络支撑。

因此,网络优化的意义就在于,可以提高网络的投资效益,提高网络的运行质量,提高网络的服务质量。在原网络的基础上不再大规模投资的前提下,充分提高网络质量与容量。

10.1.2 3G 与 2G 无线网络优化的区别

由于不同系统的无线网络采用技术的不同,导致网络优化有着明显的差异,这种差异不仅仅体现在具体优化手段和方法上,同时也体现在网络优化工作的定义和管理上。

原邮电部移动通信局 1997 年下发的《900 MHz 蜂窝移动通信无线网络优化规程(试行)》中做过如下定义:无线网络优化工作是对正式投入运行的网络进行参数采集、数据分析,找出影响网络质量的原因,并且通过参数调整和采取某些技术手段,使网络达到最佳运行状态,使现有网络资源获得最佳效益。

上述定义中只考虑了网络投入运行后的优化工作,这是不全面的。实际的移动通信网络还需要做好之前的开局优化,特别是在3G网络优化周期与网络规划设计基本并行的情况下。除了上述优化工作管理的差别,3G网络优化还存在大量与2G网络不同的优化角度和措施,主要表现在以下几个方面。

- 与GSM网络不同,3G网络无法通过合理的频率规划规避不同站点之间的干扰,因为系统使用同一频带,而且在3G网络优化中系统内部和外部干扰的控制是网络优化的关键。
- 在GSM网络中覆盖、容量等优化工作相对独立,但是3G网络中的覆盖、容量和质量等优化工作之间关系非常紧密,很容易由呼吸效应和系统干扰受限特点导致网络性能下降,因此整个优化过程必须从整个系统的角度看问题。例如,某一个站的调整需要从全局至少局部基站簇分析优化结果,避免优化一个站导致多个站点出现问题的现象。
- 3G网络优化中要时刻注意系统由单业务向多业务转变的特点,保证不同业务的不同服务质量、覆盖要求和相关参数设置得到满足。例如,不连续的(或间断突发性的)分组数据业务需求给网络的无线接口端带来的动态性的话务负荷,这种动态速率选择需要针对业务需求信道的不同分配相应的无线链路资源,且不同业务覆盖范围不同,因此与以往针对话音业务相比,网络优化工作有很大差异。
- 3G网络优化的具体方法和2G网络有所不同。例如,在2G网络中可以通过调整天线高度来调整系统的覆盖范围,但是对于采用CDMA技术的3G系统而言,这种方式需要慎重使用,避免在3G网络中出现"塔下黑"和"导频污染"的现象。
- 对于拥有GSM网络的中国移动而言,3G网络优化还必须考虑如何充分利用GSM网络资源的问题,如通过2G/3G协同优化进行网络整体负荷分担。

10.1.3 3G网络优化的指导思想

由于3G系统及其网络优化的特点,3G与2G网络优化的指导思想有所差别。从网络的角度看,3G网络优化仍然应当遵循3G网络规划时确定的指导思想,即在一定的成本下,在满足网络服务质量的前提下,建设一个容量和覆盖范围都尽可能大的无线网络,并适应市场竞争、未来网络发展和扩容的要求。这被称为C4QU最优指导思想(C-Cost,C-Coverage,C-Capacity,Q-Quality,C-Competition,U-Upgradeable)。这六项网络优化指导思想是相互关联,相互作用的,而且在实际工作中也要综合考虑,不能只考虑其中的一项或者几项。

1. 网络优化成本尽可能低

首先,网络优化成本并不局限于人工、仪表使用等经济上的投资,还需要考虑网络优化所带来的品牌收益、政治收益;其次,由于2G和3G网络将长期共存,因此3G无线网络的优化投资应结合GSM现网的扩容投资进行综合考虑,建设中要合理利用GSM系统现有或者新建基站、传输和交换网络资源,最大限度地发挥各种资源的效用;第三,网络优化投资的考察应当注意到未来系统升级的成本和投资,不能为了减少优化投资而导致未来系统运行维护成本的增加。

需要指出的是,3G 网络优化过程要充分利用 2G 网络进行成本的控制和资源的最大化利用,而不要导致只能将 2G 用户迁移到 3G 网络的情况,即两个网络还存在一定程度竞争的教训。

2. 业务覆盖情况尽可能好

结合 2G 网络合理地安排 3G 网络布局,保证目标区域内各种业务覆盖尽可能好,减少网络覆盖盲区、导频污染区域等,这是 3G 网络整个建设过程中特别是初期吸引客户的重点所在。3G 网络初期用户不多,网络容量压力不大,用户对网络性能的体验将直接反映在系统覆盖能力上。例如,联通 CDMA 网络建设初期尽管定位于高端用户,但是网络覆盖能力限制并且极大影响了用户对网络的认知度。

3. 网络有效容量尽可能最大

通过 3G 网络有效容量尽可能最大化,提高 3G 网络各种设备资源的利用率,充分利用现有 2G 网络对业务进行负荷分担,从而降低每用户的投资,提升网络整体 ARPU 值和系统整体利润率,这是 3G 网络形成规模之后网络优化的重要环节。

4. 网络提供业务质量尽可能最优

作为以效益为中心的移动通信运营企业面临着话音业务利润不断下降的问题,这就需要通过 3G 网络新业务的开展来不断提升 ARPU 值。3G 网络可提供的各项业务质量尽可能最好,这样才可以保证用户的主观感觉最好,保持在移动通信市场对用户长久的吸引力。由于这种业务质量的满足是针对已经开展的各种业务,因此这是 3G 网络优化的关键和难点所在。

5. 网络未来可升级的潜力最大

网络是在不断发展和变化中的,3G 网络建设和运营不能仅仅考虑初期的最优问题,同时还应当注意未来网络的发展变化,保持网络的可持续发展即网络未来的可升级性,就可以保证运营商在移动通信行业内长时间的优势和领先地位。这也是科学发展观在移动通信网络建设和运营中的体现。网络优化工作在这个过程中起到了非常重要的作用,而且具体的网络优化工作也必须考虑这一点。

3G 网络优化必须遵循上述指导思想,制定相关网络优化的原则和方法,通过 3G 网络的不断优化来促使网络性能和服务质量的与时俱进,满足业务开展和市场需求。

10.1.4　网络优化的内容

网络优化是一项贯穿于整个网络发展全过程的长期工程,同时它也是一项系统工程,包含一系列优化方式。主要包括覆盖优化、话务量优化、设备优化、干扰信号分析和资金的优化使用等。网络优化要解决的是改善硬件环境和软件环境。硬件优化主要包括天线优化和设备故障优化等工作。软件优化主要指频率优化、无线参数调整和配置参数核查等内容。CDMA 网络优化的内容主要包括以下几个方面。

- 硬件系统优化。包括:天馈系统优化,主要指天馈系统的性能,天线的方向、架高、下倾角和方向角,以及周围障碍物的情况等方面的优化;传输系统优化,主要指传输方式、错误连接和差错率等方面的优化;设备故障优化,主要指各类告警和时钟偏移等方面的优化。
- 参数优化。包括:BSS/RNC参数优化,主要指小区参数、切换参数、接入参数、功率控制参数和各类定时器等参数的优化;MSC参数优化,主要指路由数据、定时器、切换参数、功能选用数据和录音通知数据等参数的优化。
- 网络结构优化。包括:多层、多频网络使用策略,网络容量均衡策略和位置区划分等方面的优化。
- 扰码式PN优化。包括扰码式导频PN污染分析和外部干扰源处理等方面的优化。
- 邻区优化。包括:邻集列表优化、控制合理邻区数量以及结合实际情况调整邻区参数等方面的优化。
- 容量优化。包括合理控制系统负荷和结合阻塞率等指标调整资源配置等方面的优化。

除以上几方面外,网络优化还包括直放站和室内分布系统的优化等。

10.1.5 网络优化的流程

网络优化的关键工作流程大体可分为以下4个步骤。

第1步:现网情况调查

现网情况调查的主要工作内容是收集网络设计目标和能反映现网总体运行和工程情况的系统数据,并经过比较和分析,迅速定位需要优化的对象,为下一步更具体的数据采集、深入分析和问题定位做好准备。

第2步:数据采集

数据采集的主要工作内容是通过采用各种测试手段更加有针对性的进一步对网络性能和质量情况进行测试。

第3步:制订优化方案

这一步的工作主要是通过对采集来的系统数据和网络测试数据进行深入系统的分析,结合现网的运行和工程情况制订出适宜的优化调整方案。

第4步:优化方案实施和测试

在完成了前三步之后,需要对制订的优化方案进行具体实施。调整完毕之后,需要重新进行网络测试,并与优化前的测试结果进行比较,以验证优化的效果。

以上过程是一个不断循环反复的过程,在优化方案实施之后,需要重新进行数据采集和分析以验证优化措施的有效性,对于未能解决的网络问题或由于调整不当带来的新问题需要重新优化调整,如此不断循环,才能使网络质量不断提高,保持最佳运行状态。

无线网络优化是网络优化工作中最重要的内容。如果要对全网进行无线网络优化,则需要经过单站优化、小区簇级优化和系统级优化三个阶段完成,每一阶段都大致需要完成上述4步,具体实施步骤可以进一步细化(如图10-2所示)。通常情况下,15~20个小区可以组成一个小区簇。在图10-2中,小区簇级优化阶段和系统级优化阶段内的具体步骤与单站优化阶段相似,都需要经过测试和分析、制订优化方案、优化实施、完成优化报告和优化结果考核等几步,在图上没有再详细画出。

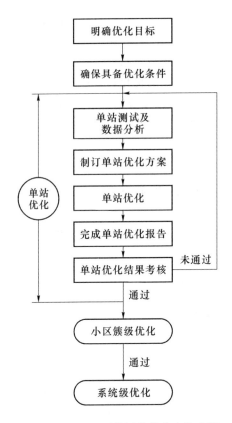

图 10-2　CDMA 无线网络优化实施步骤

"确保具备优化条件"是指需要确保设备按照设计安装完毕，能完成基本呼叫且系统稳定，需要收集的系统数据资料收集齐备以及优化需要用到的软硬件工具已经具备等条件。

每一阶段的优化工作都需要分别进行空载优化和加载优化，空载优化的主要目的是对网络设备的基本运行参数和邻小区问题进行优化，加载优化的主要目的是对覆盖盲区和导频污染等系统性能问题进行优化。在网络投入运行一段时间之后，进行空载优化的难度比较大，可以只进行加载优化，但对于网络开通初期和新加基站，进行空载优化是十分必要的。

图 10-2 表示的是对全网性能进行优化的全过程。对于网络局部存在故障或质量问题的情况，可以按照前面所讲的 4 步来完成。也就是说，在存在问题的网络局部，需要进行图 10-2 中每一阶段内部的各优化步骤。

10.2　网络优化的过程

网络优化整个过程可以分为工程优化和运维优化两阶段。工程优化在单站验证完成后进行，主要通过路测、定点测试的方式，结合天线调整，邻区、频率、扰码和基本参数优化提升网络 KPI 指标的过程。

新建网络、加站、站点替换都会对无线环境造成影响，因此工程优化不仅仅只是在新建网络的过程中进行。网络规划的准确性决定了工程优化的工作量，工程优化需要对站址、站高、方向角、下倾角、系统内系统间邻区、频点、扰码等进行优化。

工程优化一定以网络规划结果进行,工程优化的质量决定了未来空载网络的质量、未来高负荷网络的质量、运行维护优化的工作量。

无线环境变化、设备工作状态、终端性能等因素都是引起网络指标变动的因素。网络优化不是单纯的参数调整,更多的是对网络服务异常问题的分析、排查,这属于运行维护优化的范畴。运行维护优化的具体内容如图10-3所示,它包括日常网络优化、系统网络整体优化、专题网络优化和无线网络评估几部分。运行维护优化的手段主要是利用信令数据、OMC数据、告警数据、用户投诉数据等信息,预测网络变化趋势,及早做好预警。

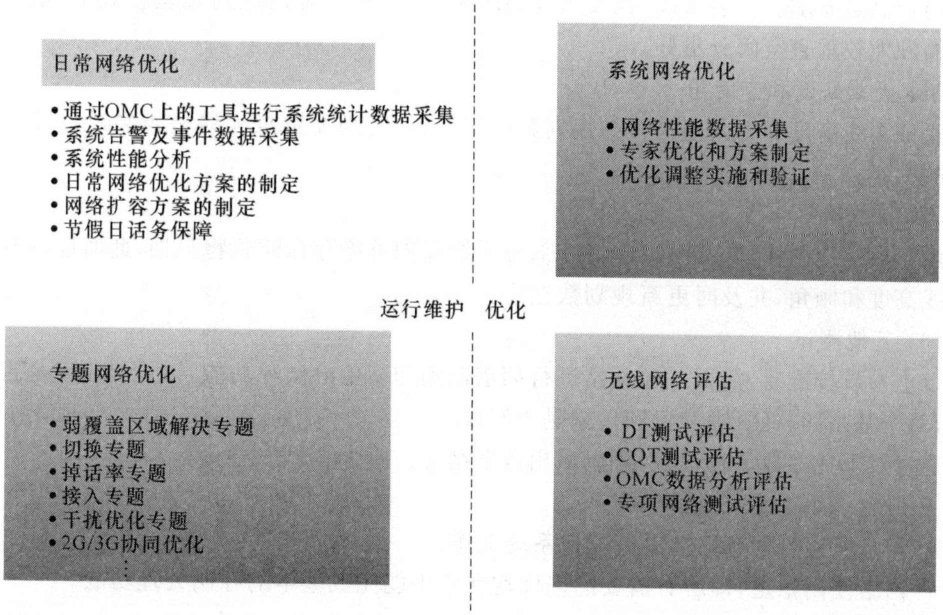

日常网络优化
- 通过OMC上的工具进行系统统计数据采集
- 系统告警及事件数据采集
- 系统性能分析
- 日常网络优化方案的制定
- 网络扩容方案的制定
- 节假日话务保障

系统网络优化
- 网络性能数据采集
- 专家优化和方案制定
- 优化调整实施和验证

运行维护 优化

专题网络优化
- 弱覆盖区域解决专题
- 切换专题
- 掉话率专题
- 接入专题
- 干扰优化专题
- 2G/3G协同优化

无线网络评估
- DT测试评估
- CQT测试评估
- OMC数据分析评估
- 专项网络测试评估

图10-3 运行维护优化组成

工程优化可以简单的分为单站优化、小区簇优化、片区优化、边界优化和全网优化,以下将分别进行介绍。

10.2.1 单个基站配置确认

这个阶段的目标是确认基站安装的完整性和数据的准确性。由于各种原因,基站安装后的数据有可能与设计的数据不一致,因此,在基站安装完成后,需要对每一个基站的参数进行核查。这些参数包括:

(1) 基站经纬度

基站经纬度直接关系到整个网络的基础结构,对区域覆盖扰码式PN规划、相邻小区参数配置和其他CDMA系统参数的设置将产生直接的影响。因此,在基站开通前必须应用GPS对基站经纬度进行核查,确保它与设计时相同。发现不一致的地方,利用规划工具,检查此站址是否符合设计要求,若符合设计要求,则更改规划数据库。

(2) 系统间的互干扰

由于CDMA网络建设采取与GSM网络共站址的建设方案,绝大部分CDMA基站与GSM基站共站址建设,此时不同系统站点之间的互干扰必然存在,使接收机灵敏度降低、过载或出现互调干扰,并最终导致系统性能的下降。因此,必须考虑两种基站之间的天线隔离度。对于 CDMA 基站和 GSM 基站共站址的情况,天线的垂直空间距离要求大于 5 m。如果不能保证足够的空间隔离,通常需要在 CDMA 发端安装宽带滤波器(IMF 滤波器),在 GSM 收端加装宽带滤波器。针对具体情况,也可以采用其他方法增大空间隔离度,如调整天线水平和垂直主瓣角、天线平台间加装隔离栅板等。

(3) 分集接收天线间距

检验天线是否采用空间分集接收天线。若采用空间分集接收天线,应考虑天线的空间间距能否满足要求。一般来说,收发天线间间距在 2~5 m 可以达到较理想效果,水平空间分集的性能较垂直空间分集好。

(4) 天线高度和方向角

验证天线高度和方向角是否与规划数据库一致,特别要留意天线是否装反以及天线方向角的大小。

(5) 天线阻挡

由于数字地图数据库的非及时性,部分天线周围可能存在建筑物阻挡,此时应该及时调整天线高度和倾角,并及时更新规划数据库。

(6) 其他测试

以上参数校准后,需要开通基站进行频谱监测和简单的试呼功能,以检验频谱是否足够干净,每个基站的软硬件、配置和传输是否有误。

通过对上述参数进行核查,可以得出以下结论:

- 所有基站正确安装、校准;
- 网络所运行的频谱上没有其他系统工作;
- 网络使用稳定,即所有需要的扇区均在空中能完成基本的呼叫处理功能。

单站验证以 CQT 方式进行,测试要点包括空闲状态测试、CS 业务测试、PS 业务测试及站内切换测试。

- 空闲状态测试:位置更新、站内小区间重选、短信功能、彩信功能是否正常。
- CS 业务测试:需要测试评估项目包括呼叫功能、通话效果和可视电话效果的评估。由于是检查性测试,需要在一个环境比较好的情况下进行,达到验证基站功能的目的即可。
- PS 业务测试:附着功能、PDP 上下文激活功能、下行平均传输速率、上行平均传输速率等。还包括路由区更新是否正常。
- 站内切换:四种速率业务的站内切换功能是否正常。一般同一站点下的小区均配为邻区。

10.2.2 基站簇优化

在某特定区域的基站安装完成,并且保证所有 BTS 正确安装、校准,各种软硬件、配置和传输正确时,可以进行基站簇优化。

基站簇划分的主要依据包括:地形地貌、业务分布、相同的 RNC 和 LAC 区域等信息。每个基站簇所包含的基站数目不宜过多,并且基站簇之间的覆盖区域要有重叠。一般 15~30 个站点为一簇,但在站点数量较少的情况下,也可以几个站点化为一个簇。一般城区和密集城区簇内站点开通率要超过80%才开始簇优化。

对于基站没有全部开通的基站簇,在规划测试路线的时候,需要尽量保证测试路线能够连续覆盖。如果测试路线无法避免因为站点没有开通带来的覆盖空洞,那么在对路测数据进行后处理分析的时候,需要将异常数据剔除。在开展基站簇优化工作之前,需要将规划的基站邻区关系数据导入后台网管。

分簇优化的信息输入包括工程安装人员提供的开通信息、单站优化信息、故障信息。分簇优化开始的条件包括:①在密集城区和一般城区,开通站点连片后即可开始优化;②在郊区和农村,只要开通的站点连线,即可开始簇优化。分簇优化输出的内容包括:①对重点道路,重点区域有影响的未完好站点,反馈给用户催建,催开,催排障;②分簇优化报告;③更新后的基站信息表。分簇优化时,簇内的道路尽可能遍历到。

10.2.3 片区优化

分区优化阶段是在簇优化结束后,重点对簇与簇的边界进行覆盖以及业务优化调整,重点解决簇边界的越区覆盖和切换带控制的问题,调整手段可参考分簇优化。片区边界优化要注意片区的信息共享,避免片区天馈参数多次调整,最好是相关片区组成一个团队对边界进行专题优化。

实际上,片区优化的核心内容之一就是切换带控制,通过切换功率门限、切换时间迟滞、小区个性偏移等参数能够对切换带的位置进行调整。测量报告的上报准则也会影响切换的过程。

- 切换功率门限是指下行切换所允许的最大功率门限值。
- 切换时间迟滞是指信号优良的小区比当前小区的强度大于某一设定值,并且持续的时间长度。
- 对每个被监视的小区,都用带内信令分配一个偏移。偏移可正可负。在用户设备评估一个事件是否已经发生之前,应将偏移加入到测量量中,从而影响测量报告触发的条件。

10.2.4 边界优化

不同厂家扰码的规划原则、频点使用规范有所不同,因此在边界容易出现干扰问题。厂家边界是否配置邻区,怎么配,也是关键问题。

不同设备厂家边界优化的关键点包括:

- 双方准确的交接处基站信息、频点、扰码信息共享;
- 边界扰码由一方统一规划,另外一方执行;
- 边界区域的频点,扰码调整要事先和对方沟通;
- 双方组成一个工作团队对边界进行覆盖和业务优化调整;
- 边界区域各厂家各自配异系统邻区;
- 关注跨不同厂家交界区域的切换问题。

10.2.5 全网优化

针对客户提供的重点道路和重点区域进行覆盖和业务优化,其流程与簇优化流程完全相同。重点是提升各项业务指标,冲刺验收指标。覆盖查缺补漏,重点区域专题优化测试。

通过上一个阶段的优化后,系统中的盲区和切换区域基本确定,此时,把所有小区激活,开始进行系统优化。它在一簇完整的站点中对天线和 RF 参数在更真实的环境中进行最后的优化,所有站点都使用正交信道噪音源(OCNS)仿真前向链路业务。对覆盖和切换有一个新的了解,同时,要解决系统范围的干扰问题。

优化后,邻小区和切换参数最终确定,硬件配置变化也定义完毕,网络准备进行验收测试。

10.3 网络优化的步骤

10.3.1 系统的初始设计模型

初始系统设计是在软件 NETPLAN 上进行的。根据系统基站配置设计,模拟软件利用传播模型进行计算,以得到系统覆盖等概念性结果,利用软件模拟的方法还可以预见系统的部分问题,从而为系统的完善提出建议,为网络优化提供依据。系统的初始设计模型是网络优化中不可缺少的一步。

10.3.2 单一基站的初始优化

单一基站的初始优化是在基站安装完毕后进行的。包括如下步骤:

(1) 基站设备的调试

基站设备的调试包括基站初始数据的加载、基站设备发射参数的测试和设备基础性能参数测试等。所谓初始数据的加载即利用专门的基站调试工具 LMF,将有关基站设备进行初始化后,所必需的原始数据下载到基站设备的存储器中,并进行必要的参数设置。原始数据包括基站的初始环境文件、基站设备的原始代码等。参数设置是指有关于传输链路接口的一些参数设置,包括传输链路类型、传输码型、传输链路速率和传输时隙的设定等。基站设备发射参数的测试即测试基站设备内部至机器架顶天线馈线接口处的固有衰耗(包括发射通路和接收通路两方面),测试完毕后生成本基站发射参数记录文件。设备基础性能参数测试包括发射通路和接收通路两方面。发射通路测试包括发射机交调、发射机波形质量、导频时间偏移、载频精度测试和码域功率。接收通路测试包括接收通路误帧率和接收灵敏度。测试完毕后生成基站设备基础性能参数报告文件待后备存档。

基站调试完毕后,为使基站顺利开通,基站控制器(CBSC)还需做如下工作:在基站控制器的该基站目录文件中加入本基站的基本发射参数记录文件、生成该基站的邻站目录、修改相邻基站的邻站目录等。

(2) 环境噪声测试

环境噪声测试的目的是了解基站周围环境的电磁干扰情况,并消除干扰源。

(3) 基站工作验证

在环境噪声测试和基站调试进行完毕后,在基站正式开通之前,应对该基站进行必要的工作验证。验证工作主要包括以下内容:固定→移动呼叫、移动→固定呼叫、移动→移动呼叫、扇区与 PN 偏置指数的对应关系、接收信号强度、信噪比以及本基站扇区与邻近基站扇区间的切换。

10.3.3 多个基站有载条件下的网络优化

由于实际系统总是在有载情况下运行的,所以系统的网络优化一般也是在有载条件下进行的。

对于未进行商用的系统而言,由于用户数较少,不能反映系统的真实情况,所以可以采用模拟话务量的方法,即利用一些工具软件如 NETPLAN 等在工作站上进行,这样同样可以发现系统存在的一些问题,进而为网络优化提供依据。

对于已经投入实际运行的系统,用户数已经达到一定规模,话务量有了一定的增长,即系统在有载条件下运行,此时对系统测试获得的数据能够较真实地反映系统的实际运行情况。

在系统有载条件下的网络优化可以分 3 步进行,即网络故障诊断监视、网络优化测试和网络优化数据分析,用到的工具可以是 Smartsam Plus、MDM 和 OPAS 等。

(1) 网络故障诊断监视

所谓网络故障诊断监视就是采用网络优化工具中提到的 Smartsam Plus 和 MDM,对系统进行实时的监视,并且进行故障监视。实时监视主要包括监视 MDM 提供的有关系统的各种消息的监听,如导频情况、误帧率情况、前向信噪比情况、前向和反向功率电平情况、移动台切换情况、基站参数配置情况等。故障诊断是依据各种监视信息,对系统中可能隐含的故障进行甄别、判断和定位。在判断定位的基础上,提出对系统的修改方案,为进一步网络优化奠定基础。

(2) 网络优化测试

经常性的网络优化测试是路测。通过对系统不断的测试,随时了解系统的工作情况,监视系统的变化,掌握系统的运行情况。主要包括两方面,即测试路线的选择和测试数据的采集。测试路线的选择可以是一条或多条,一般应遵循下列原则:

- 穿越尽可能多的基站;
- 包含网络覆盖区的主要道路;
- 在测试路线上车辆能以不同的速度行驶;
- 包含不同的电波传播环境;
- 路线应穿越基站的重叠覆盖区。

测试数据的采集包括 DM 数据的采集和呼叫拨打测试数据的采集。

在使用 DM 进行网络故障诊断监视时,MDM 软件实时显示诊断监视信息的同时,将来自 Smartsam Plus 的包含移动台收发信号情况、空中接口消息及 GPS 数据写入笔记本计算机硬盘,完成 MDM 数据的采集。

为掌握系统的运行情况,还应定期进行固定车次的呼叫拨打测试。即进行移动→固定的呼叫、固定→移动的呼叫以及移动→移动的呼叫,同时记录呼叫次数、成功呼叫次数、失败呼叫次数、掉话次数和阻塞呼叫次数等。呼叫拨打测试的通话时长一般以每次 2 分钟为宜。

另外，在每次通话过程中，应记录此次呼叫的通话质量。通话质量一般分为4类：很好的音质；好的音质即有少量断续，可懂度好；较差即通话尚能保持，但中断较多；差即可懂度较低，断续较多。

(3) 测试数据分析

网络优化测试数据采集完毕后，就可以进行测试数据的分析。测试数据分析包括两方面的内容，即测试数据的统计和分析软件。所谓统计分析就是从统计意义的角度出发，依据拨打测试数据结果，来计算系统的一些统计性能指标，包括：

- 移动→固定的呼叫完成率、掉话率、阻塞率等；
- 固定→移动的呼叫完成率、掉话率、阻塞率等；
- 移动→移动的呼叫完成率、掉话率、阻塞率等；
- 系统的掉话集中区；
- 系统的其他统计指标。

所谓软件分析就是利用 OPAS 软件对 MDM 采集到的数据进行后处理，以获得一些系统的运行参数。如测试线路上前向接收信号电平 Rx Pwr(dBm)、前向误帧率 FER、前向导频的信噪比 E_c/I_o、反向信号电平 Tx Pwr(dBm)、空中接口参数、空中接口消息等。以上运行参数可制作生成各种图表，获得系统的性能和运行情况的直观了解。

(4) 系统参数的修改

通过以上对单一基站和多个基站的测试，并对测试所得的数据进行分析，一方面可以了解系统当前的运行情况，另一方面可以得出系统进一步网络优化的方案即对系统参数进行修改的方案。

CDMA 移动网的网络优化中，可供修改的系统参数大致可分为以下4类：

- 导频功率参数(Pilot Power Parameter)，包括天线的高度、天线的倾角、方向角、馈线的长度、基站设备架顶功率等。
- 切换参数(Handoff Parameter)，包括 Tadd(切换时加入导频信噪比门限值)，Tdrop(切换时丢弃导频信噪比门限值)，Ttdrop(切换时导频丢弃定时器时长 7)，Tcomp(切换时导频强度比较门限值)，Srch_win_A、Srch_win_N、Srch_win_R(激活导频集、邻近导频集、剩余导频集的搜索窗宽带之半)，PN_INC(导频搜索步长增量)等。
- 功率控制参数(Power Control Parameter)，包括 NOM_PWR(移动台接入的标称功率)、INIT_PWR(移动台接入的初始功率)、PWR_STEP(移动台接入的功率增量步长)、RPC_EbN0(反向功率控制的信噪比门限)。
- 接入参数(Access Parameter)，包括 MAX_RSP_SEQ(移动台等待应答最大接入序列个数)、NUM_STEP(移动台最大接入探测序列次数)、PAM_SZ(移动台接入探测序列中前导序列最大量)、MAX_CAP_SZ(移动台接入探测序列中填充序列最大量)。

系统参数的修改往往需要对一组参数同时进行修改，不完整的修改会给系统运行带来危害。实际运行中，系统参数应慎重考虑后再进行修改。

实际工作中，CDMA 系统的网络优化是一个不断反复的过程。对网络优化过程中采集到的数据进行分析，并对上文中提到的4类系统参数进行修改，然后进行数据的采集，分析，再对系统参数修改，如此反复，不断进行，使系统的运行更加合理。由于地面构筑物的经常变化,为了维持系统的性能最优,系统参数也要根据情况随之调整。所以网络优化是一个经常性的,必不可少的工作。

10.3.4 掉话分析

掉话是 CDMA 系统网络优化中经常碰到的问题,系统的掉话是影响系统统计性能指标的一个重要因素,掉话的处理是网络优化的一个重要方面。一般有下面几种常见的掉话类型。

(1) 前向信噪比 E_c/I_o 差

当移动台接收电平较低时,会导致前向信噪比 E_c/I_o 较差,此时会引起前向误帧率增大,进而引起掉话。造成这种现象的原因是该地点距离基站较远,或传播路径上有较大障碍。解决方法是改善该点的覆盖。

(2) 反向误帧率高

反向误帧率高同样会造成掉话。若反向链路传播衰耗过高,造成反向误帧率也高,而此时前向链路也发生误帧率高的情况,则表明该基站的传播衰耗过大,造成这种现象的原因是该地点距离基站较远,通常的解决方法应该是增加基站。若前向链路信号电平尚可,而仅是反向误帧率高,则表明此时基站覆盖没有问题,解决方法是调整系统参数,通常应调整反向功率控制门限 RPC_EbN0。若反向功率未达到最大,却发生反向误帧率升高,这种现象往往是由于快衰落引起的,说明在该地点缺少一个稳定的主导频。

(3) 多导频

在 CDMA 系统中,当移动台进入 3 向的软切换状态时,若此时其他的导频有足够的强度,大于切换时加入导频信噪比门限值 Tadd,但移动台 Rake 接收机的 3 个径均已占满,由于移动台硬件设计及软件版本的限制,移动台不能将该导频加入激活导频集中,这时,由于干扰的原因会造成掉话。通常的解决方法是调整系统参数 Tadd、Tdrop、Ttdrop 和 Tcomp,并调整个别基站的导频功率,将该地点的导频个数减少到 3 个以下。减少多导频地区的出现也是实际工作中网络优化的任务之一。

(4) 无主导频

无主导频即在某一区域中没有一个具有足够强度的占主导地位的导频。当移动台处于空闲状态时,移动台在不同基站的寻呼信道间切换。处于通话状态时,移动台在不同基站的业务信道间切换,由于这种频繁的切换,极易造成掉话。通常的解决方法是调整天线的功率、倾角或方向角等,在该地区突出某一导频。

(5) 短码混淆

所谓扰码 1 短码混淆(PN Falsing)即移动台向基站汇报的关于导频的信息中,表示某一基站的短码相位发生了错误。这种情况往往是由于短码规划不合理造成的,通常的解决方法是修改系统参数。

在实际系统中,发生掉话的情况千差万别,其原因也是多种多样,可能是上述的某一方面原因造成,也可能是上述多方面原因的组合。在实际网络优化过程中,应根据实际情况,具体问题具体分析,提出切实可行的解决方案。

10.4 网络优化数据采集

数据采集是对系统进行优化的第一步。通过对系统各个相关部分静态和动态数据的了解，为优化通过所必须的数据依据。数据采集是网络优化的重要步骤，也是进行网络质量评估的重要手段。无论是网络故障的排除、日常的网络优化工作还是大范围的网络质量评估，都需要采集网络测试数据和收集系统数据。在对这些数据进行综合分析之后，才能得出结论并提出相应的优化方案和调整措施。因此，系统数据和网络测试数据的采集是网络优化的基础，其准确性和全面性对优化工作的效率和效果影响很大。

10.4.1 采集内容

网络优化所需采集的数据大体可分为网络测试数据和系统数据两类。网络测试数据主要是指通过进行网络测试采集到的各种测试结果，包括 DT 测试数据、CQT 测试数据、OMC 话务统计数据和用户投诉处理记录等。系统数据主要是指系统本身的一些参数，包括基站参数、天线参数和各种技术参数等。

1. 网络测试数据

- DT 测试：通常也称作路测，是在行驶中的测试车上借助专门的采集设备对移动台的通信状态、收发信令和各项性能参数进行记录的一种测试方法；是进行网络性能评估、网络故障定位和网络优化时必不可少的测试手段。

  对 CDMA 系统而言，DT 测试的主要内容包括：移动台 Rake 接收机接收到的每径和各径合并的 E_c/I。强度，移动台的接收功率电平、发射功率电平和发射功率调整值，前向接收误帧率，用于解调的各导频集和 PN 偏置值，分组数据业务物理层、RLP 层和 TCP 层各自的传输速率，软切换状态，移动台收发的层三信令消息，各种呼叫事件（掉话、起呼、开始通话、接入失败等）发生的时间和地点。通过特殊的导频扫描设备(PN Scanner)还可对每个测试点处接收到的所有不同 PN 偏置导频的 E_c/I。进行测量。

  另外，借助路测后台分析软件对路测数据进行分析处理，还可以得出一些统计结果，如接入失败率、掉话率、软切换比例和覆盖质量统计等。同时，在路测过程中还会采集到大量的 GPS 位置和时间信息。

- CQT 测试(Call Quality Test)通常也称作拨打测试，是通过人工拨打电话并对通话的结果和主观感受进行记录和统计的一种测试方法。测试的主要内容包括：接通率、掉话率、单方通话率、话音断续率、回声率、背景噪声率和串话率等。测试中还应记录发生掉话、接入失败等通话失败事件的位置，以便进行后续的分析。CQT 测试主要用于测试一些重要场所的网络覆盖和话音质量等情况。

- OMC 话务统计数据采集是指在 OMC 设备采集全网的话务统计数据，主要包括：长途来话接通率、话音接通率、信道可用率、掉话率、拥塞率、切换成功率和话务量等。

- 信令采集等其他数据采集，包括各接口的信令仪表跟踪测试数据等。

- 用户投诉记录。

其中,DT 测试数据和 OMC 话务统计数据是网络优化工程师日常优化工作依据的重点。通过对采集到的这些数据进行综合分析,可以定性、定量、定位地测出网络无线下行的覆盖、切换和指令等状况,从而进一步找出网络干扰、覆盖盲区、掉话和切换失败的地段。

2. 系统数据

除测试数据外,进行网络优化还需要大量系统数据的支持。

- 基站工程参数:基站名称、编号、位置、站型、设备型号、工程情况和机房配置等。
- 基站技术参数:扰码/PN 分配、邻区列表、信道分配、功率分配、注册参数、接入和寻呼参数、切换参数、搜索窗参数、功率控制参数和各定时器等。
- 天线参数:天线型号、挂高、增益、方向角、下倾角(电子或机械)、驻波比、水平和垂直方向增益图、馈线型号和长度以及接头类型等。
- 其他系统运维数据:故障告警信息等。

这些系统数据主要用于为网络故障准确定位和制定网络优化措施提供参考,因而也是十分重要的。在工程建设和初期调测过程中就应该加强系统数据的收集和验证工作,网络运营者对收集来的这些数据应建立数据库进行保存维护,并在网络优化调整前后和新增基站时及时进行更新。

10.4.2 采集工具

DT 测试所需的数据采集工具如表 10-1 所示。

表 10-1 DT 测试设备列表

	设备名称
硬件	GPS
	CDMA 测试手机、备用电池和数据连接线
	笔记本计算机(如需接多部测试手机需配备串口扩展板)
	导频扫描仪
	车载直流/交流转换器
	测试用车
软件	路测前台采集软件
	路测后台分析软件

表 10-1 中所列出的设备都是进行 DT 测试需要用到的。其中,导频扫描仪的情况各不同厂商的产品会有所不同。大多数厂商提供的前台路测设备中会带有单独的导频扫描仪,路测人员在测试时可根据测试的具体需要决定是否使用。但也有一些厂商的前台路测设备是将导频扫描仪和测试手机集成在一起的,并没有额外独立的导频扫描仪,如高通公司的路测设备的 Retriever 手机就兼具常规测试手机和导频扫描仪两者的功能。

软件中的"路测前台采集软件"需要在路测开始前就已在测试用的笔记本计算机中安装好,并在整个测试过程中运行,监视和记录测试数据。而"路测后台分析软件"在路测过程中并不需要,它的功能是结合数字地图对前台路测采集设备采集到的各项测试数据进行回放、分析和统计等后处理,以便于网络优化工程师更好地评估网络的性能和分析网络故障发生的原因。因其对路测数据分析起着重要的作用,故一并列入 DT 测试设备列表中。

需要特别注意的是,在整个测试过程中应尽量保证不更换测试设备,因为不同厂商的设备之间的差异有可能会影响测试过程前后或多次测试结果之间对比的准确性。

CQT 测试使用普通的 CDMA 商用手机即可完成。OMC 话务统计数据采集一般通过设备厂商提供的设备上附带的采集工具完成。各接口的信令测试采集则主要通过使用信令分析仪来完成。

下面重点介绍 DT 测试和 CQT 测试时采集数据的一般方法和原则。OMC 话务统计数据、各接口信令和系统数据的采集需要根据具体的设备情况来进行,这里不作一般性介绍。

10.4.3 测试路线和测试点的选取

DT 测试的目的是为了反映网络的性能、系统的运行情况或者网络故障所在,因而在测试开始前应设计好测试路线,使得测试结果能够尽量准确充分地反映网络的实际情况。测试路线可以选择一条或多条,一般应遵循下列原则:
- 穿越尽可能多的基站;
- 包含网络覆盖区的主要道路,由于测试路线具有方向性,测试时应沿相同的方向进行,并在主要干道进行来回两个方向的测试;
- 在测试路线上,车辆能以不同的速度行驶;
- 包含不同的电波传播环境;
- 穿越基站之间的切换区;
- 包含用户投诉较多的地段。

CQT 测试作为 DT 测试的补充,主要用于一些 DT 测试无法到达的重要地点及室内场所的测试,主要包括:3 星级以上的宾馆、大型商场或购物中心、大型写字楼、飞机场、火车站和码头等交通枢纽、居民区、学校、机关大院等用户密集的区域。在每个测试场所选取测试点时一般应遵循下列原则:
- 在被测试场所的出入口处应选点测试;
- 用户越密集的地区,采样点应越多;
- 建筑物的第一层和顶层应进行测试;
- 对于多层建筑,应按照一定间隔选取多个楼层进行测试;
- 大型建筑物内的重要公共场所,如机场候机楼、车站候车楼、酒店的大堂和会议中心等,应选点测试;
- 话务量大和用户投诉较多的场所应选点测试。

10.4.4 测试时间的选取

网络测试应尽量选在网络忙时进行,如工作日的上午 9 点至下午 5 点。OMC 话务统计数据的收集也应以网络忙时为重点。

10.4.5 测试方法

1. DT 测试

DT 测试的基本步骤如下:
① 测试人员携带前台路测设备(装有前台路测采集软件的笔记本计算机及其附件)、测

试手机及其附件(备用电池、充电器和数据连接线等)、导频扫描仪(如果需要进行导频扫描测试)、GPS、车载直流/交流转换器、测试地区的地图和路测记录本上测试车。将测试手机放在车内后座,不拔出天线。将 GPS 安装到车顶(手持型 GPS 可放在车内)。

② 接好所有的测试连接线。

③ 将所有路测采集设备和测试手机打开,运行前台路测采集软件并进行相应的设置和调试。

④ 等待 GPS 信息显示正常后,测试人员依照 GPS 校准时间,开始前台测试记录。

⑤ 开始进行话音呼叫或者数据业务连接,测试车出发,沿预先设计好的测试路线行驶。

⑥ 全部测试完成后,先停止测试手机的呼叫或数据业务连接,然后再停止测试记录。这样做是为了保证采集数据记录的完整性。

在测试路程中如发现掉话、接入失败和 GPS 工作异常等特殊事件时,应记录下事件发生的时间、地点和现场的一些情况,以便于更好的进行后续的数据分析。在步骤③中需要在前台路测设备的采集软件中对测试手机的自动呼叫方式进行设置。针对不同的测试项目,呼叫的设置也应有所区别,一般可分为连续呼叫(长呼)和短话呼叫(短呼)两种方式。

连续呼叫是指在前台路测设备中将自动呼叫的呼叫保持时间设置得尽量大,可用于掉话和前向 FER 等指标的测试。短话呼叫是指将呼叫保持时间设置为 5~10 s 左右,可用于接入失败事件的测试。而对于移动台的接收功率电平、发射功率电平和发射功率调整值,移动台接收到的各径或合并导频的 E_c/I_o 等指标的测试与这两种呼叫方式设置的关系并不大,可与长呼测试或短呼测试同时进行。如果需要进行导频扫描测试,则需要另外接上导频扫描仪进行专项测试。

在对分组数据业务的相关指标进行测试时,除使用前台路测采集软件记录测试数据外,可能还需要使用一些 Windows 网络操作命令和数据传输速率记录软件来记录必要的网络通信信息和数据传输速率等指标,具体的操作可查阅计算机网络方面的书籍和资料。因为对于分组数据业务而言,前台路测采集设备可以记录数据终端一侧物理层和 RLP 层上数据传输的相关指标,而 TCP 层以上协议层的数据传输和测试,与普通的计算机网络并没有本质上的区别,因而可以使用与之相同的测试方法。

2. CQT 测试

CQT 测试主要依靠人工拨打电话并记录测试结果。在测试开始前,应仔细设计好测试记录表格,使测试人员能够方便清楚的记录下在每个测试点处试拨的总次数、掉话的次数、接入失败的次数、单方通话的次数、出现话音断续的通话次数、出现回声的通话次数、出现背景噪音较大的通话次数和出现串话的通话次数等测试结果。

为全面考察网络性能,在每个测试点处应将测试用的手机分别作为主叫方和被叫方,对网内和网间的移动电话以及固定电话都进行拨打测试,并详细记录下测试结果和测试中出现的各种故障现象。

网络数据的测试和采集工作烦杂琐碎,工作量大,并且在网络优化过程中需要反复多次的进行,因此需要测试人员有较强的责任心,能够细致耐心的完成。能否准确全面的采集到网络测试数据和各项系统数据是网络优化工作得以顺利开展的前提和基础,所以应给予高度的重视。

10.4.6 网络优化数据检查

1. 频率分配核查

通常在系统进行扩容时,不会改变原有基站的位置,而是在高话务量地区引入新的基站,这些新加入的基站导致了原有频率分布的改变,并可能对系统的运行产生负面的影响。因此,在进行系统的优化之前,必须认真检查核对在现有站点条件下的频率分配方案,这也是优化过程中交换机数据的检查和修正的依据之一。频率分配核查主要包括两个方面:一是检查设计文件的频率分配计划是否符合规定;二是具体检查交换机中相应参数的实际设置情况,避免人为的错误,并配合对应小区的话务量数据和场强测试数据考察每个小区的覆盖情况。

2. 基站设备检查

在移动系统中,基站数量大、分布地域广、施工条件差,其工程量在整个系统建设中所占比重相对较大,所以涉及的人为因素也比较多,且通常处于无人值守状态。在正常运行状态下,设备运行时的故障情况可以通过系统的告警设备反映出来,但设备的非故障无效或低效运行状态(如天线的安装方向有误、馈线接错等)则无法通过比较直观的途径得到。因此,基站设备的检查是工程型优化工作中的重点,工作人员应参照初始设计文件,检查各部分设备安装情况,寻找工程中可能存在的问题。

3. 交换机局数据检查

交换机局设计很多,这里关心的是与移动系统的呼叫处理直接有关的部分,主要包括:
- 本系统内处理机的配置。
- 本系统中继群、中继电路的定义及配置、对端局类型、所采用的信令类型等。
- 本系统基站的数量、每个基站无线信道的数量。
- 与基站有关的各个参数的定义。如系统的频率分配、各小区的定义、相邻小区的定义、相邻基站间越区切换等参数设置。
- 本系统寻呼区的定义。
- 本系统的用户数量。

所得的数据可用于进行系统运行情况的分析。

4. 系统运行数据检查

运行数据主要是指系统的统计数据(呼叫记录、话务统计数据及其他利用交换机提供的统计测量手段得到的各类数据)及系统运行过程中产生的一些动态数据。这类数据动态地反映了系统的运行状态。由于动态数据的不确定性,要求数据样本的数量足够多,以便进行统计平均,使得到的数据真实可靠。另外,要求采集的数据应当为系统正常话务负荷下的忙时数据,应排除数据样本中的异常情况(如大型会议等)。

话务统计数据是交换机中的基本数据之一,是系统内各部分的运行记录,是了解系统各部件运行状态的最直接的数据,大到全系统的负荷情况、处理机的负荷情况,小到每个基站或无线信道的数据均可得到了解。

呼叫记录详细记录了系统对所发生的每一个呼叫事件的处理过程。可以通过对未完成的呼叫记录的分析,了解每个呼叫的进展情况及呼叫失败的原因,从中找出系统存在的问题。

对于这些系统运行数据,可以通过信令分析仪(MPA7300等)将运行数据脱机存放,并进行统计意义上的平均。

5. 反映系统总体状况的数据
- 处理机的忙时负荷,了解在系统正常忙时,各处理机的能力是否足够。
- 全系统负荷,了解系统正常忙时的话务负荷,重点是系统的接通率,系统的忙时呼叫次数和系统的掉话率。

6. 反映系统各部分状况的数据
- 针对具体基站的运行数据统计主要是了解某个基站的呼叫次数及完成情况、掉话率、切换次数及完成情况、本基站或某信道的干扰情况等。
- 针对局间中继群的话务负荷统计主要是了解发生在每个中继群的呼叫次数及完成情况、去话和来话的比例等。
- 系统的各类警告信息反映了系统的不正常运行状态,分析告警的产生原因,有助于分析更深层次的问题。

10.4.7 场强测试数据

场强测试是网络用户过程中必不可少的步骤之一。通常交换机能提供的数据大致可以反映无线信道中的上行信号情况,对下行信号只能得到简单的不全面的数据,但要全面了解每个基站或无线信道的覆盖范围等下行测量数据,只靠交换机或信令仪是做不到的。

无线信号在空中传播,由于地形、地貌、地物及其他一些环境因素的影响,通过理论模型预测得到的基站场强覆盖范围与实际情况还是会有很大的差别。而且在系统投入运行后,基站的覆盖范围还会因为周围环境情况的改变而发生改变。

场强测试利用高精度的测量仪表(SAFCO、HP等),专业的分析软件,可以比较精确地了解系统服务范围内的无线覆盖及无线信道的工作状况。场强测试数据可以为修正有关基站发信机的发射功率电平、调整天线、修改越区切换的电平、减少同邻频干扰等提供参考依据。

10.5 网络优化数据分析

将采集到的数据(交换机、信令仪、路测等)进行汇总统计并进行具体分析,寻找出现问题的具体原因。

关于处理机的处理能力,对于采用主备用方式的处理机,其忙时负荷一般不超过其实际处理能力的75%;对于采用负荷分担方式的处理机,其忙时负荷一般不应超过其处理能力的50%。对于处理能力不足的处理机应当及时升级或增加新的处理机。

由于局间中继电路在移动系统中的投资比例比较低,应配备足够的中继群及中继电路,以避免其成为系统的瓶颈。

移动系统优化中地位最重要的部分是无线部分的分析与调整,其牵涉的范围也比较广。

例如，对于某个基站的话务负担过重，其原因可以简单的归结为无线信道不足，也可能是该基站的无线覆盖范围过大；反映在切换方面的问题通常也较多，相邻小区参数的定义是否合理、控制信道和话音信道的负荷、越区切换电平的定义、各小区覆盖范围不合理等都有可能导致切换的失败；同样，干扰也是优化中出现问题较多的地方，频率分配计划的不合理、基站设备的故障或安装失误等都会导致干扰的产生。总之，出现的每一个问题都可能是很多的相关因素所引发，因此，必须结合信令分析和场强测试分析，具体定位引发问题的原因。

10.5.1 信令测试数据分析

通过利用信令分析仪对系统的 A 口和 Abis 口的信令进行记录和分析，从而得到系统运行的动态统计数据，是获取系统运行状况的重要手段。下面就 MPA7300 信令仪的分析结果简单介绍信令仪的使用。

利用 MPA7300 信令仪，可以得到上下行信号强度、上下行话音质量、移动台动态发射功率、上下行链路平衡、上下行信号质量对比、越区切换、切换失败率、SDCCH 指派失败率等各项指标的测量和统计，如图 10-4 所示。

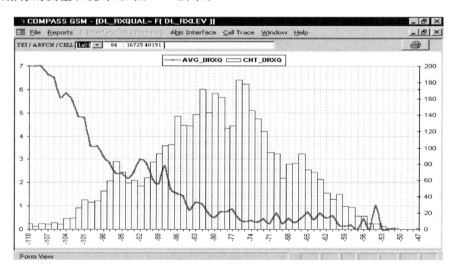

图 10-4　下行信号强度与话音质量对比

图中横坐标表示信号强度（RxLev），右边的纵坐标表示测量次数，左边的纵坐标表示对应于信号强度的上行链路的话音质量（RxQual）。从统计意义上来讲，该扇区下行信号普遍较好，话音质量也比较理想。

从各种统计图表中，可以得到系统运行的各种问题。通过综合分析，可以初步得到产生问题的原因。

10.5.2 场强测试数据分析

在利用信令分析仪对问题的产生有了一个概念之后，就可以利用场强测试仪对相应的基站或小区进行场强测量，从而更进一步地分析问题产生的原因，如图 10-5 所示。

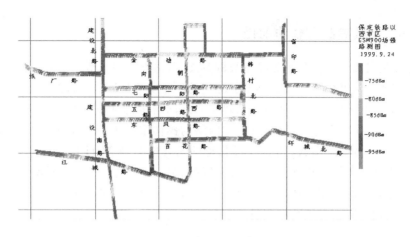

图 10-5　场强测试结果

图中所示的是测试时经过的路线,通过上图路线上的颜色的深浅可以看出该地当时的场强大小。

10.5.3　综合分析结果

在利用仪器对出现问题的基站或小区进行测试和分析之后,将测试结果整合,从而得到网络优化的基本方案(对基站进行改造或无线参数调整等)。通过优化方案的实施,再次对系统实行这样的检测,并再次提出修改方案,直到问题排除。

10.5.4　参数调整

无线参数优化调整是指对正在运行的系统,根据实际无线信道特性、话务量特性和信令流量承载情况,通过调整网络中局部或全局的无线参数来提高通信质量,改善网络平均的服务性能和提高设备的利用率的过程。实际上,无线参数调整的基本原则是充分利用已有的无线资源,通过业务量分担的方式使全网的业务量和信令流量尽可能均匀,以达到提高网络平均服务水平的目标。

10.5.5　无线参数调整的类型

根据无线参数调整需解决问题的性质可以将无线参数调整的类型分为两类。第一类是为了解决静态问题,即通过实测网络各个地区的平均话务量和信令流量,对系统设计中采用的话务模型进行修正,解决长期存在的普遍现象。另一类调整用于解决由于一些突发事件或随机事件造成在某个时间段中,局部地区发生的话务量过载、信道拥塞的现象。

对于第一类调整,营运商仅需定期地对网络的实际运行情况进行测量和总结,并在此基础上对网络全局或局部的参数和配置进行适当调整。而第二类调整则是网络操作员根据测量人员即时得到的数据,实时地调整部分无线参数。无论无线参数调整是哪种类型,对参数自身而言其意义是相同的。

10.5.6 无线参数调整的前提

网络操作员必须首先对各个无线参数的意义、调整方式和调整的结果有深刻的了解,对网络中出现问题所涉及的无线参数类型有相当的经验。这是进行有效的无线参数调整的必要条件。另一方面,无线参数的调整将依赖于实际网络运行过程中的大量实测数据。一般地,这些参数可以由两种手段获得,一是在网络的操作维护中心或无线端的操作维护中心(OMC-R)上获取的统计参数,如CCCH信道的承载情况、RACH信道的承载情况以及其他信道(包括有线和无线信道)的信令承载情况等;另一些参数,如小区覆盖情况、移动台通信质量等,需通过实际的测量和试验获得。因此营运商欲有效地调整无线参数必须对网络的各种特性进行长期的、经常性的测量。

10.5.7 无线参数调整的注意事项

在无线通信系统中,大量的无线参数是基于小区或局部区域设置的,区域间的参数通常有很强的相关性,因此在作参数调整时必须考虑到区域的参数调整对其他区域尤其是相邻区域的影响,否则参数的调整会发生很强的负面影响。

由于移动系统的复杂性,可能出现的问题及导致问题的原因也是多种多样的,对各种数据的分析,可以大致了解问题的出处,但分析是否正确则需要实践的检验。移动通信系统的优化是一个系统工程,是一个长期的过程,它贯穿于通信系统的从设计施工到运行维护的全过程。而一个优化过程的结束应当在系统运行的指标中反映出来。

习　　题

1. 试描述网络规划和网络优化的关系,是否可以认为好的网络规划可以避免进行网络优化?
2. 试描述工程优化的功能和特征,并分别说明单站优化、基站簇优化、片区优化、边界优化和全网优化的功能以及优化的重点及其方法?
3. 片区优化和边界优化的区别是什么?边区优化是否涉及天线倾角和邻区列表优化等操作?
4. 2G系统和3G系统网络优化的区别主要有哪些?试说明分组数据业务对网络优化的影响。
5. 什么是DT测试,什么是CQT测试,什么是MDT测试?路径损耗模型校正需要采用哪种路测技术进行数据采集?
6. 信令测试的主要功能是什么?为何要结合路测数据和信令测试信息来进行网络性能分析?
7. 试调研目前国内外比较有名的网络优化技术提供厂商以及相应的网络优化工具,说明路测工具和路测工作在网络优化中的地位和比重。

第 11 章 无线网络覆盖优化

覆盖是指无线电波辐射的区域。早期的基站建设,一般采用大区制基站,而且使用较高的铁塔,尽可能的增加覆盖范围。而网络发展到今天,除一些偏远和用户较少的地区外,基本都能满足覆盖。覆盖优化主要是通过天线的指向(方向角)和发射功率调整所需要覆盖的区域,如信号的弱区和盲区。偏远山区,话务量小并且地域范围广的地区,一般多采用室外安装的直放站;高层建筑如大厦和地下室等,多采用室内分布系统覆盖。

蜂窝小区的覆盖范围、覆盖率和信号覆盖质量是衡量移动通信网网络性能的重要指标,如果达不到要求,就必须进行覆盖优化。需要考虑包括上/下行覆盖状况和上/下行链路的平衡情况,通常用主导频的 E_c/I_o 和下行接收码功率 RSCP 作为衡量下行覆盖的指标,用手机的发射功率作为衡量上行覆盖的指标。如果不满足指标要求,无线通信系统中覆盖可能出现的问题主要体现在过覆盖(信号过强),弱覆盖(信号过弱)和覆盖混乱(导频污染)几个方面。

本章将首先说明覆盖优化的目标,然后通过实际优化案例的介绍来说明如何在覆盖优化过程中通过合理的工程参数设置以及工程手段解决上述问题并保证覆盖优化目标。

11.1 覆盖优化目标

覆盖优化是要保证目标覆盖区域内满足上/下行覆盖的要求,保证目标业务的连续覆盖。目标业务是指在系统达到或接近系统目标负荷的情况下,用户在目标覆盖区域内的任何位置使用该种业务都能够满足相应的通信概率要求。为保证目标业务的连续覆盖,覆盖优化目标建议如下:

- 覆盖区域实现目标业务的连续覆盖,不存在覆盖空洞。
- 为保证网络的覆盖质量,参考中国移动 TD-SCDMA 网络和联通 WCDMA 的网络覆盖性能,要求在覆盖区域室外满足主导频的 RSCP>−100 dBm,E_c/I_o>−12 dB;室内满足主导频 RSCP>−90 dBm,E_c/I_o>−12 dB。
- 使软切换区达到最优化,控制软切换和更软切换的比例,参考联通 WCDMA 网络优化经验,控制软切换区域比例<40%。
- 避免覆盖区域中出现过覆盖和弱覆盖现象,消除导频污染点。
- 解决网络中存在的上下行不平衡问题。

覆盖优化主要消除网络中存在四种问题:覆盖空洞、弱覆盖、越区覆盖和导频污染。覆盖空洞可以归入到弱覆盖中,越区覆盖和导频污染都可以归为交叉覆盖。优化主要有两个内容:消除弱覆盖和交叉覆盖。解决覆盖空洞、弱覆盖、越区覆盖、导频污染(或弱覆盖和交叉覆盖)有 7 种方法(按优先级排):调整天线下倾角、调整天线方向角、降低发射功率、升高或降低天线挂高、站点搬迁、新增站点或 RRU、使用直放站、升高发射功率、调整天线波瓣宽度。

覆盖优化的原则包括:
- 先优化接收信号强度,然后优化 C/I。覆盖优化的两大关键任务是消除弱覆盖(保证 RSCP)和净化切换带、消除交叉覆盖(保证 C/I,切换带要尽量清楚,尽量使两个相邻小区间只发生一次切换);
- 优先优化弱覆盖、越区覆盖、再优化导频污染。优先调整天线的下倾角、方向角、天线挂高和迁站及加站,最后考虑调整发射功率和波瓣宽度。

11.1.1 覆盖空洞

覆盖空洞是指在连片站点中间出现的完全没有信号的区域。用户设备终端的灵敏度一般为 $-108\ dBm$,则覆盖空洞定义为 PCCPCH RSCP$<-105\ dBm$ 的区域。

一般的覆盖空洞都是由于规划的站点未开通、站点布局不合理或新建建筑导致。最佳的解决方案是增加站点或使用 RRU,其次是调整周边基站的工程参数和功率尽可能地解决覆盖空洞,最后是使用直放站。对于隧道,优先使用直放站或 RRU 解决。

11.1.2 弱覆盖

弱覆盖一般是指有信号,但信号强度不能够保证网络能够稳定的达到要求的 KPI 的情况。弱覆盖区域一般伴随有用户设备的呼叫失败、掉话、乒乓切换以及切换失败。例如,对于 TD-SCDMA 系统来说,天线在车外测得的 RSCP$<-85\ dBm$ 的区域定义为弱覆盖区域,天线在车内测得的 RSCP$<-90\ dBm$ 的区域定义为弱覆盖区域。

为了解决弱覆盖问题,优先考虑降低距离弱覆盖区域最近基站的天线下倾角,调整天线方向角,增加站点或 RRU,增加 PCCPCH 的发射功率,改变 PCCPCH 的波瓣宽度。对于隧道区域,考虑优先使用 RRU 或直放站。

11.1.3 越区覆盖

当一个小区的信号出现在其周围一圈邻区以外的区域且信号很强时(车外大于 $-85\ dBm$,车内大于 $-90\ dBm$),称为越区覆盖。当产生越区覆盖的区域周围在地理上没有邻区,称之为"孤岛"。如果移动台在此区域移动,由于没有邻区,移动台无法切换到其他小区导致掉话发生。

越区覆盖的解决方法包括:首先考虑降低越区信号的信号强度,可以通过增大下倾角、调整方向角、降低发射功率等方式进行。降低越区信号时,需要注意测试该小区与其他小区切换带和覆盖的变化情况,避免影响其他地方的切换和覆盖性能。在覆盖不能缩小时,考虑增强该点距离最近小区的信号并使其成为主导小区。

在上述两种方法都不行时,再考虑规避方法。在孤岛形成的影响区域较小时,可以设置单边邻小区解决,即在越区小区中的邻小区列表中增加该孤岛附近的小区,而孤岛附近小区的邻小区列表中不增加孤岛小区;在越区形成的影响区域较大时,如果频率和码的规划拓扑允许,可以通过互配邻小区的方式解决,但需慎用。

11.1.4 导频污染

判断网络中的某点存在导频污染的条件是:①RSCP>-85 dB 的小区个数大于等于 4个;②RSCP(fist)-PCCPCH_RSCP(4)≤6 dB。当上述两个条件都满足时,即为导频污染。

发现导频污染区域后,首先根据距离判断导频污染区域应该由哪个小区作为主导小区,明确该区域的切换关系,尽量做到相邻两小区间只有一次切换。

然后测试主导小区的信号强度是否大于-85 dBm,若不满足,则调整主导小区的下倾角、方向角、功率等。

最后增大其他在该区域不需要参与切换的相邻小区的下倾角或降低功率或调整方向角等,以降低其他不需要参与切换的相邻小区的信号,直到不满足导频污染的判断条件。

11.2 过覆盖问题

过覆盖是指网络中存在着过度的覆盖越区现象,表现为主控小区的导频信号过强,超过本小区的覆盖范围,给其他小区带来严重的干扰,造成无主导频,网络内干扰分布不均,会给网络带来严重的导频污染问题,引起掉话。引起过覆盖问题的原因一般分为高站越区、由无线环境导致的越区和相邻扇区间越区三类问题,分别如图 11-1、图 11-2、图 11-3 所示。

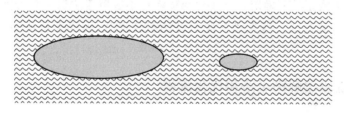

图 11-1 高站越区

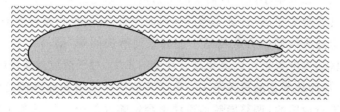

图 11-2 由于无线环境导致的越区

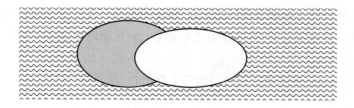

图 11-3 相邻扇区间的越区

1. 高站越区

如果一个基站选址太高,周围的大部分区域都在天线视距范围内,使得信号在很大范围内传播,因而导致高站越区的产生。对于 CDMA 系统,干扰极大地影响系统覆盖和容量,而高站小区的无线信号不容易控制,极易对其他邻区产生干扰,因此在规划设计阶段一般不建议使用高站,但是在网络建设过程中由于客观条件的限制,无法找到合适的站点,往往不能避免选择高站,从而引起信号越区以及导频污染等问题。

2. 由无线环境引起的越区

由于天线朝向与地形、地貌走向平行,主瓣信号覆盖范围沿街道、河流、楼宇夹缝等延伸到其他基站的覆盖范围内造成上述情况。由于是狭长区域内越区(信号泄漏),调整天线下倾的方法可能会影响正常的覆盖范围,因此主要调整天线方向角避开信号传导隧道。

3. 相邻扇区的越区

在一个多基站的网络中,天线的方向角应该根据全网的基站布局、覆盖需求、话务量分布、传播环境等进行合理设置。一般来说,各扇区天线之间的方向角设计应是互为补充。若没有合理设计,极有可能会造成相邻扇区间的相互越区。如果多个扇区由于越区不能有效控制导致同时覆盖相同的区域,将造成该区域出现过多的强导频以至于该区域没有主导频存在,会造成导频污染问题。同样,天线的下倾角设计需根据天线挂高相对周围地物的相对高度、覆盖范围、天线型号等确定。下倾角调整将对小区覆盖边缘的信号产生重要的影响,从而影响小区的覆盖范围。当天线下倾角设计不合理时,同样会造成相邻扇区间的相互越区。

11.2.1 过覆盖解决思路和优化流程

解决过覆盖问题的思路是要保证本小区的正常覆盖范围,控制本小区合理的覆盖区域。首先确定过覆盖的区域和本小区正常需要的覆盖范围,通过适当地调整天线方向角、下倾角和高度控制基站的合理覆盖区域,避免越区现象的发生,特别是高站必须加大下倾角控制其影响范围。如果上述天线调整方法依然不能有效地解决问题,则需要考虑更换天线类型。另外通过调整小区功率配置也可以避免越区现象的发生,对于造成过覆盖问题的小区,降低其导频发射功率,进而控制它的覆盖范围。由于其他公共信道和业务信道的功率是以导频信道功率为基准进行设置的,调整导频信道功率会影响其他公共信道和业务信道的覆盖范围,因此优化过程中要十分慎重使用此方法。在实际优化工作中还需要用路测设备对存在过覆盖问题的区域进行实际覆盖范围的测试,确定目标小区及相邻小区的覆盖范围,验证是否由于目标小区覆盖范围不合理而造成的过覆盖,如不合理则需要调整目标小区的覆盖范围。

图 11-4 显示的是一个解决过覆盖问题的优化流程,供参考。

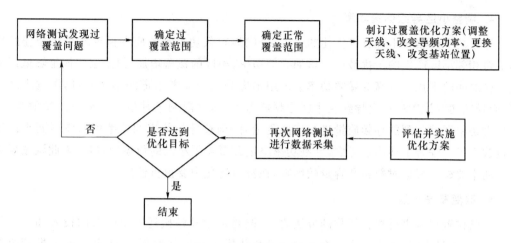

图 11-4　过覆盖优化过程

11.2.2　过覆盖解决方法

解决过覆盖问题的关键是调整基站的合理覆盖范围,一般有如下 5 种途径。

1. 调整天线方向角和下倾角

调整天线的方向角和下倾角可以有效控制干扰,是解决过覆盖问题的常用方法。对于由于无线环境引起的越区问题,可采用使天线主瓣方向偏离地形和地貌延伸方向并辅以天线下倾角调整来解决,因此在城区内应避免天线指向平行于街道和水域。在相同基站高度情况下,基站的天线下倾角度越小,基站的覆盖范围越小,因此对于过覆盖的基站,适当加大基站天线的下倾角,可以起到缩小基站的覆盖范围,缓解过覆盖的影响。在规划中通常建议 CDMA 系统避免出现高于周围站点平均高度 20 m 以上的高站,因为基站的天线高度越高,基站的覆盖范围越大,给网络带来的干扰越严重,特别是干扰受限的 CDMA 系统受到的影响很大。由于实际选站限制,高站可能无法避免,此时必须通过使用较大下倾角来抑制高站对周围小区的影响,如果通过调整下倾角依然不能解决过覆盖问题,则需要考虑更换天线。

2. 调整基站天线高度

通过适当降低过覆盖基站的天线高度,可以缩小基站覆盖范围,过覆盖问题会得到相当程度的缓解。但是这种方法的使用可能影响周围小区的覆盖,因此必须进行慎重的仿真分析,避免调整带来的覆盖盲区。另外,高度调整范围不宜过大,最终高度应在 20~40 m 内,与周围天线高度相差应在±5 m 之内。

3. 更换基站天线类型

高站越区一般可采取加大天线机械下倾角的措施来抑制,但天线机械下倾角的调整有一定的限制,机械下倾角设置过大会导致天线水平方向图严重畸变,并且造成上副瓣对其他小区的干扰。解决天线水平方向图畸变和上副瓣对其他小区的干扰问题的有效措施可使用带内置电下倾并具有上副瓣抑制功能的天线。在无法通过调整天线机械下倾角来解决高站越区覆盖时,可考虑更换天线型号来达到优化的目的。

4. 调整小区导频信道功率

导频功率调整并不是日常优化的手段,最优的导频功率设置应在保证本小区覆盖的前提下对相邻小区产生的干扰最小。增加导频功率,小区的覆盖增加,但是也应该足够低以避免小区之间的干扰。过高的导频功率会占用本应分配给业务信道的小区容量,影响小区容量;而导频功率设置过低会导致主小区导频覆盖不足,并限制了其他下行链路的发射功率;用户设备根据接收到的导频质量进行切换测量时,调整导频信道的功率可以使不同小区间的负载平衡。综合上述因素考虑,导频功率决定并影响了小区的覆盖和容量,因此调整导频信道功率要综合考虑对覆盖和容量的影响,在覆盖优化中要慎重使用。

5. 改变基站位置

基站位置也是进行覆盖优化的方法之一,但是由于基站搬迁需要较大的投入和一定的协调工作,而且 CDMA 系统中一个基站站址变化影响其他基站覆盖,因此一般不推荐改变基站位置,只有在其他优化方法无效并且进行大量仿真分析之后才会考虑。

11.2.3 过覆盖优化案例

某运营商 CDMA 北京商用网中,由于选站限制,阜成门基站和西外上园村基站站高分别为 80 m 和 72 m,比周围站点的平均高度高出约 50 m,这两个基站造成的越区为典型的高站越区。优化的措施是,把阜成门基站和西外上园村基站原带 2°内置电下倾的天线更换成为带 6°内置电下倾和带上副瓣抑制的天线,并辅以机械下倾作调整,最终下倾角超过了 10°。经过优化调整后,该两个基站的越区情况得到较好的控制。

11.3 弱覆盖问题

弱覆盖是指网络中存在覆盖盲区或信号覆盖较弱的区域,包括室外弱覆盖问题、室内弱覆盖问题、由于系统外干扰引起的弱覆盖问题和上下行不平衡引起的弱覆盖问题。网络规划过程会按照某种基本业务和一定的目标负荷进行连续覆盖规划,但是由于无线环境的复杂、客观因素的限制和无线网络的呼吸效应,室外或者室内会存在着覆盖弱区和盲区,如高站可能造成的塔下黑现象,因而满足不了目标业务的连续覆盖要求,要在网络优化过程中予以解决。

对于弱覆盖问题,首先确定弱覆盖区域位置和面积,确定造成弱覆盖的原因,制订弱覆盖优化方案,综合考虑通过天线调整、功率调整、引入直放站、增加新站和建设室内分布系统加强室内覆盖等增强覆盖的方法,解决弱覆盖问题。图 11-5 显示了一个弱覆盖优化流程,供参考。

解决弱覆盖问题的方法有天线调整、功率调整、引入直放站、增加新站和室内覆盖等,下面分别加以说明。

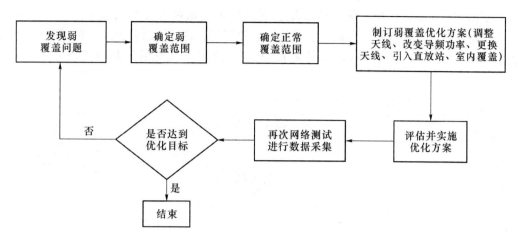

图 11-5 弱覆盖优化流程

11.3.1 天线调整

改变天线的方向角和下倾角可以有效的增强覆盖。某运营商在进行中山一路和东湖路覆盖优化的路测过程中，发现东湖基站和署前路基站之间的东湖路一段用户设备接收功率较弱，小于 -100 dBm。并且该区域导频信号质量 E_c/I_0 也很差，小于 -12 dB。（如图 11-6 A 区域所示）

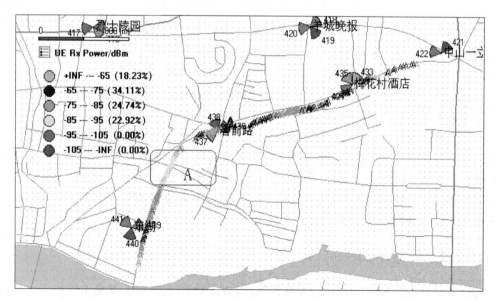

图 11-6 东湖基站和署前路基站优化前路测图

通过优化分析软件对路测数据进行回放分析，发现东湖路上信号覆盖不好的一段，是由署前路基站第三扇区（扰码 438）的旁瓣来覆盖，而署前路基站正对该区域的第二扇区（扰码 437）信号很弱，无法进入激活集，推断署前路第二扇区（扰码 437）可能受到阻挡。到楼顶天面上发现署前路基站第二扇区（扰码 437）正前方建筑密集阻挡严重，影响了该扇区的覆盖。而东湖基站第一扇区（扰码 439）天线的正前方几十米处也被一排高层住宅完全遮挡，无法覆盖到东湖路的该段区域。优化措施是将署前路第二扇区方位角由原来的 240°调整为 230°，以增强对东湖路该路段的覆盖。天线方位角调整后进行路测验证，发现东湖路该路段的用户设备接收功率>-100 dBm，导频 E_c/I_o>-12 dB。优化后的路测的效果如图 11-7 所示。

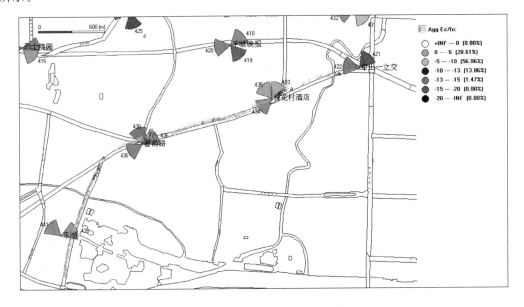

图 11-7　优化后东湖和署前路路测效果图

经过优化，中山一路和东湖路的用户设备接收功率和 E_c/I_o 得到了明显改善。优化后整个路线上用户设备接收功率大于-100 dBm 的比例，从优化前的 77.2%上升到 94.8%；E_c/I_o 大于-12 dB 的比例，从优化前的 83.2%上升到优化后的 98.5%。

通过降低基站高度、调整天线下倾角、利用赋形天线（上旁瓣抑制、下旁瓣零值填充），可解决塔下黑问题。例如，某运营商北京 CDMA 网络阜成门基站的塔下黑现象是由于站高过高（站高 80 m），地面上所处的位置正好处于波束的零值照射点导致。解决塔下黑的方法最好是采用下旁瓣零值填充天线，其次通过使波束下倾也可缓解塔下黑的区域。优化中综合了上述两种方法：把阜成门基站原带 2°内置电下倾的天线更换成为带 6°内置电下倾并且具有下旁瓣零值填充特性的天线，其中天线由 2°内置电下倾更换成为 6°内置电下倾，要求与上面的高站越区解决措施一致。

11.3.2　采用直放站

使用直放站作为实现"小容量、大覆盖"目标的必要手段之一，主要是由于使用直放站一是在不增加基站数量的前提下保证网络覆盖，二是其造价远低于有同样效果的微蜂窝系统。直放站是解决通信网络延伸覆盖能力的一种优选方案。它与基站相比有结构简单、投资较少和安装方便等优点，可用于难于覆盖的盲区和弱区，如商场、宾馆、机场、码头、车站、体育馆、娱乐厅、地铁、隧道、高速公路、海岛等各种场所，提高通信质量，解决掉话等问题。但是在 CDMA 网络使用直放站会给网络带来额外的噪声和干扰，影响施主基站的覆盖和容量。因此在 CDMA 网络弱覆盖优化过程中，要慎重使用直放站。

11.3.3 调整小区导频功率设置

解决覆盖弱区和盲区问题的一个最直接的方法是提升小区导频发射功率,使得该小区覆盖区域的导频信号强度 E_c/I_o 满足连续覆盖的要求。但是上述这种方法也存在不足:如果增加导频功率,同步信道和寻呼信道的功率会相应地增加,业务信道的功率会因此而降低;由于调整了小区的导频发射功率,使被调整的小区以及周围小区的覆盖情况都发生了一定的变化,在优化完后,一定要充分考虑调整方案对系统覆盖的影响。

11.3.4 添加新站

在覆盖弱区和盲区增加新的基站也可以解决弱覆盖问题,但是需要注意的是由于CDMA的技术特点(干扰受限),在基站间加站解决覆盖空洞难度较大,其主要原因为:①基站间干扰的增加,这将导致基站容量和覆盖能力的下降;②大量的加站需重新进行网络设计,否则网络整体干扰会很大,很难解决容量和覆盖的平衡;③由于站间距的缩小导致网络中软切换比例的增加,影响网络容量。

建议加站主要是为了解决容量问题。除非采用天线调整、加直放站和小区导频功率调整等方法解决不了弱覆盖问题时才考虑加站。

11.3.5 增强室内覆盖

网络初期一般使用宏蜂窝基站,既覆盖室外也覆盖室内,但对于重点区域和话务热点区域建议使用室内覆盖分布系统来保证其覆盖。

11.4 覆盖混乱问题

覆盖混乱的典型问题是导频污染,下面详细说明CDMA网络中的导频污染的含义和解决方法。

导频污染是CDMA网络新引入的问题,常见的导频污染定义只考虑下面的第一点。通常认为CDMA系统中导频污染有两点含义:

- 某点接受到的强导频信号数量超过了激活集定义的数目,使得某些强导频不能加入到用户设备的激活集,因此终端不能有效的利用这些信号,这些信号就会对有效信号造成严重的干扰,即在接收地点存在过多的强导频。
- 某点测试得到的各个导频信号强度较高,但是导频 E_c/I_o 都很差,没有主导频,终端无法接入系统。

导频污染主要是由于多个扇区之间信号相互干扰造成的,在理想的状况下,各个扇区的信号应该严格控制在其设计范围内。但由于无线环境的复杂性:包括地形地貌、建筑物分布、街道分布、水域等各方面的影响,使得信号难以控制,无法达到理想的状况。由于导频污染主要是多个基站作用的结果,因此,导频污染主要发生在基站比较密集的城市环境中。正常情况下,在城市中容易发生导频污染的几种典型区域为高楼、宽街道、高架、十字路口、水域周围的区域。

导频污染对网络性能影响,主要表现在以下几个方面。

- 呼通率降低:在导频污染的地方,由于手机无法稳定驻留于一个小区,不停地进行服务小区重选,在手机起呼过程中会不断地更换服务小区,易发生起呼失败。
- 掉话率上升:出现导频污染的情况时,由于没有一个足够强的主导频,手机通话过程中,乒乓切换会比较严重,导致掉话率上升。
- 系统容量降低:导频污染的情况出现时,由于出现干扰,会导致基站接收灵敏度要求的提升。距离基站较远的信号无法进行接入,导致系统容量下降。
- 高误块率:导频污染发生时会有很大的干扰情况出现,这样会导致误块率提升,导致话音质量下降,数据传输速率下降。

11.4.1 导频污染产生的原因

1. 小区布局不合理

不合理的小区布局将导致不合理的信号分布。一个设计良好的网络应该根据覆盖区域的总体要求来设计整个网络的拓扑结构,设计每个小区应该满足的覆盖区域。不合理的小区布局可能导致部分区域出现覆盖空洞,而部分区域出现多个强导频信号覆盖,这样有可能会造成网络中大面积的导频污染或覆盖盲区。

2. 基站选址或天线挂高太高

如果一个基站选址太高,相对周围的地物而言,周围的大部分区域都在天线的视距范围内,使得信号在很大的范围内传播(尤其是在室外、街道等场所),但由于建筑物等地物的影响,使之又不能在覆盖区域内的所有地点都提供良好覆盖,尤其是室内部分。因此,就算单从覆盖来看,也需要增加其他的基站以满足整个区域的覆盖。这样,为了满足网络整体的覆盖,在高站的周围仍然要增加新的基站,这个高站就可能在许多区域影响到周围的其他站,造成导频污染问题。另外,从容量方面来看,一个基站提供的容量毕竟有限,尤其在现阶段采用一个载频的情况下,因此,要在城市中满足密集话务分布的需要,大多数情况是需要由多个站来满足容量要求。在这样的多站环境下,若有一个高站的存在,则周围的其他站将可能受到来自高站信号的影响,在切换区域,由于增加了该高站的信号,可能会形成导频污染。由于高站可能会对多个基站形成干扰,系统容量将会受到较大的影响。

3. 天线方位设置不合理

在一个多基站的网络中,天线的方位应该根据全网的基站布局、覆盖需求和话务量分布等来合理设置。一般来说,各小区天线之间的方位设计应互相补充。若没有合理设计,可能会造成部分小区同时覆盖相同的区域,形成过多的导频覆盖;或者由于周围地物如建筑物的影响等,造成某个区域有多个导频存在。这时需要根据实际传播的情况来进行天线方位的调整。若基站位于较宽的街道附近,当天线的方位沿街道时,其覆盖范围会沿街道延伸较远。这样,在沿街道的其他基站的覆盖范围内,可能会造成导频污染问题。这时,需要调整天线的方位或倾角等。

4. 天线下倾角设置不合理

天线的倾角设计是根据天线挂高相对周围地物的相对高度、覆盖范围要求、天线型号等来确定的。倾角调整将对小区覆盖边缘的信号产生重要的影响,从而影响小区的覆盖范围。当天线下倾角设计不合理时,在不应该覆盖的地方也能收到较强的覆盖信号,造成了对其他区域的干扰,这样就会造成导频污染,严重时会引起掉话。

5. 导频功率设置不合理

当基站密集分布时,若要求的覆盖范围小,而导频功率设置过大,也可能会导致严重的导频污染问题。

6. 覆盖目标地理位置较高

当一个覆盖目标的地理位置非常高时,如高楼内,对其周围的多个基站而言都在视距内,则在该处容易形成导频污染。

当存在导频污染时,可能会导致以下的网络问题:

1. 高误块率

由于有强导频存在而不能有效利用,则对其他的导频构成了干扰,导致误块率升高,提供的业务质量下降,或导致较高的掉话率。

2. 切换掉话

若存在 3 个以上强的导频,或多个导频中没有主导导频,则在这些导频之间容易发生频繁切换,从而可能造成切换掉话。

3. 容量降低

存在导频污染的区域由于干扰增大,降低了系统的有效覆盖,使系统的容量受到影响。

11.4.2 导频污染的消除与预防

工程上,导频污染的检测手段主要以实地的路测为主,同时也可以借助规划软件的仿真预测来指导路测有可能产生导频污染的区域。例如,可以将网络的参数输入规划软件,借助其网络性能分析的功能,分析出导频污染的区域,进而对相应的参数进行调整,再进行网络性能仿真,直至无导频污染为止。然后,就可以针对实际情况进行实地路测,如果确实与规划软件中的分析结果相同,则可以参照规划软件中的调整方案进行调整。但是需要注意的是规划软件中的方案修改,应尽可能考虑实际因素。在路测过程中,可以借助路测仪表和路测软件,采集路测数据,定位导频污染的区域,并找出强干扰导频的来源。

导频污染检测和优化的基本思路,可以用如图 11-8 所示的流程图表示。

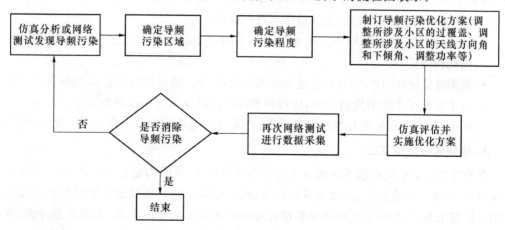

图 11-8 导频污染优化流程

在导频污染优化流程中,首先通过规划软件的仿真预测或者路测发现网络中的导频污染问题,对于规划软件预测的导频区域要进行路测加以确认,之后根据实际情况,制定导频污染解决方法,在实施解决方法之前须用规划软件进行仿真以评估方法的有效性,实施之后还要再次进行路测,对是否消除导频污染问题进行确认。

解决导频污染有以下几种方法。

1. 天线调整

根据导频污染的定义,多个导频共同覆盖引起的导频污染问题可能是由于天线的方位与倾角设计不合理。因此,根据实际测试的情况,通过调整天线的方向角、下倾角来改变污染区域的各导频信号强度,提升有用导频信号强度即提高 E_c,降低干扰导频信号强度即降低 I_o,从而改变导频信号在该区域的分布状况,进而解决导频污染问题。由于单个天线的下倾角可调整的范围有限,因此通常会同时调整多个小区的下倾角,并且通过方向角调整满足要求。中国联通 WCDMA 网络和试验网的优化经验表明调整天线下倾角和方向角是解决导频污染问题的常用手段,因此建议解决导频污染问题首先要考虑天线调整方法。

对于中国移动的 TD-SCDMA 系统来说,天线调整内容主要包括:天线位置调整、天线方位角调整、天线下倾角调整、广播信道波束赋形宽度调整。

- 天线位置调整:可以根据实际情况调整天线的安装位置,以达到相应小区内具有较好的无线传播路径。
- 天线方向角调整:调整天线的朝向,以改变相应扇区的地理分布区域。
- 天线下倾角调整:调整天线的下倾角度,以减少相应小区的覆盖距离,减小对其他小区的影响。目前 TD-SCDMA 天线还没有电子下倾类型,下倾角的调整全部要进行机械下倾。
- 广播信道波束赋形宽度调整:通过更换天线的广播信道波束赋形加权算法,改善服务扇区内的信号强度,降低副瓣对其他扇区的影响。目前可以调整的值为 30°、65°、90°、120°可供选择。

2. 功率调整

导频污染是由于多个导频共同覆盖造成的,解决该问题的一个最直接的方法是提升有用小区的导频功率,降低无用小区的导频功率,形成一个主导频。这种方法最为直接,但也存在一些弊端,因此使用时最好先通过仿真进行验证:

- 如果增加导频功率,同步信道和寻呼信道的功率会相应地增加,业务信道的功率会因此而降低。
- 如果降低导频功率,信号的穿透力会明显减弱,小区覆盖范围变小,影响网络的覆盖。
- 由于调整了小区的发射功率,使被调整的小区以及周围小区的覆盖情况都发生一定的变化,因此在解决导频污染问题后,还要充分考虑到调整方案对系统覆盖的影响。

3. 增加或者减少基站

有些导频污染区域可能无法通过上述的调整来解决,这时需要根据具体情况,考虑替换天线型号,改变天线安装位置,改变基站位置,增加或减少基站等措施。但是加减站措施还要结合扩容来考虑,同时新加和减少基站会对网络干扰带来新的影响,需要仔细考虑,除非通过上面两种方法解决不了导频污染问题才考虑使用这种措施来解决导频污染问题。

除了考虑导频污染问题出现后的消除,网络优化还应当对导频污染进行相关预测,防范于未然。这种提前预防使得网络优化工作更加主动,而且可以节省大量时间和投入,将更多网络优化的精力放在满足市场和业务发展需求上。一般对导频污染的预防可以通过以下几个方面进行:

- 规划软件仿真可以分析网络在给定负荷情况下的包括导频污染情况的网络整体性能,可以观察在整个规划区域的导频数量分布、软切换区域分布,并以图示的方式给出导频污染的分布区域。网络优化过程中就可以根据对导频污染分布区域信号的分析,调整相关的小区天线下倾角和方向角,提高部分小区导频信号强度,甚至增加新基站,并通过规划软件对调整效果加以验证,从而解决导频污染的问题。
- 基站选址时要认真对每一个基站进行勘查,在设立天线的位置观看天线是否会被遮挡,是否容易发生反射,对每一个基站天线类型、方向角、俯仰角这些影响覆盖范围的参数进行模拟和计算。同时基站开通后要进行测试,使基站覆盖能达到网络要控制的范围,避免出现导频污染等问题。
- 在现网中要注意基站的维护,保证每个基站都能良好运行。
- 天线类型的选择对于覆盖是非常重要的,要做到因地制宜、灵活运用。一般在市区可以考虑选择电调或内置倾角,带有上旁瓣抑制,垂直波瓣也不能太高的天线;
- 在市区中机械天线的俯仰角不能下压太大,只要大于 8°,波瓣就开始产生变形及内凹,但影响不大;大于 15°,波瓣内凹就非常厉害,主瓣方向能量几乎很少。一般在使用时尽量不能大于 10°,如果大于 10°就要采用内置倾角或电调的天线。因此建议在市区中使用内置倾角或电调天线。

4. 其他方法

在某些导频污染严重的地方,可以考虑采用单通道 RRU 单独增强该区域的覆盖,使得该区域只出现一个足够强的导频。

另外,还可以对邻小区频点等参数进行优化,以解决导频污染问题。

- 根据实际的网络情况,通过增删邻小区关系或者频率、扰码的调整,来进行导频污染地区的网络性能的优化。
- 调整小区的个体偏移,通过对小区个体偏移的调整来改善扇区之间的切换性能。将小区的个体偏移调整为正值,则手机在该服务小区是"易进难出",调整为负值,则手机在该服务小区是"易出难进"。建议调整值为 ±3 dB 以内。
- 调整小区内的重选参数,通过修改小区的重选服务小区迟滞,来调整服务小区的重选性能。

11.4.3 导频污染优化案例

下面以某运营商某商用 CDMA 网络在昆玉河北岸消除导频污染为实例,说明导频污染如何进行优化。

CDMA 商用网络中的北线三角区位于昆玉河北岸,由于河两岸属于开阔地带,处在 4 个基站的重叠覆盖位置,通过路测发现该地区能够接收到的导频信号过多,属于明显的导频污染。通过分析,发现在测试路线上的拐弯处,道路较为狭窄,拐弯后主控小区信号有一个快速的阴影衰落,主控小区由于阴影衰落导致导频信号频度下降,且该区域存在多个强导频,因此主控小区的 E_c/I_o 迅速恶化,造成掉话。该地区主要是由基站 1 的 3 方向的旁瓣覆盖。分析现场环境认为,调整天线增强主控小区的信号强度,可以抵抗阴影衰落,消除导频污染。因此选择此小区作为该区域主控小区,并把其他小区的天线方位和下倾角度做相应调整,去除强干扰信号。具体措施是将基站 1 第三小区的方位角由 300°调整为 260°,电子下倾角由 2°增为 7°,机械下倾角由 6°减少到 2°。优化后试验网所有测试项在该地区均未发生掉话。

CDMA 商用网络在北京北三环花园桥地区属于另一个比较典型的导频污染区,在此位置 300 m 区域内,可以收到久凌大厦、信息管理学校、玲珑路西口、三虎桥西南、潘庄共 5 个基站,7 个小区的信号,造成严重的导频污染。测试表明,此区域内的终端最佳服务小区变化和激活集增删都很频繁,虽然导频信号强度较好,但是 E_c/I_o 非常差。造成这种现象的主要原因包括:该地区位于覆盖边缘,本身信号较弱;三环路两侧地形复杂,高大建筑较多,而覆盖三环路的周边基站主要是玲珑路西口(基站 8)、三虎桥西南(基站 9)和潘庄(基站 10),由于基站高度较低,因此受阻严重。具体调整方案如下:

- 玲珑路西口 181 天线方位角逆时针转动;
- 潘庄 189 天线安装位置改动,下倾角加大;
- 久凌大厦 162 天线下倾角加大;
- 信息管理学校 164 移动天线安装位置。

通过上述优化方案调整,主控小区覆盖得到增强,干扰小区信号减弱,从而消除该区域导频污染问题。

11.5 室内覆盖优化问题

良好的网络覆盖,特别是室内覆盖是保证 3G 网络性能的关键因素之一。由于 3G 的主要业务量来自于数据,而通常情况下使用数据业务时用户大多数都在室内。对于 3G 来说,来自室内的话务量占网络中全部话务量的比例比 2G 的情况要有很大的提高,所以建设 3G 的室内覆盖系统是十分必要和有利的,应该得到充分的重视。根据国外 3G 运营商(日本 DOCOMO)的统计数据显示,在 3G 网络中,室外的业务量(包括话音和数据)仅占整个网络业务量的 30.3%,而室内(包括办公楼、居民楼和地铁等)业务量占整个网络业务量的 69.7%。

室内覆盖面临的问题主要有室内覆盖的频率选择、泄漏问题、室内覆盖切换区设置和室外小区信号干扰问题,下面分别加以说明。

11.5.1 室内覆盖频率选择问题

在进行 3G 室内覆盖系统建设时,有两种方案,一种是同频方案,室内系统与室外系统使用相同的频率;另一种是异频方案,室内系统与室外系统使用不同的频率。同频方案的优点是切换成功率高,频谱利用率高,缺点是在某些情况下,不能很好地控制来自室外小区的干扰信号。异频方案的优点是基本不存在来自室外小区的干扰信号,缺点是异频切换成功率低,在切换过程中容易造成掉话,从整体上降低了网络的建设质量和服务质量。异频方案的另外一个缺点是降低了频谱资源的利用率,缩小了今后网络的扩容空间。所以这两个方案各有利弊,在室内覆盖系统的建设过程中要具体问题具体分析,不能一概而论。另外,频率方案的选择还与运营商所拥有的载频数有关。将来比较合理的情况是既有同频方案,又有异频方案。如果干扰可以控制,则建议采用宏蜂窝频点即同频方式;如果干扰难以控制,且硬切换性能可以满足室内覆盖网络系统 KPI 指标要求,则建议采用异频方式。一般认为"干扰可以控制"的要求为:在室内,室内分布系统的导频功率比室外基站的导频功率强 10 dB;在室外,室外基站的导频功率比室内分布系统的导频功率强 10 dB。对于室内外隔离较好的环境建议室内外使用同频方案;对于室内外隔离较差的情况建议室内外使用异频方案。

11.5.2 室内覆盖切换区设置

建议在优化过程中将室内覆盖更软、软切换的切换区设置在无线环境比较稳定的地方。由于开关电梯会使信号强度发生突变(10~20 dB),因此在做室内覆盖优化时,要避免将更软、软切换区发生在进出电梯处。通过调整导频功率,或者修改切换参数来调整切换区域大小。

如果室内小区与室外小区是采用异频策略组网,室外与室内的切换属于硬切换,由于目前用户设备通过启动压缩模式来进行频间硬切换,因此异频硬切换成功率远比软切换低,这与手机和系统对压缩模式参数的支持以及手机测量能力有关系,造成硬切换失败的主要原因有:

- 用户设备没有收到切换物理信道的完成命令;
- 压缩模式物理信道重配失败;
- 用户设备没有收到压缩模式物理信道重配命令;
- 用户设备切换完成后掉话。

图 11-9 是不同地区几个室内外异频硬切换测试结果。

切换策略	硬切换发生区域	硬切换成功率		
		业务	广东	北京
硬切换策略1	大堂内	AMR12.2K	94%	100%
		CS64K	90%	95%
		PS64K	91%	/
硬切换策略2	出入电梯	AMR12.2K	91%	90%
		CS64K	87%	80%
		PS64K	88%	/
硬切换策略3	大堂入口,与室外小区发生硬切换	AMR12.2K	96%	100%
		CS64K	92%	100%
		PS64K	92%	100%

图 11-9 试验网室内外硬切换测试结果

根据测试结果,将异频硬切换区设置在室内的大堂入口区域硬切换的成功率要高些。

11.5.3 室内信号泄漏

根据以下步骤进行室内信号泄漏的优化:首先确定室内信号泄漏程度和区域,分析泄漏原因,调整室内分布系统增益,如果是室内分布系统天线位置问题,改造天线位置,之后调整相邻小区的小区重选参数,调整相邻小区的切换参数。

11.5.4 室外信号入侵

如果存在室内分布系统,室外宏蜂窝信号的入侵,会给室内带来严重的干扰,造成室内用户切换频繁,极易产生掉话。因此优化的思路应该是首先确定室外宏蜂窝信号入侵的程度和区域,分析入侵发生的原因,如果是由室内信号弱造成的,则调整室内分布系统增益;如果是室内分布系统天线位置问题,则需改造天线位置;如果是室外信号过覆盖造成,则按照过覆盖的情况处理。

11.6 直放站优化问题

直放站可以扩大基站的覆盖范围,和基站相比,直放站的主要优势就是投资小,但是也有明显不足,就是容易对网络造成干扰,影响原基站的容量。目前北京实验网已经对直放站进行了大量测试,初步结论认为,直放站对 CDMA 网络的影响表现为以下两点:

- 增加上行链路噪声电平。上行链路噪声增加意味着施主基站服务的用户数会下降,所以必须尽量减小直放站引起的噪声增加,同时噪声增加会减小施主基站覆盖范围。如果该噪声电平过高,基站正常服务区域内的服务质量会显著下降,表现为接入失败率和掉话率大幅增加,甚至上行链路会被淹没在噪声中无法接入。
- 增加时延。传输时延的增加影响基站侧相关网络参数如小区选择与重选窗口的设置,并且可能对直放站覆盖区域内的定位业务开展造成影响。

联通的 WCDMA 网络在建网初期曾经使用了大量的直放站,前期对整个网络负面影响很大。例如,中国联通某分公司在 CDMA 直放站特别是无线直放站开通初期出现了很多问题,包括:直放站上、下行自激;覆盖范围不理想;PN 导频混乱;PN 导频污染;直放站的施主天线及重发天线选取不合理;直放站的上、下行功率设置不合理等。

由于该分公司使用的无线直放站数量相当多,接近 500 套,因此这些问题导致直放站对 CDMA 网络造成严重干扰。为解决此问题,该分公司将无线直放站全部关闭后,对每套无线直放站的开通进行严格测试和评估,对直放站的施主天线及重发天线的位置进行认真选取,严格控制直放站的上、下行发射功率。通过采取这些措施,基本解决了直放站对网络的严重干扰问题。

另外,韩国 SK TELECOM 公司的 CDMA(2G)、CDMA 1x(2.5G)两个商用网中通过约 10 000 个直放站获得了很好的网络性能,其中一个非常重要的经验就是其网管系统对包括直放站在内网络性能的实时监控非常精细。

根据韩国 SKT 和联通 WCDMA 网络直放站的使用经验和教训,无线直放站对 3G 网络的干扰比较是明显的。因此,在市区使用无线直放站必须十分慎重,必须对环境进行严格测试后,方可安装。因此在网络优化过程中要区分直放站的使用场景,不同的场景需要使用不同类型的直放站。

- 市区内应有限制地使用直放站,如不能避免使用,市区内开放空间区域应使用光纤直放站,以避免直放站引入干扰,市区内封闭空间如地铁可以使用无线直放站。例如,韩国运营商 SKT 的 cdma 2000 网络将光纤直放站大量应用于市区的覆盖和高速公路的覆盖,平均一个基站携带 2.5 个光纤直放站;SKT 的无线直放站主要用于地下、山洞等密闭空间的覆盖,由于汉城有大量的地下通道和地铁,所以无线直放站运用数量较大。
- 对于郊区和重点交通干线可以使用直放站进行补盲。
- 使用无线直放站需要注意以下几点:施主天线的指向性一定要好;要在安装点事先进行测量,以保证信号源纯净,没有多个小区来的信号;对施主天线和重发天线之间的隔离度要好,避免引起自激;注意不能放大其他运营商的信号,因此需要滤波器的性能要好;施主天线的输入要在一定强度下,避免放大器处于非线性区引起饱和失真。
- 直放站必须通过网管进行密切监控,在特定情况下如出现自激等,可以通过网管手动或者自动关闭直放站,避免其对网络造成的影响。

11.7 覆盖优化中的其他问题

11.7.1 上下行链路平衡问题

上下行链路不平衡问题表现为用户设备接收的导频 E_c/I_0 正常且下行链路信号质量很好,然而用户设备的发射功率却很大甚至达到最大值,这表明上行链路很差,上下行链路不平衡。导致的问题是由于用户设备的发射功率已经达到最大,经过一段时间,基站就会检测到用户设备的上行信号很弱,就会放弃上行信道,同时切断下行信道,这样就触发了用户设备的掉话机制,导致掉话。造成这种问题有三种原因:一种是用户过多造成上行链路阻塞;另一种原因是导频过多;还有一种原因是在上行链路存在阻断器、发射源等系统外强干扰装置。

针对不同的原因,要采用不同的优化方法:对于由于容量阻塞造成的上下行链路不平衡,要从解决容量入手,降低本小区容量;对于导频过多造成的上下行链路不平衡,要减少过多的强导频;对于外界干扰造成的上下行链路不平衡(如图 11-10 所示)要进行外界干扰源的排查与清除。

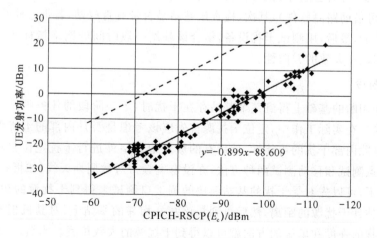

图 11-10 链路不平衡现象

图 11-10 显示的是在一次测试过程中用户设备发射功率和导频信号强度的关系,实线表示网络链路平衡状态下,网络中用户设备发射功率和导频信号强度的分布情况。虚线位于实线的上方则截距要比实线大,表明同样的导频信号强度,用户设备为接入系统保持通话

质量要使用更多的发射功率,上行链路发生问题;虚线在实线的下方则下行链路发生问题,若实际测试曲线类似于红色曲线则说明网络中存在上下行链路不平衡问题。

11.7.2 由于系统外干扰导致的问题

当 CDMA 网络下行或者上行有较强的外来干扰时,干扰会造成系统的底噪声(Noise Floor)抬高,使得基站或者手机不得不加大发射功率以对抗外来的干扰,这种情况会对网络性能造成负面影响,使网络性能质量下降,严重影响网络的覆盖。强烈的外来干扰可以从普通手机用户的实际感受和系统性能的统计数据中得到直观的反映。外部干扰可分自然界的和人为产生两大类。来自自然界的干扰是由某些自然现象引起的。最常见的是雷电、太阳黑子活动、火山喷发和地震引起的磁暴等产生的电磁干扰。当然,来自自然界的干扰的影响面毕竟有限,而且概率也很低,在日常网络优化过程中,不会将其作为工作重点。与系统内部干扰不同,人为产生的系统外干扰由于存在"不可预见性"和"不易控制性",因此往往只能事后补救,但其对网络质量的影响却不容忽视。下面给出系统外干扰查找定位流程,结合试验网的测试经验,列出如下步骤。

1. 干扰前期判断

借助日常的话务统计工具和相关报表分析来初步判断造成网络性能指标下降的基站列表,结合网管监控通过相关的命令查找可疑基站的底噪信息,包括峰值和平均值,在空载的条件下,通过观测基站底噪平均值,是判断干扰的一个比较有效的途径,如发现空载时基站底噪抬升很大,排除受硬件和隐性故障等影响的基站,得到受干扰影响的基站。同时,也可以用手机开启测试模式到可疑基站覆盖区域进行实地测试,通过起呼观测误块率来判断干扰,同时也可以观测手机上的 E_c/I 值来判断。例如,当看到手机的接收电平上升,但是 E_c/I 却变的很差,说明下行链路肯定有干扰,在手机上表征出来的现象是信号会跳变,起呼建立的时间长,有时会起呼失败,重新开始初始化。这时,首先应考虑测试区域是否有相邻小区丢失(可借助路测软件),其次,检查该基站是否带有直放站,若带直放站,则检查该直放站的运行性能,最后,用测试干扰设备,结合该基站一段时间的网络指标变化趋势来判断干扰源的时间性和大致的方向性。

2. 定位阶段

当在前期判断的基础上得到某个基站存在干扰时,下一阶段的任务则是对干扰进行查找、定位、排除。在实际工作中,定位干扰源首先应该考虑是否是内部的干扰引起的基站底噪的提升。排除内部干扰的可能性,然后有的放矢地到室外进行干扰定位。对于外部的干扰定位,有定点测试和移动测试两种方法,在没有宽频带对数周期天线(如板状天线,八木天线等)的条件下,可以先对受干扰的基站模块的测试口测试来得到干扰源的频谱形状,干扰源的方向性,估计干扰源的距离,然后再到与该基站相邻的基站上,对其机柜模块的测试口测试,根据干扰的强度和扇区的方向就可以得到干扰源的大致位置。当然,借助天线来定位干扰位置是非常普遍的测试方式,全向天线可以用于电磁干扰的测试,但不利于干扰源的定位。通常条件下采用定向天线,可以在制高点进行 360°的详细定点测试,然后再到邻近的制高点进行测试来限制干扰源区域。驱车到小区覆盖区域进行慢速移动测试,发现强干扰时,下车再进行定点测试,并与制高点测试情况进行对比。由于干扰测试仪器有频率、强度、时间三维频谱显示方式,可以方便地查找与时间相关的频谱信息,对于周期性和间歇性的干扰很有效。

3. 干扰排除阶段

在得到干扰源的确切位置后,可以联系业主进行妥善解决,有必要也可以联系无线电委员会按照相关法规进行申请清频。

4. 信令信道和目标业务信道的覆盖平衡

公共信令信道覆盖范围应和目标业务信道基本一致,过小会使得小区覆盖达不到按照目标业务专用信道规划的目标,过大则浪费总功率资源,增大下行本小区和邻区干扰,降低下行容量。通过调整信令信道和专用业务信道的功率配比来达到覆盖区域内目标业务的连续覆盖要求。

习　题

1. 分别说明盲覆盖、弱覆盖、越区覆盖、导频污染的区别,并且举例说明何时会发生这四种不同类型的覆盖?
2. 用户服务质量差,原因可能是弱覆盖,也可能是过覆盖,如何能够鉴别是弱覆盖还是过覆盖?
3. 试描述过覆盖优化的几种常用方法,为何说过覆盖一般都需要通过物理方法来解决,通过改变参数设置等很难实现过覆盖优化?
4. 什么是塔下黑?如何解决塔下黑问题?
5. 试说明电子下倾和机械下倾的区别,在进行覆盖优化时,何时采用电子下倾?何时采用机械下倾?
6. 试说明导频污染的定义,说明为何会发生导频污染。如果发生导频污染,一般采用的优化方法是什么?
7. 为了解决室内信号覆盖,一般可以采用哪些室内覆盖技术进行组网?分别描述不同室内覆盖技术的原理和优缺点。
8. 直放站使用可以扩展覆盖范围,试说明3G系统下的直放站对于扩展覆盖范围和2G系统直放站的差别。

第12章 无线网络容量和质量优化

网络优化和设计的一个目的就是迎合网络质量、性能要求的同时,使得网络的系统容量最大化。具体来说就是在给定载波以及给定的质量、性能要求的情况下进行系统容量的优化。

对于无线通信系统而言,容量、质量和网络性能是相对的矛盾关系。容量是指任何时间在没有呼叫失败的情况下接入网络的最多用户数。质量由误帧率(FER)和 E_b/N_o 决定,通常是由厂家或者运营商设定的固定值,比如要求系统 FER 为 2% 的条件下 E_b/N_o 为 7 dB。网络性能是由诸如调换率、接入失败率等数据来决定的,主要反映了商用网络运行状况。同样的运营商或者设备厂商对网络性能有一个标准,如要求整网的掉话率低于 2% 等。

网络容量和网络质量互相之间呈反比关系,如果一个网络平均容量增加了,那么必然导致网络的平均质量下降。同样,网络质量与网络性能也是一对反比关系,即提高了网络平均的运营质量就会降低网络的平均性能。这是因为质量由 FER 和 E_b/N_o 来决定,这两个参数的变化直接影响了系统的容量和质量。例如,放宽对 FER 的要求(2% 提高到 3%),那么将降低网络质量的同时提高网络的容量,而网络容量的提升可以直接改善网络的性能。

容量可能导致的问题,其原因通常包括三个方面:一是随着业务的发展,话务量逐步增大,导致系统过载,需要对网络进行扩容;二是话务模型的变化导致系统过载;三是由异常情况引起的能够同时接入的用户数目少或吸收的话务量减少。

对于质量优化来说,当系统过载时,上行和下行链路的负荷均已达到系统稳定工作的最大值,难以再接入新的用户,从而导致用户接入成功率降低;并且极易发生掉话,业务质量降低,从而影响用户对网络的评价。

本章将以 CDMA 为例,介绍容量优化和质量优化的原理和具体实例,对容量和质量优化分别进行描述,尽量淡化两者相互之间的关联。

12.1 容量优化的必要性

CDMA 系统的一大特点就是容量具有"软"的特性。由于其是自干扰系统,随着每扇区用户数的增加,会使得通信质量下降,同时造成覆盖上的空洞。这就会降低网络的性能。降低平均噪声指数可以提升系统的"软"容量,也就等同于提高了频谱使用效率。

另外,CDMA 系统允许进行软切换,虽然这可以带来增益,减少切换时的掉话。但是这是以增加系统开销为代价的。如果网络中软切换的比例过高,会使得系统浪费过多的业务信道来支持软切换,而缺少足够的资源来满足新增加的用户,造成硬件资源不足的呼叫阻塞。同时软切换比例过高,也就意味着小区的交叠区域过多,也就给各小区间带来了更多的干扰,使得基站为了满足通信质量要求而为每个用户分配更多的业务信道功率。由于总的功率是有限的,平均每用户所分配到的功率增加,就使得基站能提供的业务信道的数目减少,呼叫阻塞率就会增加。容量优化的核心内容就是降低干扰,减少软切换比例,提高软切换效率。

12.1.1 指标与容量受限因素

进行容量优化,首先是因为当前网络出现了容量问题,或者是网络设备和资源的利用率没有达到最优化,网络容量是否有问题一般通过以下指标进行判断。

- 小区载频接收功率:反映系统的上行负荷状况。
- 小区载频发射功率:反映系统的下行负荷状况。
- OVSF 码资源利用率:反映下行码资源的使用情况。
- CE 的利用率:反映 CE 资源的使用情况。
- CS 域话务量:反映会话类业务的话务量。
- PS 域流量:反映 PS 业务的总流量。
- 各种速率业务的用户数:反映使用各种业务的用户数目。
- 由于负载原因无线接入承载(RAB)建立拒绝的次数:反映小区的过载情况。
- 由于负载原因导致切换的次数:反映小区的过载情况。
- 软切换比例:由于软切换会占用过多的系统资源,当软切换比例过大,系统额外的开销就大,会对容量有一个损失;该比例过小,则容易引起掉话,要根据情况进行调整,使软切换的比例合理化。目前一般认为软切换比例为 20~40% 较合理。

在 CDMA 系统中,系统容量受限的因素有很多,包括上行干扰、下行发射功率、OVSF 码资源、CE 资源等。在进行网络容量优化时,不要简单地通过某一个指标进行判断,而应综合考虑各个指标。例如,观察到 OVSF 码资源受限不能就认为应该扩容,因为小区中有可能同时存在 7 个 384 kbit/s 的分组用户,而 7 个 384 kbit/s 的分组用户就会导致小区的 OVSF 码资源受限。

所以在发现系统过载时,不能只局限于容量硬资源这一方面,还要结合系统的 CS 域话务量和 PS 域流量以及各种业务的用户数等各种指标来综合进行判断。在 CDMA 系统中,由于覆盖、容量、质量相互关联,除了硬资源的不足会限制用户的接入数目外;从覆盖方面来说,过覆盖、导频污染、高站等都易造成额外干扰,从而造成容量的损失;如果用户分布在弱覆盖区,那么为保持相同质量的通信链路,所需要的基站和手机的发射功率都会增大,从而使得能够同时通话的用户数减少;而用户对业务质量的高要求也会以牺牲系统容量为代价;并且参数设置不当也会限制用户的接入。所以在容量优化中,一定要进行综合观察各类指标,找清原因,有针对性地进行改善。

12.1.2 正常业务量增长造成的过载问题

随着业务的发展,移动网络的话务量逐步增大,原有的网络可能会不能承载日益增加的话务需求,造成系统的过载。这时就要根据实际情况采取相应的措施,在此分为热点区域或个别小区的业务量过载和整个网络大面积的业务量过载这两种情况分别进行说明。

1. 小范围或者个别小区的业务量过载

在移动网络发展中期,移动网络的终端用户上升,高速数据业务获得发展,网络规模进一步扩大,在市区可能会出现一些热点地区发生话务拥塞,对于这种小范围或者个别小区的业务量过载,可以采取以下手段:

(1) 相邻小区间话务量分流

通过把话务量分流到相邻小区的方法缓解热点小区的拥塞状况,即当热点小区与相邻小区的负荷有较大差异时,通过调整切换区域、调整呼叫接入时的目标小区和切换目标小区等方法,在尽可能不影响业务质量的前提下,将系统负荷从热点小区向相邻负荷轻的小区转移,实现小区间负荷平衡,达到分流话务量的目的。

(2) 系统间话务量分流

除了向同系统的相邻小区分流话务之外,还可以采用向旧的 2G 系统分流话务量,将 3G 语音业务分流到 2G 网络上。

(3) 扩容

当通过参数调整仍然不能解决话务拥塞的问题,这时只能采取物理的扩容方式。如果在热点小区中数据业务的下载较多,下行容量受限,那么扩容可首先采取发射分集、加功放的方式缓解拥塞状况,除此之外,加载波也是一种很有效的方式。

2. 大面积的业务量过载

随着移动互联网业务日趋成熟,移动网络的终端用户增长到较高比例,会出现大面积的业务量过载,对此可以采取如下手段:

(1) 系统间业务分流

移动网络已发展成熟,不能采用系统内的负荷均衡来进行缓解,可以采取系统间负荷均衡的方法,也可根据负荷和业务种类来选择网络。例如,语音由 GSM 网承担,高速数据业务由新建的移动网络承担。

(2) 扩容

如果移动业务发展良好,当出现大面积的业务量过载时,最有效的手段还是进行物理扩容,一般可以采取加载或加站的方式。具体采取哪种手段,要根据实际情况以及规划时的策略决定。对于密集城区,在规划阶段由于考虑到后期扩容加站较复杂,通常以较高负载较密的站距进行布站,所以后期扩容采用加载波的方式。而对于郊区以及农村等地区规划时以较稀的站距布站,可首先采用加站的方式进行扩容,当业务量发展一定程度时,再采取加载波的方式。

12.1.3 话务模型变化造成的过载问题

在实际的网络中,用户分布和话务分布都不是恒定的,尤其要注意的是相同的地区在不同时段的话务量也可能相差很大。如,办公楼话务量的高峰期是上午 9:00 到下午 6:00,其他时间(晚上)的话务量是很低的。商场话务量的高峰期是在节假日的上午 10:00 到晚上 8:00。而体育馆一般晚上话务量较高,白天话务量较低。如图 12-1 所示。

对于这种话务量集中在特定时段的情况,应该是在规划阶段就应考虑解决的问题,但是由于话务波动性较大,如果发生忙时过载,可通过以下手段进行优化:

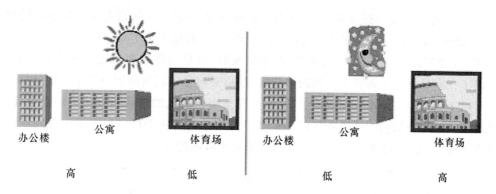

图 12-1 话务模型随时间地域的变化

- 将话音业务速率降低,以容纳更多用户;
- 对高速数据业务降速或掉话,以接入更多的话音或低速数据业务;
- 将话音业务分担给同覆盖的 GSM 小区;
- 提高本小区的切入门限,限制用户的切入;
- 降低本小区的切出门限,尽量将用户切出本小区,将话务量分担到相邻小区;
- 调整资费,实现削峰平谷等。

采取以上方式,只是对话务量有一个缓解作用,能够在一定程度上保证设备的资源利用率。如果要从根本上解决这个问题,可以通过扩容的方式(加载波、加站),以话务量的峰值进行资源配置。当然这是以牺牲资源利用率,提高投资成本为代价的。

12.1.4 突发业务量引起的过载

在网络建设及不断演变的过程中,可能会遇上某些地区容量突然"供不应求"的情况,话务量急升,导致用户呼损情况严重。例如,在体育馆,当有比赛或演唱会的时候,话务量会剧增,而平时几乎没有话务量;再如展览馆,当有展览或招聘会时,话务量剧增。

对于 GSM 系统可以通过增加应急通信车来进行扩容,而对于 CDMA 系统,由于其自干扰的特点,若通过增加同频应急车扩容,相当于加站,这可能会产生更糟糕的结果,反而影响本小区的正常通信,甚至会对其他小区产生干扰。CDMA 系统的紧急扩容可以说是一个比较棘手的问题。

目前来说,当那些不能预料的高话务突发时,CDMA 系统可以采用以下手段:

- 增加异系统应急通信车,并把语音呼叫转移到 GSM;
- 使用异频应急通信车,进行负荷分担;
- 提高本小区的切入门限,限制用户的切入;
- 降低本小区的切出门限,尽量将用户切出本小区,将话务量分担到相邻小区;
- 使用较低的话音业务,以容纳更多用户;
- 同覆盖的异系统小区可承担一部分话音业务;
- 使用第二频点及启动异频切换机制,转移语音用户;
- 对 PS 域采取灵活的资源分配及调配策略。

- 覆盖优化也是一种方式,如调整本小区的下倾角,使本小区覆盖范围缩小,以换得容量的增益,但是这种方式会对覆盖产生影响,一般情况下不要采用。

在 3G 建网之后,随着用户的增多、业务的发展,容量的优化变得越来越重要。本节首先介绍了在容量优化中需要关注的网络指标,然后对容量出现的问题进行了归纳分类,同时给出了由于正常业务量增长造成的过载、话务模型变化造成的过载和由异常情况引起的能够同时接入的用户数目少或吸收的话务量减少等问题的解决手段。当容量出现问题时,可通过以下流程(如图 12-2 所示)进行分析,并采取相应的措施。

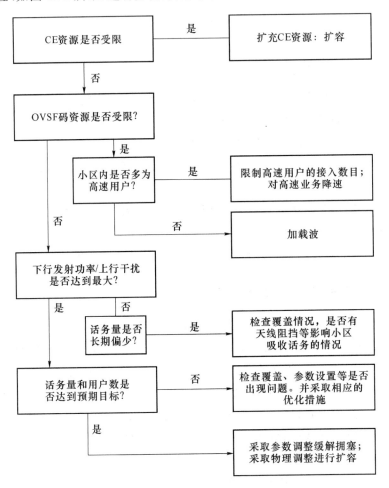

图 12-2 典型容量问题的分析思路

12.2 容量异常

容量异常是指由于一些原因系统的容量没有达到预期的目标,这些原因主要包括由于干扰过大或外界干扰影响导致系统容量下降,参数设置的不当限制了用户的接入,以及一些意外因素导致小区吸收话务锐减等。

12.2.1 干扰造成的容量下降问题

在 GSM 系统中,系统的容量是由时隙和载波数决定的,它是一个固定的值。而在 CDMA 系统中,干扰是决定系统容量的关键因素,干扰越大系统的容量就越小。

由于 CDMA 系统本身是一个自干扰系统,所以它的干扰要区分是网内干扰还是网外干扰。引起网内干扰的因素很多,弱覆盖、越区覆盖、高站、导频污染、话务热点位于小区边缘处都会引起本小区内干扰加大,降低系统容量;高负载的小区也容易干扰相邻小区,因此在 CDMA 系统中,控制好小区的覆盖范围、保证覆盖质量以及均衡各个小区的负载对于系统的容量是非常重要的。

如果是越区覆盖或高站引起的网内干扰,那么在找出干扰源小区后,通过加大其下倾角,调整方向角,减小导频发射功率或者业务信道最大发射功率,降低其对别的小区带来的影响。当然上述操作需要从全局着眼,以免舍本逐末,造成不连续覆盖。如果是弱覆盖引起的网内干扰,则需要提高本小区的覆盖质量,通过加大发射功率等增强覆盖;如果是由高负载邻区引起的干扰过大,那么采取拥塞控制、负荷均衡、动态信道分配等手段降低或分担邻区负荷,以降低干扰,提升容量。

如果是网外干扰,那么就应该进行相关的电磁干扰测试,并把相关结果提交无线电管理机构解决。例如,在一次 3G 外场测试中,发现三里河和甘家口地区接入用户后,经常掉话,通过在 RNC 维护台上,监测该上行接收带宽总功率,发现上行频段存在较强的干扰。在 3G 试验网没有用户分布的情况下,正常情况下基站上行底噪为 -105 dBm 左右,而实际发现小区上行底噪为 -93.5 dBm 左右,最恶劣情况时底噪抬高到了 -85 dBm,说明外界存在干扰。而且这种干扰在中午和下午 5 点以后基本消失,且公休日没有干扰。根据干扰产生的时间规律这一特征,可推断为人工干扰。后经查甘家口海军总医院和中国航天大楼附近存在干扰,在中国航天大楼内部(内有国防科工委部门)安装有专门干扰手机信号的阻断器。对于这种干扰目前尚无有效的手段避免,只能在规划设计阶段就加以注意,某些情况还需要通过国家无线电管理局进行协调。

12.2.2 参数设置不当导致的容量没有达到设计目标

在日常的容量优化中,参数调整是经常使用的一个手段。影响容量的参数很多,包括软切换、准入控制、拥塞控制、负载均衡、动态信道分配、AMRC 等,所以一定要注意参数的合理设置。例如,若软切换参数设置不当,软切换区过大就会过多占用系统容量,软切换区过小导致异常掉话现象,切换掉话率高;如果准入控制设置过低,会限制接入的用户数,而设置过高会使系统干扰过大,不能保证系统的稳定性;适当设置负载均衡的参数,可以有效地实现小区间负荷平衡的目的。合理设置这些参数不仅能够最大化系统容量,而且也能进一步保证系统的稳定性。

12.2.3 异常的超闲小区

异常的超闲小区通常都是由于一些意外情况造成。例如,天线前方新出现广告牌,或有新的建筑物,导致天线被遮挡,信号不能到达即定地区,吸收的话务大大降低;或者天馈出现了问题,如天线被刮倒、进水、馈线断掉等都会导致基站不能够吸收应有的话务量。所以在进行网络优化的时候,一定先要保证基站工作正常,确保物理参数(天线方向、倾角、位置等)和系统参数(切换、功控、功率配置等)正确,然后再进一步分析,找到解决问题的方法。

12.3 容量优化的手段

对于容量优化来说,可分为物理调整和参数调整两类。一般来说,物理调整是为了增强容量,参数调整是为了在保证系统稳定性的基础上最大化容量,在日常容量优化中参数调整是经常使用的一种手段。在容量优化中建议首先通过参数调整,如果参数调整不能解决问题,再采用物理调整。并且在进行以容量优化为目的的调整中,要尽量避免对覆盖产生负面影响。

12.3.1 物理调整

物理调整包括加站、加载波、扇区化、加功放、智能天线、下行发射分集、上行接收分集等。

在物理调整中,加功放和下行发射分集只能够增强下行链路容量,比较适用于下行链路容量受限的情况;而上行接收分集只能够增强上行链路容量,比较适用于上行链路容量受限的情况;加站、加载波以及扇区化和智能天线均能增强上下行链路容量。对于网络大规模的扩容,通常密集城区扩容采取加载波的方式,郊区以及农村等地区可首先采用加站的方式进行扩容。

12.3.2 参数调整

参数调整是日常容量优化中通常使用的手段。参数调整包括信道功率配比、准入控制门限设置、拥塞控制门限设置、负载均衡参数设置、动态信道均衡参数设置、切换参数调整、自适应多速率控制(AMRC)等,这些参数的门限值的设定要根据实际情况进行相应的调整。

在CDMA系统中,用户共享同一频率,所以用户之间互为干扰。随着负载的加重,干扰呈非线性增加,覆盖也随之降低,当干扰达到某一程度,干扰急剧增加,系统稳定性急剧下降。为了保证系统的稳定性,需要限制系统工作在一定负载下,而准入控制就是使系统能够根据当前的负荷情况来判断是否接入用户,防止业务接入后由于干扰的攀升使系统不稳定,同时又能使低速率的业务尽量被接入,最大限度地提高系统的容量。

当小区负荷超过所设置的门限时,启动拥塞控制,采取对高速业务进行降速、切换到其他小区、掉话等处理方式,以降低系统的负荷。在拥塞控制措施中考虑用户业务的优先级,可以最大程度上保证高优先级用户的服务质量。从拥塞缓解的快速性来说,由于高速业务占用资源较多,所以当负荷过载时如果首先将PS域高速数据业务降速或掉话,可以迅速降低系统的负荷,保证系统的稳定性。

当相邻小区的负荷有较大差异时,系统通过调整切换区域、调整呼叫接入时的目标小区和切换目标小区等方法,在尽可能不影响业务质量的前提下,将系统负荷从负荷重的小区向负荷轻的小区转移,实现小区间负荷平衡的目的。

对于高速业务在无线环境变差时或者向远离基站方向移动时,动态信道分配通过降低用户的带宽来降低用户的发射功率,从而保证用户的通信质量以及尽量减小对小区负荷带来的影响。

采用 AMRC 是在系统的负荷较高或者在小区边缘的情况下,降低自适应多速率(AMR)用户的速率来尽量保证用户的服务质量和降低系统的负荷;当系统负荷比较低时或者在离基站比较近的地方升高 AMR 用户的速率,尽量提升用户的服务质量和避免系统资源的浪费。

12.4 质量优化

CDMA 系统中覆盖、容量和服务质量之间存在着密不可分的关系。覆盖优化和容量优化的根本目的就是获得整个无线系统的高质量运行,12.2 节与 12.3 节已经分别针对覆盖和容量优化做了详细的论述,本节将对 CDMA 无线网络的质量优化的评估标准及思路做进一步的分析和探讨。

12.4.1 质量的评估标准

网络评估是网络优化首先面临的问题,只有知道如何评估一个网络的质量,才能知道如何优化这个网络。因此为保证整个无线网络运行于最佳状态,首先需要明确如何有效地衡量其运行服务质量这个问题。从用户的角度来说,服务质量体现为能够满足客户使用各种业务时的服务质量要求。例如,话音用户只关心三个问题:能否拨打和接收电话(反映为业务接入性能),能否保持通话(反映为业务保持性能)以及能否听到对方的声音(反映为通话质量)。从工程技术和优化的角度,为了更好地诊断故障,在无线网络这一层面还需要大量的其他指标,用于指示系统的性能以及系统提供业务的能力,使运营商充分掌握网络的整体运行状况,为网络的进一步优化和建设提供直接参考,这些关键性能指标正在制定过程中。

因此,应当分别从用户使用业务的角度以及网络运行维护的角度,利用各种性能指标来衡量网络的运行服务质量。针对这些指标突出显示出的覆盖或容量问题、参数设置问题、网络设备故障、设计问题以及外部接口故障等各种问题,需要分别采取不同的优化措施。

1. 从用户使用业务的角度

在 3G 网络中不同类型业务对网络性能的要求千差万别的,以客户为中心,满足不同层次的业务质量是 3G 网络的一大特征。CDMA 可以通过协商业务量和服务质量特征的方式支持高比特率的承载业务;另外还可以有效地支持突发和不对称业务,支持单一媒体和多媒体的 IP 应用。因此在第三代网络中必须考虑端到端的服务质量,同时考虑多种业务的影响,避免优化一种业务的质量造成另外一种业务质量的降低。支持不同服务质量的多种业务从整体上带来了优化工作量的提升,基于多种业务选择不同切换策略和无线资源管理策略,可以有效地改善容量和质量,同时也是 CDMA 优化工作中所面临的挑战。

所谓端到端的服务质量,就是指网络运营商保证用户的数据在整个网络的传送过程中(从源端到目的端)得到所需要的服务质量服务。这实际体现的是一种网络能力,即在网络上针对各种应用的不同需求,为其提供不同的服务质量。很好地掌握业务服务质量的特性可以更为深入理解业务特性与用户对此类业务的要求,从而采用更为合理的优化措施,利用最优的网络资源配置为用户提供差异化的服务而赢得最大限度的利润。

3G 时代为用户提供了更加真实的移动互联体验,对于用户来说将是更注重"体验"的时代。在 CDMA 系统中,CS 业务的用户感受性能与在 2G 网络中很相似,主要是通过接入性、保持性和业务使用质量(对于话音用户主要是通话的质量,而对于视频电话用户来说还有图像质量、视频连贯性等)来衡量。而对于分组域,一般的服务质量量值包括:时延、带宽/吞吐量、丢包率、优先级、可靠性等,而比较重要的服务质量量值是时延和吞吐量。

时延的概念符合数据分组业务的特点,UMTS 中定义的 4 种业务类型(会话类、交互类、流类、后台类)主要区别于对时延的敏感程度,不同业务对于时延的要求不相同。因此对于 CDMA 的数据业务,人们总是希望能够通过最终用户等待时延的概念来衡量用户的感受性、系统的可靠性、接入的可靠性、规划和优化的合理性,甚至用来评估网络。

但是,从最终用户角度来讲,其在使用数据业务时所产生的等待时延为端到端的时延。这种服务质量一般包括了 3 个部分:无线侧时延、骨干网时延以及外网(互联网)时延。用户得到的服务与期望有差距时,是否离开系统取决于每个用户的感受和判断,用户使用不同业务对性能的感受是不同的,不同环境、不同用户主观意识是不同的;另一方面,时延的产生是由网络各方面的因素造成的,对用户而言是不可知的,但又最终影响用户的感受。因此,无线接入时延这一指标并不是影响用户感受的决定因素,进而就不可能成为最终判断和评价无线网络质量的决定性指标,而仅做为参考依据。

吞吐量和时延有很强的依赖关系,吞吐量太小,交互式应用就会表现出较大的时延,吞吐量还决定了会话类和流类业务的服务质量。尽管吞吐量是评价无线网络质量的一项重要指标,但由于吞吐量的定义本身就多种多样,而且是很多因素综合作用的最终结果,几乎所有网络单元的配置都会对其产生不同程度的影响,因此它的衡量和优化比较困难。同时,分组业务的吞吐量更多时候与网络设备的性能、资源调度算法以及接入控制策略有关,更细致的描述请参见无线资源管理优化专题。

对用户的"阻塞",目前没有一个现成的指标。许多厂商提出"硬阻塞"和"软阻塞"的概念是因为认识到用户除了在接入系统时受到信道资源等硬件的限制之外,进入系统后也有可能因为对服务性能不满、而在服务结束之前离开系统。

从无线角度分析,"软阻塞"的出现有两点原因:一是系统不能提供服务质量保障,在资源一定的条件下,系统容纳用户数量与每用户性能成反比,但因为无标准可循,目前是接入优先还是性能优先成了设备商内部的事情,对外不透明,因为涉及知识产权且算法较为复杂,只是部分厂家提供有若干接口参数,也是需要进一步深入研究的内容;二是用户得到的无线信道带宽与期望有差距时,是否离开系统取决于每个用户的感受和判断,用户使用不同业务对性能的感受是不同的,不同环境、不同用户的主观意识是不同的。

CDMA 系统的信道质量可由信道的误块率确定,指的是传输块经过 CRC 校验后的平均目标误块率,该值是一个长期统计平均量。作为反映网络性能服务质量的一个重要指标,误块率的好坏直接影响到用户对 CS 业务的语音和图象质量以及 PS 业务的吞吐量、时延的感知。因此,误块率的目标值应该根据用户对业务感受程度和长期实验结果来确定,可以说不同的业务发展策略决定了不同的误块率目标值,从而再确定 E_b/N_0。

在设计院相关课题研究和相关省市规划过程中，建议应用的误块率目标值的取值如下所示：

- CS 域话音误块率目标值为 1%；
- CS 域视频电话误块率目标值为 0.1%；
- PS 域分组数据误块率目标值为 10%。

在网络优化过程中需要结合相应的设备，根据各地区不同业务发展策略的制定和调整，以及实际用户对业务的感受程度对该指标做进一步的细化或修正。

2. 从网络运行维护的角度

从用户使用业务的角度，可以通过接入性、保持性以及业务的使用特性来衡量业务的质量。而从网络运行维护的角度，有各种性能指标衡量网络的运行服务质量，例如反映网络的接入和保持特性、移动特性以及传输和管理特性等关键性能指标，这些关键性能指标正在制定过程中。

12.4.2 质量优化的方法

优化过程的目标是寻找一系列系统变量（其他优化专题）的最佳值，优化以上所述的相关性能指标参数，提高网络服务质量。因此可以这么理解，质量作为本章节中其他优化专题的终极目标，无论是覆盖和容量优化，以及 2G/3G 协同优化和无线资源管理参数的优化，其最终目的就是通过各种质量问题的表象，加以分析并采取合理的优化措施，以获得整个系统的最佳运行服务质量。

如 12.4.1 节所述，CS 业务的用户感受性能与在 2G 网络中很相似，主要是通过接入性、保持性和业务使用质量等衡量。而对于 PS 业务的用户感受性能则主要通过时延、吞吐量等衡量。尽管由于无线接入时延这一指标不是影响用户感受的决定因素，进而就不可能成为最终判断和评价无线网络质量的决定性指标，但可以作为优化分析过程中的参考依据。另外，误块率目标值的取定将直接影响到用户对 CS 业务的语音和图像质量以及 PS 业务的吞吐量、时延的感知。下面将结合 CDMA 的技术特点，针对掉话、接入失败以及与各种业务服务质量指标相关的优化问题和经验做分析和探讨，具体的优化措施还可参见引起相关质量问题的优化专题，从下面的分析可以发现，提高质量的办法直接与覆盖、容量、参数调整等优化措施密切相关。

质量是对网络性能和服务质量的一种度量以及对用户的切身感受，因此质量问题作为网络和用户间实际存在的一种表象，需要结合覆盖和容量优化、2G/3G 协同优化以及无线资源管理和参数优化等措施加以解决或改善。除了以上所提到的各种质量问题以外，还会出现其他各种各样的问题。需要掌握的内容并不是记住所有的可能，而是希望能够通过这些问题探索查找和解决问题的方法。本节分别从用户和网络运行维护的角度分析了 CDMA 无线网络的质量优化的评估标准，然后针对掉话、接入失败以及与各种业务服务质量指标相关的优化问题和经验做分析和探讨。具体的优化措施还可参见引起相关质量问题的优化专题。一般来说，对于掉话、接入失败以及切换失败等典型的质量问题，通常的分析思路是首先判断覆盖是否满足要求，进而分析是否由拥塞所导致出现问题，再进一步分析信令、功率控制信息以及判断参数设置的合理性,最后给出综合评价,解决思路如图 12-3 所示。

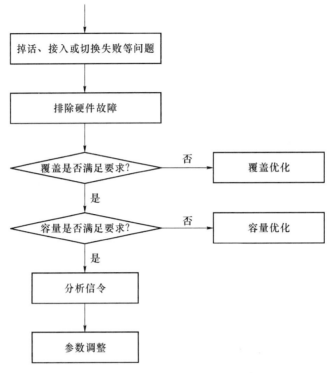

图 12-3 典型质量问题的分析思路

1. 掉话问题

掉话率是评估网络系统性能的一项重要指标。产生掉话的原因是多种多样的,在 3G 实验网的开局优化测试过程中,对弱覆盖、邻区漏配、信令流程异常、用户设备缺陷、电磁干扰、切换区设置不合理、功控参数配置问题等引起掉话的原因进行了分析。

除了上述几种原因以外,还存在着其他引起掉话的因素,例如坏质量、拥塞等问题都会引起掉话。在优化的过程中,网上的问题千百种,引起的原因各有不同,但是所需要掌握的并不是记住所有的可能,而是掌握查找问题的方法。对于掉话问题,分析的思路是首先分析掉话点的接收信号功率、E_c/I_o 和激活集信息,看是否因覆盖不良导致掉话,如果覆盖满足要求,再进一步分析 RNC 和用户设备的信令,明确信令传递在哪一步出现问题,必要时分析用户设备和 RNC 的功率控制信息,最后给出综合评价。

例如,针对覆盖差引起的掉话,可以通过减小下倾角,调整方向角,增加导频发射功率或者业务信道最大发射功率来改善,但可能对其他地方造成干扰,并且有可能引起软切换比例的增加,具体措施请参考覆盖优化章节。

对于干扰引起的掉话,应当区分是网内干扰还是网外干扰。如果是网内干扰,那么在找出干扰源小区后,通过加大其下倾角,调整方向角,减小导频发射功率或者业务信道最大发射功率,以降低其对别的小区带来的影响,上述操作需要从全局着眼,以免舍本逐末,造成不连续覆盖;如果是网外干扰,那么就应该进行相关的电磁干扰测试,并把相关结果提交无线电管理机构解决,更为详尽的分析请参见覆盖优化章节。

掉话点问题的解决不是孤立的,伴随着整网导频分布的优化,掉话点的问题可以大幅度减少,而掉话点分析的最重要的意义在于解决网络局部存在的问题,辅助我们对网络进行较为细致的调整优化。

2. 接入失败问题

从路测的结果还可以发现,往往某些出现掉话的点同时也存在着起呼失败,弱覆盖、覆盖混乱、干扰以及拥塞问题既能引起掉话,同时也是造成接入失败的重要原因。因此不能截然分开说某点是掉话点或者某点是起呼失败点,需要参考以上掉话问题的分析方法进行综合考虑。

如果在某一地点发现用户设备无法接入但没有掉话的现象,很有可能是因为某些下行公共信道的发射功率设置过低。这时需要检查信令消息,逐一排除并找出问题原因,然后调整相应的公共信道功率设置并测试,避免由于用户设备在小区边缘的接收信号强度过低,而导致无法接入的现象。

在 3G 实验网的优化过程中,发现大部分业务呼叫失败和掉话点集中在无线环境较差的区域,因此改善网络覆盖有益于提高网络接通率和减少掉话率;另外实验网曾针对起呼时的计时器参数、功率参数和一些 RLC 层的计时器、接收发送窗口长度参数进行了调整,从而缩短了呼叫接通时间,提高呼叫接通率,这一方面是对 CDMA 网络优化经验的有益探索,同时这实际是设备商和运营商在共同解决研发遗留下来的问题,实实在在地印证了 CDMA 网络优化的紧迫性和重要性。在 CDMA 网络发展的初期,可以借鉴的经验十分有限,在后续的研究中将进行更为深入的调研,总结和丰富 CDMA 网络的相关优化经验。

3. 业务接入时间的优化

结合相应的设备,尽可能地降低端到端各部分的时延,是网络运营和优化过程中应当追求的目标之一。

(1) CS 域的业务接入时间

3G 实验中发现 3G 系统的 CS 域呼叫时间要比 GSM 接续时间长,用户感知会受到一定的影响,测试结果如图 12-4 所示。

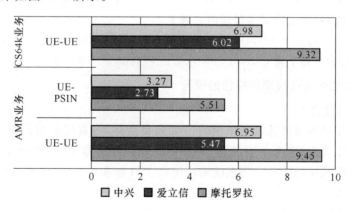

图 12-4 CS 域业务接入时间

根据以上不同厂家的测试结果对比,发现有必要对呼叫接入时间进行优化,并得出如表 12-1 所示的结论。

表 12-1　CS 域呼叫接入时间的优化

方法	建立时间	原因
3.4k 信令	9～10 s	40 ms 帧
13.6k 信令	6～7 s	10 ms 帧
预寻呼	4 s	上行直传携带寻呼用户设备信息,在建立第一条链路的同时进行第二条链路的预寻呼,呼叫建立存在一段并发时间

表 12-1 中的呼叫接入开启了所有的功能,如鉴权、完整性保护等。接入时间存在差异主要是由于中兴、爱立信测试中使用的是 13.6 kbit/s 宽带信令,摩托罗拉使用 3.4 kbit/s 的窄带信令,导致了建立时间过长,其中预寻呼技术属于 R4 中的必选项,可以有效缩短呼叫建立时间;而相比与 2G 系统,3G 系统信令交互多了 RRC 建立和业务承载建立两个过程,因此需要更多的时间接续;另外无线链路质量较差导致的信令重传是导致呼叫时延较长的另一个原因,过多的信令重传次数在提高系统接通率的同时也会造成不必要的资源浪费,优化网络覆盖和系统参数从而减少信令重传对提高系统接通率和减少接续时延有明显作用。

对于话音业务,从国外的运营经验来看,终端之间的接续时长可以优化至 6 s 左右;对于 CS64k(可视电话)业务的接续时间,其中信令交互的时间与话音业务比较接近,而从应答后到双方手机上显示出正常图像的时间还比较长(10 s 左右),这主要是受终端性能的影响。尽管如此,由终端性能引起的时延等问题很可能使用户误以为是网络问题所致,必须引起足够的重视。

(2) PS 域的业务接入时间

3G 实验中单独的 PS 域业务附着时间约为 3 s。根据摩托罗拉的测试,验证了各业务平均激活时间相差不大,都在 2.5 s 范围内,与目前 GPRS PDP 激活时间 2～3 s 时间相当。但是却发现爱立信设备在 PDP 激活时间上表现较差,激活时间为 5 s 左右,经分析发现这是由于爱立信在信令接续过程中使用高速 SRB,在 PDP 激活过程中需要重配一次无线承载,信令流程较其他厂家多,因此造成了接续时延较长。

以上的例子一方面是对 CDMA 网优经验的有益总结,同时也说明了网优人员需要结合相应的设备,深入学习和了解 CDMA 各种信令流程的必要性和紧迫性。

4. 误块率的优化及误块率目标值的设置

(1) 误块率的优化

误块率作为反映网络性能服务质量的一个重要指标,将直接影响到用户对 CS 业务的语音和图像质量以及 PS 业务的吞吐量、时延的感知。弱覆盖、导频污染或干扰、切换失败等问题都会造成误块率的抬升。当系统的性能低于目标水平时,需要进行相应的性能分析以确认其产生原因。

(2) 误块率目标值的设置

针对不同业务的服务质量要求设置相应的误块率目标值,在 3G 测试中发现:

- 语音业务在误块率目标值设置为 1%～3% 时的通话质量可以接受。
- 视频电话质量在误块率目标值设置为 0.1%～1% 范围时语音质量良好,且图像质量可以接受。

- 数据业务表现良好,在误块率目标值设置为5%~10%范围时,PS各业务速率波动小于10%,PS64k业务速率在56 kbit/s左右,PS128k业务速率在110 kbit/s左右,384 kbit/s的分组业务速率在320 kbit/s左右,PS业务质量可以接受。

误块率目标值除了直接影响到用户的感知度以外,它对网络资源占用的影响也是明显的,提高误块率目标值可以带来网络覆盖和容量的上升。优化过程中需要根据业务质量、容量和覆盖需求灵活设置。

5. 切换质量优化

在掉话问题中提到了软切换失败是导致掉话失败的重要原因之一,与切换失败有关的因素有很多,如在小区边缘,弱覆盖、坏质量、拥塞、相邻小区以及参数的不合理设置使得软切换失败并最终引起掉话。在切换成功率的优化过程中,最常调整的切换参数主要是事件触发门限和报告发送迟滞时间。

另外,在2G/3G切换质量测试中发现,2G/3G互操作基本不影响语音质量,而根据商用网数据,3G→2G语音切换成功率可达到90%以上,重点需要考虑信号电平弱导致的切换掉话;而对于3G→2G分组域切换测试,发现数据中断时延较长,而且对流媒体等实时业务质量影响较大,对WAP等非实时业务影响较小,另外数据业务的移动性较弱,尚有进一步优化的空间。通过优化SGSN切换数据转发定时器设置、3G/2G SGSN合设等措施,能够在一定程度上减小时延;而对于支持根据CS和PS业务分别设置3G→2G切换参数的3G设备,可以通过调整CS和PS系统间切换参数,使CS业务能及时切换,PS业务尽量驻留3G等优化措施改善2G/3G的切换质量。

6. 2G/3G互操作质量的优化

除了以上的2G/3G切换质量以外,漫游后选网时间(3G→2G/2.5G)、小区重选时延(3G→2G以及2G→3G)及成功率以及寻呼成功率等参数或指标都将影响到网络的质量和用户的感受度。3G测试中也做了许多有益的探索,相关参数的不同设置对性能的影响非常明显,并且和设备密切相关。例如,通过优化重选参数,可避免3G/2G频繁重选,减少系统间交互信令,改善寻呼成功率。

习　　题

1. 如果发生小范围或者个别小区的业务量过载,应该采用什么措施确保系统的容量不恶化?
2. 对于大面积的业务量过载,采用哪些方法可以确保容量得到优化?
3. 话务模型变化造成的过载问题是否可以不通过降低资源利用率有效的解决,为什么?
4. 试分析容量异常导致的原因,以及相应的容量优化的手段和办法?
5. 分析对比电路交换业务和分组交换业务在接入时延优化方面的区别,以及如何分别优化接入时延?

第 13 章 无线网络资源管理优化

对于无线系统来说,无线资源管理的概念是很广泛的,它既可以是频率,也可以是时间,还可以是码字和空间角度等。不论是从哪个角度来看,以移动通信为代表的无线通信系统都需要考虑资源受限和如何提高资源利用率等。无线通信系统中用户的数量在持续地高速增长,如何高效地利用有限的无线资源来满足日益增长的用户需求,已经成为令移动通信系统制造商和运营商头疼的问题。无线资源管理就是对移动通信系统的空中接口资源的规划和调度。之所以要研究无线资源管理就是希望在有限的无线资源的情况下,在保证一定的规划覆盖和服务质量要求的情况下,接入尽可能多的用户。如果没有良好的无线资源管理技术,即使再好的无线传输技术也无法发挥它的优势,极端的情况甚至会导致系统无法正常运转。

无线资源管理涉及一系列与无线资源的分配有关的研究课题,如接入控制、信道分配、功率控制、切换、负载控制以及分组信息的调度等。不同的无线制式所对应的无线资源有所差别。例如,3G 系统的无线资源主要包括频率资源、码字资源、时隙资源、导频相位偏置等,对于 TD-SCDMA 系统来说,无线资源还增加了空域多天线资源,而对于 LTE 系统来说,资源主要包括时频二维资源块、多天线资源、功率资源等。

3G 系统是一个自干扰系统,每个用户都对其他用户构成干扰,每个小区都对其他小区构成干扰。链路性能和系统容量取决于干扰功率的控制结果,系统发射功率和系统中的干扰电平是影响系统容量的决定性因素。3G 系统中所有资源管理与控制策略都是以系统中基站和移动台的发射功率和总干扰电平为中心的,其根本目标就是尽可能地降低系统中的干扰电平,减少基站与移动台的发射功率,以提高系统容量。因此进行干扰分析、功率配置和切换参数优化等工作显得尤为重要。同时为了保障用户的服务质量和系统的稳定,还需要对准入控制、负荷控制、分组调度等进行优化。

无线资源管理包括功率控制、切换控制、接纳控制、负荷控制、分组调度等。无线资源管理优化的最终目的是充分利用现有的无线网络资源,为用户提供高质量的服务。评估其优化结果的好坏应从质量、容量和覆盖三方面综合考虑,即质量是否提高、容量是否增加和覆盖是否改善。本章将分别对无线资源管理各个部分的原理、重要参数进行介绍,分析重要参数调整会带来的影响。结合实际的问题以及国外厂商和运营商的经验,给出相应解决的办法和优化原则。对于无线资源管理的优化,很多方面都与厂家设备所采用的算法密切相关,因此本章主要介绍其基本原理。

13.1 功率控制优化

在移动通信系统中,近地强信号抑制远地弱信号产生"远近效应"。系统的信道容量主要受限于其他系统的同频干扰或系统内其他用户干扰。在不影响通信质量的情况下,进行功率控制尽量减少发射信号的功率,可以提高信道容量和增加用户终端的电池待机时间。传统的功率控制技术是以语音服务为主,主要涉及集中式与分布式功率控制、开环与闭环功率控制、基于恒定接收与基于质量功率控制。

13.1.1 功率控制的分类

在基于 CDMA 技术的第三代移动通信系统中,所有用户共享同一频率,干扰控制成为非常关键的问题。这一点在上行方向尤为重要,因为在基站附近的用户如果发射过高的功率,将很容易干扰处在基站边缘的用户,甚至使整个小区发生拥塞。在下行方向,系统容量是由每一连接的业务的功率所决定。因此在保证业务质量的同时,尽量减小发射功率是十分重要的。在 CDMA 系统中,采用了一组相应的功能来达到这样的目的。这些功能归纳起来称作功率控制,其中包括开环功率控制和闭环功率控制,而闭环功率控制又分为内环功率控制和外环功率控制。

13.1.2 功率控制的优化

功率控制的优化主要包括基本参数的优化、开环和闭环功率控制的优化。下面以 WCDMA 系统为例,说明其功率控制如何进行优化。

1. 基本参数

基本参数包括 P-CPICH、AICH、P-CCPCH、P-SCH、S-SCH、PICH 等公共信道的功率分配以及设置业务信道的功率变化范围。合理分配功率可以充分利用资源,使系统的容量达到最大,反之则会降低系统的容量。对于各信道功率配比,最重要的是为主公共导频信道设置功率,因为其他信道的功率一般都以主公共导频信道的功率为参考,故其值对于整个小区的功率影响很大。同时许多信令的触发也都是以 P-CPICH 值为依据。主公共导频信道功率优化原则是在保证良好覆盖的同时尽量减小主公共导频信道的功率。对于业务信道与 P-CPICH 的功率差值,应尽量保证两者的覆盖范围保持一致(这要结合建网初期时的连续覆盖规划目标)。如果主公共导频信道的功率配置过大,一方面会对其他小区造成导频污染,另外也是对功率资源的浪费,降低了系统的容量。相反如果功率配置过小,又将导致本小区导频信号较差,小区覆盖范围收缩,业务质量下降。因此合理的配置主公共导频信道功率是很重要的。

从实际网络测试的经验数据来看,导频信道功率一般按初始默认值设置,也就是按照规范中建议导频信道功率占载频总发射功率的 5%~10%。此建议值的依据是欧洲的实验和仿真数据,根据 GSM 和 GPRS 的经验,在中国的大中型城市,话务密度高于欧洲国家,平均站距约为欧洲国家的一半,所以在中国的环境下,可以考虑适当降低 P-CPICH 的功率。

信道功率分配还包括每个业务信道的最大最小发射功率(功率控制范围),承载 RRC 信令、话音业务、CS64 kbit/s 业务、PS64 kbit/s 业务、PS384 kbit/s 业务时的最大发射功率可以是不一样的。假设用户慢慢进入一个覆盖空洞,其下行 SIR 越来越差,如果不限制最大发射功率则有可能耗尽所有的下行容量。这组数值是今后长期优化工作中都比较关心的,给定大的最大发射功率可以减少掉话率,但是可能发生拥塞。规划中推荐取值为 0~4 dB

(相对于主导频信道)。

在实际的无线网络中,有时会出现某地区掉话次数过多的现象,其实很多掉话是由于业务达到最大发射功率后仍不能正确解调造成的。通过增加业务信道的最大发射功率,掉话现象有了明显的改善。造成这种情况的一个重要原因是该地区的很多基站由于客观条件的限制而使用了过长的馈线,因此在网络优化过程中,要根据实际情况,合理设置和调整各信道的功率参数。

2. 开环功率控制参数

WCDMA 协议中要求开环功率控制的控制方差在 10 dB 内就可以接受,但是实际中其参数优化比较困难。因为开环功率控制发生在呼叫建立之初,原则上对初始发射功率应该采用保守的策略,即新用户不能对网络中原有的用户造成严重的干扰,但是策略过于保守会造成新用户接入困难(接入时间过长或接入失败)。对这组参数的优化是初期优化工作的主要内容之一。

用户设备在 RACH 信道上发送第一个前导码的功率由下式计算得到:

$$P\_PRACH = P\_pich - PCPICH\_RSCP + RTWP + C_{vc}$$

其中,C_{vc} 是常量,通常取 1 dB。如果前导码发出后基站没有反应,则在一个时间间隔后对上次发射的功率增加一个步长再尝试,如此多次可循环。优化时可以进行 CQT 测试配合挂表分析,计算一定范围内起呼成功需要发送前导码的次数,来决定式中常量的取定值。最好是一次尝试成功,而发射功率又接近解调门限。

对上下行 DPDCH/DPCCH 信道,除了要给出常量修正,还要给出每种业务的初始 SIR 值,每个厂家设备的 E_b/N_o 不同,对用户分布的考虑不同,给出的数值可能差别较大。

同一个方向上 DPCCH 和 DPDCH 的发射功率不是完全一样的:上行方向上,RNC 会发送每种业务信道和 DPDCH 信道各自的增益因子;下行方向上,DPCCH 中的 TFCI bit、TPC bit、Pilot bit 相对于下行 DPDCH 信道功率来说可以有 PO1、PO2、PO3 的偏置。增大偏置量对单用户性能肯定是有改善的,但对这些参数调整的最终评估应该依据的是全网性能的各个方面,所以其优化过程是漫长的。

3. 闭环功率控制参数

分为外环功率控制参数和内环功率控制参数。这些参数对网络整体性能很重要,但是在现阶段难以评估。在网络空载的情形下,需要创造环境才能评价功率控制算法的好坏,激进的功率控制策略可以保证单用户的服务质量,却不利于网络整体性能。

外环功率控制参数可以暂不调整,或听从厂家建议。WCDMA 系统内环功率控制的频率一般为 1 500 Hz。针对不同的环境,可以采用相应的功率调整算法。算法之间重要的差别在于调整步长的不同。从目前的研究成果发现,功率调整步长的优化与手机的移动速度有关,如果手机的移动速度在 3~30 km/h,以 1 500 Hz 频率进行功率控制,1 dB 的调整步长就足够。如果速度在 30~80 km/h,2 dB 的调整步长会更好。如果速度大于 80 km/h 或者速度低于 3 km/h,调整的步长应该低于 1 dB。在实际网络优化过程中,可以根据实际情况选择合适的功率控制算法。

总的来说,功率控制优化过程中的主要问题包括:导频功率设置不合理造成一系列覆盖问题；业务信道最大发射功率设置不合理引起掉话或者容量下降；开环和闭环功率控制参数设置不当导致业务接入时间过长；手机和基站不能及时的根据环境的变化合理地调整发射功率等。解决的办法是可以首先通过详细测试分析找出问题，确定是由哪些参数的设置不当而引起的，然后进一步分析是参数设置过大还是过小，或者其他问题，最后根据分析的结果对参数进行调整。在对问题的分析和解决过程中，需要明确对各个重要参数的含义以及调整该参数所带来的影响。在现网中各个厂家的设备特点和所采用的功率控制算法有很大区别，因此需要和具体设备厂家交流以得到更为准确和合理的参数设置和调整方法。

13.2 切换优化

切换技术是指移动用户终端在通话过程中从一个基站覆盖区内移动到另一个基站覆盖区内或者脱离一个移动交换中心的服务区进入另一个移动交换中心的服务区内，以维持移动用户通话不中断。有效的切换算法可以提高蜂窝移动通信系统的容量和服务质量。切换技术一般分为硬切换、软切换、更软切换、频率间切换和系统间切换。切换技术主要是以网络信息信号质量的好坏、用户的移动速度等信息作为参考来判断是否应执行切换操作。

13.2.1 切换优化概述

在 WCDMA 系统中，根据移动台与网络之间连接建立释放的情况，切换方式可以分为软切换、更软切换和硬切换三种情况。切换发生的原因主要有两种：一是根据接受信号测量判断当前最佳服务小区发生了变化，二是用于负载均衡。

在建网初期，由于用户比较少，一个频点基本可以满足业务需求，切换主要以软切换和 2G/3G 系统间切换居多，因此它们的优化工作显得更为重要。对于软切换，常见的问题是软切换区域大小不合理，造成系统容量的下降，掉话率的上升。常用优化手段包括调整加窗和减窗的大小，最大激活集数目，切换迟滞时间等参数。对于硬切换，常见的问题包括切换掉话率较高，大量不必要切换增加信令信道的开销以及负载不均衡等问题，优化手段包括调整切换门限电平，迟滞时间等参数，调整导频功率和天线改变切换区的位置，调整拥塞控制启动门限等。

13.2.2 软切换参数的优化

软切换作为 CDMA 系统的重要特点之一，其参数设置的合理与否对系统性能影响很大。如果软切换区域设置过小，手机在小区边缘由于无线信号质量变差（主要体现在导频信号的接收功率和 E_c/I_0 比较低），为了能够维持业务的正常通信，手机会不断增加发射功率，从而造成对基站的严重干扰，进而影响小区的上行容量，还会引起掉话率的上升。如果软切换区域设置过大，手机在很大范围内都与两个或者两个以上基站进行通信，从而更多的占用了信道资源，很大程度上的降低了系统的下行容量。因此合理设置软切换区域的大小对系统容量的影响很大，目前对于一个比较成熟的网络，厂家给出的软切换比例建议值为 20%～40%。在网络优化过程中，可以根据实际的情况对该值进行优化。例如,当小区下行容量受限时,可以考虑适当调低软切换比例来增加小区的下行容量。如果在路测过程中发现小区边界覆盖不好,手机的发射功率较大,可以考虑增大软切换比例来降低小区边界的手机发射功率,目的是尽量减小上行和下行容量的不均衡。表 13-1 为软切换对系统容量影响的一个例子。

表 13-1 软切换对系统容量影响的一个例子

软切换比例(1、2、3 信道%)	下行平均总功率/W	上行噪声抬升/dB
67、22、11	4.37	1.77
56、25、19	6.32	1.68
45、27、28	8.56	1.58

由表 13-1 可以看到,随着软切换比例的增加,下行功率增加,下行容量减小,而上行噪声抬升减小,上行容量增加。

在软切换过程中,加窗和减窗分别对应 1A 和 1B 事件,其值的大小对系统性能影响很大,是重点优化的参数。加窗和减窗大小对系统造成的影响如图 13-1 所示。加窗值决定了手机激活集中小区的相对差别,其值的优化是十分重要的,只有合理的加窗值才能保证激活集中的小区都是必要的。加窗过大或者过小都会降低系统上下行的容量。减窗通常是和加窗相关的(如图 13-2 所示),如果减窗值过大,会导致激活集中包含错误的小区,从而影响上下行的容量。如果减窗值过小,会引起信令开销和手机发射功率的增加。

图 13-3 为一个实际网络测试时加窗值(减窗值与加窗值相同)为 6 dB 和 4 dB 的软切换区域图,加窗值为 6 dB 时的软切换区域比 4 dB 时要大很多,可见加窗和减窗参数的调整对软切换区域的影响较大。

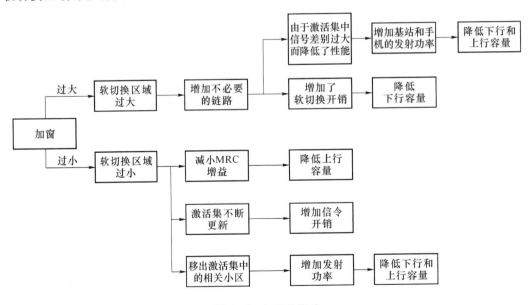

图 13-1 加窗的影响

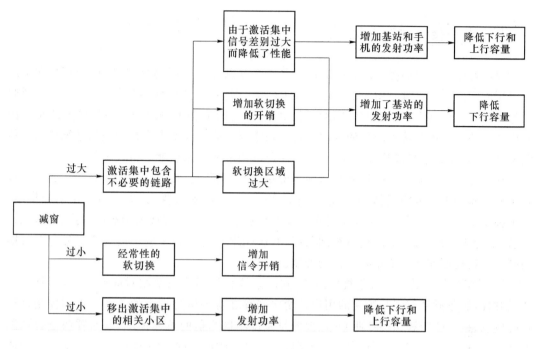

图 13-2 减窗的影响

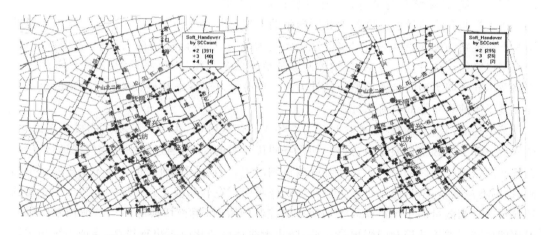

图 13-3 小区导频 1A、1B 事件为 6 dB(左)和 4 dB(右)时软切换图

在软切换优化过程中还需要注意的参数是置换窗参数(触发 1C 事件)和最大激活集数目。一个不在激活集里的主导频信道信号强度超过一个在激活集里的主导频信道信号强度的值等于或者大于置换窗的值,该小区将替代激活集中信号最弱的小区。如果置换窗设置过大,置换进行得很缓慢,导致激活集中的信号不是最优,从而造成发射功率的升高,降低了上行和下行信道的容量和质量。如果该值过小,会导致置换速度过快,容易出现乒乓效应,导致软切换相关的信令开销增加。最大激活集设置数目过大将导致不必要的信道加入激活集,从而增加基站的发射功率,降低下行容量。而最大激活集数目设置过小将阻止一些本应加入激活集的小区,进而增加了手机的发射功率,降低了上行容量。

13.3 接入控制优化

以语音业务为主的呼叫准入控制决定是否接受新用户呼叫是相当简单的问题，在基站有可用的资源时即可满足用户的要求。在 CDMA 网络中，使用软容量的概念，每个新呼叫的产生都会增加所有其他现有呼叫的干扰电平，从而影响整个系统的容量和呼叫质量。因此以适当的方法控制接入网络的呼叫显得比较重要。第三代及未来移动通信系统要求支持低速话音、高速数据和视频等多媒体业务，因此呼叫准入控制也就变得较为复杂。

接入控制的目的在于根据系统目前的资源状况，判断是否能满足新的用户、新的无线接入承载和新的无线链路（例如由于切换）的 SIR 和比特速率的要求，决定给予接纳或拒绝。接纳控制也称准入控制，其功能是避免无线网络在增加新的无线接入承载（上行或下行）后，负载（上行或下行）过高造成覆盖范围收缩，并影响现有连接的质量。接纳控制分为上行链路呼叫接纳控制和下行链路呼叫接纳控制。

WCDMA 系统是一个自干扰的系统，它的系统容量不是一个相对固定的值，而具有较大的弹性，服务质量与同时接受的用户数量之间存在着平衡与折中的关系。接纳控制过程在呼叫（新接入呼叫和切换呼叫）时需要测量系统小区当前的负荷情况，并对呼叫进行预测和估计，根据系统的实际负荷判断是否能接收新到达的用户的呼叫请求，从而控制系统中通话的用户数量，使系统负荷维持在一个比较稳定的水平上。

接入控制算法估计建立这些承载所导致的无线网络中上下行负载的增加，仅当上行链路和下行链路的接入控制均可以接受这个无线承载时，才可以接纳接入请求，否则拒绝，以避免网络中的干扰过重。可见，接纳控制涉及负载监测和衡量、负载预测、不同业务的接纳策略及不同呼叫类型的接纳策略。估计方法可以分为基于发送和接收的宽带功率的负荷估计和基于当前吞吐量的负荷估计。

接纳控制门限的选取：业务呼叫分为新呼叫和切换呼叫，为了保证切换的成功率高，必须保留一部分资源给切换呼叫，这样，切换呼叫优先级的高低，通过接纳控制门限进行区分。新呼叫的接纳控制门限要低于切换呼叫的接纳门限。当小区目前的负荷高于新呼叫接纳门限时，则不接纳新呼叫，但是仍然可以接纳切换呼叫。在软切换下，一般考虑 20%～40% 的切换比例。当测量的小区负荷高于切换接纳控制门限时，拒绝切换呼叫。负荷控制门限一般比切换呼叫的接纳控制门限要高一些，防止无线环境变化时不出现过载，保证系统稳定运行。即新呼叫控制门限＜切换控制门限＜负荷控制门限。

13.4 负载控制优化

无线资源管理的一个重要任务是确保系统不过载并维持稳定。如果系统规划适当，接入控制和分组调度就能工作得很好，过载的情况就会很少。如果发生过载，负载控制能让系统快速而有控制地达到目标负载值，该值由无线网络规划定义。因此，负载控制（LC）的功能可分为两个：①预防性负载控制，它作用于小区过载之前，与 AC（接纳控制）、PS 紧密合作，保证系统稳定地工作；②过载控制，它作用于小区过载之后，LC 负责将负载降低到规划的目标值。

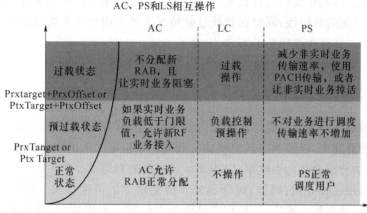

图 13-4　AC、LC 与 PS 的相互关系

WCDMA 系统的负荷控制主要通过以下的方法实现。
- 下行快速负荷控制：拒绝由移动台发出的下行功率增加命令。
- 上行快速负荷控制：降低由上行快速功控使用的上行链路 E_c/I_0 目标值。
- 与 PS 合作降低分组数据业务的吞吐量（降低传输速率）。
- 切换到另一个载波。
- 切换到异系统。
- 降低实时业务的比特速率，如 AMR 语音编码模式，目前 AMR 模式从 6.60 kbit/s 到 23.85 kbit/s 分为 9 档速率（Rel'99 版本是从 4.74 kbit/s 到 12.2 kbit/s 分为 8 档）。
- 执行掉话操作。

前两种操作可在一个时隙内进行，即以 1.5 kHz 频率进行，当在十分紧急的情况下（收发总功率超出线性范围使 WCDMA 系统不再成立时）由基站快速处理。其他负载控制的操作，由 RNC 完成，一般比较慢。RNC 判断后，通过无线链路重配置的方法改变各物理信道的最大允许发射功率、目标 SIR 和 TFCS 等，从而在较长时间内实现降低系统负荷。通过通信过程中 RNC 与 CN 重协商的方法，降低业务的资源占用要求，或者在 RNS 中通过在相邻小区分担负荷的方法，实现小区的呼吸控制。负载控制包括预负载控制和过载控制，启动门限分别是 $P_{rxTarget}$（$P_{txTarget}$）和 $P_{rxTarget}+P_{rxOffset}$（$P_{txTarget}+P_{txOffset}$）。

在系统发生过载时采用何种的负荷控制方法一方面与设备的算法有关，另外也需要运营商根据网络的实际情况和现网测试结果采用合理的策略。这需要综合考虑 2G/3G 网络的无线资源利用情况，业务的开展情况和资费水平，每种业务对网络的影响等。

从实际网络测试的经验来看，当把两个用户的 384 kbit/s 的业务速率降到 128 kbit/s 后，小区的负荷有明显的下降，也就是降低高速率用户的速率可以快速有效地降低系统的负荷（39 dBm→37 dBm）。小区级的 AMR 降速对于小区负荷的降低也有一定的效果，但是 40 个速率的移动设备下调所带来的负荷减小量不如降低一个 PS 384 kbit/s 业务速率所带来的负荷减小量大。因此在实际进行拥塞控制时先降低高速率用户的速率可以快速地降低系统的负荷,保证系统的稳定性;同时在负荷过载情况下考虑用户优先级对用户进行先后不同的处理可以满足不同优先级用户的需求。

13.5 分组调度优化

分组调度的引入是为了提高小区资源的利用率:小区内的速率不可控业务负载大时,降低非实时业务的吞吐率,以控制小区的整体负载在一个稳定的范围内;而小区速率不可控业务负载小时,增加分组业务的吞吐率,以提高系统资源的利用率。

分组调度采用三种方式:码分、时分和基于传输功率的调度算法。综合考虑资源利用率、误码率、干扰、功率等因素后,一般作法是码分方式用于专用信道,时分方式用于公共信道,距离基站近的分组用户需要的发射功率较小就可以获得较高的传输速率,而处于小区边缘的用户只能获得较低的传输速率。

分组数据可用专用信道和公共信道传送。公共信道传输发生在 Cell FACH 状态,专用信道发生在 Cell DCH 状态。选择 Cell FACH 或是 Cell DCH 状态,由业务量阈值控制,这个参数表示公共信道所能承载的最大数据量,可以取为最大 256 字节。如果大于该参数,则分配 DCH/SCH。由 Cell DCH 至 Cell FACH 状态时依据减少开关阈值,可以取为 8 kbit/s。两个阈值的单位不一样是因为两种状态下的 RLC 流量测量方法不同。

习 题

1. 试讨论在蜂窝移动通信系统中,如何能够避免发生上行链路的天花板效应,用户的发送功率能够收敛于一个较合适的范围?

2. 试说明功率控制和速率控制的关系。对于分组数据而言,下行链路的功率控制如何进行?

3. WCDMA 系统控制信道的功率如何进行优化?试分别从开环功率控制和闭环功率控制两个角度来描述如何进行功率优化。

4. 什么是加窗和减窗参数的调整?加窗和减窗参数的调整对 WCDMA 系统软切换的性能有何影响?

5. 什么是置换窗参数(触发 1C 事件)和最大激活集数目?试讨论置换窗参数和最大激活集数目对切换优化的影响。

6. 有的人说:"好的接入控制可以避免后面执行负载控制?"试分析这种观点的正确性。

7. 对比电路交换业务和分组数据业务接入控制的异同点。

8. 请列举出降低负载的有效方法,为何说通过小区边缘用户掉话来降低负载不是很好的办法?

9. WCDMA 系统中使用控制信道来传输分组数据业务有何优缺点?何时选择使用控制信道来传输分组数据信息,何时使用专用信道来传输分组数据信息?

第 14 章 无线网络移动性管理优化

随着 3G/B3G 网络建设逐步完成,基于 3G/B3G 网络新业务的普及,用户对 3G/B3G 网络的体验成为运营商竞争的关键要素。但是,由于 3G/B3G 网络仍然处于逐步建设阶段,3G/B3G 网络在一定的时间段,肯定还没有达到原来存在的旧网络的覆盖面积以及部分深度覆盖区域,当 3G/B3G 网络覆盖不能满足业务要求时,为保证用户业务使用情况需要利用已有的旧网络进行服务补充。因此,优化网络质量提高用户满意度,需要通过优化 3G/B3G 网络和旧网络的互操作,其中一个重要的步骤就是进行系统间移动性管理优化。

系统间移动性管理优化对提高异构无线网络的互操作性能十分重要,主要包括网络选择/网络重选优化和垂直切换优化。切换对于运营商整个通信网络的覆盖起着至关重要的作用,也是非常重要的移动性管理功能。另外,移动性管理优化还包括小区 ID 优化和邻区列表优化等。

本章将介绍小区重选优化、异构网络切换优化、扰码优化以及邻区优化等。在阐述每个问题时首先从描述其内部机制流程开始,然后重点指出在系统参数配置不恰当的情况下,系统可能出现的问题,介绍优化过程、方法以及注意事项,最后是优化案例。

由于不同异构系统的移动性管理协议差别较大,本章将以 2G/3G 为例说明移动性管理优化。2G 系统专指代 GSM 系统,而 3G 系统专指 WCDMA 系统。

14.1 异构网络重选优化

3G 网络正处在逐步完善的阶段,存在一些覆盖空洞和覆盖边缘弱场强情况,这就必须引进 2G/3G 互操作的技术。若在 3G 网络覆盖空洞和覆盖边缘区域中现有的 2G 网络覆盖良好,则可选择一些 2G/3G 互操作机制,使用户在 3G 覆盖边缘和掉话的前期尽早进入 2G 网络系统中,从而避免出现通话质量差、掉话等现象,保障用户各项业务的正常进行,提高用户可知度和满意度,从而使 2G 成为 3G 网络的有效补充和辅助手段。

由于 3G 网络提供了高速数据传输功能,是现有 2G 网络无法比拟的,因此合理设置 2G/3G 互操作策略,使移动设备尽可能地驻留在 3G 网络,以进行高速数据传输业务,体现 3G 网络的技术优势,满足高端用户的分组业务需求。同时 3G 网络亦可分担 2G 网络的话务负荷,缓解现有 2G 网络的容量与网络质量的矛盾。2G/3G 互操作优化是提高 2G、3G 双网网络质量和用户感知度的重要手段。

14.1.1 2G/3G 小区重选的过程

实现从 3G 网络到 2G 网络的小区重选不需要 2G 网络做任何改动。实现 2G 网络到

3G 网络的小区重选,需要 2G 网络修改以支持相关数据配置和系统消息。

手机在空闲状态下,从 3G 到 2G 的重选过程如下:手机首先周期性测量本小区信号的质量,当本小区信号质量差于异系统小区搜索启动门限(SsearchRAT)时,手机根据 GSM 邻区信息开始进行 GSM 邻区信号测量,并将测量到所有邻区信号质量与本小区信号质量一起比较,如果某个 GSM 邻区信号强度最好,且一直持续 Treselection 秒(重选迟滞时间),则手机将重选到该 GSM 小区。由于 2G 信号覆盖一般都是比较好的,因此影响是否发起 3G→2G 重选的关键参数是异系统小区搜索启动门限。

手机在空闲状态下,从 2G→3G 的重选过程如下:手机首先周期性测量本小区信号的质量,当本小区信号质量差于异系统小区搜索启动门限 Qsearch_I 时,手机根据 3G 邻区信息开始进行 3G 邻区信号测量,如果 3G 邻区信号质量满足 FDD_Qoffset 和 FDD_Qmin 时,且持续足够时间,则手机将重选到信号质量最好的那个 3G 小区。根据优选 3G 策略,Qsearch_I 设置为始终启动重选 3G 小区,FDD_Qoffset 设置为始终满足条件,因此影响是否发起 2G→3G 重选的关键参数就是 FDD_Qmin。

14.1.2 2G/3G 小区重选可能出现的问题

如果上述系统参数配置不合理,2G/3G 小区重选就可能出现以下问题:频繁发生系统间的小区乒乓重选,造成频繁的位置更新,引起系统间交互信令的增加,同时会导致寻呼成功率的下降。这时需要对涉及 2G/3G 小区重选参数进行优化,提高重选成功率,以降低重选掉网率以及乒乓重选的发生概率。

一般情况下,径向街道场景的 2G/3G 重选成功率高,但乒乓率不容易得到完全抑制。虽然增加重选迟滞时间能减小乒乓重选发生的概率,但是同时也增大了重选掉网率。

在街道拐角场景下,重选迟滞时间的作用相对较明显,随着重选迟滞时间增大,乒乓重选率减小,重选掉网率增加。所以,在具体参数设置优化过程中要综合考虑到各方面的影响。

14.1.3 2G/3G 小区重选参数的优化

在某次现网测试实验中,选择了径向街道场景和街道拐角场景来测试 2G/3G 小区重选的性能。表 14-1 是在径向街道场景条件下 2G/3G 小区重选性能的测试结果。

表 14-1 径向街道场景 2G/3G 重选性能测试结果

重选性能指标	Treselection=1 s	Treselection=3 s	FDD_Qoffset=−28 dB
3G→2G 重选成功率	96.7%	96.7%	--
3G→2G 重选乒乓率	9.3%	8.3%	--
3G→2G 重选掉网率	3.3%	3.3%	--
2G→3G 重选成功率	99.3%	96.7%	0
2G→3G 重选乒乓率	3.3%	6.7%	
2G→3G 重选掉网率	0.6%	3.3%	

从以上数据看,径向街道场景的 3G/2G 重选成功率高,但乒乓率没有得到完全抑制。在理论上,增加重选迟滞时间能减小乒乓重选率和增大掉网率。在径向街道场景下,增大重

选迟滞时间对于降低乒乓重选率有作用,但不太明显。

对于 FDD_Qoffset=－28 dB 参数,表示只有当 3G 小区的信号强度 RSCP 比当前 2G 服务小区平均信号强度大 28 dB 以上,该 3G 小区才可作为重选的目标候选小区。在此数据配置下,在测试区内,手机很难从 2G 重选到 3G,原因是现场 2G 信号强度一般都在－55 dBm 左右,而测试区内距离 3G 基站最近的地方的 RSCP 大约在－85 dBm,两者相差 30 dB,因此手机很难从 2G 重选到 3G。

表 14-2 是在街道拐角场景条件下 2G/3G 小区重选性能的测试结果。

表 14-2 街道拐角场景 2G/3G 重选性能测试结果

重选性能指标	Treselection=1 s	Treselection=3 s	Treselection=5 s
3G→2G 重选成功率	98.7%	98%	95.3%
3G→2G 重选乒乓率	4%	3.3%	2%
3G→2G 重选掉网率	1.3%	2%	4.6%
2G→3G 重选成功率	100%	98.7%	98.7%
2G→3G 重选乒乓率	4%	1.3%	2.6%
2G→3G 重选掉网率	0%	1.3%	1.3%

从以上数据看,在街道拐角场景下,重选迟滞时间的作用相对较明显,随着重选迟滞时间增大,乒乓重选率减小,重选掉网率增加。

总的来说,重选迟滞时间不易过大,可在 1～3 s 范围内考虑使用。

从测试结果来看,径向街道和街道拐角两种场景下的异系统小区重选成功率都比较高,在 95% 以上,同时也存在一定的乒乓重选概率,在 5% 以下。

对于如表 14-3 所示的小区重选的关键参数优化配置经验总结如下:

- SsearchRAT 值不应过低,建议大于－14 dB。
- 重选迟滞时间值在街道拐角场景下的作用相对明显,随着重选迟滞时间增大,乒乓重选率减小,重选掉网率增加.但总的说来,重选迟滞时间在 5 s 以内的取值对小区重选性能影响不大。重选迟滞时间不易设置过大,可在 1～3 s 范围内考虑使用。
- FDD_Qoffset 的取值建议设置为负无穷,如果设置为一个非负无穷值,由于现网 2G 的信号强度较好,会使得用户设备不易从 2G 小区重选回 3G。
- FDD_Qmin 需要大于 SsearchRAT。FDD_Qmin 和 SsearchRAT 差值根据具体环境设置。

表 14-3 2G/3G 重选方面—参数优化

网络	参数名	优化前参数	优化后参数	参数说明
3G	SsearchRAT	－14 dB	－14 dB	启动异系统小区搜索门限
	Treselections	1 s	1 s	异系统小区重选延迟时间
2G	Qsearch_I	－∞	－∞	始终搜索 3G 小区
	FDD_Qoffset	－∞	－∞	始终选择 3G 小区
	FDD_Qmin	－12 dB	－10 dB	启动异系统小区重选信号质量门限

14.1.4 2G/3G 小区重选优化的案例

在某市内地区的办公楼的部分区域,手机处于空闲状态时,双模手机会出现乒乓小区重选。小区重选平均耗时为 1~2 min。运营商对该办公楼周边建设了室外基站,当室外基站经过 2~3 堵墙进入室内,WCDMA 的 RSCP 较弱,E_c/I_o 较差且不稳定;而该处 GSM 网络信号良好,稳定在 -80 dBm 左右。

1. 分析

由于该处未建设室内覆盖基站,且 RSCP 较低,因此该处位置的终端应处于 GSM 状态。通过检查 3G 与 2G 小区重选相关的参数,发现 3G→2G 小区重选参数为

— Qrxlevmin= -85 dBm

— SsearchRAT= -14 dB

2G→3G 小区重选参数为

— Qsearch_I=7(始终搜索 3G 小区)

— FDD_Qmin=0(-20 dB)

— FDD_Qoffset=0(-∞,始终选择可接受的小区)

在 3G 网络中,当 3G 信号的 E_c/I_o 低于 -14 dB 时,双模手机启动 GSM 小区信号测量并可能重选到 2G 网络;在 2G 网络中,双模手机一直进行 UMTS 小区信号的测量并且只要 UMTS 小区信号质量高于 -20 dB 就可以重选到 3G 网络(不论当前 2G 网络信号如何),如图 14-1 所示。

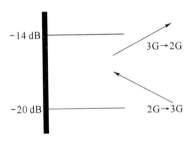

图 14-1 3G 与 2G 切换示意图

因此当 3G 信号质量在 -20~-14 dB 时,双模手机不可避免的在 3G、2G 网络间乒乓小区重选。

2. 优化措施

解决问题的关键在于 3G→2G 小区重选启动门限 SsearchRAT 小于 2G→3G 小区重选门限 FDD_Qmin。由于 SsearchRAT 设置 -14 dB 可以解决室内 3G→2G 小区重选掉网问题,降低 SsearchRAT 门限会导致不能及时小区重选,进而手机无信号需重新搜网。因此需要提高 FDD_Qmin 门限使其大于 -14 dB,修改 FDD_Qmin 从 0(对应 -20 dB)到 7(对应 -13 dB)。

综上所述,当两个参数比较接近可以排除乒乓重选的现象,同时应注意测量及调整小区重选延迟时间,初始设定时尽量不要出现极端值。

14.2 异构网络切换优化

鉴于 2G 系统连续覆盖和 3G 系统初期覆盖的客观状况,为减少对 2G 现网的影响,提高切换成功率,减少信令交互,建议采用如下 3G/2G 系统间互操作策略:对于语音业务,要求支持 3G→2G 的切换,不要求支持 2G→3G 的切换。对于分组业务,由 2.5G/3G 同覆盖区移向纯粹 2.5G 覆盖区,当到达 2.5G 边界时,由 3G 网络或者双模用户终端发起小区重选,让双模用户终端小区重选到 2.5G 网络。当双模用户终端驻留在 2.5G 网络,由纯粹 2.5G 覆盖区移向 2.5G/3G 同覆盖区,当到达 3G 边界时,双模用户终端发起小区重选,驻留到 3G 网络上。

在网络的运营过程中,经常会遇到在某个区域掉话率高、切换成功率低等问题。那么首先需要结合本地区网络的实际情况进行具体分析。因为出现这些现象引起的原因是多方面的,有时候可能是几种因素的共同作用。如果不是由于 2G/3G 系统间切换原因引起的,那么需要查找其他原因,然后再考虑合适的优化方案。如果是由于 2G/3G 系统间切换引起的,那么需要对与系统间切换有关的参数进行调整优化。许多情况下,切换区和邻区的设置不合理也可能导致切换失败的现象,所以也需要进行优化。实际上,优化工作不可能一次完成,需要反复调试和优化,才能使网络达到一个良好的工作状态。为了便于实际的网络优化工作,图 14-2 给出了分析 2G/3G 切换问题的一般性流程。

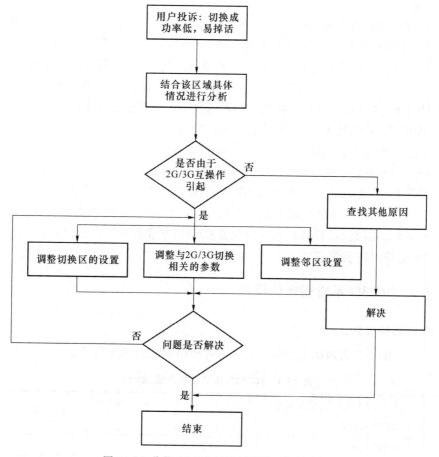

图 14-2 分析 2G/3G 切换问题的一般性流程

14.2.1 2G/3G 系统切换流程

对于 WCDMA 向 GSM 的切换过程,当用户开始系统间切换时,WCDMA RNC 通知双模用户设备开始异系统测量,用户设备进行异系统测量并上报测量结果,RNC 根据测量结果判决是否开始系统间切换信令流程。由于 WCDMA 是码分多址接入方式,处于连接状态的用户设备在所有时间内均在指定频率工作,为进行异系统测量的同时保持通话,WCDMA 系统和双模用户设备需支持压缩模式。另外,系统也支持数据库辅助的盲切换,即从 3G→2G 的切换仅依靠数据库中对相邻小区的定义,并不对 2G 网络进行测量。

系统间切换用于改变 CELL-DCH、CELL-FACH 状态下用户设备的接入系统,既有用户设备发起,又有网络侧发起。系统间切换中,测量过程并非在所有的时间都处于激活状态,而只是在需要进行系统间切换时才触发。当测量被触发后,用户设备首先测量邻区列表中的 GSM 频率的信号功率。测量大约在 2 s 内完成。RNC 接收到测量报告后,它就命令用户设备对最适合的 GSM 基站的 BSIC 解码。RNC 接收到 BSIC 后,就可以给用户设备发送切换命令。

14.2.2 2G/3G 系统切换可能出现的问题

2G/3G 系统间切换中遇到的主要问题是切换成功率较低。在许多场景下,3G 信号瞬时变化很快,如果不及时切换就会导致掉话,SsearchRAT、Treselections、FDD_Qmin 等参数的合理设置对提高切换成功率非常重要。另外压缩模式 TGL 长度过短导致压缩模式测量不够充分以及切换触发时间设置过长使得切换过慢都可能导致切换失败。

一般情况下,2G/3G 系统间切换质量可以通过下面的考核指标来评估:
- 系统间 CS 域切换成功率(WCDMA→GSM);
- 系统间 PS 域切换成功率(WCDMA→GPRS);
- 系统间 PS 域切换成功率(GPRS→WCDMA)。

对于语音业务,系统间切换成功率较高,对语音质量影响较小,重点需要考虑信号电平弱导致的切换掉话;而对于分组域业务,3G→2G 系统间切换对业务质量会有一定影响,且数据移动性较弱。因此 3G 设备应该支持根据 CS 和 PS 业务分别设置 3G→2G 切换参数的策略,以灵活适应不同需求。

14.2.3 2G/3G 系统切换的优化

1. CS 域切换质量

表 14-4 与表 14-5 是两次关于 3G→2G 语音切换质量的现网测试结果。

表 14-4 3G→2G 语音切换质量(地 1)

话音业务切换(基于测量方式)	切换成功率
WCDMA→GSM(覆盖边缘)	93.33%
WCDMA→GSM(拐角)	93.33%
WCDMA→GSM(出入建筑物)	93.33%

第 14 章　无线网络移动性管理优化

表 14-5　3G→2G 语音切换质量（地 2）

性能指标	广安门南街室外场景	金融街室内室外场景
切换成功率	97.0%	94.4%
压缩模式测量时间	3 677 ms	3 044 ms
平均切换信令时延	1 278 ms	1 254 ms
平均语音中断时长	<500 ms	<500 ms
切换时语音质量	清晰、无停顿	清晰、无停顿

由此可见，2G/3G 互操作基本不影响语音质量。而根据商用网数据和经验，3G→2G 语音切换成功率可达到 90% 以上。

一般情况下，3G→2G 语音切换关键参数设置如表 14-6 所示。

表 14-6　3G→2G 语音切换参数配置

重选参数	参数值
异系统 CS 域 2D 事件 RSCP 门限	−105 dBm
异系统 CS 域 2F 事件 RSCP 门限	−110 dBm
2D 事件触发时间	640 ms
2F 事件触发时间	640 ms
异系统 CS 域切换门限	−90 dBm

由于 2G 覆盖区信号一般都满足切换门限，因此 3G→2G 切换的发生主要取决于异系统测量启动门限，这里即 2D 事件门限。

某公司 3G 系统的 2D 事件 RSCP 门限默认为 −95 dBm。由于广安门南街测试区域距离基站较远，信号较弱，一打电话就满足切换门限，为方便控制测试，将该区域参数修改为 −105 dBm，同时验证在此参数下的语音切换性能如表 14-7 所示。

表 14-7　径向街道场景下的 3G→2G 话音切换性能统计

统计项	2D=−105 dBm T=640 ms	2D=−100 dBm T=640 ms	2D=−105 dBm T=1 280 ms
3G→2G 切换成功率	94%	95.5%	91%
3G→2G 切换掉话率	6%	4.5%	9%

注：2D 表示 2D 事件启动电平门限，T 表示 2D 事件触发时间。

从以上数据来看，20 部终端互拨语音，同时进行 3G→2G 语音切换，切换成功率都在 90% 以上（由于测试区域距离 3G 基站较远，切换中的掉话均为切换前信号质量较差导致掉话），试验结果说明系统支持这种较极端的大用户量异系统间切换考验。

2. PS 域切换质量

在某次 PS 域切换质量的试验中，共涉及了 2 个场景，分别为径向街道场景和街道拐角场景。表 14-8 是 3G↔2G PS 域切换关键参数设置情况。

表 14-8 3G↔2G 分组域切换参数配置

切换参数	参数值	参数意义
异系统 PS 域 2D 事件 RSCP 门限	−105 dBm	
异系统 PS 域 2F 事件 RSCP 门限	−110 dBm	
2D 事件触发时间	640 ms	
2F 事件触发时间	640 ms	
异系统 PS 域切换门限	−90 dBm	
异系统小区搜索启动门限	2	−14 dB
小区重选启动触发时间	1	1 s
空闲模式搜索 3G 小区电平门限	7	总是搜索 3G 小区
3G 小区重选电平偏移	0	负无穷
3G 小区重选电平门限	5	−10 dB

表 14-9 是径向街道场景下的分组域切换性能统计。

表 14-9 径向街道场景下的 3G↔2G PS64k/64k 切换性能统计

统计项	测试结果
3G→2G 切换成功率	96.8%
3G→2G 切换掉网率	3.1%
2G→3G 切换成功率	89.2%
2G→3G 切换掉网率	10.8%

注：此次测试中，没有记录 3G/2G 分组域乒乓切换率，但当时现象是乒乓切换比较频繁。

基于与系统间语音切换测试相同的原因，异系统 PS 域 2D 事件触发电平由默认的 −95 dBm 修改为 −105 dBm。而在实际网络建设中，为降低系统间切换时的掉话概率，不应把异系统切换流程启动门限设置太难，建议系统 PS 域 2D 事件触发电平参数设置为大于 −100 dBm。

表 14-10 是街拐角道场景下的分组域切换性能统计。

表 14-10 街道拐角场景下的 3G↔2G PS64k/64k 切换性能统计

统计项	2D=−105 dBm	2D=−100 dBm	关闭分组域切换开关
3G→2G 切换成功率	75%	100%	—
3G→2G 切换掉话率	25%	0%	—
3G→2G 乒乓切换率	0	0	—
2G→3G 切换成功率	100%	100%	100%
2G→3G 切换掉网率	0	0	0

街道拐角场景下，3G 信号瞬时变化很快，如果不及时切换，就会导致掉话，从以上数据可以看出，2D 事件触发电平的设置对提高切换成功率很重要，2D 事件触发电平参数设置应大于 −100 dBm。与信号渐变场景不一样，街道拐角场景下的 2G→3G 重选成功率很高，从无线环境方面分析，从 2G→3G 方向，当用户还没有拐过拐角时，3G 信号很差，终端不会重

选 3G,用户一旦拐过拐角,3G 信号立刻变为很好,终端在重选到 3G 时,不会因为 3G 信号较差且波动而导致掉话。

对于两种场景下的用户面数传恢复时延,测试结果如表 14-1 与表 14-12 所示。

表 14-11　径向街道场景下的 3G↔2G PS64k/64k 切换数传恢复时延统计

统计项	测试结果
3G↔2G 数传中断时延	14.9 s
2G↔3G 数传中断时延	3.4 s

表 14-12　街道拐角场景下的 3G↔2G PS64k/64k 切换数传恢复时延

统计项	2D=−105 dBm	2D=−100 dBm	关闭分组域切换开关
3G→2G 数传中断时延	20 s	14.4 s	34.3 s
2G→3G 数传中断时延	5 s	4.3 s	3.5 s

另外,在 2G/3G 互操作测试过程中发现,3G→2G PS 域切换后的用户面数传恢复时延明显大于 2G→3G 重选后的用户面数传恢复时延,其原因主要是终端在 2G 网络串行进行 CS 域位置更新和 PS 域路由更新,而在 3G 网络则是并行进行,且在 2G 进行的信令交互本身时间就较长。

对于 PS 域,可以通过优化 SGSN 定时器参数等手段,改善 PS 域数据恢复时延。优化 SGSN 切换数据转发定时器设置,可以减小 7~8 s 时延。3G/2G SGSN 合设,能减小 1~2 s 时延。

3. 3G→2G 切换测量事件参数调整对切换成功率的影响

一般来说,2D 事件触发时间长会导致切换前掉话明显增多,这是因为 2D 事件触发时间越长,则用户设备不能快速反映信号变化而及时启动切换,使得还未来得及切换,3G 信号就已经变得较差而导致掉话。

增大 2D 事件启动电平门限,使得用户设备在 3G 信号较好的情况下进行系统间语音切换,也会减小切换掉话率。

广安门南街测试区域属于一个信号渐变的场景,在−105 dBm 或−100 dBm 的 2D 事件触发电平门限参数下,虽然切换成功率高,但仍然产生少量掉话。而一个实际的网络中,切换区域并不都是一个信号渐变场景,还包括很多信号变化快的场景。如果此时仍然使用较低的 2D 时间触发电平参数,则会导致更多的掉话,掉话对用户的感受是非常差的。由于在实际建网中不可能对每一个实际的环境去考虑特定的切换参数,因此在设置异系统切换参数时,可以让终端在信号质量较好时触发 2D 事件上报,即 2D 事件触发电平不要设置过低,根据测试仿真结果和其他商用网建设经验,异系统电路域 2D 事件触发电平参数可设置为−95 dBm。表 14-13 所示为街道拐角场景下的 3G→2G 话音切换性能统计。

表 14-13　街道拐角场景下的 3G→2G 话音切换性能统计

统计项	2D=−105 dBm T=640 ms	2D=−100 dBm T=640 ms
3G→2G 切换成功率	93.7%	97%
3G→2G 切换掉话率	6.3%	3%

对于 3G 边缘位于街道拐角的场景,3G 信号瞬间变化很大,及时启动异系统测量和切换,对减少切换掉话率更加具有重要意义。所以,增大 2D 事件启动电平门限,使得异系统测量能及时启动并且及时切换,可以提高切换成功率,减小切换掉话率。

图 14-3 与图 14-4 表明了在某次网络测试中,3G→2G 切换事件 2d,2f 和 3a 参数调整对切换成功率的影响。从这两张图上可以看出,参数优化以后,切换成功率有了明显的提高。

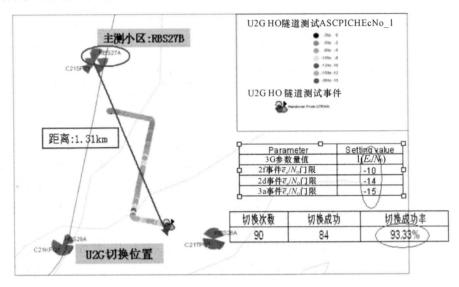

图 14-3 优化前的切换成功率

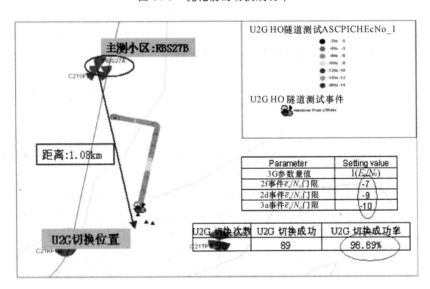

图 14-4 优化后的切换成功率

异系统测量启动门限 2D 事件触发电平为 -95 dBm 时,没有因信号质量原因导致的掉话。异系统测量启动门限 2D 事件触发电平为 -105 dBm 时,存在一些因信号质量原因导致的掉话。实际的网络优化过程中,建议 2D 事件触发电平设置在 -95~-100 dBm 之间,从而保证切换质量,减少掉话。

4. 切换区选择和邻区设置

除了前面所说的小区重选和协同间切换以外,切换区选择和邻区设置对 2G/3G 的切换质量也有重要的影响。切换区尽量避免出现在信号急剧变化的区域,因为这会降低切换成功率。如果切换区设置不合理,就会使切换质量降低,影响网络的整体性能,增加网络优化的工作量。邻区设置应该根据切换策略和网络的实际情况来进行。例如,如果从 3G→2G 切换,如果 GSM 1800 的信号覆盖不是太好,就可以只设置 GSM 900 小区作为 3G 邻区,没有必要把 GSM 1800 也作为 3G 邻区。

5. 切换区选择

在切换区的选择和优化过程中,应当遵循以下几条基本原则:

- 3G 与 2G 网络切换区域应尽量避免选择在人流密集度较高的区域,如车站、体育场等。目的是减少系统间切换次数,减少切换引起的掉话,减少系统间交互信令,降低系统负担。
- 尽量保证 3G 网络边缘的 2G 网络覆盖良好。在 3G 的边缘,2G 的覆盖较好,有利于 3G 向 2G 的成功切换。
- 避免将切换区设置在 GSM 忙小区的位置,因为有可能 GSM 小区无资源可用。城区尽量进行 3G 连续覆盖,尽量将切换区设置在郊区。

6. 邻区设置

邻区设置应遵循以下基本原则:

- 3G→2G 方向,可以只设置 GSM 900 小区作为 3G 邻区。
- 2G→3G 方向,GSM 900 和 1800 小区都需要设置 3G 邻区。
- 3G/2G 邻区设置可参考共站址的 2G 小区的邻区关系来设置邻区;也可以根据具体网络优化结果(信号电平分布、掉话分析、切换失败分析等)优化 3G/2G 邻区设置。
- 2G 小区配置 3G 邻区参数时,可只配置 3G 频点,不配置扰码。它的缺点是不支持 2G 向 3G 的切换(但对于单向切换策略,这不是一个缺点);理论上会加长一点重选时间。它的优点是可大大降低建网初期邻区数据配置工作量,加快开局速度。

14.2.4 2G/3G 系统切换的案例

在某市内地区的写字楼的部分区域,手机处于 3G 状态时频繁出现系统间切换失败,切换成功率相当低。该写字楼仍旧尚未建设 3G 室内分布系统,其 3G 信号为室外信号到室内的延伸,RSCP 相当低。

检查 3G/2G 切换相关的参数,关键参数如下:

- event 2d/event 2f 事件触发的门限为 −110 dBm(RSCP);
- 压缩模式 TGL 长度设定为 3;
- 切换触发时间(Inter RAT handover teigger time)3 000 ms。

其中的问题是压缩模式测量触发的门限过低导致 3G 信号衰减过快而 GSM 信号测量尚未触发的危险、TGL 长度过短导致压缩模式测量不够充分、切换触发时间设置过长使得切换过慢。

经过对以下 3 个值的多次调整后,切换成功率有明显的提高。

- event 2d/event 2f 事件触发的门限：-110→-103→-98；
- 压缩模式 TGL 长度：3→10→7；
- 切换触发时间(Inter RAT handover trigger time)：3000→2000→1000。

14.2.5　2G/3G 网络负荷均衡问题

在 WCDMA 网络刚投入运营的阶段，由于 3G 用户相对较少，所以在 WCDMA 网络所覆盖的所有区域，WCDMA 手机用户应尽量驻留在 WCDMA 网络中，所有业务尽可能使用 3G 网络资源。而在 WCDMA 运营到成熟阶段，3G 网络用户群发展到相对较多，此时 3G 网络承载话务量相对较重，在话务热点区域，很可能出现 3G 小区容量受限的情况，同时由于 3G 用户始终驻留在 3G 网络，对 2G 话音业务的分流很大，所以 2G 网络相对空闲，此时不同系统间的资源利用均衡问题凸现出来。

因此在不同的运营阶段，应该采用不同的运营策略，在此基础上，采用不同系统间的小区选择，重选以及切换参数的设置等手段来控制系统资源的合理利用。

14.3　扰码优化

作为规划输出参数的一个主要内容，扰码规划一般由规划软件自动完成。

与 GSM 频率规划相比，扰码规划并不是难事，但是规划结果也有好坏之分。国外对扰码规划的研究在 2004 年年初时比较火热，算法的改进工作还在继续，算法成熟后还要集成到产品中。GSM 技术发展很多年后，自动频率规划工具的使用才被认可，这些工具发挥作用的前提是对网络运营状况有足够多的前期数据采集，即使是这样，中国的实际结果显示局部地区还需要人为手工调整。

使用扰码的个数是需要人为确定的，规范提供的 512 个扰码不需要都用。与 PN 码规划不同，扰码规划只要考虑同扰码复用带来的干扰，复用距离根据路径损耗计算得到。集团公司需要对地区边界的扰码分配进行统一规划。有国外的文献介绍每个城市使用的扰码在 60~150 个就够了，根据我们的计算，在中国大中城市每个城市应该留有 150~250 个扰码。扰码的使用应该区分微蜂窝、宏蜂窝、测试站(应急站)、异形站(高站、多裂向站)等类型按段分配。在优化过程中如果发现高站或邻近街道的小区信号衰减缓慢，存在不可消除的过覆盖现象，则这些小区应该分配特殊的低复用度的扰码。

在扰码复用准则满足后，扰码优化的准则是能帮助用户设备尽快的与邻区同步，从而达到允许快速切换的目的。这就要求小区和它的邻区扰码应该属于尽可能少的扰码组，因为每多解调一个扰码组，就需要额外的 20 ms 时间。若要求得全网所有小区同步所有邻区需要的最小平均时间，算法实现还是比较复杂的，要考虑邻区关系定义和邻区个数这些实际因素。另外好的算法也只适用于成熟的网络，如果加站频繁或邻区增删调整频烦，则扰码频烦调整也是不现实的。

有的厂家用户设备终端(但不是所有厂家都这样，因为规范没有规定)首先可以获得与服务小区在同一个扰码组的邻区的信号测量值，然后从邻区列表中选择同一个扰码组下邻区个数最多的扰码组开始解调，再按照顺序依次解调，最后解调含扰码个数最少的扰码组。从用户设备的角度看这个算法是合理最优的，因为它以最快的速度先获得了最多的邻区的测量值。所以在分配扰码的时候,应该意识到这点,对最重要的邻区分配与服务小区同组的扰码,切换次数最多的邻区应该属于含扰码个数最多的扰码组。

当扰码规划不合理时,优化工作应该首先从检查共站同频率的各裂向小区扰码所属扰码组开始,它们应该属于同一扰码组;其他切换次数较多的邻区尽可能放到同一个扰码组中,不过此点有辐射效应难以强求,对高架路或路口隧道等需要快速切换的地方才需要着重调整。

14.4 邻区优化

在网络投入运营之初邻区丢失错误是应该避免的,因为此前的优化工作主要表现为高成本的人工测试,通过对路测结果的分析很容易发现未定义邻区。在网络投入运营后,随着边运营边扩容的进行,新站开通后未能及时更新邻区列表是可能发生的,在 WCDMA 中邻区丢失的危害与 GSM 不完全相同。

在 GSM 中邻区未定义可能造成掉话,因为覆盖不能连续,信号先变弱,然后质量差,可能还会触发错误方向的紧急切换。WCDMA 中邻区未定义也是造成掉话的一个原因,掉话之前表现为 E_c/I_o 会突然下降,下行链路误码率升高,直至服务中断。因为未定义邻区信号的客观存在会对用户设备产生强干扰,这种干扰是不能靠切换或其他方式避免的,所以如果用户设备的移动路线进入未定义邻区的覆盖区(路线 A)则必然造成掉话。若用户设备的移动路线没有进入未定义邻区的主控区(路线 B),且原服务小区设定的业务信道下行发射功率足够大,则通过不断提升对用户设备的下行发射功率可以维持服务的继续,但是这个时候对原服务小区和未定义的邻区都引起了容量的下降,消耗了原服务小区的更多下行功率,对未定义的邻区产生了更多的上行干扰,影响了新用户接入的能力,如图 14-5 所示。

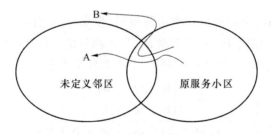

图 14-5 邻区丢失的影响

邻区优化的另一项内容是避免定义过多的邻区,以减少邻区同步的耗时,避免不必要的切换和盲目的切换。这项任务在 WCDMA 中比在 GSM 中更容易实现,因为 WCDMA 允许定义三组不同的邻区列表:

- 一个小区可以定义同频的 32 个 WCDMA 邻区列表;
- 一个小区可以定义在两个异频上的 32 个 WCDMA 邻区列表;
- 一个小区可以定义邻 PLMN 内的 32 个邻区列表。

一般考虑了繁华地区微蜂窝的存在,建议同频的 WCDMA 邻区个数不超过 20 个。更多的邻区个数也就意味着存在主控区不明显的问题,有导频污染或其他导频混乱的现象。通常在高架路上或十字路口可能同时出现若干个远处的导频,应该沿着行动路线作好切换顺序摸底,只定义必要的邻区关系。

WCDMA 的小区选择准则与 GSM 十分类似;WCDMA 的小区重选原则设计得十分精致,比 GSM 考虑了更多的情况。

小区选择 S 准则:为了能够驻留在小区上,用户设备需要验证满足

$$\begin{cases} S_q = Q_{ql} - Q_{qm} > 0 \\ S_l = Q_l - Q_M - P_C > 0 \end{cases}$$

其中,$P_C = \max(P_{max} - P; 0)$。

Q_{qm}、Q_M 和 P_{max} 是小区广播的参数,Q_{ql} 和 Q_l 就是用户设备测量的 E_c/I_o 和 E_c,P 是用户设备的最大输出功率。参考 GSM 的经验,建网初期可以考虑放宽限制,令 $Q_M = -115$ dBm(甚至更低),$Q_{qm} = -18$ dB。特别要注意的是全网给定相同的取值,不要存在不一致的现象。

小区重选原则可以归纳为 4 条:

首先,是否开启小区重选测量,这是由门限 Sintrasearch、Sintersearch 和 SsearchRATn 控制的,因为 WCDMA 小区可以向同频、异频、异系统小区重选,所以通过测量门限的控制,可以对三种重选方向进行优先级的控制。例如,若设定 Sintrasearch＝0,Sintersearch＝－8 和 SsearchRATn＝－16,则界定优先重选范围如图 14-6 所示。

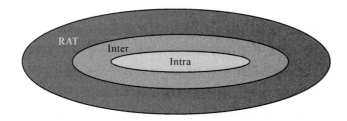

图 14-6 小区重选优先范围

其次,当满足第一条,开启相应的重选测量后,根据 R 准则,小区判断是否发生小区重选。对 WCDMA 系统内的小区,一般依据 E_c/I_o 的测量值。R 准则中含有两个滞后门限参数,Qhyst 是针对服务小区的,Qoffset 是针对每个邻区关系的。

$$\begin{cases} R_s = Q_{ms} + Q_H \\ R_n = Q_{mn} - Q_o \end{cases}$$

如果这个关系保持了 Treselection 时长,则会触发小区重选。也就是说,WCDMA 在小区重选时就引入了 GSM 只有在切换时才使用的邻区门限和时长,这对 PS 域业务的性能改进是十分有帮助的。不过在现阶段,一般 Q_o 不用,Q_H 可以取 4 dB 或 6 dB 的默认值,此参数的设定可以影响呼叫接通率,站密集地区或用户流动速度快的地区可以设得高一些。Treselection 为 1 s 或 2 s。

再次,对分层的网络结构,WCDMA 提供准则可以根据网络层的优先级设定选择候选小区,还可以判断用户设备的移动速度,决定候选小区。这也是考虑了 GSM 切换中碰到的问题,可以改善 CELL_FACH、CELL_PCH 状态的移动性能。

分层网的建设至少需要 2 个频点,是否采用分层网和分层网的建设策略需要进一步研究,所以在此不进一步介绍。

最后,对 2G↔3G 之间的小区重选,除了规定本小区切向 GSM 小区的策略,还应当规

定从 GSM 小区切回的策略。

习 题

1. 在 2G/3G 互操作场景下，终端是优先驻留在 3G 网络，还是优先驻留在 2G 网络，为什么？
2. 试描述手机在空闲状态下，从 2G 到 3G 的重选过程。
3. 试分析造成频繁发生系统间的小区乒乓重选的原因，以及相应的解决办法。
4. 试说明 SsearchRAT、Treselection、FDD_Qoffset、FDD_Qmin 典型取值，以及相互之间的关系。
5. 对于语音业务，为何要求支持 3G→2G 的切换，不要求支持 2G→3G 的切换策略？
6. 什么是 2.5G 网络？当 2.5G/3G 共存时，对于分组数据业务而言，优先驻留在哪个网络？当用户移动在 3G 覆盖边缘时，如何保证业务的连续性？
7. 当用户处于 RRC 哪些状态时，可以触发异构系统间的切换？
8. 如何合理设置 2D 事件触发时间，如果 2D 事件触发时间过长，会带来什么问题？如果 2D 事件触发时间过短，又会有何问题？
9. 2G/3G 系统切换时，电路域和分组域切换质量保证有何差别？
10. 试说明切换区选择和邻区设置的原则？
11. 试说明 WCDMA 系统扰码优化的特征，对比 TD-SCDMA 和 cdma 2000 扰码优化的差异？对于 WCDMA、cdma 2000、和 TD-SCDMA 三种制式来说，哪种制式的扰码优化最复杂，为什么？
12. 试说明同构单层网络、同构分层网络、异构分层网络的邻区优化有何差异，邻区优化对异构系统的切换优化有何影响。

参 考 文 献

[1] 啜钢,高伟东,彭涛. cdma 2000 1X 无线网络规划优化及无线资源管理. 北京:人民邮电出版社,2007.6

[2] 啜钢. CDMA 无线网络规划与优化. 北京:机械工业出版社,2004.

[3] 彭木根,王文博. TD-SCDMA 网络规划. 电信技术,2005,(5):12-18.

[4] 华为技术有限公司著. WCDMA 系统原理与规划建设培训,2005.

[5] 张长刚,孙保红,等. 无线网络规划原理与实践[M]. 北京:人民邮电出版社,2005.

[6] 郭东亮,等. WCDMA 规划设计手册[M]. 北京:人民邮电出版社,2005.

[7] 中兴通讯. CDMA 网络规划与优化[M]. 北京:电子工业出版社,2005.

[8] 康桂霞,等. cdma 2000 1x 无线网络技术. 北京:人民邮电出版社,2007.

[9] 罗兴国,唐晓梅,等. cdma 2000 高速分组数据传输技术. 北京:国防工业出版社,2007.

[10] 蔡康,李洪,朱英军,等. 3G 网络建设与运营. 北京:人民邮电出版社,2007.

[11] 孙浩,周胜,高鹏. WCDMA 无线网络规划中的小区容量及影响因素分析[J]. 电信工程技术与标准化,2008,(4).

[12] 唐富. 移动网海面覆盖技术特点简析及规划建议[J]. 电信快报,2008,(5).

[13] 周宏成. WCDMA 室内覆盖系统规划[J]. 广东通信技术,2005,(11).

[14] 乃周. WCDMA 网多载波负荷均衡机制的分析[J]. 广西通信技术,2010,(3).

[15] 新燕. 浅谈 3G 网络知识[J]. 信息技术,2006,(7).

[16] 宋远峰,文武. GSM 与 WCDMA 系统间的切换[J]. 山东通信技术,2006,(1).

[17] 吕锋,李钰. 基于网络容量和覆盖理论的 3G 网络组网优势研究[J]. 通信技术,2008,(4).

[18] 李芬,任家富,俞骁. WCDMA 室内分布系统的设计[J]. 信息技术与信息化,2010,(1).

[19] 沈巍,孔繁俊,刘玉卿. 模型校正与高铁优化覆盖[J]. 江苏通信,2010,(4).

[20] 杨学才,邱毅. 直放站在 WCDMA 网络优化中的应用分析[J]. 无线电工程,2006,(12).

[21] 李世鹤. TD-SCDMA 第三代移动通信系统标准. 北京:人民邮电出版社,2003.

[22] 王文博,等. 时分双工 CDMA 移动通信技术. 北京:北京邮电大学出版社,2001.

[23] 彭木根,王文博. 下一代宽带无线接入系统:OFDM & WiMAX. 北京:机械工业

出版社,2007.
[24] 彭木根,李勇,王文博. TD-SCDMA 移动通信系统的增强和演进. 中兴通信, 2007:42-47.
[25] 李世鹤. TD-SCDMA 第三代移动通信系统标准. 北京:人民邮电出版社,2003.
[26] 赵新胜,鞠涛,尤肖虎. 一种用于 B3G 移动通信系统的无线资源管理方法. 东南大学学报(自然科学版).2004,134(16):715-719.
[27] 彭木根,王文博. 基于多用户检测技术的时分双工—码分多址系统上行链路容量研究. 北京邮电大学学报,2009,26(3):27-31.
[28] 朱春梅. 多业务 CDMA 宽带接入系统中无线资源管理的关键技术研究[D]. 北京:北京邮电大学,2003.
[29] 彭木根. TDD-CDMA 系统无线资源管理算法研究[D]. 北京:北京邮电大学, 2005.
[30] 彭木根,黄标,王文博. 第三代移动通信系统 FDD/TDD 之间频率干扰研究. 中国无线电,2005.
[31] 戴美泰,吴志忠,邵世祥,等. GSM 移动通信网络优化. 北京:人民邮电出版社,2002.
[32] 张红,张华生. WCDMA 网络优化与无线资源管理. 移动通信,2005,4:31-33.
[33] 孙研. 移动通信网络优化的发展方向. 电信工程技术与标准化,2005,(3).
[34] 樊志表,黄歆旸. WCDMA 网络优化方法. 电信技术,2005,(1):16-19.
[35] 陈嘉兴,周廷显. CDMA 网络优化流程和具体实施过程. 电信工程技术与标准化,2005(3):23-26.
[36] 黄标,彭木根,王文博. 第三代移动通信系统干扰共存研究. 电信科学,2004.
[37] 寇会如,毕海洲,谢永斌. LTE 系统语音业务调度研究. 数据通信,2007.
[38] Rappaport T. S. 无线通信原理与应用. 北京:电子工业出版社,2006.
[39] 中兴通信公司编著. GSM 蜂窝无线网络设计与优化. 中国移动通信集团网络规化优化培训专用教材.2011.
[40] 中兴通讯学院. WCDMA 无线网络 RF 优化.2010.
[41] 诺基亚编著.3G/WCDMA 网络规划(无线网络部分).2004.
[42] 中国电信编著.R4 核心网规划方法.2006.